全国林业职业教育教学指导委员会
高职园林类专业工学结合“十二五”规划教材

园林植物景观设计

YUANLINZHIWU
JINGGUANSHEJI

朱红霞◎主编

中国林业出版社

内容简介

本教材根据社会对园林行业领域的植物造景师岗位知识技能需求而编写，坚持职业能力培养为主线，体现与时俱进的原则。编写遵循“任务驱动，项目导向”新理念，建构了模块、项目、工作任务层层相扣的新体例。基于工作过程设计了6个教学项目，分别为园林植物景观设计基本方法、园林植物在环境中的运用、园林植物景观设计的图纸表现、园林植物景观构成要素设计、小环境园林植物景观设计、城市绿地植物景观设计。6个项目中共设置了12个任务，每个任务以具体实例为载体，按照“工作任务”来组织内容，尽量采用图表将贴近生产一线的主要技术进行分解，叙述深入浅出。教材系统收集整理了大量技术资料、图片、图纸等，具有内容翔实、丰富全面、编排合理、方便实用等特点。同时，随书配套光盘包括39个植物景观设计案例以及植物图块和巩固训练底图，方便学生参考和教师教学。

本教材可作为高等职业教育园林技术、园林工程技术、城市园林、商品花卉、园艺技术等专业教材，也可作为各级成人教育园林类专业培训的教学用书，同时也可供相关专业技术人员自学和参考。

图书在版编目（CIP）数据

园林植物景观设计 / 朱红霞主编. —北京：中国林业出版社，2013.8（2019.1重印）

全国林业职业教育教学指导委员会高职园林类专业工学结合“十二五”规划教材

ISBN 978-7-5038-7101-6

Ⅰ.①园… Ⅱ.①朱… Ⅲ.①园林植物－景观设计－高等职业教育－教材 Ⅳ.①TU986.2

中国版本图书馆CIP数据核字(2013)第148022号

中国林业出版社·教材出版中心

策划编辑：牛玉莲 康红梅 田 苗

责任编辑：康红梅 田 苗

电　　话：83143551 83143557

传　　真：83143516

出版发行 中国林业出版社（100009 北京西城区德内大街刘海胡同7号）
E-mail：jiaocaipublic@163.com 电话：（010）83143500
http://lycb.forestry.gov.cn

经　　销 新华书店

印　　刷 北京中科印刷有限公司

版　　次 2013年8月第1版

印　　次 2019年1月第3次印刷

开　　本 787mm × 1092mm 1/16

印　　张 20

字　　数 460千字

定　　价 88.00元（附光盘）

全国林业职业教育教学指导委员会
高职园林类专业工学结合“十二五”规划教材
专家委员会

主　任

丁立新（国家林业局）

副主任

贺建伟（国家林业局职业教育研究中心）
卓丽环（上海农林职业技术学院）
周兴元（江苏农林职业技术学院）
刘东黎（中国林业出版社）
吴友苗（国家林业局）

委　员（按拼音排序）

陈科东（广西生态工程职业技术学院）
陈盛彬（湖南环境生物职业技术学院）
范善华（上海市园林设计院有限公司）
关继东（辽宁林业职业技术学院）
胡志东（南京森林警察学院）
黄东光（深圳市铁汉生态环境股份有限公司）
康红梅（中国林业出版社）
刘　和（山西林业职业技术学院）
刘玉华（江苏农林职业技术学院）
路买林（河南林业职业学院）
马洪军（云南林业职业技术学院）
牛玉莲（中国林业出版社）
王　铖（上海市园林科学研究所）
魏　岩（辽宁林业职业技术学院）
肖创伟（湖北生态工程职业技术学院）
谢丽娟（深圳职业技术学院）
殷华林（安徽林业职业技术学院）
曾　斌（江西环境工程职业学院）
张德祥（甘肃林业职业技术学院）
张树宝（黑龙江林业职业技术学院）
赵建民（杨凌职业技术学院）
郑郁善（福建林业职业技术学院）
朱红霞（上海城市管理职业技术学院）
祝志勇（宁波城市职业技术学院）

秘　书

向　民（国家林业局职业教育研究中心）
田　苗（中国林业出版社）

《园林植物景观设计》
编写人员

主　编

朱红霞

副主编

叶素琼

李娟娟

编写人员（按拼音顺序）

李娟娟（杨凌职业技术学院）

林　俭（上海城市管理职业技术学院）

马丹丹（河南林业职业学院）

孟宪民（辽宁林业职业技术学院）

宁妍妍（甘肃林业职业技术学院）

王　铖（上海市园林科学研究所）

王艳春（上海市园林设计院有限公司）

姚冬杰（棕榈园林景观规划设计院）

叶素琼（江西环境工程职业学院）

臧彦卿（国家林业局管理干部学院）

张月兴（山西林业职业技术学院）

钟建民（云南林业职业技术学院）

朱红霞（上海城市管理职业技术学院）

序言

Foreword

我国高等职业教育园林类专业近十年来经历了由规模不断扩大到质量不断提升的发展历程，其办学点从2001年的全国仅有二十余个，发展到2010年的逾230个，在校生数从2001年的9080人，发展到2010年的40 860人；专业的建设和课程体系、教学内容、教学模式、教学方法以及实践教学等方面的改革不断深入，也出版了富有特色的园林类专业系列教材，有力推动了我国高职园林类专业的发展。

但是，随着我国经济社会的发展和科学技术的进步，高等职业教育不断发展，高职园林类专业的教育教学也显露出一些问题，例如，教学体系不够完善、专业教学内容与实践脱节、教学标准不统一、培养模式创新不足、教材内容落后且不同版本的质量参差不齐等，在教学与实践结合方面尤其欠缺。针对以上问题，各院校结合自身实际在不同侧面进行了不同程度的改革和探索，取得了一定的成绩。为了更好地汇集各地高职园林类专业教师的智慧，系统梳理和总结十多年来我国高职园林类专业教育教学改革的成果，2011年2月，由原教育部高职高专教育林业类专业教学指导委员会（2013年3月更名为全国林业职业教育教学指导委员会）副主任兼秘书长贺建伟牵头，组织了高职园林类专业国家级、省级精品课程的负责人和全国17所高职院校的园林类专业带头人参与，以《高职园林类专业工学结合教育教学改革创新研究》为课题，对高职园林类专业工学结合教育教学改革创新进行研究。同年6月，在哈尔滨召开课题工作会议，启动了专业教学内容改革研究。课题就园林类专业的课程体系、教学模式、教材建设进行研究，并吸收近百名一线教师参与，以建立工学结合人才培养模式为目标，系统研究并构建了具有工学结合特色的高职园林类专业课程体系，制定了高职园林类专业教育规范。2012年3月，在系统研究的基础上，组织80多名教师在太原召开了高职园林类专业规划教材编写会议，由教学、企业、科研、行政管理部门的专家，对教材编写提纲进行审定。经过广大编写人员的共同努力，这套总结10多年园林类专业建设发展成果，凝聚教学、科研、生产等不同领域专家智慧、吸收园林生产和教学一线的最新理论和技术成果的系列教材，最终于2013年由中国林业出版社出版发行。

该系列教材是《高职园林类专业工学结合教育教学改革创新研究》课题研究的主要成果之一，涉及18门专业（核心）课程，共21册。编著过程中，作者注意分析和借鉴国内已出版的多个版本的百余部教材的优缺点，总结了十多年来各地教育教学实践的经验，深入研究和不同课程内容的选取和内容的深度，按照实施工学结合人才培养模式的要求，对高等职业教育园林类专业教学内容体系有较大的改革和理论上的探索，创新了教学内容与实践教学培养的方式，努力融“学、教、做”为一体，突出了“学中做、做中学”的教育思想，同时在教材体例、结构方面也有明显的创新，使该系列教材既具有博采众家之长的特点，又具有鲜明的行业特色、显著的实践性和时代特征。我们相信该系列教材必将对我国高等职业教育园林类专业建设和教学改革有明显的促进作用，为培养合格的高素质技能型园林类专业技术人才作出贡献。

全国林业职业教育教学指导委员会

2013年5月

前言

Preface

植物是园林景观造景的主要素材，是唯一具有生命力特征的园林要素，能使园林空间体现生命的活力和富有四时的变化；而且植物是地域性自然景观的指示性元素，也是反映自然景观类型的最具代表性的元素之一。园林绿化能否达到实用、经济、美观的效果，在很大程度上取决于园林植物的选择和配置。随着生态园林建设的深入和发展，以及景观生态学、全球生态学等多学科的引入，植物景观设计的内涵也在不断扩大，对植物的应用日益广泛，要求日益科学、严格，也日益受到大众的重视和喜爱。园林植物景观的营造已成为现代园林的标志之一。因此，在园林设计师的眼里，植物不仅仅是简单的树木、花草，而是生态、艺术和文化的联合体，是园林设计的基础和核心。正如英国造园家克劳斯顿（Brian Clouston）所说："园林设计归根到底是植物的设计……其他的内容只能在一个有植物的环境中发挥作用。"

园林植物景观设计即运用自然界中的乔木、灌木、藤本、竹类及草本植物等，在不同的环境条件下与其他园林要素有机结合，创造出与周围环境协调、适宜，并能表达意境或者具有一定功能的艺术空间的活动。因此，一个完美的园林植物景观设计既要满足植物与环境在生态适应性上的统一，又要通过艺术构图原理，体现出植物个体及群体的形式美及人们在欣赏时所产生的意境美。

为了进一步贯彻"国家林业局关于大力发展林业职业教育的意见"精神，推动高职园林技术专业深化教学改革，提高人才培养质量，教育部高职高专教育林业类专业教学指导委员会启动《高职园林类专业工学结合教育教学改革创新研究》课题的研究工作。本教材作为"教育部林业职业教育教学指导委员会高职园林类专业工学结合'十二五'规划教材"，依据我国当前高等职业教育中有关职业院校课程开设的实际情况，以及社会对本行业领域的岗位知识技能需求而编写。本教材理论知识以"必需"、"够用"、"管用"为度，坚持职业能力培养为主线，体现与时俱进的原则，具有以下几个显著特点。

一是知识结构重建，项目式教学。通过对园林产业岗位群职业核心能力的分析，根据学生岗位需要进行知识结构的重建。本书摒弃了传统教材"章、节"的架构体例，遵循"任务驱动，项目导向"新理念，建构了模块、项目、工作任务层层相扣的新体例。本教材基于工作过程设计了6个教学项目，在符合认知规律的基础上，按照企业实际工作过程组织教材内容，将知识点和技能点贯穿于项目实施过程中。

二是以任务驱动为指导，以学生为核心构建教学体系。本书采用任务驱动的编写思路，围绕园林植物景观设计设置了12个任务，每个任务都有明确的任务目标，并以具体实例为载体，按照“工作任务”来组织内容，尽量采用图表，将贴近生产一线的主要技术进行分解并深入浅出地编写出来。本教材以实务为重心，以工作任务为主线，教师为主导，学生为主体，以任务驱动教学为原则将理论与实践相融合，定位于培养学生一定的专业和职业能力，并融相关专业基本理论和职业技巧的学习为一体。

三是模仿与创新结合，体现素质为本的教育。园林植物景观设计是一种需要不断创新的技术，通过动手实践从模仿到创作，创造机会让学生多欣赏国内外植物景观设计作品，教材中的案例部分选自著名设计公司典型性案例，具有代表性。教材的内容突出先进性，根据教学需要将新材料、新技术、新理念等内容引入教材，以便更好地适应市场，培养学生的创新能力。

四是内容实用性、适应性强。园林植物景观设计是一门融理论与实践，艺术与技术为一体的综合学科。为了加强本教材的实用性和适用性，在教材编写时组织教学经验丰富、实践能力强的教师和行业、企业一线专家，系统收集整理了大量技术资料、图片、图纸等，具有内容翔实、丰富全面、编排合理、方便实用等特点。同时，随书配套光盘包括39个植物景观设计案例以及植物图例和巩固训练底图，方便学生参考和教师教学。

本书由9所高职院校园林类专业主讲教师和3所园林企业设计人员合作编写完成，由朱红霞负责起草制订教材编写大纲，设计教材的内容体系，具体的编写分工是：李娟娟编写任务1.1，附录一；叶素琼编写任务2.1；孟宪民编写任务3.1；朱红霞编写任务4.1和任务5.1；臧彦卿编写任务4.2；张月兴编写任务4.3、附录2、附录3；林俭编写任务5.2；姚冬杰编写任务6.1；王艳春、马丹丹编写任务6.2；王艳春、宁妍妍编写任务6.3、王艳春、钟建民编写任务6.4；其中王艳春主要负责任务6.2、任务6.3、任务6.4中的任务提出、任务实施和巩固训练内容的编写，任务6.2、任务6.3、任务6.4中的其他部分内容分别由马丹丹、宁妍妍、钟建民编写。另外，上海市园林科学研究所王铖高级工程师为本教材提供了许多精美照片，棕榈园林股份有限公司的李卉工程师提供部分花境照片。

本书可作为高等职业教育园林技术、城市园林、园林工程技术、园艺技术等专业教材，也可作为各级成人教育园林专业培训的教学用书，同时也是相关部门专业技术人员自学和参考用书。本书的编写得到上海市园林设计院有限公司和棕榈园林景观规划设计院、上海市园林科学研究所的大力支持，得到了课题组专家们的指导和帮助，在此对他们表示诚挚的感谢！教材编写过程中，参阅引用了近几年出版或翻译的多种书刊、图片及部分设计单位的设计图纸。在此谨向有关作者、设计者表示衷心感谢！

由于本书内容设计艺术性强，设计艺术有章法而无定式；加上作者编写水平有限，书中难免有所纰漏，敬请读者批评指正！

朱红霞

2013年3月

目录

Contents

模块1

基础篇

项目1 园林植物景观设计基本方法

任务1.1

分析植物景观设计基本方法在公园景观营造中的运用

学习目标

【知识目标】

（1）识记和理解林缘线、林冠线、群落、统一法则、时空法则、数的法则等基本词汇的含义。

（2）能列举植物景观色彩设计的方法、植物配置的构图趋势、人工植物群落类型等的设计要点。

（3）归纳常见季相景观植物，常见传统园林植物内涵。

【技能目标】

（1）应用相关理论对某城市绿地植物景观从空间设计、艺术设计、生态设计、动态设计、文化设计等方面进行分析评价。

（2）绘制某城市绿地植物景观平面图。

工作任务

任务提出（某公园绿地植物景观设计方法分析）

选择某公园绿地，根据周围环境以及公园的位置及其功能，对该公园植物景观营造中所运用的植物景观空间、艺术、动态、生态、文化等设计手法进行分析评价。

任务分析

首先需要了解该公园的周边环境、公园的服务功能和服务对象，以及当地的自然条件和社会条件、风土民俗等，在此基础上对公园植物景观空间、色彩、造型、季相、生态、文化等进行分析讨论。

任务要求

（1）该任务必须现场教学，要求学生带全必备工具：照相机、笔记本、笔、测高仪、皮尺、围尺等。

（2）现场调查和讨论必须以组为单位进行，禁止个人单独行动。

（3）在重点景点或区域应该拍照，并结合文字描述记录。

（4）外出现场教学必须注意安全第一，文明第二。不允许出现随意攀折花木、踩踏草坪的行为。

（5）绘出该公园主要景区的植物景观平面图，若干局部立面图。

（6）每人交一份有实景照片、总平面图、局部平面图和立面图的公园植物景观分析报告。

材料及工具

照相机、笔记本和笔、测高仪、皮尺、围尺。

知识准备

1.1.1　植物景观的空间设计

1.1.1.1　植物景观空间的构成

（1）植物景观空间构成要素

园林中以植物为主体，经过艺术布局组成各种适应园林功能要求的空间环境，称为园林植物空间。它是由人工利用自然植物而创造的一种美的植物环境，是用各种具有观赏或实用价值的植物，运用造景艺术布局手法，适当地配置其他园林要素而成的。植物景观空间由基面、竖向分隔面、覆盖面3个部分组成（图1-1）。

基面是景观空间最基本的构成面之一，是由植物在地平面上以不同高度和不同种类的地被植物暗示空间的边界，从而形成具有一定领域，但通透感强、封闭性较弱的虚空间。如草坪与地被植物之间的交界，虽然没有形成对视线屏障的作用，但因为材料质感的变化而形成空间范

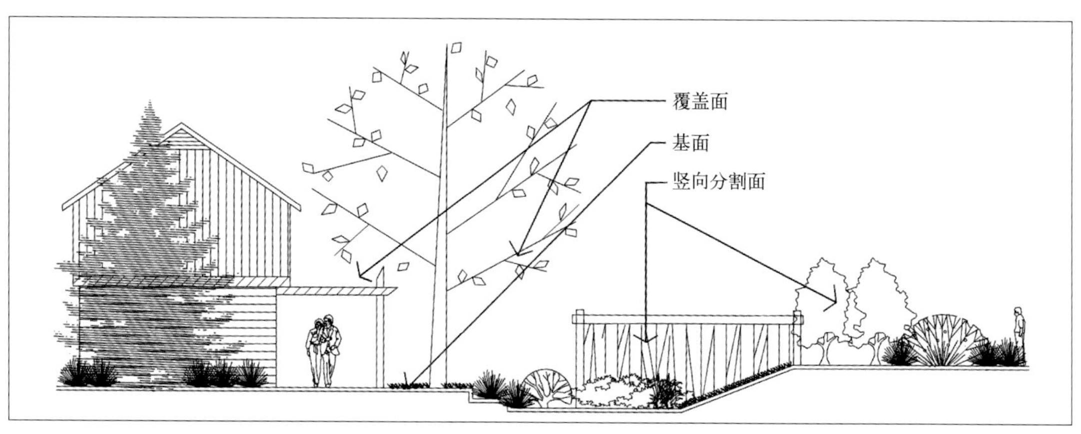

图1-1　植物景观空间的3个构成面

围暗示的作用，从而让人觉得空间边界的存在。草地随地形起伏形成的高度差也构成了多个虚空间，给人不同的空间领域感。

竖向分隔面是由于绿篱或树干立面的遮挡而形成空间，是营造植物空间时最为常用的界面，具有围合空间和划定空间范围的功能，所构成空间的开敞度主要与植物的株高、分枝点高度和枝叶密度息息相关，分枝点较高且枝叶较为稀疏则空间较为通透，反之则较为封闭；同时又因季相不同其空间围合的程度亦有差别。

覆盖面通常是由分枝点较高的树木，其树冠在空中搭接而构成的界面。封闭的程度取决于株距、分枝点高度、季相变化以及枝叶的密度等，分枝点高且枝繁叶茂的大乔木，会使人向上仰视形成封闭感。当树木树冠相连，遮蔽阳光时，其覆盖面的封闭感最强。落叶植物形成的空间则会随着季节而发生变化，夏季浓密的树叶形成一个闭合的空间，给人内心的隔离感；冬天在同一个空间树叶落尽，视线能自由延伸，比夏天感觉更开阔、空间更大。因此，植物的大小、形态、色彩、质地和季相变化等特征就成为植物景观空间构成的相关因素。

（2）植物景观空间构成方式

植物景观空间构成方式从方向上可以分为两种，其一是水平方向的构成方式，其二是垂直方向的构成方式。其中单纯水平方向的构成方式比较简单，在植物景观中，常见的是乔木树冠和花棚架的覆盖面构成方式和草坪、地被的基面构成方式。最常见的是由垂直方向和水平方向共同构成的空间。相对而言，垂直方向的空间构成更多样，空间的限定性、引导性更明确。

① 点状植物对空间的控制　点有大有小，所以植物孤植或多株植物紧密栽植在一起都构成了点状空间，这种点状植物配置会成为空间中的视觉焦点，该空间构成形态称为“焦点型”植物空间，它的特点是集中、无方向性。由点状植物和其所在的空间构成的特定空间，其空间感觉与植物的体量、形态和位置有关。一般地，若植物个体或群体的形态独特、体量大、色彩与背景对比强烈，就会对空间形成“控制力”。如福州国家森林公园的古榕树，其巨大的体量和独特的形态形成空间中的视觉焦点，并对空间形成“控制力”，这样的空间“控制力”感受，正是设计师所极力追求的。此外，点状植物的位置不同，空间感受也不同，当植物位于空间的中心时，它的空间很明确。当植物位于空间的非中心时，只能增强局部的空间感，但减弱了空间的整体感。随着空间中点状植物数量的增加，其所表现出的空间意义差别也很大。当空间中出现两棵树时，可以界定一个虚的空间界面，并利用植物组合成景。当树木的数量增加时，就构成了虚面围合而成的通透空间。当数量进一步增加而个体之间构成秩序不明确时，空间则无焦点可言。

② 线形配置植物对空间的引导与分隔　当空间是由线形种植在竖向分隔面配置构成时，空间的引导与分隔作用就突显出来了（图1-2）。通常在园路、滨水带的单侧或两侧，由绿篱、行道树所围合形成的植物空间，是典型的交通空间。一般呈直线或曲线种植，两端开敞使空间具有较强的方向性和流动感，形成向两端延伸的趋势。这类空间渗透性强但很稳定，两侧的线形配置植物能很好地界定空间，将人的视线转移到其所形成的纵向空间中。国内一般通过乔木作为线形配置植物来引导和分隔空间，国外常用绿篱界定空间，通透性随其高矮密度有所变化。线形植物配置的体量不同，对空间的感受也不相同。矮的线形植物配置呈水平线状态，给人以平静、松缓的感觉；高的线形植物配置呈垂直状态，传达出庄严肃穆之感。当植物之间距

图1-2　线形植物空间（实景和平面配置图）

图1-3　“一”字形植物空间（实景和平面配置图）

离与高度之比在1/1～1/2之间时，空间感觉就很亲切、舒适。

③ 面形配置植物对空间的围合　围合是形成空间最重要的手段。在植物空间中，不同面的组合形式给予游人的心理感受是有差别的，人的活动行为也会因之而不同。例如，全包围空间，其安全感、居中感和私密性最强，开一个口，这个口就形成了虚面，产生了流通和共融趋势；开两个口，空间就有了指引性；开多个口，内外通透感加强，内部限定性减弱。本文主要介绍单面、两面、三面和四面的围合。

单面围合（“一”字形植物空间）：由植物在竖向分隔面形成的单一面组合的空间是“一”字形植物空间，该空间的方向感明确，其空间界定力主要取决于它的高度。当达到一定的高度时，视线和行动都会受到阻碍，这样的单面区分空间最强烈。人们往往喜爱在单面植物配置空间下方活动，既能免于太阳照射，又能寻求心理安全感。单面植物配置形式常在公园边界或水边采用（图1-3），有较好的空间界定效果，植物材料多采用观赏效果与视线阻隔效果俱佳的种类。

两面围合：由竖向分隔面的两个面组合的植物空间中最常见的是“L”形植物空间和“平行线型”植物空间。其他交错两个面组合的空间特点介于这两种之间。“L”形植物空间为两

图1-4 “L”形植物空间（实景和平面配置图）

面封闭的植物空间（图1-4），在转角处限定出一定的空间区域，具有较强的空间围合感。当观赏者离转角越来越远时，空间由封闭逐渐开敞，空间的范围感逐步减弱，并于开敞处全部消失，空间具有较强的指向性。“L”形植物空间，既可以形成局部安静、稳定的空间，也可以将人的视线引导到其他区域，形成良好的对景关系。人处在这样的空间中，既能形成一定的领域感，又能方便地与外界联系交往，故该空间往往很受人欢迎。“平行线形”即线形空间。

三面围合：最常见的是“U”形植物空间。由于空间一面开敞，其余三面封闭，有一定的空间围合感和向心性，是理想的聚会和休息场所。英国风景园林师克莱尔·库伯在她对园林植物空间的研究中发现，人们寻求的是部分围合和部分开放的地方。通常，公园中各个景点往往沿着园路形成“U”形空间，主题景点也可以在园路终端形成“U”形空间。空间周围以植物群落进行围合，人们在这样的空间中既享受着独立、安静的氛围，又不失与外界的联系交流。

四面围合：四面围合形成“口”形植物空间。此空间界定出了明确、完整的空间范围，具有内向的品质，是封闭性最强的植物空间类型。在公园中不同的功能使用区，如名人纪念堂、展览馆等需要安静的活动空间，或者儿童游乐区、体育运动区需要隔离噪音的活动空间，可以通过完全封闭的“口”形植物空间形成独立的空间。从公园植物空间的整体结构布局的需求上看，“口”形植物空间也形成了景观空间的多样与变化。

其他介于点、线、面空间构成形态之间的一些空间，例如，散置在公园中的一些界定模糊的树丛、若干分散种植乔灌木或花卉小品所形成的植物空间，这些空间或独立于区域的边缘，或作为中介空间联系其他空间。在英国的自然风景园和国内的公园中常存在着模糊型植物空间的形态，植物空间在边角处流动，暗示着空间的无限延伸。

1.1.1.2 植物景观空间的类型

植物空间由基面、垂直分隔面和覆盖面3个构成面通过多样的变化方式组形成了各种不同的空间类型。根据垂直界面的植物高度不同，植物高度与视平线高度的关系，又大致分为5种类型（表1-1）。

1.1.1.3 植物景观空间的处理

植物景观空间是利用植物材料，按照植物的自身习性围合出的空间，植物所形成的空间不是静止不变的。随着时间的变化、观察对象的运动，其感官和视野是不同的，它所表现出来的灵活性、运动性，与建筑形成的硬质空间环境有着明显的差别。由于植物会随着时间和季节的变化而变化，因此在对于植物景观空间的处理上一般是从空间氛围的营造、空间层次的丰富、

表1-1 植物空间类型和特点

空间类型	图 示	空间特点	选用植物	适用范围	空间感受
开敞空间		人的视线高于四周的植物景观，视线通透，视野辽阔	低矮的灌木、地被植物、花卉、草坪	开放式绿地、城市公园、广场等入口处	轻松、自由
半开敞空间		四周不完全开敞，部分视线被植物遮挡	高大的乔木、中等灌木	开敞空间到封闭空间的过渡区域	若即若离、神秘
闭合空间		四周植物高过人的视线，人的视线向上、向四周均受到制约	高灌木、分枝点低的乔木和高乔木	小庭院、森林公园、风景游览区、防护林带	亲切、宁静
覆盖空间		植物遮挡住人仰视的视线	攀缘类植物、冠大荫浓的高乔木	花架、树阵广场	温馨、活泼
垂直空间		植物种植在两侧，遮挡人左右的视线，不遮挡前后和向上的视线	分枝点低、枝叶茂密，塔形、柱形、长卵形树冠的乔木	纪念性园林、陵园主干道	庄严、肃穆

空间的多样统一、空间尺度的控制4个方面考虑。

（1）空间氛围的营造

植物色彩和芳香的运用以及植物季相景观的运用是调节植物景观空间氛围的关键。植物景观空间有动态空间与静态空间之分，丰富而浓烈的植物的色彩，如深红色山茶，金黄的孔雀菊，给人以缤纷夺目的感觉，让人有跳跃的欲望，适于营造动态空间；清雅素净的植物色彩，如白色葱兰，蓝色的鸢尾，给人以平和安静的气氛，适于营造静态空间。植物的芳香可舒缓心情，适于在安静休息空间和游赏空间中运用。利用植物季相时间与空间的交错，可以营造不同景象的植物景观空间，实现四季常绿、四季有色和观花观果的植物景观。使之产生春则繁花似锦，夏则绿荫暗香，秋则霜叶似火，冬则翠绿常延，带给人们不同的四季之美，营造出怡人的环境氛围。

（2）空间层次的丰富

增加空间层次，常用手法有三，其一是分隔结合透景、框景；其二可以利用曲折的林缘线；其三采用借景。通过分隔手法增加空间层次，首先，可以运用植物材料与其他硬质景观如门、墙等结合，通过门、窗、空隙等形成透景、框景，使空间相互联系、渗透。也可以单纯运用稀疏种植的竹子、芦苇、枝下高较高的乔木等形成隔景，使景色虚虚实实、若隐若现。其次，运用林缘线的曲折，增加空间的层次与景深（图1-5）。曲折进退的林缘线拉长了游程，使空间边缘的层次丰富，从而使有限的空间在感觉上变大。再次，采用借景，将场地外的景物有选择地纳入场地视线范围内，组织到园林构图中，使空间界限变得模糊。除以上方法外，还应该增加景观的多样性与复杂性，例如，利用乔木、灌木、草坪地被的不同高度和不同植物的色彩、季相变化，营造出高低不同、层次丰富的复层植物空间。在竖向上用乔木、灌木、地被进行合理搭配，有效组织落叶和常绿乔木树种、针叶和阔叶树种及不同色彩的树种来构筑林冠线，使植物天际线富于变化（图1-6），都会使人感觉到空间层次的丰富。

（3）空间的多样统一

在植物景观空间营造中也应融入艺术原理和手法。植物景观空间既要具有实用属性，同时

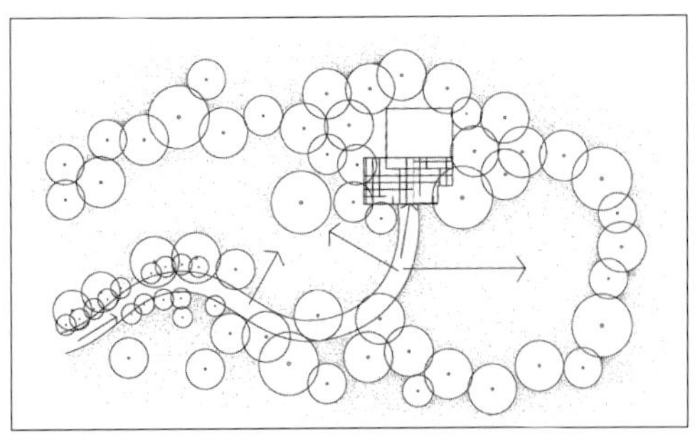
图1-5 利用曲折的林缘线丰富空间层次

图1-6 利用变化的天际线丰富空间层次

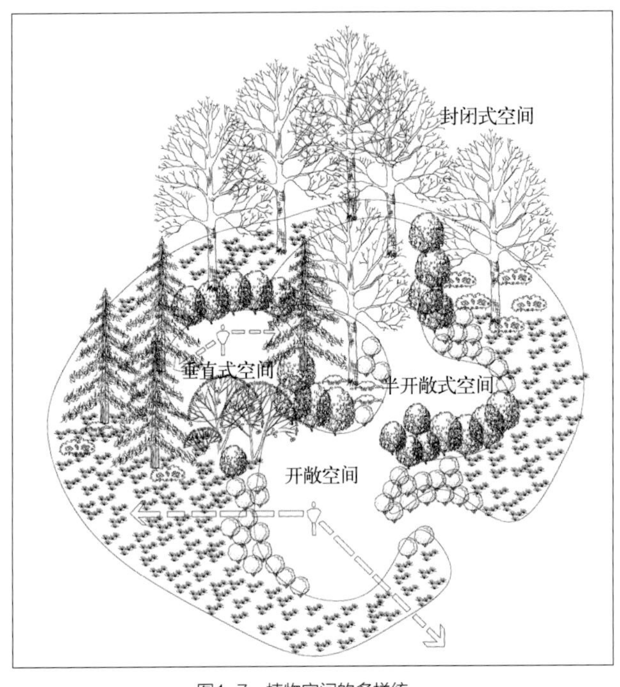

图1-7 植物空间的多样统一

还要赋予它美的属性。多样统一是形成美的植物景观空间设计的方法。包括使用重复、均衡、强调、对比等手法对植物的形态、色彩、质感进行合理选择、组织，使美的景观效果得以体现。其中空间对比是丰富空间之间关系、形成空间变化的重要手段。将两个存在着显著差异的空间布置在一起，由于大小、明暗、动静、纵深与广阔、简洁与丰富等特征的对比，使景观特征更加明显（图1-7）。如大型园林中一般既有自然式种植方式，又采用规则式种植方式；有些空间使用高乔木形成绿荫浓厚的密林，有些空间使用花卉地被形成开朗活泼的游赏花坛。使用植物形态的重复是空间统一的一种手段，重复带给观赏者视觉上的舒适、宁静感，并形成似曾相识的亲切感。

（4）空间尺度的控制

利用不同高度的植物品种，如花卉、藤本、竹类、乔木、灌木可以营造出不同的植物景观空间效果。1969年，爱参岛根大学的山科健二教授提出：可以把植物空间体系划分为触空间、特近空间、近空间等几大体系（表1-2）。表1-2还对不同植物空间距离中植物观赏特性与人的感官感受进行了具体、明确的归纳。

依据表1-2的总结，结合城市公园植物景观的实际，分别对不同尺度的空间进行植物景观设计。

1.1.1.4 植物景观空间的组织

城市公园植物景观通过其自身的空间结构组成有机的整体，构成丰富的连续景观，形成植物景观空间的序列。良好的植物景观空间序列，应在起景空间、节点空间、过渡空间和结景空

表1-2　视距与空间感知

植物空间	视　距	感　官	空间感感知
触空间	0～2m	嗅觉	具有淡香的花、果、叶等
		视觉	植物的整体效果，花、果、叶等的感官效果
		触觉	植物的根、树皮等
特近空间	2～10m	嗅觉	具有浓香气味的花、果等
		视觉	植物叶、花、果实等
近空间 Ⅰ	10～30m	嗅觉	具有浓香气味的花、果等
		视觉	树冠、枝下高、疏密度及树木配置的微景观效果
近空间 Ⅱ	30～60m	视觉	林内树干的视觉效果
中空间	60～1000m	视觉	树种、树型、树干以及群落的整体效果
远空间	1～10km	视觉	树冠的可辨别区域、森林的局部效果
超远空间	＞10km	视觉	天然地形、地貌等

间中创造一系列连续的感知和体验，使空间主次分明、大小尺度适宜。

（1）起景空间的营造

起景空间一般位于主要出入口附近，为了避免一进公园就一览无余，故采用体量较小、较封闭的单一空间以压缩视野，使进入公园内主要空间时可借用对比作用而感到豁然开朗。采用狭长的“平行线”型植物空间引导视线，亦可采用“一”字形植物空间自成一景，并形成屏障遮挡后方的视线。北京植物园中的牡丹园入口处利用天香亭和一株古槐突出其形象和气氛，并在其后方选用白皮松丛植形成障景分隔空间，这样就构成入口的起景空间。

（2）节点空间的营造

节点是景观空间过渡和连接的部分，景观节点常是整合的、精致的小空间和复杂的过渡空间。节点是点状的核心空间，提供不同的景观空间感受和不同的使用功能。在植物景观序列中，会形成多个大小不等的节点空间，成为空间序列的高潮，也是植物景观空间结构的核心所在。节点空间是为游人休憩、停留和观景等功能服务的，是一种静态的、稳定的、具有较强围合性的植物空间。通常采用开敞或半开敞的“焦点”形植物空间、“U”形植物空间和“口”形植物空间。

（3）过渡空间的营造

相邻的节点空间，若形状、大小极不相同或相差不大，连接时易出现过于突然或过于平淡的效果，可利用过渡植物空间完成空间的衔接与转换。由于过渡空间承载较强的交通功能，常采用“平行线”形植物空间完成空间的连接和引导。

（4）结景空间的营造

作为植物景观序列的结尾，结景空间将整个序列收束于此。结景空间可自然地完成空间引导作用，以交通空间方式即“平行线”形植物空间布局将游人送离出口，也可形成最后的点睛之笔，以围合的停留式植物空间即“U”形植物空间及“口”形植物空间再次吸引游人的视线，结束整个行程。在北京植物园中的牡丹园节点空间之后植物景观相对平淡，空间宁静，形成尾声。

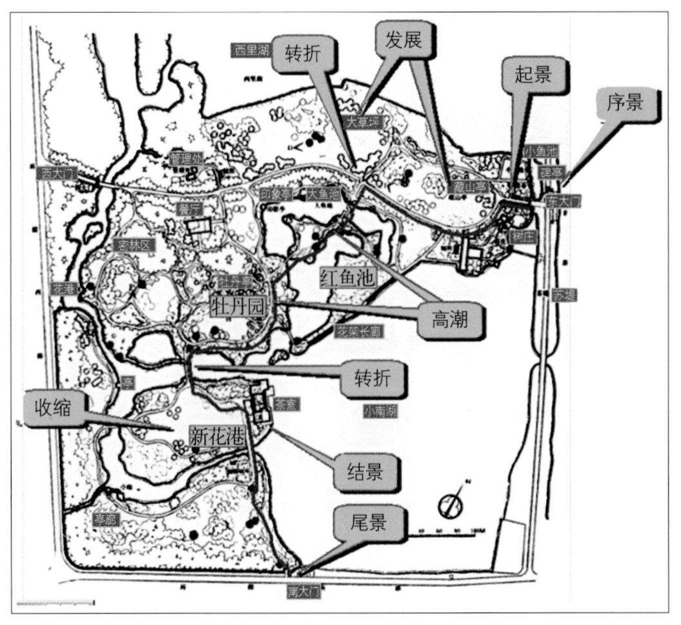

图1-8　杭州花港观鱼公园植物景观空间的组织

利用白皮松作为结景空间的基调，列植于出口两侧，形成视线的最后收拢。全园利用植物形成收放变化，白皮松、牡丹形成基调植物，贯穿、统一整个空间。在植物景观序列的起结开合中，巧妙地转换植物材料，能带给人不同的感受和吸引力。由植物材料形成一定的序列调子，使整个植物景观在统一基础上求变化，又在不断变化中见统一，从而形成丰富、和谐的观赏效果。

现代园林为了满足百姓游赏，尤其是节假日人潮涌动的情况，常安排多个园林出入口，因此空间序列的组织形式大多都采用综合式排列，例如，将串联空间和环状闭合空间结合运用，一方面可带来强烈印象，一方面能创造充实丰富的空间（图1-8）。

1.1.2　植物景观的艺术设计

1.1.2.1　植物景观的色彩设计

植物色彩是园林色彩构图的骨干，也是最活跃的因素。植物的茎、叶、花、果都表现出多种多样的色彩美。植物色彩足以影响设计的多样性、统一性以及各空间的情调和感受，它与植物的其他视觉特点一样，可以相互配合协调使用，在设计中起到突出植物的尺度和形态的作用。

（1）植物景观配色方法

① 单一配色　以一种色彩布置于园林中，如果面积较大，则会显得景观大气，视野开阔。所以，现代园林中常采用草坪或单种花卉、单一树种群体大面积栽植的方式，形成大色块的景观。但是，单一色彩欣赏久了会觉得单调呆板，若在大小、姿态上取得对比，景观效果会更好。例如，在绿色草地中孤植、丛植乔灌木，园林中的块状自然式林地等（图1-9）。

② 类似色配色　在色环上90°内的两种色统称为类似色，如红—红橙—橙、黄—黄绿—绿、青—青紫—紫等均为类似色。类似色由于色相对比不强给人色感平静、调和的感觉，因此在配色中经常应用。在植物景观设计中，类似色用于从一个空间向另一个空间过渡的阶段，给人柔和安静的感觉。园林植物片植时，如果用同一种植物且颜色相同，容易让人感到单调乏味。因此，常用同一种植物的相近色彩或不同种类植物的相近色彩栽植在一起，如月季的深红色与浅红色、金盏菊的橙色与万寿菊的黄色搭配，可以使色彩显得活跃。景观中常见整个色调以大片的草地为主，中央有碧绿的水面，草地上点缀着造型各异的深绿、浅绿色植物，结合白色的园林设施，显得宁静和高雅。花坛中，色彩从中央向外依次变深变淡，具有层次感，舒

适、明朗（图1-10）。

③ 对比色配色　对比色相配的景物给人强烈醒目的美感，能产生现代、活泼、洒脱的感受。色环上相差120°～180°的两种色彩均为对比色。相差180°为最强对比，又称为互补色。对比色因其二者的鲜明印象而相互提高色度，如在草地上栽植大红的碧桃、大红的美人蕉、大红的紫薇，绿的草地与红的花形成鲜明的对比，红色会显得更红，绿色会显得更绿。在进行色彩搭配时，要主次分明，先选取主体色，其他色彩则为副色以衬托主色，副色在面积上要调整，在纯度上要降低，方能得到良好的景观效果。如“万绿丛中一点红”这句话很能说明对比色搭配的技巧。在植物景观设计中，对比色配色常用于重点景区或其他景区的局部中心，最常见于花坛、花境、花丛设计。对比色既互相排斥又相互吸引，能产生强烈的紧张感，很引人注目，但多用则陷于混乱。因此，对比色在设计时应谨慎运用。

④ 多种色配色　多种色彩的植物配置在一起会给人生动、欢快、活泼的感觉，因此节日布置花坛时常选用多种颜色的花卉配置在花坛中（图1-11）。但多色配置仍旧要注意有主有次，选一两个主色相，或有一个明确的主色调。多色配置如果运用不当，会显得杂乱无章，一般初学者要慎重运用此法。

（2）植物景观色块的应用

色块的浓淡、大小可以直接影响对比与协调，色块的集中与分散是最能表现色彩效果的

图1-9　单一配色

图1-10　类似色配色

图1-11　多色配置

图1-12　植物景观色块应用

手段，而色块的排列又决定了园林的形式美。利用植物形成色块是景观设计中常用的手法之一（图1-12）。如道路分车带用‘金叶’女贞和红花檵木或者‘紫叶’小檗做排列式色块配置，淡绿色和暗红色显得明快、简洁、协调；又如花坛采用宿根花卉和小灌木以及种类繁多的草花等组成的四季花坛，充分体现了现代化、大手笔的园林布景手法。广场绿化和道路两侧的绿带多是由灌木修剪而成的，有些色块是由自然生长的大灌木或小乔木片植形成的，气势恢宏。

（3）色彩的表现特征及搭配

每一种色彩都有自己的表现特征。设计师在进行植物选择、植物配置时应根据色彩的特点进行合理的组合。对于色彩的表现特征及搭配规律见表1-3。

表1-3 色彩的表现特征及搭配（金煜，2008）

色 彩	象征意义及其特点	适宜搭配	不适宜搭配	注意事项
红 色	兴奋、快乐、喜庆、美满、吉祥；危险，深红色深沉热烈，大红色醒目，浅红色温柔	红色+浅黄色/奶黄色/灰色	大红色+绿、橙、蓝（尤其是深一点的蓝色）	最好将其安排在植物景观的中间且比较靠近边沿的位置。红色易造成视觉疲劳，有强烈而复杂的心理作用
橙 色	金秋、硕果、富足、快乐和幸福	橙色+浅绿色/浅蓝色=响亮、欢乐 橙色+淡黄色=柔和的过渡	橙色+紫色/深蓝色	大量使用容易产生浮华之感
黄 色	辉煌、太阳、财富和权力	黄色+黑色/紫色=醒目 黄色+绿色=朝气、活力 黄色+蓝色=美丽、清新 淡黄色+深黄色=高雅	黄色+浅色（尤其白色） 深黄色+深红色/深紫色/黑色	大量的亮黄色引起眩目，引发视疲劳，很少大量运用，多作色彩点缀
绿 色	生命、休闲；黄绿色单纯、年轻；蓝绿色清秀、豁达；灰绿色宁静、平和	深绿色+浅绿色=和谐、安宁 绿色+白色=年轻 浅绿色+黑色=美丽、大方 绿色+浅红色=活力 浅绿色+黑色=庄重、有修养	深绿色+深红色/紫红色	可以缓解视觉疲劳
蓝 色	天空、大海、永恒、忧郁	蓝色+白色=明朗、清爽 蓝色+黄色=明快	深蓝色+深红色/紫红色/深棕色/黑色 大块的蓝色+绿色	最冷的色彩，令人感觉清凉
紫 色	美丽、神秘、虔诚	紫色+白色=优美、柔和 偏蓝的紫色+黄色=强烈对比	紫色+土黄色/黑色/灰色	低明度，容易造成心理上的消极感
白 色	纯洁、白雪	大部分颜色	避免与浅色调搭配	产生寒冷、严峻的感觉
黑 色	神秘、稳重、阴暗、恐怖	大部分颜色（尤其浅色） 红色/紫色+黑色=稳重、深邃 金色/黄绿色/浅粉色/淡蓝色+黑色=鲜明的对比	尽量避免与深色调搭配	容易造成心理上的消极感和压迫感
灰 色	柔和、高雅	大部分颜色	避免与明度低的色调搭配	可以用在两种对比过于强烈的色彩之间形成过渡

1.1.2.2 植物景观的造型设计

园林植物种类繁多，姿态各异，每一种植物都有着自己独特的形态特征，经过合理搭配，就会产生与众不同的艺术效果。

（1）植物材料观赏特性

① 植物的大小 按照植物的高度、外形可以将植物分为乔木、灌木、草本三大类。乔木一般在开阔空间中作为主体景观，构成空间的框架，所以在植物配置时首先确定大乔木的位置，然后再确定中小乔木、灌木等的种植位置。中小乔木经常作为较小空间的主景，灌木常密植或

修剪成树墙、绿篱，替代僵硬的围墙、栏杆，进行空间围合，也可以做背景衬托主题雕塑等主景，低矮的灌木往往修剪成模纹，广泛应用于城市绿化中，地被植物往往可以形成空间界限，确立不同的空间，使得园林空间变化多样，增加游赏趣味（图1-13）。

植物大小直接影响观赏效果，不同大小、高度的植物合理搭配在一起，就会形成一条富于变化的林冠线，进而引起游赏者的兴趣（图1-14、图1-15）。

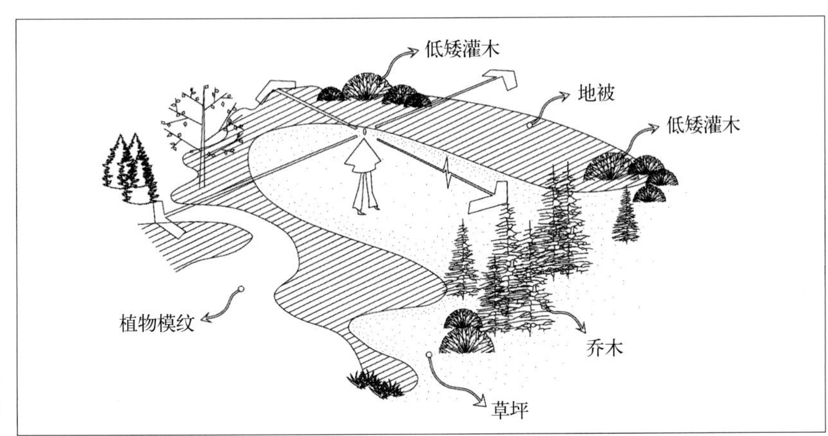

图1-13　植物个体因高度与外形的变化而形成丰富的景观变化

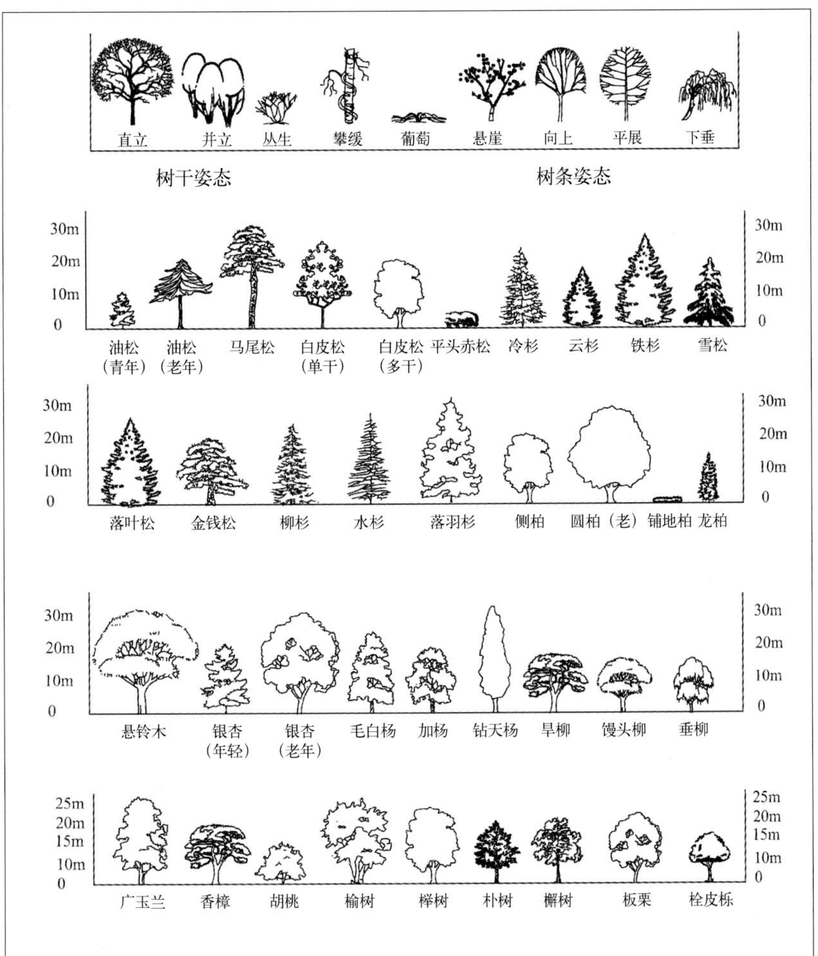

图1-14　不同高度的植物参考图（1）

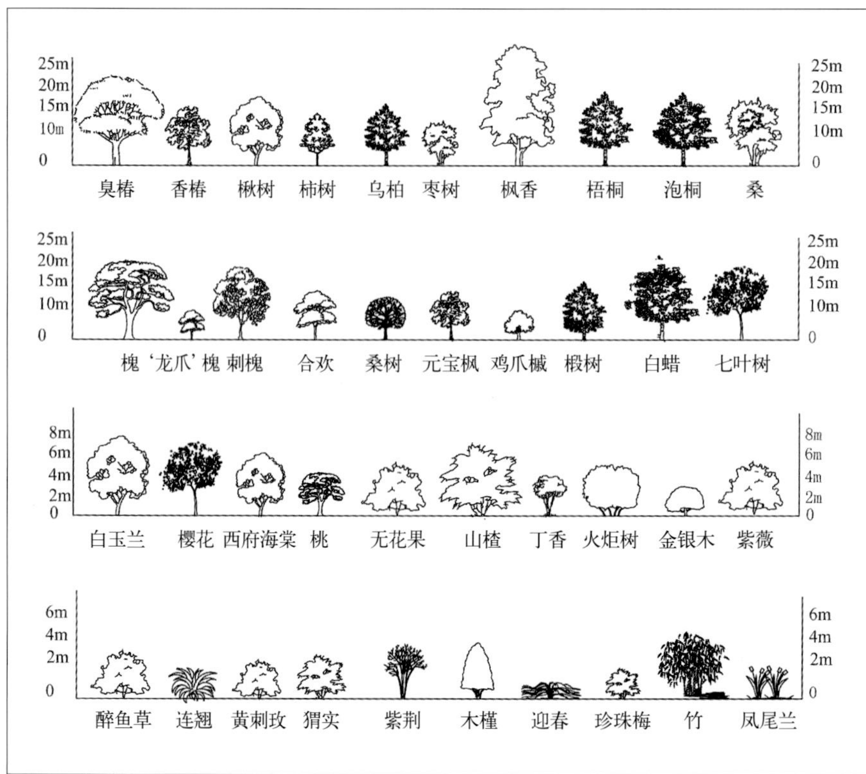

图1-15 不同高度的植物参考图（2）

② 植物外形 这是指单株植物的外部轮廓。自然生长状态下，植物外形的常见类型有：圆柱形、塔形、圆锥形、伞形、球形、半球形、卵形、倒卵形、广卵形、匍匐形等，特殊的有垂枝形、拱枝形、棕榈型等。不同的外观形态给人的视觉感受不同，具体见表1-4。

在植物景观设计时，还应该注意，植物的外形会随着年龄增长而改变，不同年龄阶段的树形可能不同。例如，油松树冠幼年为塔形或圆锥形，中年树冠呈卵形或不整齐梯形，老年树冠为平顶、扁圆形、伞形等。

③ 植物质感 这是指植物直观的光滑或粗糙程度，它受到植物叶片的大小和形状、枝条的长短和疏密以及干皮的纹理等因素的影响，如表1-5所示。

植物质感也会随着季节而变化，落叶植物在冬季仅剩下枝条，质感表现得比较粗糙。所以设计师在植物景观配置时，应综合考虑植物质感的季节变化，按照一定的比例合理搭配针叶常绿植物和落叶植物。

（2）植物配置的构图形式

园林树木景观构图形式大致分为自然式和规则式两种。自然式模仿自然、强调变化，具有活泼、愉快的自然情调，有孤植、丛植、群植、林植等。规则式多对称或成行排列，强调整齐、对称，给人强烈、雄伟、肃穆之感，有对植、列植、篱植等。

草本花卉景观构图形式常见于花坛、花境、花台、花池、花箱等。多布置在公园、交叉路口、道路广场、主要建筑物之前和林荫大道、滨河绿地等景观视线集中处，起着装饰美化的作用。

表1-4　植物外形

类　型	形　状	代表植物	观赏效果	类　型	形　状	代表植物	观赏效果
圆柱形		杜松、塔柏、新疆杨、黑杨、钻天杨等	高耸、静谧，构成垂直向上的线条	垂枝形		垂柳、龙爪槐、垂榆等	优雅、平和，将视线引向地面
塔　形		雪松、冷杉、南洋杉、水杉等	庄重、肃穆，宜与尖塔形建筑物或者山体搭配	钟　形		欧洲山毛榉等	柔和，易于调和，有向上的趋势
圆锥形		圆柏、云杉、幼年期落羽杉、金钱松等	庄重、肃穆，宜与尖塔形建筑物或者山体搭配	风致形		老年的油松、崖壁上的松柏类	奇特、怪异
卵圆形		白玉兰、加杨、毛白杨等	柔和、易于调和	龙枝形		‘龙爪’桑、‘龙爪’柳、‘龙爪’槐等	扭曲、怪异，创造奇异的效果
广卵形		侧柏、紫杉、刺槐等	柔和、易于调和	棕榈形		棕榈、椰子等	构成热带风光
球　形		丁香、五角枫、黄刺玫、槐等	柔和，无方向感，易于调和	半球形		金露梅等	柔和，易于调和
馒头形		馒头柳、千头椿等	柔和、易于调和	丛生形		玫瑰、连翘等	自然
扁球形		板栗、青皮槭、榆叶梅等	水平延展	匍匐形		铺地柏、迎春、地锦等	伸展，用于地面覆盖
伞　形		老年期的油松、老年期落羽杉、合欢等	水平延展				

表1-5　植物质感类型及代表

质感类型	代 表 植 物
粗　质	刺楸、楸树、悬铃木、泡桐、广玉兰、大叶榆、新疆杨、响叶杨、枸骨、十大功劳、八角金盘、龟背竹、地锦、木槿、紫薇、砂地柏、向日葵、蜀葵、蓝刺头、黑心菊、松果菊、老龄树等
中　等	香樟、槐、榉树、珊瑚朴、石楠、桂花、丁香、金光菊、芍药属、羽扇豆属、毛地黄、飞燕草等
细　质	羽毛枫、垂柳、地肤、耧斗菜、石竹、金鸡菊、波斯菊、蓍草、丝石竹、小叶黄杨、绣线菊属、大多数针叶树、竹类、大多数禾本科观赏草、佛甲草、草坪等

1.1.2.3　植物景观设计的美学法则

美学法则是指形式美的法则，是人在长期审美活动基础上总结出来的各种既相区别又有联系的形式美规律，它们随同形式美的发展而有一个从简单到复杂的生成、演变过程。概括起来主要有统一法则、时空法则、数的法则。

（1）统一法则

① 整齐一律　又称单纯齐一，是人类最早发现，也是最简单的形式美。它由各种物质材料按相同方式排列所形成，其中没有明显的差异和对立因素，使人产生的是一种明净、纯洁、一致的感受。单一的色调，如大片草坪、单纯树林等；或整齐划一的行道树、广场上矩阵式栽植；或简单的几何形体，如绿篱，或由灌木修剪形成的几何图案等，都属于这种形式美（图1-16、图1-17）。

整齐一律的形式美常应用于道路绿化、广场绿化和大型公共建筑空间绿化。它虽然简单，但要注意，若运用不当，会给人呆板、单调之感。

② 对称均衡　作为一种体现事物各部分间组合关系的最普遍法则，对称有两种形式：线对称和点对称。前者是以一条线为中轴，左右或上下两侧均等；后者则以一个点为中心，不同图形按一定角度在点的周围旋转排列，形成放射状的对称图形。对称保持了整齐一律的长处，同时避免了完全重复的呆板，既显得庄重、安稳，又起到了衬托中心的作用，所以在植物景观设计中应用广泛。主要道路两侧、公园的主入口处、陵园等常用线对称的形式设计，主建筑、交通安全岛、小型广场中心或圆形花坛常用点对称设计。

均衡是对称的变体，即处于中轴线两侧的形体并不完全等同，只是大小、虚实、轻重、粗细、分量大体相当。较之对称，均衡显示了变化，在静中趋向于动，给人以自由、活泼的感受。公园、游步道、盆景、插花等设计中，常用均衡式设计（图1-18）。

③ 调和对比　调和是在变化中趋向于统一，对比则在变化中趋于差异，它们都显现了矛盾运动的两种状态（图1-19）。具体来说，在调和中，各种形式因素基本上保持同一格调、同一基色，没有明显的差异。色彩中具有同一色相的同类色，如红与橙、橙与黄、黄与绿、绿与蓝、蓝与青、青与紫、紫与红等，就是调和色。由于调和能给人以协调、融合、宁静之感，属于阴柔之美，所以在一些供人休息和需要安静的场所，植物景观设计往往偏于调

图1-16　矩阵式栽植

图1-17　单一行道树种植

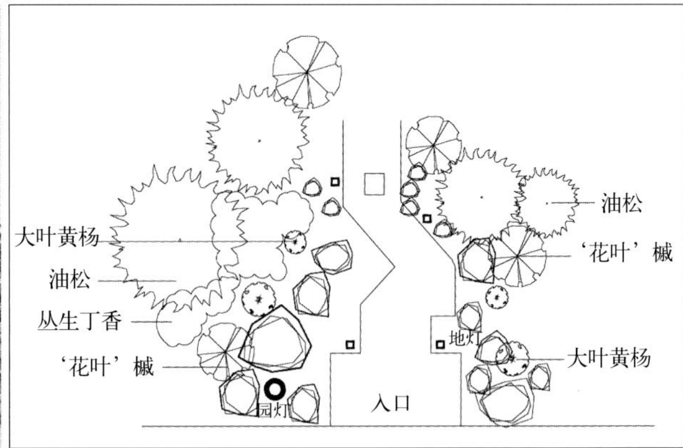

图1-18　均衡种植（西安世博园北京园入口）

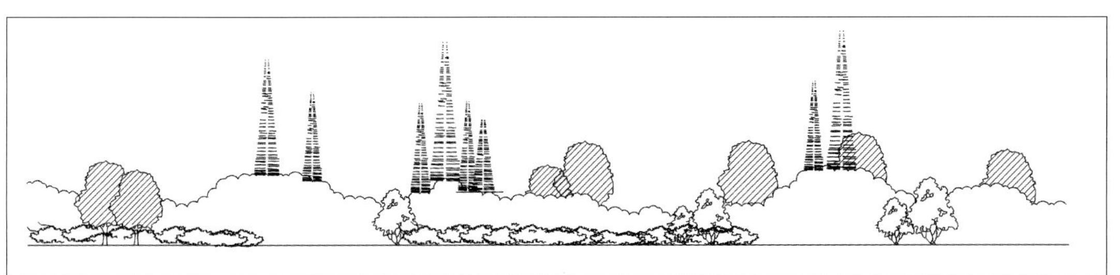

图1-19　植物群落立面效果

注：植物种植高低错落，尖塔状的针叶树和椭圆形的阔叶树在姿态上对比鲜明，但又能形成和谐的统一

和的形式美。

对比是把两种相互差异的形式因素并列在一起，其反差性大，跳跃性强。如色彩的冷与暖，光线的明与暗，体积的大与小，声音的高与低、强与弱，等等。不同的色、形、声等因素，在质、量、空间、时间等方面都可以形成强烈的对比。"接天莲叶无穷碧，映日荷花别样红"是色彩对比；"大漠孤烟直，长河落日圆"是形体对比；"蝉噪林愈静，鸟鸣山更幽"是声音对比。通常，对比给人以鲜明、醒目、振奋之美，一般属于阳刚之美。节日花坛装饰、公园主入口、主题建筑、大型广场、园林主景区等空间的植物景观设计常常运用这种形式美。

④ 节奏韵律　节奏是指事物在运动过程中有秩序、有规律地反复。构成节奏有两层变化关系：一是时间上的间隔与连续所产生的变化过程，二是力量的强弱变化。这两种变化有规律地组合起来，并加以反复交替，便形成节奏，如杭州白堤上桃与柳相间种植（图1-20）。

韵律比节奏内涵丰富，它在节奏基础上形成，并被赋予了一定的情调，呈现出特有的韵味和情趣，是一种富有情感色彩的节奏。

⑤ 多样统一　又称和谐，是形式美的高级法则。"多样"指整体所包含的各个部分在形式上的区别和差异性，"统一"则指各个部分在形式上的共性及整体联系。所谓多样统一，就是把有差异的多种形式要素有机组合起来，在整体融合中消除差异性，使形式之间协调一致，寓变化于统一，因而它包含了多种形式美法则，是对单纯齐一、对称均衡、比例匀称、节奏韵律等规律的集中概括。园林植物景观设计时，树形、色彩、线条、质地及比例都要有一定的差

图1-20　桃柳相间种植的节奏

图1-21　多种植物组合的统一感

异和变化，显示多样性，但又要使它们之间保持一定相似性，引起统一感，这样既生动活泼，又和谐统一。变化太多，整体就会显得杂乱无章，甚至一些局部感到支离破碎，失去美感。过于繁杂的色彩会引起心烦意乱，无所适从；但平铺直叙，没有变化，又会单调呆板。因此，要掌握在统一中求变化，在变化中求统一的原则。

运用重复的方法最能体现植物景观的统一感。如街道绿带中行道树绿带，用等距离配置同种、同龄乔木树种，或在乔木下配置同种、同龄花灌木，这种精确的重复最具统一感（图1-21）。一座城市中树种规划时，分基调树种、骨干树种和一般树种。基调树种种类少，但数量大，形成基调及特色，起到统一作用；而一般树种，则种类多，每种量少，五彩缤纷，起到变化的作用。

（2）时空法则

园林植物景观是一种时空的艺术，这一点已被越来越多的人所认同。时空法则要求将造景要素根据人的心里感觉、视觉认知，针对景观的功能进行适当的配置，使景观产生自然流畅的

图1-22　植物景观的时空变化

时间和空间转换。

植物是具有生命力的构成要素，随着时间的变化，植物的形态、色彩、质感等也会发生改变，因此在设计时既要考虑初期栽植效果，也要考虑后期成景效果，为后期的成熟景观做好准备（图1-22）。

园林景观的设计重点是考虑季相变化。在设计植物景观时，通常采用分区或分段配置植物的方法，在同一区段中突出表现某一季节的植物景观，如春季山花烂漫，夏季荷花映日，秋季硕果累累，冬季蜡梅飘香。为了避免一季过后景色单调或无景可赏的尴尬，在每一季相景观中，还应考虑配置其他季节的观赏植物，或增加常绿植物，做到“四季有景”。这一点在后文植物景观动态设计中有详细介绍。

（3）数的法则

数的法则源自于西方，西方人认为，凡是符合数的关系的物体就是美的，比如正方形、等边三角形、圆形受到一定数值关系的制约因而具有了美感，因此这3种图形成为设计中的基本图形。在植物景观设计过程中，如植物模纹、植物造型等，也可以适当地运用一些数学关系，以满足人们的审美要求。

① 比例　比例是指事物形式因素中部分与整体、部分与部分之间合乎一定的数量关系；匀称则指一事物各部分之间合乎一定比例关系或比例恰当。它们是一切形体造型的普遍法则，也是人们对形式因素最基本的认识之一。匀称的比例关系使形象更加严整和谐，比例失调就会出现畸形——形式上的丑。所以，中国画很讲究这种比例和匀称，画人物有头与身长“立七、坐五、盘三半”的比例关系，画人物面部有“五配三匀”的比例关系，画山水则有“丈山、尺树、寸马、分人”的布局比例。而西方学者更对什么样的比例才是美的做过精确分析。毕达哥拉斯学派就曾认为“黄金分割比例”最美，即大小（长宽）之比应相当于大小（长宽）之和与大（长）者之间的比例；其公式为$a:b=(a+b):a$，用数字表示则为1∶0.618或约5/3。由于这一“黄金分割”比例关系是人们最常见的一种合理比例关系，所以它在历史上曾被许多艺术家用于创作之中。

② 尺度　园林景观设计中，尺度有景观尺度、心理尺度、景观空间尺度3个方面。

景观尺度：以人为参照，可分为3种类型：自然的尺度、超人的尺度、亲切的尺度。具体到不同园林环境中，尺度选用要根据功能需求和观赏效果进行，无论是孤植还是林植都应与所处的环境协调一致。比如中国古代私家园林属于小尺度空间，所以园中搭配的都是小型的、低矮的植物，显得亲切温馨；而美国国会大厦前属于超大的尺度空间，配置以大面积草坪和高大乔木，显得宏伟庄重。两者植物的尺度有所不同，但都与其所处的环境尺度相吻合，所以形成各具风格的园林景观。

需要注意的是，园林植物的尺度会随着时间的推移而发生改变。中国古典私家园林，空间小，山水、建筑等的尺度都小，植物过了几百年早由当年的小树长成了大树，因此许多景观在现代看来，早已失去“一峰山则太华千寻，一勺水则江湖万里”的意境。所以设计师在设计初期就应该考虑到植物随着时间而发生的尺度变化，应采取一些措施以保证景观的持续观赏效果。如杭州花港观鱼公园的雪松大草坪，在建成20多年后仍然保持着极佳的观赏效果。

心理尺度：1959年爱德华·霍尔把人际交往的距离划分为4种：亲密距离、个人距离、社会距离、公众距离，具体内容如表1-6。

表1-6 心理交往距离

<table>
<tr><th>名 称</th><th>尺度（m）</th><th>适用人群或者环境</th><th>名 称</th><th>尺度（m）</th><th>适用人群或者环境</th></tr>
<tr><td>亲密距离</td><td>0～0.45</td><td>爱人、非常亲密的朋友</td><td rowspan="2">社会距离</td><td>1.2～2.1</td><td>一般工作环境和社交聚会</td></tr>
<tr><td rowspan="2">个人距离</td><td>0.45～0.75</td><td>熟人</td><td>2.1～3.75</td><td>正式场合（外交会晤、面试等）</td></tr>
<tr><td>0.75～1.2</td><td>朋友</td><td>公众距离</td><td>3.75～8.0</td><td>讲演者和听众</td></tr>
</table>

景观空间尺度：根据人的视觉、听觉、嗅觉等生理因素，结合人际交往距离，可以得到景观空间场所的3个基本尺度，称之为景观空间尺度。20～25m见方的空间，人们感觉比较亲切，是创造景观空间感的尺度。超过110m后才能产生广阔的感觉，是形成景观场所感的尺度。390m以外，人眼已经无法看清，这个尺度显得深远、宏伟，是形成景观领域感的尺度。

另外，要想获得良好的视觉效果，场地中的景物（比如孤植树、树丛、主体建筑、雕塑等）与场地之间也应该选用适宜的比例，景物高度与场地宽度的比例宜为1：4。

1.1.3 植物景观的生态设计

1.1.3.1 园林植物的生态特性

园林植物与其他事物一样，不能脱离环境而单独存在。一方面，环境中的温度、水分、光照、土壤、空气等因子对园林植物的生长和发育产生重要的生态作用；另一方面，园林植物对变化的环境也产生各种不同的反应和多种多样的适应性。

（1）温度

温度对园林植物个体的生长发育影响很大，温度的变化直接影响着植物的光合作用、呼吸作用、蒸腾作用等生理作用。每种植物的生长都有最低、最适、最高温度，称为温度的三基点。一般地，植物生长的温度范围为4～36℃（表1-7）。

（2）光照

光对园林植物的影响主要表现在光照强度、光照长度和光质3个方面。根据植物对光强的要求，可以把园林植物分成喜光植物、阴性植物和居于这二者之间的耐阴植物（表1-8）。

植物开花要求一定的日照长度，按照此现象把植物分为长日照、短日照和中间性植物（表1-9）。

通常延长光照时数会促进或延长植物生长，而缩短光照时数则会减缓植物生长或使植物进入休眠期。在现代园林植物景观创造中，常常利用人工光源或遮光设备来控制光照时数，从而控制植物的花期以满足造景需要。例如，一品红为短日照植物，正常花期在12月中下旬，为使一品红于“十一 ”国庆节开花，可于7月底每天给予8~9h的光照，其他时间遮光处理，缩短每天的光照时间，1个月后形成花蕾，9月下旬逐渐开放。

（3）水分

水分是植物体的重要组成成分，也是影响植物形态结构、生长发育等的重要生态因子。地

表1-7　温度与植物的分布

分　类	能够忍耐的最低温度	原产地	代表植物
耐寒植物	0℃以下	寒带或温带	落叶松、云杉、冷杉、黄杉、铁杉、油杉、柏木、圆柏、福建柏、杉木、柳杉、水杉、水松、台湾杉、翠柏、扁柏、罗汉松、金钱松、陆均松、三尖杉、红豆杉、榧树、油松、白桦、榆树等
中温植物	5～10℃可以露地越冬	温带南缘或亚热带北缘	香樟、广玉兰、桂花、夹竹桃、南天竹、紫藤、金银花、榆叶梅、杏等
不耐寒植物	10～15℃或更高的温度	热带及亚热带	棕榈、椰子、可可、加拿利海枣、散尾葵、栀子、无患子、变叶木等

表1-8　光照强度与植物

需光类型	光照强度	环　境	植物种类
喜光	全日照的70%	林木的上层	木棉、悬铃木、银杏、紫薇、椰子、杨柳、棕榈及大部分针叶植物和多数一、二年生草本植物
耐阴	全日照的5%～20%	植物群落中下层或生长在潮湿背阴处	罗汉松、竹柏、栾树、君迁子、桔梗、白芨、棣棠、珍珠梅、杜鹃花、山茶、八仙花、七叶树、五角枫等
阴性	80%以上的遮阴度	潮湿、阴暗的密林	红豆杉、肉桂、珠兰、中华常春藤、三七、人参、黄连、吉祥草、宽叶麦冬、蕨类、一叶兰、兰花、文竹等

表1-9　光照时间与植物

光照时间	光照时数	分　布	植物种类
长日照	>14 h	高纬度（纬度超过60°的地区）	樱花、唐菖蒲、金盏菊、矢车菊、天人菊、罂粟、薄荷、薰衣草、牡丹、矮牵牛、郁金香、睡莲等
短日照	<12 h	低纬度（热带、亚热带和温带）	菊花、大丽花、大波斯菊、紫花地丁、长寿花、一品红、牵牛花、蒲公英等
中间性	无要求	广泛	月季、扶桑、天竺葵、美人蕉等

上部分，空气湿度对植物生长起很大的作用，如在高温高湿的热带雨林中，高大的乔木上通常附生大型的蕨类，如鸟巢蕨、岩姜蕨、书带蕨等，它们呈悬挂下垂姿态，抬头远望，犹如空中花园。地下部分，植物对土壤含水量的需求不同使得其分为水生、湿生、中生、旱生4个生态类型。举例如表1-10、表1-11。

（4）空气

空气对园林植物的影响是多方面的。空气中的二氧化碳和氧都是植物光合作用的主要原料和物质条件，这两种气体直接影响植物的健康生长与开花状况。

在园林实践中，对植物景观影响较大的是一些有害气体，它们直接威胁着园林植物的生长发育。因此在园林植物配置与造景时，要因地制宜，选择对有害气体有抗性的园林植物（表1-12）。

（5）土壤

土壤是园林植物生长的基质，一般栽培园林植物所用土壤应具备良好的团粒结构，疏松、

表1-10　水生植物类别

类　别	植物名称	科　别	特　性	适宜水深（m）
挺水植物	莲	睡莲科	多年生水生草本	0.5～0.8
	水　芋	天南星科	多年生水生草本	0.15以下
	再力花	竹芋科	多年生挺水草本	0.5以下
	蒲　草	香蒲科	多年生宿根草本	0.3～1.0
	水　葱	莎草科	多年生挺水草本	0.3～0.6
	水　芹	伞形科	多年生沼泽草本	0.3～1.0
	石菖蒲	天南星科	多年生宿根草本	0.1～0.3
浮水植物	莼　菜	睡莲科	多年生宿根草本	0.3～1.0
	菱	菱　科	一年生浮叶水生草本	0.1～2.0
	慈　姑	泽泻科	宿根水生草本	0.10～0.15
	荇　蓬	睡莲科	多年生浮水草本	浅水
	凤眼莲	雨久花科	多年生水生草本	0.3～1.0
	芡　实	睡莲科	一年生水生草本	0.3～1.5
	睡　莲	睡莲科	多年生水生草本	0.4～0.8
沉水植物	金鱼藻	金鱼藻科	多年生沉水草本	栽植深度是水能见度的2倍
	水毛茛	毛茛科	多年生沉水草本	
	水车前	水鳖科	多年生沉水草本	
	黑　藻	水鳖科	多年生沉水草本	
	眼子菜	眼子菜科	多年生沉水草本	

表1-11　湿生、旱生植物对照

分　类	特　征	代表植物	适宜环境
湿生植物	抗旱能力差，不能长时间忍受缺水	落羽松、池杉、水松、垂柳、旱柳、枫杨、乌桕、白蜡、三角枫、柽柳、夹竹桃、榕属、马蹄莲、水杉、海芋、龟背竹、广东万年青等	日光充足，但土壤水分饱和的环境中，如沼泽化草甸、河湖沿岸低地
旱生植物	耐旱较强，能忍受较长时间的空气或土壤干旱	仙人掌类、小叶杨、小叶锦鸡儿、雪松、杨树、榆树、胡颓子、侧柏、圆柏、黄连木、合欢、君迁子、紫穗槐、紫藤、皂荚等	沙漠、裸岩、陡坡等含水量低、保水力差的地段

肥沃，排水和保水性能良好，并含有丰富的腐殖质和适宜的酸碱度。

根据我国的土壤酸碱性情况，可把土壤酸碱度分为5级：pH<5.0为强酸性；pH=5.0～6.5为酸性；pH=6.5～7.5为中性；pH=7.5～8.5为碱性；pH>8.5为强碱性。土壤不同类型使得与其相适应的植物品种有很大变化（表1-13）。

植物景观设计时，应注意城市土壤具有极大的特殊性：

① 城市内由于人流量大，人踩车压，增加了土壤密度，降低了土壤透水和保水能力；

② 土壤被踩紧实后，土壤内孔隙度降低，土壤通气不良，抑制了植物根系的伸长生长；

③ 城市内一些地面用水泥、沥青、铺砖等铺装，封闭性大，留出树池很小，也造成土壤透气性差，硬度大；

④ 大部分裸露地面夏季吸热较强，提高了土壤温度。所有这些因素都是植物生长的不利

表1-12　空气污染与植物的抗性

污染物	污染源	植物对空气污染的抵抗能力		
		强	中	弱
SO_2	以煤为主要能源的工厂（如发电厂），采用燃煤锅炉的供暖点，硫铵化肥厂等	山皂角、刺槐、槐、加杨、银杏、臭椿、美国白蜡、小叶白蜡、华北卫矛、欧洲红豆杉、茶条槭、榆、大叶朴、梓树、黄檗、垂柳、馒头柳、栾树、杜梨、君迁子、北京丁香、丁香、胡桃、龙柏、太平花、紫穗槐、野蔷薇、木槿、珍珠梅、雪柳、黄栌、构树、柿树、小叶黄杨、云杉、连翘、山楂、火炬树、紫薇、海州常山、五叶地锦、大叶黄杨、地锦、黄槿、木麻黄、蒲桃、九里香、夹竹桃、台湾相思、紫珠、女贞、无花果、蚊母树、山茶、冬青、油橄榄、棕榈、厚皮香、丝兰、月桂、石榴、胡颓子、柑橘、丝棉木、美人蕉、野牛草、狗牙根、细叶结缕草等	小叶杨、小青杨、旱柳、复叶槭、辽杏、山荆子、北京杨、钻天杨、桑、金银花、西府海棠、榆叶梅、合欢、元宝枫、悬铃木、接骨木、桂香柳、白皮松、凤凰木、大叶合欢、油棕、茉莉、一品红、枫杨、八角金盘、木棉、木芙蓉、番石榴、黄栀子、变叶榕、苏铁、广玉兰、'金边'凤尾兰、大叶榕、迎春等	黄花落叶松、辽东冷杉、红松、侧柏、青杆、杜松、油松、黄金树、五角枫、山杏、美国凌霄、黄刺玫、雪松、马尾松、湿地松、水杉、羊蹄甲、荔枝、龙眼、木瓜、杨桃、木槿、假连翘、华山松、杜仲、小叶女贞、日本樱花、油桐等
Cl_2	化工厂、玻璃厂、冶炼厂、自来水厂、电化厂、农药厂、塑料厂	木槿、合欢、五叶地锦、黄檗、构树、榆、接骨木、紫荆、槐、紫藤、紫穗槐、棕榈、枇杷、圆柏、龙柏、无花果、沙枣、美人蕉、凤尾兰、大叶黄杨、海桐、广玉兰、夹竹桃、珊瑚树、丁香、矮牵牛、紫薇、狗牙根、竹节草、细叶结缕草等	皂角、桑、加杨、臭椿、圆柏、复叶槭、树锦鸡儿、丝棉木、文冠果、刺槐、银杏、杜梨、枸杞、白榆、梓树、楸树、栀子、丝兰、百日草、醉蝶花、蜀葵、五角枫、悬铃木等	香椿、枣、红瑞木、黄栌、侧柏、洋白蜡、金银木、旱柳、南蛇藤、海棠、苹果、毛樱桃、小叶杨、钻天杨、连翘、鼠李、油松、栾树、山桃、榆叶梅、黄刺玫、胡枝子、水杉、茶条槭、雪柳、华山松、白皮松、核桃、柿树等
光化学烟雾O_3	车流量大的城市，尤其是主要交通干道	银杏、柳杉、日本扁柏、日本黑松、香樟、海桐、青冈栎、夹竹桃、海州常山、日本女贞、悬铃木、连翘、冬青、圆柏、侧柏、刺槐、臭椿、旱柳、紫穗槐、桑、毛白杨、栾树、白榆、五角枫等	日本赤松、锦绣杜鹃、东京樱花等	大花栀子、胡枝子、木兰、牡丹、垂柳等
氟化物	使用水晶石、萤石、磷矿石和氟化物的企业	榆、梨、槐、臭椿、泡桐、龙爪柳、悬铃木、胡颓子、白皮松、侧柏、丁香、山楂、金银花、连翘、锦熟黄杨、大叶黄杨、地锦、五叶地锦、玫瑰、乌桕、夹竹桃、木槿、桂花、海桐、山茶、白兰、金钱松、苏铁、月季、鸡冠花等	刺槐、桑、接骨木、桂香柳、火炬树、君迁子、杜仲、文冠果、紫藤、美国凌霄、华山松、油茶、紫薇、柳杉、水杉、圆柏、石榴、无花果、冬青、卫矛、牡丹、长春花、八仙花、米兰、晚香玉等	唐菖蒲、杏、李、梅、榆叶梅、山桃、葡萄、白蜡、油松、柑橘、柿树、华山松、香椿、天竺葵、珠兰、四季海棠、茉莉等

因素。

（6）生物相关性与植物造景

某些植物如同水火不相容一样不能共同生存，一种植物的存在导致其他植物的生长受到限制甚至死亡，或者两者都受到抑制。当然，也有部分植物种植在一起，会互相促进生长。因此，在设计人工植物群落种间组合进行植物配置与造景时，要区别哪些植物可“和平共处”，哪些植物“水火不容”。下面介绍一些植物相克或相生的例子（表1-14）。

1.1.3.2　植物景观的生态美

当代科学的生态化趋势，促使生态学与美学结合，催生了生态美学。从生态意义看待美，美不是美在个体的生命上，而是美在生态平衡上。生态性是园林植物景观的一个基础特性，也是植

表1-13　土壤类型与相适应植物

土壤类型	土壤属性	适应植物
酸性土	pH 5.5～6.5	杜鹃花、红花檵木、‘金叶’女贞、瑞香、八仙花、含笑、白兰、油桐、肉桂、印度橡胶榕、吊钟花、茶、山茶、茉莉、马尾松、栀子、柑橘类、大多数棕榈类
中性土	pH 6.5～7.5，大多数土壤	大多数园林植物
碱性土	pH 7.5～8.5	银杏、槐、重阳木、黄栌、柽柳、连翘、‘金叶’莸、洒金桃叶珊瑚、黄杨、海桐、新疆杨、合欢、文冠果、木麻黄、紫穗槐、沙枣、沙棘、侧柏、仙人掌、玫瑰、非洲菊、石竹类
盐碱土	盐土pH中性，碱土pH碱性，分布于沿海地区、西北内陆干旱地区或者地下水位高的地区	黄栌、白蜡、胡杨、柽柳、石榴、无花果、杞柳、旱柳、刺槐、臭椿、枸杞、皂荚、白蜡、杜梨、乌桕、杏、钻天杨、胡杨、君迁子、侧柏等
肥沃土壤	养分含量高	多数植物，但对于喜肥植物尤为重要，如胡桃、梧桐、梅花、香樟、牡丹等
贫瘠土壤	养分含量低	马尾松、油松、构树、木麻黄、酸枣、小檗、小叶鼠李、金老梅、锦鸡儿、砂地柏、景天类植物等
砂质土	砂粒含量在50%以上，沙漠、半沙漠地区多见	沙竹、沙柳、黄柳、骆驼刺、沙冬青等
钙质土	土壤中含有游离的碳酸钙	南天竺、柏木、青檀、臭椿、栓皮栎等

表1-14　植物之间的相生相克

作　用	符　号	相互作用植物
相　克	↔	黑胡桃↔松树/苹果/马铃薯/番茄/紫花苜蓿/各种草本植物；苹果↔马铃薯/芹菜/胡麻/燕麦/苜蓿；刺槐、丁香、稠李、夹竹桃、薄荷、月桂、侧柏会危害临近植物；榆↔栎树/白桦；松↔云杉；丁香↔铃兰/紫罗兰/玫瑰；水仙↔铃兰；甘蓝↔芹菜；桃↔茶树/杉树；接骨木↔松/杨；刺槐↔果树；柏↔橘；大丽菊↔月季；丁香↔紫罗兰↔郁金香↔勿忘我等
相　生	+	黑胡桃＋悬钩子；苹果＋南瓜；皂荚+黄栌/百里香/白蜡/鞑靼槭；牡丹+芍药；葡萄+紫罗兰；红瑞木+槭树；接骨木+云杉；胡桃+山楂；板栗+油松；朱顶红+夜来香；石榴+太阳花；一串红+豌豆花；松/杨+锦鸡儿；百合+玫瑰等

物景观之所以能形成的最基本条件之一。园林植物景观最本质的功能是发挥绿色植物特有的生态效益。因此，生态美也是园林植物景观美的内涵中不可或缺的一个方面。园林植物景观的生态美则要从健康与安全状况、吸引野生动物、植物物种多样性和群落结构多样性等方面来展现。

（1）健康与安全状况

① 乡土植物的应用　园林植物对生态的要求首先是适地适树。乡土植物更是体现地方特色的要素之一。一定的地域都有一定的代表乡土植物，如日本的樱花，加拿大的枫叶，澳大利亚的桉树。乡土植物景观是地域、乡土和场所的标志，选用当地的乡土植物为主来塑造人居环境的植物景观，可以形成熟悉而持久的地方风貌，增强人们对故土的热爱。同时乡土植物营造的景观易于管理，可降低管理费用，节约绿化资金。

② 植物的健康　植物造景不同于山石、水体、建筑景观的构建，其区别于其他要素的根本特征是它的生命特征，这也是它的魅力所在。植物景观的建设是在植物能健康生长、持续生长的条件上进行的，病态的植物，失去生命活力的植物景观只能是残枝败柳、枯木废桩，毫无美感可言，无法达到理想的景观效果。

③ 生物入侵　这是指某种生物从外地自然传入或者人为引种后成为野生状态，并对本地生态系统造成一定危害的现象。据不完全统计，我国目前已经知道的入侵植物已达380种。有许多入侵植物都是作为观赏植物引进的，比如一枝黄花、互花米草、紫茎泽兰等，虽然由这些植物组成的景观也会有其独特的形式美和功能美，但是此类给自然平衡带来灾难的景观很难使人真正感觉到美。

（2）吸引野生动物

园林植物为野生动物提供了丰富的食物来源和营造了良好的避敌环境，成为城市生物多样性保育和自然保护的关键之地。因此，合理配置能够吸引野生动物的植物，营造适合于野生动物栖息的园林植物景观，形成“鸟语花香，蝶舞蛙鸣”的景色，能使人感到与大自然的一种和谐，同时也是生物多样性保护的良好手段。

（3）植物物种多样性

保持和保护生态系统中物种的多样性，特别是植物物种的多样性，将有助于生态系统的平衡，也是实现可持续发展的迫切需要。植物景观中的物种多样性是指园林植物景观中多种多样的物种类型和植物种类。在城市园林植物景观中，各个小的人工群落的环境不是一致的，物种多样性指数高，意味着更多样的小生境能允许更多物种共存。植物物种多样性不仅可以给城市园林绿化带来丰富的植物景观，更可以给城市园林绿化创造特色提供基础和可能。

（4）群落结构多样性

城市园林从传统的游憩、观赏功能发展到维持城市生态平衡、保护植物多样性和再现自然的高层次阶段，园林植物景观应以保持生态平衡、美化城市环境为主导思想，因地制宜，遵循植物共生、循环、竞争等生态学原理。植物群落的种植设计，必须遵循自然植物群落的发展规律。依据自然植物群落的组成成分、外貌、季相，自然植物群落的结构、垂直结构与分层现象，群落中各植物种间的关系等进行植物配置。这些都是植物造景中栽培植物群落设计的科学性理论基础。北京奥林匹克森林公园植物群落设计和上海世博公园植物群落设计（表1-15、表1-16）。

1.1.3.3　植物景观的生态设计方法

（1）立足生态理论，保护自然景观

根据生态学理论，一个稳定的自然群落是由多个种群组成的，各个种群占据各自的生态位，如果没有人工的干预，自然群落会由低级向高级演替，逐步形成一个低耗能、相对稳定的顶级群落。要达到这一阶段需要经过几年、几十年，甚至上百年的时间，如果不注意保护，以现在人类所拥有的实力，很容易将其毁灭，更不要说那些处于演替中或者正在恢复的自然群落了。现在人们正在通过设立自然保护区、风景区等形式保护自然植物群落，阻止物种的灭绝，维护生物的多样性。而对于人工干预非常强的园林景观而言，保护环境，尤其是保护原有的、已经存在的植物群落尤为重要。面对原有的生态系统、原有的植被，我们首先需要考虑的是保留什么，而不是去除什么，也就是说要从生态学角度去分析研究原有的体系，尤其是已经存在的植物群落，保证原有的自然环境不受或尽量少受人类干扰。

表1-15　北京奥林匹克森林公园主要生态环境区域植物群落构成

生态环境类型	群落模式	群落植物功能
高地＋自然＋干地区	上层　栾树＋油松＋侧柏 中层　荆条＋小花溲疏＋胡枝子 下层　景天类	该模式内均是乡土植物，且耐干旱瘠薄，适合在高处、土壤干燥的情况下生长。群落以绿色为基调，其中小花溲疏的白色花、胡枝子的粉色花和栾树的黄花为群落增添了颜色。荆条是良好的蜜源植物，可吸引昆虫
高地＋自然＋中地区	上层　侧柏＋油松＋槐＋臭椿 中层　小花溲疏＋棣棠＋红瑞木＋黄栌 下层　砂地柏	该模式以绿色为基调，以万古长青为主题，以常绿松柏为主要植物材料。同时配有少量观花灌木，创造植物景观变化
	上层　柿树＋元宝枫＋银杏＋油松 中层　香茶藨子＋山楂＋秋胡颓子＋黄栌 下层　'宽叶'麦冬＋紫花地丁	该模式以秋季红色为基调、秋季丰收为主题。柿树硕大的金黄色果实，山楂鲜红色的果实和元宝枫、银杏、黄栌的红色叶，构成了一副丰收的景象。春季有香茶藨子、紫花地丁；夏天有苍翠的油松，使得群落有三季景观变化
平地＋自然＋中地区	上层　旱柳＋流苏＋油松 中层　海州常山＋锦带花＋连翘＋山桃 下层　二月蓝＋荚果蕨	春景模式，营造美丽而持久的春季景色
	上层　栾树＋刺槐＋华山松 中层　珍珠梅＋连翘＋紫薇＋月季 下层　大花萱草＋宽叶麦冬	夏景模式，以连翘的春花开始，其他植物次第开花，整个夏季开花不断，麦冬可以维持冬季景观
	上层　元宝枫＋山楂＋白皮松 中层　黄栌＋木槿＋香茶藨子 下层　五叶地锦＋野牛草	秋季元宝枫鲜亮的黄叶和黄栌、五叶地锦的红色叶构成整个景观的底色，山楂的红果和香茶藨子的黑果，以及白皮松的苍翠点缀其间，增加景观层次
	上层　刺槐＋青杆＋白皮松 中层　红瑞木＋棣棠＋迎春＋云杉 下层　野牛草	红瑞木、棣棠、迎春以大面积色块来体现植物群体美，枝干丰富的颜色（红、绿、白、黑）和不同的姿态丰富了冬季景观
平地＋自然＋湿地区	上层　栾树＋绦柳＋水杉 中层　绣线菊属＋红瑞木＋迎春 下层　玉簪	以水杉和绦柳两种不同姿态创造变化丰富的天际线，红瑞木、迎春群体色彩与整个群落绿色主调形成反差

表1-16　上海世博公园绿地典型群落分类表

主要景区	物种选择	代表性植物群落	群落类型
湿地水岸景区	垂柳、池杉、水杉、乌桕、枫杨、棣棠、迎春、木芙蓉、碧桃等	垂柳＋池杉＋水杉＋木芙蓉＋碧桃＋鸢尾＋菖蒲＋芦苇 枫杨＋碧桃＋八角金盘＋鸢尾	观赏型
人工林地景区	水杉、香樟、湿地松、雪松、樱花、桃、紫薇、桂花、枫香、梅、山茶等	雪松＋银杏＋桂花＋木槿＋红花酢浆草 香樟、松柏林等	观赏型 保健型 环保型
人工展示园	山茶、石榴、枇杷、杨梅、结香、月季、芭蕉、罗汉松、茶梅、火棘、白玉兰、乐昌含笑、蜡梅等	梅园、桂花园、槭树园、牡丹园、杜鹃园等	观赏型 生产型 科普知识型
疏林草坪	紫薇、紫荆、紫玉兰、紫叶李、海桐、石楠、鸡爪槭、垂丝海棠、贴梗海棠、含笑、栀子花、火棘、八角金盘、月季、杜鹃花、丁香、红瑞木、蜡梅、棣棠、凌霄、紫藤、铺地柏、地锦、麦冬、萱草、石蒜、沿阶草等	紫薇＋鸡爪槭＋八角金盘 垂丝海棠＋蜡梅＋杜鹃花＋沿阶草	文化艺术型 保健型

典型实例1：中山岐江公园

中山岐江公园在粤中造船厂旧址上建设，占地11hm^2。作为一个有近半个世纪历史的旧船厂遗址，过去留下的东西很多。公园设计组对所有这些“东西”，以及整个场地，都逐一进行测量、编号和拍摄，研究其保留的可能性：包括自然系统和元素的保留，水体和部分驳岸都基本保留原来形式，全部古树都保留在场地中，为了保留江边十多株古榕，同时要满足水利防洪对过水断面的要求，开设支渠，形成榕树岛。另外，公园中引入了大量的野生乡土植物，结合大面积的水体，形成水生-沼生-湿生-中生多种植物相结合的植物群落，一个低消耗的具有浓郁地方特色的生态景观逐步建立起来了。

（2）遵循自然规律，建构生态体系

自然界中的植物在长期的进化过程中，形成对于某一环境的适应性，也就形成了与此相对应的生态习性。植物的生态习性与环境因子构成了一种内在的对应关系，这种自然规律是必须遵循的。曾经不断发生：大量昂贵的外地植物被引进，而廉价朴实的乡土植物无人问津；原有的自然群落被根除，取而代之的是具有明显人工痕迹的植物组团；以及“大树进城”、“反季节栽植”等这些违反自然规律的现象。经过时间的验证，最终都以失败而告终。

尊重自然首先要尊重植物的生态特性，即植物对环境的选择，如垂柳耐水湿，宜水边栽植；红枫耐半阴，宜植于林缘；冷杉耐阴冷，宜栽植在庇荫的环境中。其次是要尊重环境的选择，环境由一系列生态因子构成，而生态因子又与植物对应，两者之间的关系是不容忽视的。另外，还要尊重植物对植物的选择，利用植物之间的互惠共生的关系，保证植物的生长，促进植物景观的形成。

典型实例2：北京奥林匹克森林公园

公园由于五环路的存在而自然地形成了南区与北区两个部分，因此，根据这两个部分与城市的关系及周边用地性质、建设时间的不同，将二者分别规划成以生态保护与恢复功能为主的北部生态种源地，以及以休闲娱乐功能为主的南部公园区。

以自然密林为主的北部公园将成为生态种源地，以生态保护和生态恢复功能为主，尽量保留现状自然地貌、植被，形成微地形起伏及小型溪涧景观。减少设施，限制游人数量，为动植物的生长、繁育创造良好环境。

（3）利用生态手段，修复生态系统

生态系统具有很强的自我恢复能力和逆向演替机制，但如果受到过于强烈的人为干扰，环境自我修复能力就会大大降低，比如后工业时代那些被破坏得已经满目疮痍的工业废弃地，原有的生态系统、植物群落已经被彻底破坏。是放弃，还是修复、再利用，面对这样一个问题，许多设计师选择了后者，并探索出了一条生态修复的思路，尤其是20世纪70年代保留并再利用场地原有元素，修复生态系统成为一种重要的生态景观设计手法，尊重场地现状，采用保留、艺术加工等处理方式已经成为设计师们首先考虑的措施，而植物在其中则承担着越来越重要的作用。

典型实例3：德国杜伊斯堡风景园（Land schaftspark Duisburg Nord）

面积200hm^{2}的杜伊斯堡风景公园是彼得·拉茨（Peter Latz）的代表作品之一，公园坐落于杜伊斯堡市北部，这里曾经是有百年历史的A.G.Tyssen 钢铁厂。拉茨最大限度地保留了工厂的历史信息，利用原有的“废料”塑造公园的景观，从而最大限度地减少了对新材料的需求，减少了对生产材料所需能源的索取。工厂中的植被也得以保留，荒草也任其自由生长，在旧工业设施周围生长出的特殊植被类群，缓慢而顽强地进行着植被演替，虽然景观效果不理想，但是确实逐步恢复着生态平衡。设计师还专门挑选了那些能适应这一环境的植物材料，培植一个小型生态系统，即演示花园。

1.1.4 植物景观的动态设计

植物景观的动态设计就是充分利用植物自身以及空间环境的变化，把有限的景观形象赋予更深广的寓意，结合意境思维，调动和激发审美者的想象能动性，突破时空的限制，获得远胜于原有形象的精神享受的一种艺术手段。

1.1.4.1 植物景观的季相设计

各种植物的生长发育随着一年中气候的变化而出现周期性的变化，使植物群落在不同季节表现出相应的外貌特征，这种现象称为季相。园林景物与自然界的季节变化（风霜雨雪）和天象变化（日月星辰）紧密相关。也正是这些不断变化的天时景象，使得植物景观意境更加深化，趣味无穷，给人以更深的艺术感受。园林中很多景物，都是以此为主题，来寄托造园主怡情自然，把自身融入到大自然之中的情怀。如留园的“闻木樨香轩”，在其四周种植桂花，花开时节，四周飘香，从而表现秋季的景色。拙政园的“荷风四面亭”，以荷花为主景，表现出“四壁荷花”的盛夏景观。

（1）春景

春天是一个大地回暖，万物复苏的时节，它代表着生命、开始。所以春景的表现是以彩色为主，万花斗艳，姹紫嫣红，以此来表现春天的蒸蒸日上的生命力，在此处要注意的是防止观赏者的视觉疲劳，以及花期长短带来的观赏影响等因素，要有层次地种植花朵，颜色搭配要均匀，但要不失奔放，要带给人春日的一种活力之感。春景设计既要充分展现春花的色彩，更要利用各种植物精心搭配，使春景延长。详细设计方法见表1-17。

（2）夏景

夏季景观的营造要把握住夏季的特点，夏季天气闷热，因此，夏景的营造就在于如何让大家在观赏时摆脱这种炎热天气带来的烦躁心情。凉爽通风、空气清新的环境可以使人心平气

表1-17　春景设计方法

设计方法		常用植物				
色彩不变，花期延长	将花期长的植物成片成块种植	月季（5~10月）、牵牛（6~10月）、茑萝（6~10月）、长春花（近全年）、大花马齿苋（5~11月）、石竹（4~10月）、无毛紫露草（5~10月）等				
	将花色相同、花期不同的植物分层配置	颜色	上层	中层	下层	地被
		红色	合欢等	樱花、紫薇、桃、海棠、梅等	杜鹃花、贴梗海棠等	石蒜、红花酢浆草、石竹等
		黄色	杂交鹅掌楸等	苏格兰金莲树等	棣棠、云南黄馨、金丝桃、香茶藨子等	大花萱草等
		白色绿色	玉兰等	李、杏、白花樱花、银薇、白梅、绿梅、白花碧桃等	笑靥花、椤木石楠等	白三叶等
		蓝色	泡桐、楝树、蓝花楹等	八仙花、醉鱼草等	鸳鸯茉莉、假连翘等	鸢尾、无毛紫露草等
色彩变化，花期延长	2~3月		3~4月		4~5	5~6
	玉兰、迎春、含笑、梅、木棉		杏、桃、李、紫荆、紫玉兰、海棠、紫叶李、结香、瑞香、火棘等		海棠、樱花、棣棠、鹅掌楸、泡桐、珙桐、梨、苹果、台湾相思、金钟花、连翘、黄刺玫、绣线菊、棣棠、锦带花、金银木、木香、紫藤等	流苏树、雪柳、丁香、刺槐、楸树、梓树、紫穗槐、凤凰木、白兰花、山楂、柽柳、芍药、荚蒾、鸡蛋花、夹竹桃、木绣球、红瑞木、四照花、笑靥花、杜鹃花、金丝桃、合欢、紫薇等

表1-18　夏景设计方法

景观功能	景观形态	空间特点	植物选择
形成深深浅浅的绿荫，营造清凉世界	林下开阔，老干苍劲，浓荫匝地或丝丝日光经叶隙透入，清凉悦目，暑意尽消	单纯林或上层高大乔木，中层少，下层在边缘稍加点缀	单纯林如广玉兰、松、香樟、榆、槐、枫杨、水杉、竹林等；群落如上层枫香、臭椿，中层香樟、杜仲、槐、皂荚，下层边缘点缀紫薇、金丝桃、石榴、珍珠梅、木槿、合欢等
添加生活气息，闻香	尺度较小的小乔木、花灌木孤植、丛植或成片种植	庭院小空间，粉墙绿窗前	石榴、向日葵、蜀葵等
形成闲逸的清幽	藤本植物列植形成覆盖空间，郁闭度越高越好	花叶掩映的廊架或墙面	紫藤、凌霄、猕猴桃、木香、藤本月季、茑萝、葫芦、地锦等

和、内心自然，因此常见的夏景就是林荫大道，或者是较大的树林，有大片的绿荫遮蔽处，当然，光有这些是不够的，绿荫只是对游人起到保护作用，游人的主要目的还是在于观赏景观，因此，鲜花是必不可少的。夏景的详细设计方法见表1-18。

（3）秋景

秋天历来是丰收时节，以黄澄澄、金灿灿的颜色一片接一片为主，大众在秋季比较喜欢见到红色和黄色的秋色植物景观。但对色相的选择并没有绝对一致，因为每个人对秋季植物景观色彩的喜好有一定的差异。对秋季植物景观的色相设计应考虑以红黄两色为主的秋色树种，最重要的是要做到色彩丰富、主题突出。秋季不单要有花可赏，更要把握住秋季的真谛，做到有果可食，观赏性强的花木要灵活地与结果的花木结合起来，使游人能够边食果边赏花，达到更加良好的游览效果。秋景设计方法见表1-19。

表1-19 秋景设计方法

景观功能	景观形态	空间特点	植物选择
形成叶色丰富多彩的秋景观赏点	层林尽染，气势恢宏	地形起伏的山地	枫树、栾树、黄连木、梧桐、花楸、杉类、槭树类等叶色由绿而黄、由黄而褐、由褐而棕红；金钱松、银杏叶片金黄；乌桕叶果俱赏
表现成熟的季节，丰收的喜悦，观赏者可参与秋季采果	硕果累累，野菊放香	田野间	柿树、金橘、香橼、橙子、苹果、海棠、山楂、火棘、花楸、山茱萸、荚蒾、紫珠等
装点秋景	枝疏叶落，天高气爽，深秋的一抹亮丽	小区域	桂花、菊花、芦花等，另外小区域内赏色叶，需要常绿树作背景

（4）冬景

冬景之美在于冬的纯洁、孤傲，因此要选择与冬景韵味相近的花木来表现冬景的内涵，既有萧瑟之感，又有顽强之意，再加上纯洁这一主要内在美，就能将冬景的韵味传神地表现出来。如以落叶树为基调的景观空间，草木凋零、枝干姿态突兀、疏朗有致，别具情趣，很适宜表现冬寒山瘦、冬骨嶙峋的神韵。又如枝丫挂雪的火棘红果熠熠生辉，为萧冷的冬景增添了无限生机；蜡梅暗香袭人，案头水仙飘香阵阵，好似春天早临，令人流连忘返。

（5）四时之景

四时之景的精髓在于“四时”一词，四时齐聚是较难表现的，四时之景齐聚可以增加游玩的兴趣，并且多次游玩不会感到厌倦。要达到四季皆有景的程度首先要有足够的纵深空间，以及足够数量的植物作为铺垫，再在其中以独特的手法和思想去点缀、修饰，这样才能达到四时之景。

1.1.4.2 植物与时空环境的交融

自然界的各种景物，都是由自然法则与光、风、水、温度等自然因子共同作用的结果。袁宏道《瓶史》曰：“寒花宜初雪，宜雪霁，宜新月，宜暖房。温花宜晴日，宜轻寒，宜华堂。暑花宜雨后，宜快风，宜佳木荫，宜竹下，宜水阁。晾花宜爽月，宜夕阳，宜空阶，宜苔径，宜巉石旁。”园林中利用自然因素来营造植物景观，对于展现植物特有的魅力、继承和弘扬传统造园艺术有着重要的意义。

（1）雨景中的植物景观

设计方法：引景。指引入雨景，与植物相互呼应，融为一体，形成独特的景观。雨水使植物滋润、色彩鲜亮、质感莹润、姿态朦胧，与平日的景观完全不同。北方虽然没有芭蕉与雨景契合，但成片的元宝枫“叶茂而美荫，其色油然，不减梧桐芭蕉也。疏窗掩映，虚凉自生”。尤其秋雨下的枫林，更是绚丽多彩。另外，河塘中遍植的荷花在雨中显得格外娇艳，荷叶更加翠绿、润泽。

（2）风景中的植物景观

设计方法1：借景。李渔《闲情偶寄》称：“种树非止娱目，兼为悦耳”。传统园林植物景观对听觉的调动值得当代借鉴。如南京煦园“桐音馆”、承德避暑山庄“万壑松风”等都是利用植物借听天籁的生动例子。表现风声的情景常选用的植物有杨树、松、竹等。这些植物多为大片纯林栽植，以使声音延续不断形成气势，风掠松林而发出涛声阵阵，杨树沙沙欢快响亮，“扶疏万竿，引风听琴”，风过竹林轻柔的声响仿佛古琴悠扬，极富感染力。

设计方法2：框景。所谓“白驹过隙”是指开着门时看马走过，感到马速不快，从门缝中看马走过，感到速度很快。古典园林中，常通过花窗等小尺寸来框景，就是借相对速度来追求景观的动态变化。通过门洞、花窗看竹条梅枝，若枝叶微微摇摆，会感觉风很大。

（3）雪景中的植物景观

设计方法：对景。指园内雪与植物相互得景。以雪景衬托植物枝、干、果的形态、色彩和质感美；反之，垂直向上的树林枝干又衬托了雪景覆盖的银白大地。雪景与植物景观相互衬托，也相互对比：冬季绵润的白雪与皲裂灰黑的枝干相对，宜形成质感和色彩的强烈对比。植物景观除考虑植物品种的选择与雪景的关系外，构造空间要在观景点的前景空出开敞地段，以垂直生长的林木为背景。前景还可配置冬季观果的灌木丛，宜于观果拾趣。

（4）云雾景中的植物景观

设计方法：障景。指利用云雾朦胧的现象，使前景植物景观半隐半现，形成一幕如薄纱般的屏障，使景观层次更加丰富。植物配置要注重前景疏朗、中景丰富、远景幽深。空间构图要疏密相间，收放自如，营造云雾弥漫、变幻无穷的效果。

（5）光景中的植物景观

设计方法1：引景。指引入光照，与植物融为一体，形成独特的景观。植物的花瓣和叶片在光照下显得莹润剔透，营造出一种纯粹的、诗意的境界，如承德避暑山庄的“金莲映日”和“梨花伴月”景观。日照莲上泛漫的金色光晕使其更纯洁神圣，白色的梨花在皎洁的月下更显其冷凝孤傲。

引入运动的光，或光透过闪动着的树叶，可以产生斑驳光线给人以兴奋愉快之感。“日光穿竹翠玲珑”的清雅之意就是光线的频闪运动造成的效果。景观设计中，经常在广场、庭园等场所通过安装景观灯、利用人工技术光影造景，通过控制光线角度和尺度的变化，运用光线的运动与停滞，演绎出神秘莫测的植物景观。夜间光线的色彩还可以改变植物的颜色。

设计方法2：借景。借光照使植物产生阴影，阴影使植物本身形成明暗的对比，使景观和意境表现出丰富的层次关系，更富有立体感，从而更加耐看。植物的阴影在地面、墙面形成斑驳的落影，明暗相通，生动有趣。如泰山“长松筛月”景点，古松像筛子一样将月光筛成斑斑点点，营造了光影斑驳的视觉效果。利用光可在物体表面产生阴影构图，古典园林中常在白墙前栽竹、梅，粉墙竹（梅）影，产生一种黑白对比的神奇景观，极富诗意。

（6）空气流动中的植物景观

设计方法：隔景。“闻香”是园林游览过程中的常见活动，因此也成为植物景观设计的重要环节之一。林逋诗“疏影横斜水清浅，暗香浮动月黄昏”就是从水边疏影和月下暗香描述梅花的姿态和神韵。在游览范围广、路线长的大空间，常利用地势起伏或有意分隔等手法，划分出许多的小空间，通过微风轻拂人们在游览时所闻到的香味时有时无、若隐若现，不仅更突出香味，还能使局部的香气持久，正是“穿花复绕水，一山闻馨香”，无疑是一种令人愉悦的精神享受。如果是在庭院等小空间，可把芳香植物稍作隐藏，通过空气流动调动

"闻香寻源"的情趣。

在植物景观设计中，除了利用上述的自然气象因子外，自然界的生物要素也常被融揉到景观当中。如虫儿呢喃、鸟鸣啾啾、鱼戏莲叶、樵林山歌。植物与其他生物结合营造的景观，不仅体现出良好的植被状况，更渲染出自然生生不息、充满生机和活力，使人获得精神愉悦和思想教益。

1.1.5 植物景观的文化设计

1.1.5.1 植物文化设计的题材和精髓

在中华民族五千年文化的大背景下，园林造景运用植物材料形成了具有鲜明民族特色和独特文化意趣的古典园林植物景观。

（1）植物的文化内涵

植物是文化的载体。《论语·八佾》中写道："哀公问社于宰我，宰我对曰：夏后氏以松，殷人以柏，周人以栗。"这说明古人把树木看作是名族、江山的象征。此后的古代人更结合自身的感受、文化素养、伦理观念等，各抒己见地赋诗感怀，极大地丰富了赏颂植物的文化色彩。明代王象晋《群芳谱》、清代汪灏《广群芳谱》所收录之赏颂诗词，已难以计量。

传统园林植物被赋予的人文内涵，有的体现了皇家气派，有的富涵人文气息，还有的蕴含了寻常百姓的美好愿望，其文化特征极具复杂性，这里拟分3类：①"比德"赏颂型（表1-20）；②吟诵雅趣型（表1-21）；③形实兼丽型（表1-22）。以便于大家了解古代士人的思想感情以及造园取材之所依。

表1-20 "比德"赏颂型

序号	植物名称	文化特征	文化渊源
1	荷	花中君子、谐音"和"、"合"，弘扬和平	周敦颐《爱莲说》
2	竹	性直、虚心、忠、义、刚、孝、灵气等	白居易《养竹记》、刘岩夫《植竹记》、张方《楚国先贤传》、苏轼《于潜僧绿筠轩》
3	香 樟	贤者	《高士传》、《南史·王俭传》
4	槐、楸树	高贵、文化 中门有槐，富贵三世	《朱子语类》、《全唐诗话》
5	榆	文明的源泉、生命的保障；宅后有榆，百鬼不近	《邹子》、《天文志》
6	杏	讲学圣地、医德	《庄子·渔父》、《太平广记》
7	柳	惠德、怀念、离别、春的象征、辟邪驱鬼	柳下惠、《三辅黄图·六桥》、乐府诗《折杨柳》、南朝梁元帝《咏阳云楼檐柳》
8	梧 桐	祥瑞之物、桐能招凤	《庄子·秋水》、晋代郭璞《梧桐赞》
9	女 贞	富于性格	蔡邕《琴操·贞女引》
10	兰	善、君子、天下第一香	《孔子家语·六本》

表1-21　吟诵雅趣型

序号	植物名称	文化特征	文化渊源
1	梅	韵胜、格高、十大名花之一	杨万里《和梅诗序》、林逋《山园小梅》等
2	木　兰	唐朝、明代诗人珍爱之花	《岚斋录》、白居易《戏题木兰花》等
3	桃	理想世界的花、避邪逃凶	皮日休《桃花赋·序》、陶渊明《桃花源记》、崔护《题城南诗》、《典术》、《庄子》等
4	山　茶	雪中四友之一，具有牡丹的鲜艳、梅的风骨	陆游《山茶花》、刘灏《山茶》
5	杜鹃花	花繁叶茂，绮丽多姿，萌发力强，耐修剪，根桩奇特	白居易《题山石榴花》、元绛《映山红慢》
6	迎　春	雪中四友之一，早报春天	白居易《代迎春花招刘郎中》、宋代赵师侠《清平乐》等
7	海　棠	花中神仙，有“国艳”之誉	宋代陈思《海棠普序》、陆游《海棠歌》、苏轼《海棠》
8	李	香、雅、细、淡、洁、密；桃李满天下为学生众多之意	汉代纬书《春秋运斗枢》、唐初陈叔达《承平旧纂》、贾至《春思》
9	牡　丹	花中之王、国色天香，富贵、勇气	白居易《牡丹芳》、《移牡丹栽》、李白《清平调》等
10	芍　药	富贵、花相、花仙、寄思传情、惜别之情、中国的爱情花、七夕节的代表花卉	春秋《诗经·郑风·溱洧》、白居易《感芍药花寄正一上人》
11	紫　薇	夏季开花、花期长	杜牧《紫薇花》、白居易《紫薇花》
12	栀　子	禅友、冰清玉洁	萧纲《咏栀子花》、杨万里《栀子花》
13	木　槿	美女、日新之德	《诗经·郑风》、李白《咏槿》
14	合　欢	夫妻恩爱和谐、忘忧	韦庄《合欢》、《花镜》、嵇康《养生论》
15	桂　花	仙友、天香、蟾宫折桂	宋之问《灵隐寺》、边贡《嫦娥》、王维《鸟鸣涧》等
16	木芙蓉	夫妻团圆、临水、宜霜	吴孔嘉《木芙蓉》、吕本中《木芙蓉》
17	蜡　梅	冬季观赏佳品，色、香、形三者相得益彰	陆游《咏梅》、王安石《咏梅》
18	菊　花	文人志士的傲骨、隐逸、高洁、脱俗、民族节气，重阳节赏菊、饮菊花酒，清明节主要用菊花	屈原《离骚》、陶渊明《饮酒》其五、文天祥《重阳》

表1-22　形实兼丽型

序号	植物名称	文化特征	文化渊源
1	枇　杷	冬花夏果	杜甫《田舍》、戴敏《初夏游张园》
2	石　榴	多子多福、丰收、吉祥、和睦团圆、繁荣昌盛	韩愈《榴花》、王安石《咏石榴花》等
3	柿　树	霜叶可玩、嘉实可啖	白居易《五古·朝归书寄元八》、《曹州志》、仲殊和尚《西江月》
4	柑　橘	爱国热情，谐音吉祥、吉利，橘柚芬芳、色香俱全	屈原《橘颂》、朱熹《次韵吕季克橘堤》等
5	枣	谐音早、喜庆、兴旺	刘向《战国策》、王安石《赋枣》等

（2）植物配置的传统模式

中国传统的园林植物配置手法有两个特点，一是种类不多，都是人们喜爱的传统植物，如芦汀柳岸，夜雨芭蕉，以及松、竹、梅等；二是古朴淡雅，追求画意而色彩偏宁静。

《园冶》中："梧荫匝地，槐荫当庭"；"插柳沿堤，载梅绕屋"；"院广梧桐，堤弯宜柳"；"风生寒峭，溪湾柳间栽桃，月隐清微，屋绕梅余种竹，似多幽趣，更入深情"。传统种植模式还有：在厅堂前种植玉兰、海棠和牡丹，乃借其谐音"玉堂富贵"；园林月洞门旁种植桂花构成"蟾宫折桂"画语；水池内种荷、莲以示主人"出污泥而不染"的高洁品质；堂前种榉树则表达考试及第的愿望；后院植朴树寓家仆忠心耿耿；园中傍角广种修竹，表达主人刚正不阿的君子气节；庭园或屋后种植松、柏寓意长寿；屋角窗边种植石榴以求多子多福；门前种植牡丹寓意富贵吉祥；墙角种植芭蕉听"雨打芭蕉"之诗意等。种植设计结合文化，营造了一种从景象到意趣均与生活相符的园林环境。

1.1.5.2　传统植物文化的继承和发展

传统植物配置方法对当代景观设计有着重要的参考价值，尤其在内涵设计方面，对当今浮于形式美的植物设计来说具有深远的借鉴意义。同时，随着现代生活的改变，对传统种植设计的继承也提出了时代性的新要求。

（1）设计理念方面

① 生态设计观的传承　传统园林种植设计强调"天人合一"、"道法自然"理念，追求人与自然关系的和谐，是一种朴素的生态设计观，对当代种植设计亦具有重要指导意义。

古典园林所采取的"山林川谷出云、群木荟蔚更迭、鸟兽禽渔亲人"的生态措施值得现代景观借鉴。"雕梁易构，古木难成"的训示，强调建园之初应保护天然植被的原始面貌，注重后期有计划的种植。古人的这些造园理论，早已阐明了生态园林的必备条件。

② 人文精神方面　传统园林注重文人情趣的表达和身心的综合体验，如留园中的绿荫轩、避暑山庄的冷香亭、拙政园的梧竹幽居等景点，均把使用功能和精神功能有机结合起来。可见，强调景观的社会文化内涵和服务社会的现实意义，才是景观活力持久的根本保证。

现代园林景观就精神需求而言，应具有更强的包容性、开放性，应体现积极向上、平等互助的时代精神；就生活实用功能而言，应内容丰富，要满足交往、景观、避灾、集散等多种要求，服务对象也由少数上层阶级转为社会大众。

因此现代植物景观设计应弃其糟粕，取其精华，对传统植物配置的人文精神既继承之，又应融入时代特征进而发展之。

（2）在设计方法方面

① 设计内容的借鉴　中国古典园林中常体现丰富的内容，富有情节性，这对于文化传统的传承和现代主题性景观设计有重要借鉴意义。古典园林表达的内容可归纳为如下几种：

寄托情思：景观中，植物成为特定的人文内容，从而触景生情。如山东曲阜有"孔林"、"先师手植桧"，苏州拙政园有"文衡山先生手植藤"，陕西黄帝陵有"黄帝手植柏"和汉武帝"挂甲柏"等。通过植物纪念前人，形体苍古的植物和历史文化重叠在一起，使景观更具有厚重的文化内涵。传统园林中还常种植石榴、海棠、牡丹等人们喜闻乐见的植物，借以寄托对未来的美好祝愿，如种植石榴，寓意“多子多福”；种植牡丹，寓意“富贵”等。

蕴含典故：狮子林的揖峰指柏轩，来自禅宗故事。《五灯会元》卷四记载：“一僧问赵州丛稔禅师‘如何是祖师西来意？’师曰‘庭前柏树子。’曰‘和尚莫将境示人？’师曰‘我不将境示人？’”禅师启发人从眼前的柏树中悟禅，不执着于外界诸如文字语言的干扰，从自己的内心自由出发去顿悟，柏树所渲染的古老幽深的意境与佛教的禅宗境界相吻合，两者相互贯通。狮子林的另一景点问梅阁，是关于梅花的著名景点，指的是马祖问梅，赞“梅子熟了”的禅宗公案故事。留园“闻木樨香轩”前种植桂花，取自黄庭坚闻木樨香而悟道的名人典故。

描绘生活：传统园林常通过种植设计来描绘美好的生活。从浪漫而又现实的“蓬岛仙境”，到怡然自乐的“桃花源”式隐居生活，男耕女织、“良田美池桑竹”的田园情趣一直是园林内容的主流。这种悠然自得的田园生活气息非常适合在现代居住区景观中借鉴，如种植些经济植物，枇杷、柿树、石榴、柑橘、无花果等，可品可摘，既丰富了种植设计的语言，又增加了民众的参与性，带来质朴的生活气息。

诗画成景：在中国文化土壤上孕育出来的园林艺术，与中国的文学、绘画有密切的关系。沧浪亭的“周规折矩”月洞门，一面门砖额刻着“折矩”二字，另一面刻着“周规”二字。放眼望去，洞门两旁，粉墙黛瓦的背景上，一边是竹子数丛，纤细挺拔，幽静淡雅；一边种植了山茶、垂丝海棠等，一年四季不同植物的花色、叶色和花香，让人常年欣赏到各种自然形式的植物美。月洞门配合植物使得空间多层，富有变化感。漫步在小石子路上，像欣赏中国山水画一样。古典园林通过造型多样且别具特色的洞门，以及花窗、漏窗、空窗，还有白粉墙等，形成一幅幅国画小品框景，每个画面景色独特，各有千秋。

用传统的诗词曲赋为造景依据，借鉴古典诗文的优美意境，创造浓浓的诗意，这类景点因千古传诵的诗文而美名在外，景名取自诗文，在古典园林中比比皆是。网师园的竹外一枝轩，以梅花名额，取苏轼《和秦太虚白梅花》：“江头千树春欲暗，竹外一枝斜更好”，梅花在众多竹子的烘托下显得格外恬淡，其屈曲之美跃然纸上。拙政园的梧竹幽居亭，景名取唐代羊士谔《永宁小园即事》诗：“萧条梧竹月，秋物映园庐。”梧桐是良木，因其树质、树形和等外观特点，被人们赋予“孤”、“高”、“贞”、“直”等君子品格。梧桐还招凤凰，是祥瑞圣雅的象征。“家有梧桐树，何愁凤不至”，梧桐被看成圣洁之树。竹以其岁寒不凋、节坚干直、虚心有节等形象特征，象征坚贞、高洁、耿直、虚心的君子品质。用梧桐和竹子命名，诗意漫溢，意境优美。

② 空间布局的借鉴　古典园林中，无论是远郊的皇家御苑，还是城市中的“咫尺山林”，在比例上都与周边环境极为协调。尤其是江南私家园林的布局，在现代小尺度的建筑庭园、中庭、小游园、别墅花园中，仍有巨大的生命力。江南私家园林在狭小单调的空间内，通过叠山理水构成局部地貌，植物孤植或丛植于屋角、窗边、天井，从不同的视角与建筑、山水等环境要素相结合，形成变幻莫测的空间效果，营造出小中见大的空间心理体验。在大型的园林中，常借助植物景观将大空间分解为若干小空间，通过院落的方式相互穿插，之间有曲折的水系和道路联络，又借助对景、漏景、透景、障景的巧妙安排构成一种无形的联系。通过这些有形的

联络和无形的联系，很自然地引导人们从一处景观走向另一处景观，形成多样化的园景“动态”效果，创造出丰富的自然和文化景观。

③ 表现手法的借鉴　古典园林在艺术形式的表现手法方面，为现代景观中植物景观设计提供了众多可借鉴的模式，其中主要有以下几点：

粉墙花影：传统种植中“以墙为纸，树石为画”的手法极富画意。以粉墙为背景，墙面配置奇石、植物，形成丰富衬托与投影；或者在粉墙上开设漏窗、门洞，利用漏景、框景的方法形成“画框”，突出植物景致的灵动，打破了直立面带来的单调感。此法占地不大，成景灵活，可以在现代景观中广泛应用。如在宾馆、庭院、街头绿地等小空间中使用，可形成细腻的景观小品；对于有整面的建筑外墙、院墙而缺少种植的场地，尤其具有应用价值，如火车站出站口的长围墙，可运用粉墙花影的手法形成一幅绵延的画卷，对匆匆而过的人们所形成的心理感染是不可估量的。如果将粉墙花影的手法灵活运用在现代室内空间、大厅、饭店，既美观又具生态效益，与现代流行的园林式饭店、生态饭店、绿色饮食不谋而合。

特色种植：古典园林中常通过特色的种植设计，形成独特的植物景观。如苏州留园原多白皮松，怡园多松、梅，沧浪亭满种竹，“雪香云蔚亭”以梅造景，“荷风四面亭”以荷花造景等。现代景观不妨也采用“量大为美”的手法，选用观赏性强的特色景观，如枫、梅、竹、樱等，建植成本较低，而季节景观鲜明，景观效益长久。如上海的顾村公园樱花面积达到千亩[①]成为长三角最佳赏樱胜地，每当樱花盛开，游人如织。

视点变化：人在赏景时，因视线的角度不同可分为平视、仰视、俯视。平视令人感到平静、深远；仰视使人感觉雄伟、紧张；俯视则令人感到开阔、惊险。古典园林中通过亭台轩榭与植物布景的不同位置，形成了不同的观赏视点，有俯有仰、有近有远，使得空间多变、景色各异。同样的水边荷风意境，拙政园“荷风四面”亭景和沧浪亭“观鱼处”亭景在形式上就各异其趣。前者观赏者位置低平于荷花之间，平视风景，格调比较明快；后者观赏者高居于水面之上，俯视风景，“千朵红莲三尺水，一弯明月半亭风”，更具野朴情趣。现代景观中，我们可以运用地形的变换、植物的高低起伏创造不同的观赏视角，使上下左右处处有景，从而丰富空间层次。还可以根据现代人的审美和游赏特点，形成多种游赏方式来活化景致，静态可用平视、远眺、俯瞰、仰视，动态可水可陆、可快可慢，使行人都能获得良好的观赏感受。

小品点睛：古典园林的意境美离不开匾额、楹联、诗文、碑刻等形式的点题，如同样是假山和桂花丛植的组合，网师园的“小山丛桂”和留园的“闻木樨香”由于不同的景题，引用不同的“典故”，产生不同的心理体验和景观意境。同样是松树孤植，可以听其音称“松风”，识其雅称“看松读画”，赋其意则“听法”，爱其荫则“遮荫侯”，写其神则“长松筛月”……可见运用题刻、点题等手法能为植物景观起到点景、立意的作用。在现代景观中，不仅可以通过文字点题，更有雕塑、座椅、灯具等多种小品，在植物景观中起到画龙点睛的作用。

① 1亩 = 666.7m^2

任务实施

（1）必须对调查公园进行全面踏勘，并拍照，同时观察、分析、思考为什么植物景观要这样做？

（2）现场讨论分析该公园植物空间、艺术、动态、生态、文化等设计手法或设计特点。

（3）绘制出该公园主要景区的植物景观平面图，若干局部立面图。

（4）完成小游园植物景观设计分析评价报告，系统分析公园植物空间、艺术、动态、生态、文化等设计手法或设计特点。

（5）作业评比，总结各位学生的分析评价是否正确。

知识拓展

园林植物景观设计的发展趋势

20世纪70年代后期，"植物配置"这一概念被提出，随着时代与社会的发展，现代植物造景已经不能满足于传统的植物造景只强调诗情画意的功能，转而更注重植物景观的生态效益。还应具有持续城市空间、文脉传承的责任。因此，当代植物景观设计不仅要源于自然、归于自然，还应具有以下时代特征。

（1）多样性

跟发达国家如英国的植物景观相比较，我国植物景观规划设计的艺术性水平还是很高的。但是从科学性上，从植物种类包括品种使用、植物景观类型的多样性、植物的栽培和养护管理水平上，尚有差距，还需要进一步努力。英国园林中应用的园林植物多样性远远高于我国。

（2）地域性

从总体上讲，全国各地园林植物景观还是比较能够体现各自的地域特点。但是更具体、更细微的地域特点体现得还不够。如杭嘉湖平原的杭州、嘉兴、湖州，以及绍兴、宁波、温州、金华、衢州等地，分别属于平原和丘陵地带，地处浙东北、浙中和浙西南，应该有各自不同的特点，但遗憾的是这些地方的植物景观目前还比较雷同，还不能够鲜明地体现各地的区域特色，仅杭州西湖公园绿地的植物景观最有特点。我国各城市都应该很好地研究自己的自然条件和人文条件，对植物景观进行研究和定位。

（3）乡土性

耕读文化在中国传统文化中具有普遍的道德价值趋向,意味着高尚与超脱,是古代知识分子陶冶情操、追求独立意识的精神寄托；也是平民百姓子弟通往成功、地位和财富的大道。"学而优则仕"，因此耕读文化可以作为乡土园林植物景观营造的普遍追求。社会经济文化和自然地理条件与传统习俗、审美观念的不同,以及各地乡土植物材料的不同，可以使乡土园林植物景观表现得比较鲜明。乡土园林植物景观的功能不仅仅是为了满足审美的需要，同时还具有较强的功能性和实用性。表现在植物景观设计上应该与乡民的生活、生产等实用功能相联系。因此各地要注意挖掘当地的乡土植物材料和历史文化特点，巧借该地的山水之景、四时之变，从而打造出美不胜收而又有自身特色的胜景。

（4）功能性

植物景观具有实现环境效益、社会效益和经济效益等多方面的功能。环境效益包括：改善人居环境质量；安全防护；维护生态系统的完整性；恢复自然生态环境。社会效益包括：增进人与自然的交流；促进人的全面发展；文脉传承与文化创新。不同园林绿地对植物景观功能的要求是不一样的。怎样有针对性地来进行功能性植物景观的设计，通过植物种类、群落结构、色彩和形态变化赋予的生命力和自然美来优化功能设计，是园林工作者的重要努力方向。

（5）文化性

植物景观的营造要追求其文化内涵和意境，强调植物景观所带来的内心感悟和精神境界的升华。植物景观营造不是简单地把几株树木花草搬到一起，而是要根据植物本身特有的生物学特征和美学特征，挖掘并赋予各种植物丰富的文化内涵。要利用植物的“文化属性”，努力营造植物景观的“文化氛围”。

（6）科学性

植物景观规划设计和营造是建立在土壤学、气象学、园林树木学、花卉学、植物生理学、生态学、植物地理学等发展的基础上的，坚持科学性毋庸置疑。因此，研究、规划设计、营造植物景观来不得半点的虚假，需要我们小心求证、不断探索，坚持用科学和理性来推动植物景观规划设计、研究和营造的健康发展。

（7）连续性

植物景观规划设计、植物材料供应和营造、植物景观管理和维护，三者是一个有机的整体。植物景观的规划设计、营造和管理维护怎样才能形成一体化，怎样从整体上提高水平？这是现阶段需要我们认真思考的问题。现在我们比较注重的是规划设计和营造，但随着园林绿化存量的日益加大，养护管理问题开始凸显。事实上，风景园林的维护管理主要是植物和植物景观的养护管理，最难的也是植物景观的维护和管理，所以下一步应同时注重植物景观规划设计、营造和维护管理。这个问题有很多方面值得我们去研究，希望能够引起广大同行的重视。

（引自《植物景观规划设计和营造的特点与发展趋势——以杭州西湖风景园林建设为例》包志毅，2012）

巩固训练

选择另一块城市绿地，分析植物景观设计的基本方法的运用状况，完成该绿地植物景观设计基本方法分析评价报告。为便于完成分析评价，该报告应该附绿地总平面图、局部平面图、局部立面图和实景照片等。成果评价表见表1-23，教学反馈见表1-24。

自主学习资源库

（1）生态园林工程技术与设计．王小璘．中国城市出版社，2010．

（2）设计结合自然．伊恩·伦诺克斯·麦克哈格．天津大学出版社，2006．

（3）植物景观色彩设计．英苏珊池沃斯．董丽译．中国林业出版社，2007．

（4）园林在线：http://www.lvhua.com．

表1-23　某城市绿地植物景观设计方法分析评价表

<table>
<tr><td>评价类型</td><td>项目</td><td colspan="2">子项目</td><td>组内自评</td><td>组间互评</td><td colspan="2">教师点评</td></tr>
<tr><td rowspan="4">过程性评价（70%）</td><td rowspan="2">专业能力（50%）</td><td colspan="2">植物景观创造手法分析能力（40%）</td><td></td><td></td><td colspan="2"></td></tr>
<tr><td colspan="2">绘图能力（10%）</td><td></td><td></td><td colspan="2"></td></tr>
<tr><td rowspan="2">社会能力（20%）</td><td colspan="2">工作态度（10%）</td><td></td><td></td><td colspan="2"></td></tr>
<tr><td colspan="2">团队合作（10%）</td><td></td><td></td><td colspan="2"></td></tr>
<tr><td rowspan="3">终结性评价（30%）</td><td colspan="3">报告的创新性（10%）</td><td></td><td></td><td colspan="2"></td></tr>
<tr><td colspan="3">报告的规范性（10%）</td><td></td><td></td><td colspan="2"></td></tr>
<tr><td colspan="3">报告的完成性（10%）</td><td></td><td></td><td colspan="2"></td></tr>
<tr><td rowspan="2">评价评语</td><td colspan="2">班级：</td><td>姓名：</td><td>第　　组</td><td colspan="3">总评分：</td></tr>
<tr><td colspan="7">教师评语：</td></tr>
</table>

表1-24　园林植物景观设计基本方法的应用教学反馈表

序号	调查内容	是	否
1	您是否明确本任务的学习目标?		
2	您是否达到了本学习任务对学生知识和能力的要求?		
3	您理解了园林植物景观空间设计要点吗?		
4	您掌握了植物景观空间设计的构成方式吗?		
5	您能举例分析植物景观空间营造的3个要素吗?		
6	您能举例分析植物景观空间营造的5种类型吗?		
7	您理解了园林植物景观空间设计空间处理方式及空间序列吗?		
8	您掌握了园林植物景观配色方法吗?		
9	您理解了园林植物色彩表现特征吗?		
10	您能举例分析特色园林植物景观造型处理的方法吗?		
11	您掌握了园林植物景观美学法则吗?		
12	您能举例分析园林植物景观空间的尺度造景特色吗?		
13	您掌握了各种常用园林植物的生态特性吗?		
14	您掌握了园林植物景观设计方法吗?		
15	您能运用本节园林植物生态特性理论知识去调查分析已建成绿地植物的生态适宜性吗?		
16	您掌握了本地园林植物景观的季相植物组成吗?		
17	您理解了园林植物与环境交融创造的特色景观吗?		
18	您理解传统园林植物景观文化内涵吗?		
19	您能运用传统园林植物景观文化设计方法进行景观设计吗?		
20	您课下阅读了自主学习资源库的内容了吗?		
21	您是否喜欢这种上课方式?		
22	您对自己在本学习任务中的表现是否满意?		
23	您对本小组成员之间的团队合作是否满意?		
24	您认为本学习任务对您将来的工作会有帮助吗?		
25	您认为本学习任务还应该增加哪些方面的内容?（请在下面回答）		
26	本学习任务完成后，您还有哪些问题需要解决?		
请写出您的意见和建议：			

参考文献

[1] 刘彦红，等. 2010. 植物景境设计[M]. 上海：上海科学技术出版社.
[2] 金煜. 2008. 园林植物景观设计[M]. 辽宁：辽宁科学技术出版社.
[3] 胡成龙，等. 2010. 园林植物景观规划与设计[M]. 北京：机械工业出版社.
[4] 陈其兵. 2012. 风景园林植物造景[M]. 重庆：重庆大学出版社.
[5] 徐德嘉. 2010. 园林植物景观配置[M]. 北京：中国建筑工业出版社.
[6] 包志毅. 2012. 植物景观规划设计和营造的特点与发展趋势——以杭州西湖风景园林建设为例[J]. 风景园林，（5）：52-55.
[7] 李峰. 2010. 城市绿地植物景观生态设计研究[J]. 安徽农学通报，16（9）：105-107.
[8] 马娱. 2010. 植物景观设计方法研究[D]. 北京：北京林业大学.
[9] 黄倩. 2007. 城市公园植物景观设计研究[D]. 北京：北京建筑工程学院.

任务2.1

分析植物与其他造园要素的组景设计

学习目标

【知识目标】

(1)识记和理解园路植物景观设计要点、园林水景中植物景观设计原则、园林植物与建筑组景设计要求、园林植物与山石搭配要点。

(2)归纳园林植物与园路、水体、建筑、山石的常用造景形式。

【技能目标】

(1)应用园路、水体、建筑、山石的植物景观设计相关理论分析城市绿地中植物与其他造园要素组景设计的适宜性。

(2)能根据园路、水体、建筑、山石的植物景观设计的设计要点进行具体项目的组景设计。

工作任务

任务提出(调查并绘图分析某城市绿地中植物与其他造园要素的组景设计)

任选某城市绿地,调查其植物与园路、水体、建筑、山石的组景设计形式,并绘图表示。

任务分析

根据园路、水体、建筑、山石的植物景观设计的设计要点分析该绿地植物与其他造园要素组景设计的适宜性。

任务要求

完成某城市绿地中植物与其他造园要素组景设计适宜性的调查报告1份(含现状平面图)。

材料及工具

测量仪器、手工绘图工具、绘图纸、绘图软件（AutoCAD）、计算机等。

知识准备

2.1.1 园林植物与园路组景设计

园林绿地中的道路除了组织交通、集散等功能外，主要起到导游的作用。植物配置除其生态功能外，主要是为了满足人们游赏的需要。一般来讲，园路的曲线都很自然流畅，两旁的植物配置及小品也宜自然多变，不拘一格。人们漫步在园路上，远近各景可构成一幅连续的动态画卷，具有步移景异的效果。

2.1.1.1 园路植物景观设计要点

（1）引导性

园路的路口及转弯处的植物配置可以起到导游和标志作用，一般安排孤植树、观赏树丛、花丛等，植物配置在色彩数量和体量上要做到鲜明、醒目。如图2-1柳浪闻莺园路转弯处一组植物景观，一株法国冬青，几丛洒金东瀛珊瑚，几方山石，缝隙镶嵌麦冬，自然活泼，起到指示、吸引视线的作用。

（2）配置焦点景观

在园路入口、园路尽头和出口、园路交叉点与转弯处，常常配置植物以形成障景、对景、点景等，成为焦点景观。如图2-2所示，道路转弯处栽植一株花灌木，一方面遮挡了路人的视线，使其无法通视；另一方面这一丛花灌木也成为视觉的焦点，构成引景。

（3）利用构图法则

① 均衡与对比 当园路两旁的植物配置采用不对称的形式时，应注意植物景观的均衡，以免产生歪曲或孤立的空间感觉（图2-3）。

② 主与从 在园路两侧配置植物时，应选择主调树种、配调树种，体现多样性与统一性（图2-4）。

③ 韵律与节奏 园路植物景观讲求连续动态构图，宜采用交替韵律、渐变韵律、交错韵律等，避免单调（图2-5）。

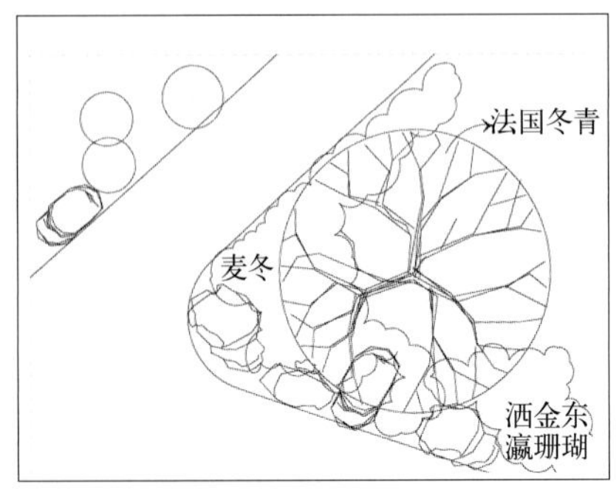

图2-1 园路转弯处的植物景观起引导性

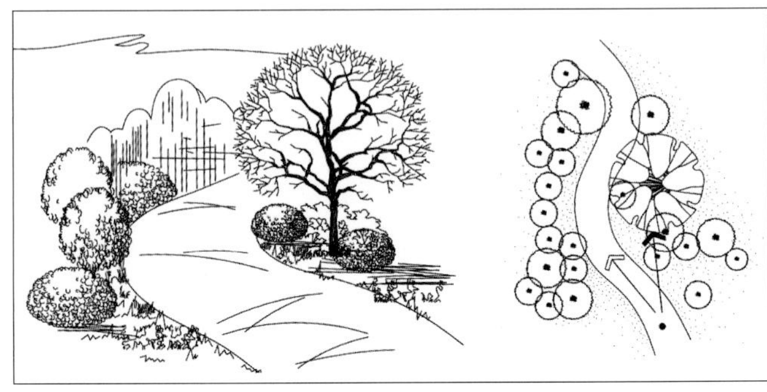

图2-2 园路转弯处的灌木构成焦点景观

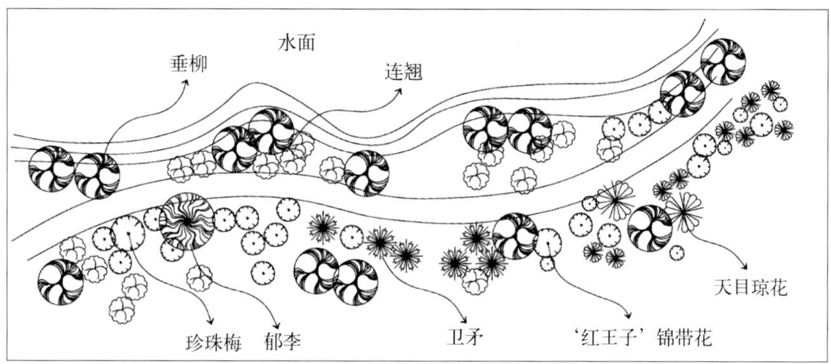

图2-3　园路两旁的植物配置采用不对称的形式

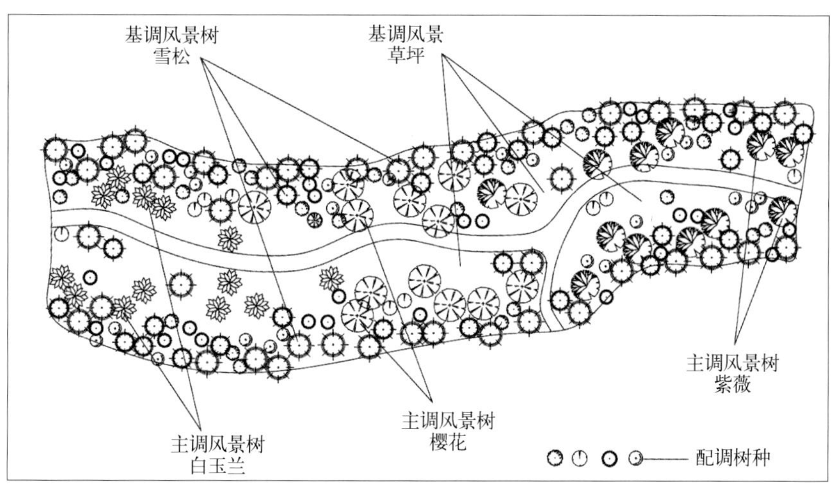

图2-4　园路两旁植物主次分明

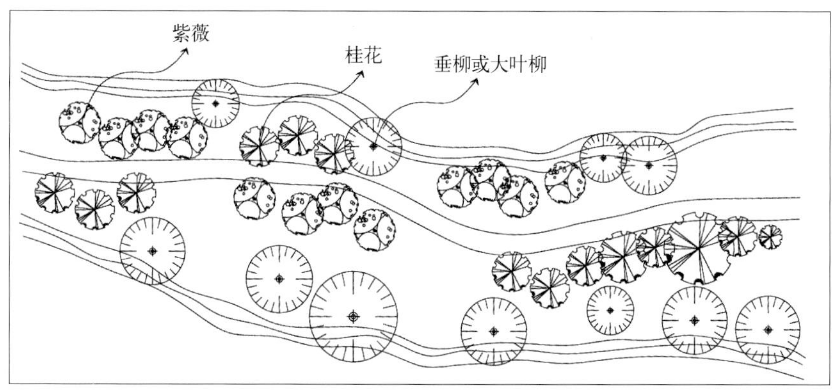

图2-5　植物的重复运用构成一定的韵律与节奏

④ 形成季相变化　园路两旁的植物宜选用季相变化显著的树种搭配组景，做到四季有景，增强自然美感。

2.1.1.2　主干道的植物景观设计

主干道是指从园林入口通向全园各景区中心、主要广场、主要建筑、主要景点及管理区的道路，其宽度以4～6m为宜。园区的主干道绿化代表了绿地的形象和风格，植物配置应该引人入胜，形成与其定位一致的气势和氛围。要求视线明朗，并向两侧逐渐推进，按照植物体量的大小逐渐往两侧延展，将不同的色彩和质感合理搭配。植物可配置高大叶密的乔木，两旁配置

耐阴的花卉，植物配置上要有利于交通（图2-6）。

靠近入口处的主干道要体现景观和气势，往往通过量的营造来体现或通过构图手法来突出。可用大片色彩明快的地被或花卉，体现入口的热烈和气势。

园区的主路是随着景观区域类型的变化而改变的，通常要先确定景观区域类型，比如树林草地区、开敞草坪区、密林区等。树林草地区植物层次可逐渐递进，形成层次景观；开敞草坪区可在路缘用花卉作点缀，防止近景乏味；单调密林区可在道路转弯处内侧采用枝叶茂密、观赏效果好的植物作障景，做到峰回路转。

在平直的主路上以规则式配置为主，便于设置对景，构成一点透视。乔木类多选用树干通直、冠型整齐、枝叶浓密、物候期长、分枝点高、抗污力强的树种。灌木类多选择枝叶丰满、叶色艳、耐修剪或花期长且有特殊香味的树种。

为了在一条主路上突出一路一景特色景观，在树种配置上，可采用同一树种，或以一种树为主，搭配其他花灌木，注重树种在形态色彩等方面的变化差异，产生丰富生动、相映成趣的艺术效果，同时还应注重与园路的功能要求以及周围环境(建筑风格、墙体颜色、围墙形式等)的融合统一。如银杏和丁香组合，即可形成春开花、夏遮阴、秋变色的美丽景观；苏州虎丘后山的香樟路，浓荫蔽日，清香袭人；杭州孤山山脊主路西段，在陡坡的路北植马尾松，在路南的石坡上种观音竹，因地制宜，高低错落，疏密有致（图2-7）。

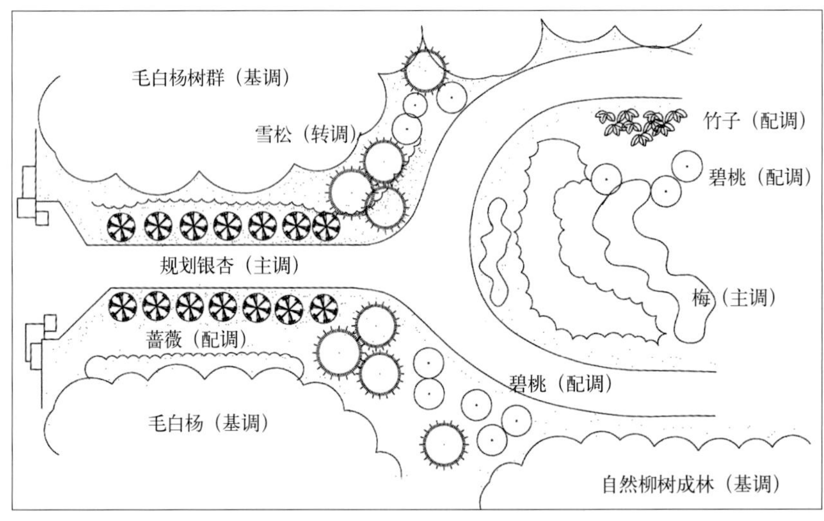

图2-6 主干道植物配置形成一定的气势和氛围

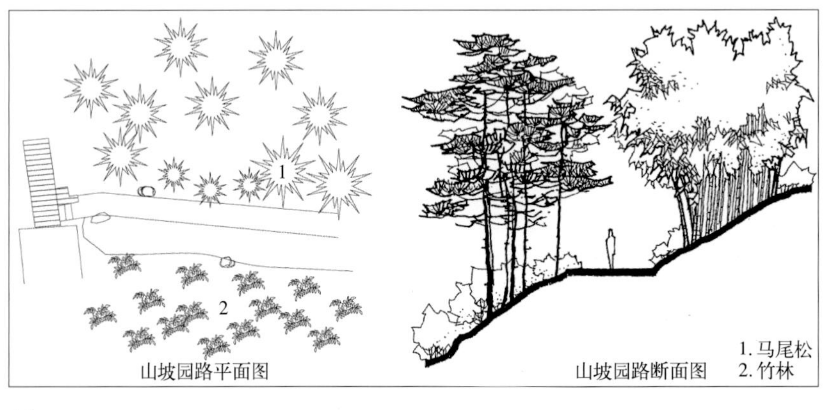

图2-7 杭州孤山山脊主路植物配置因地制宜、高低错落

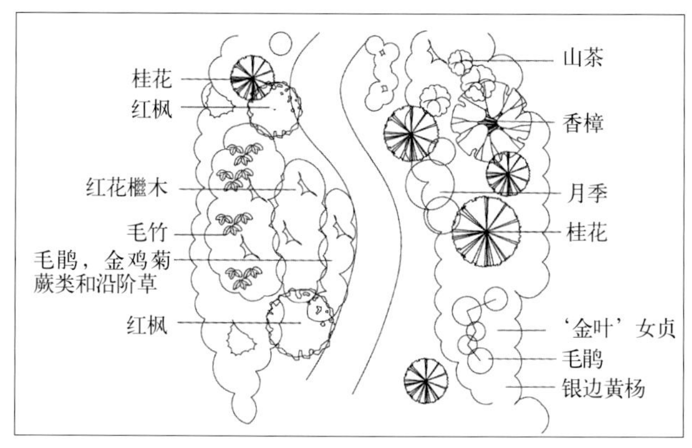

图2-8　园路旁自然的复层植物群落

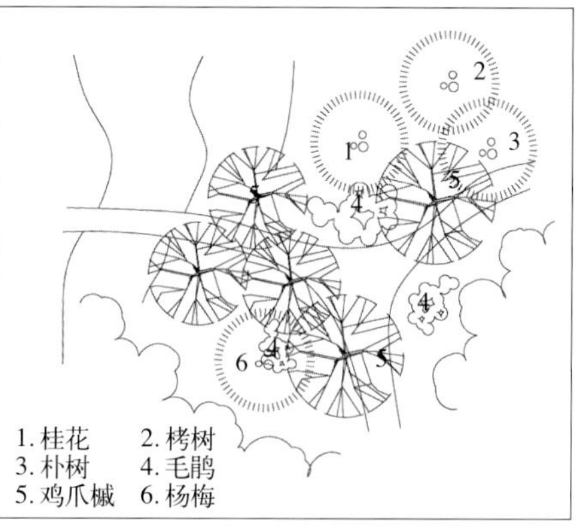

图2-9　杭州植物园槭树杜鹃园主路

在自然的园路旁，根据其生态习性多以乔灌木自然散植于路边或以乔灌木丛群植于路旁，使之形成更自然更稳定的复层植物群落（图2-8）。配置形式要富于变化，植物景观上可以配置孤植树、树丛、花卉、灌丛等，配以水面、山坡、建筑与小品，结合地形变化，形成丰富的路侧景观，做到步移景异。如路旁有微地形起伏，可配复层混交的人工群落；路边若有景可赏，可在地形处理和植物配置时留出透视线。如杭州植物园槭树杜鹃园的主路，种植鸡爪槭、红枫、桂花、朴树、杨梅以及杜鹃花，槭树高2.5～3m，在槭树的对面和后面，自然地散植着毛鹃。5月初，槭树的红色树冠和开白花的杜鹃花，相映成趣，构成"柳暗花明"的路景，引人入胜。春秋季，槭树的红叶与桂花、杨梅、朴树等深绿的叶色相衬托，增加色彩的变化（图2-9）。

在较长的自然式园路旁，如果只选用一个树种，势必会给人一种机械、呆板的感觉，同时也和自然缩放、圆弧曲线、高低起伏的园路格格不入。为了形成丰富多彩的路景，可选用多树种组合配置，但要切记主次分明，要有1个主要树种，在丰富色彩中保持统一和谐。如杭州花港观鱼牡丹园南路，一侧以碧桃、海桐、柏木形成屏障；另一边基本不种树。只用一两个树丛作为庇荫用，行走在路上，感觉与牡丹园在同一空间内。碧桃株距3.5m，干下为杜鹃花、海棠，路缘经常变换着各色草花，早春时节，碧桃盛开，与柏木红绿相映，形成一条美丽的花带，碧桃随道路向西延伸约150m处，换成樱花，标志着已进入另一情趣的空间（图2-10）。

2.1.1.3　次干道和游步道的植物景观设计

次干道是园中各区内的主要道路，一般宽2～3m。游步道则是供游人漫步在宁静的休息区中，一般宽仅1～1.5m。

次干道和游步道由于步行速度较慢，植物景观尤其注重造景细节，体现植物多样及质感和色彩的搭配，对植物的造型注重精雕细琢，两旁的种植可更灵活多样（图2-11）。由于路窄，有的只需在路的一旁种植乔、灌木，就可达到既遮阴又赏花的效果。路旁某些地段可以突出某种植物形成特殊植物景观，如丁香路、樱花路等。同时，还需结合高低曲折多变的地形，特别是利用原有植被，进行调整补充移植，产生自然情趣。沿路植物应疏密结合，密处配置树姿自然、体形高大的树林或竹林；疏处配以灌木、地被、藤本植物等，产生生态、自然之美。具体应用上，应根据不同类型的道路要求，做出不同的设计。杭州西湖柳浪闻莺的大草坪上，宽仅1.5m的石板小

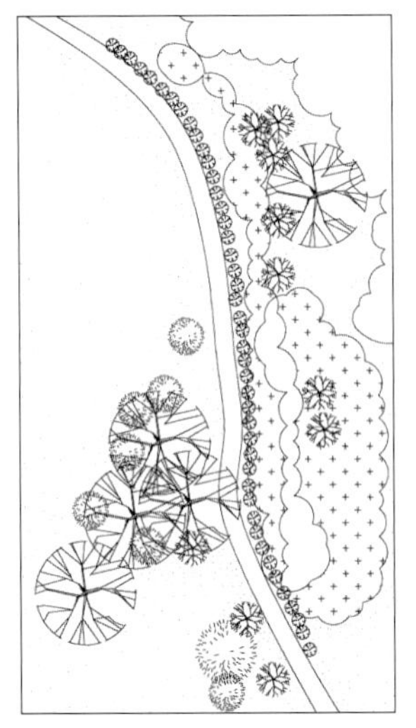

图2-10 杭州花港观鱼牡丹园南路

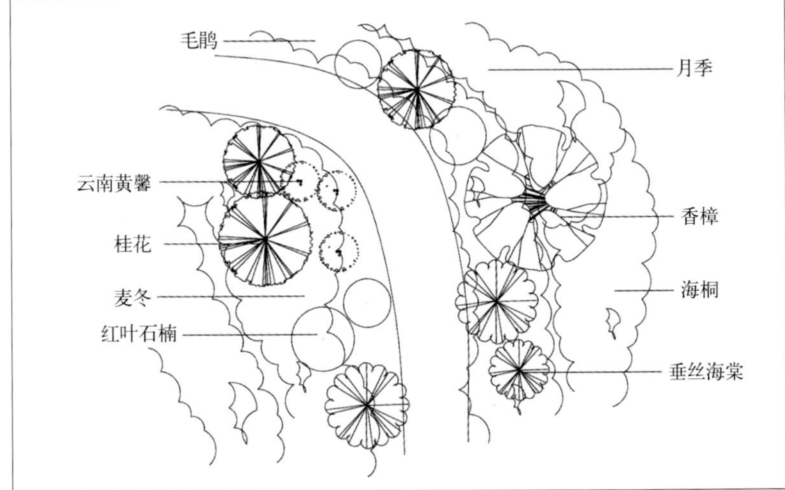

图2-11 色彩、构图和变化之美是次干道的魅力所在

路穿过枫杨、香樟、紫叶李构成的树丛，树丛下散置石头，盛夏季节，坐于石上，凉风习习，在视线范围内，看不到人工雕琢的痕迹，好像置身于自然的田野之中（图2-12）。

2.1.1.4 特色径路的植物景观设计

（1）山林野径

在山中林间穿路，宁静幽深，极富山林之趣。山路要有一定的长度、曲度、坡度和起伏，以显其山林的幽深和陡度，树木要有一定高度和厚度，树下选用低矮地被，少用灌木，以使游人产生“山林”意境（图2-13）。如杭州花港观鱼的密林区，在高差达2m的坡上植以枫香、麻栎、沙朴和刺槐等，郁闭幽深，园路完全成为密林中的小山道。

山路植物配置尽量结合原有山林植被，根据自然地形，因地制宜地配置植物。山路转弯处应用植物遮挡前方路面，以产生“山重水复疑无路”的幽深感。

（2）竹径

李白诗云：“绿竹入幽径，青萝拂行衣”，“竹径通幽处，禅房花木深”，说明要创造曲折、幽静、深邃的园路环境，用竹来造景是非常适合的。小路两旁种竹，要有一定的厚度、高度和深度，才能形成竹林幽深的感觉。杭州西湖三潭印月的“曲径通幽”是一条富于幽静气氛的竹径，径长53.5m，宽1.5m，高仅2.5m。竹子外沿种的是重阳木，竹径中夹杂着乌桕等色叶树。小径采用了3种不同的弧度，两端弧度大，中间弧度小，在尽头种了一片珊瑚树高篱，使人感到生动而又娴静（图2-14）。

（3）花径

在一定的道路空间里，全部以花的姿色来营造气氛，使人陶醉，给人以自然美的艺术享受。木本植物可选择开花丰满、花形美丽、花色鲜艳或有香味、花期较长的树种，如玉兰、樱花、桃、杏、山楂、梨、蜡梅、梅、棣棠、丁香、紫荆、榆叶梅、连翘等。除此之外，还可以补充彩色观叶或观果的树种，以弥补花色不足，如南天竹、红枫、火棘等。对草本植物，可按季节变化替换，选择花色和叶色都鲜艳的一、二年生花卉或多年生宿根花卉，如鸢尾、萱草、

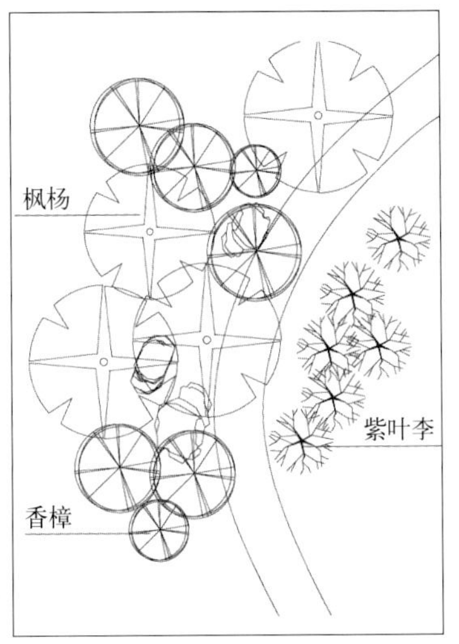

图2-12　杭州西湖柳浪闻莺大草坪石板小路

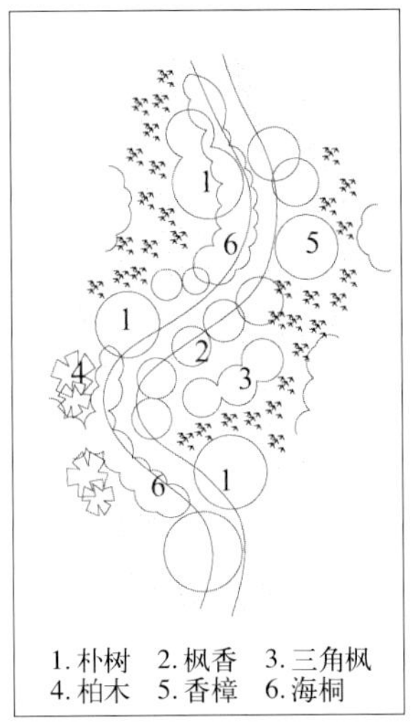

图2-13　山林野径

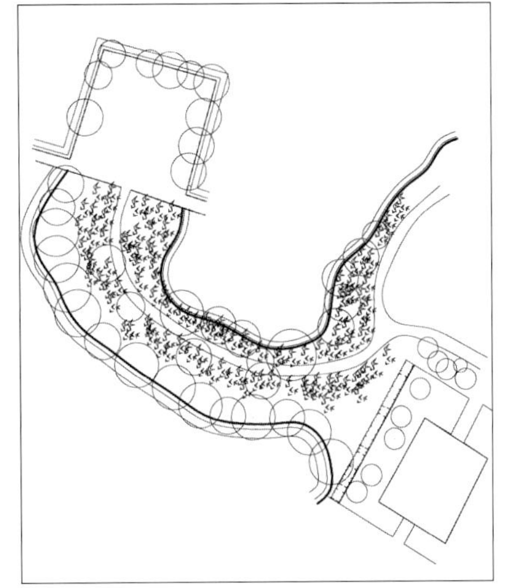

图2-14　杭州西湖三潭印月的“曲径通幽”

玉簪等。藤本植物最好选用开花效果好的树种，如紫藤、藤本月季、三角梅等。

配置时株距宜小，以给游人“穿越花丛”的感觉，而且一年四季季相变化要丰富，同时，应注意背景树的配置，讲究构图完整，高低错落。杭州植物园中的桃花径，芳菲妖艳；青岛海洋大学内的樱花径，春暖花开，粉红花海。

2.1.2　园林植物与水体组景设计

2.1.2.1　园林水景中植物景观设计原则

（1）因地制宜，合理搭配，最大限度发挥生态景观作用

根据水景植物本身的生态习性和当地的环境，因地制宜地选择植物种类，同时考虑到植物的观赏效果、经济因素、植物净化水体能力三方面的结合，在总体的水景植物配置上发挥最佳生态景观效益，为鸟类、两栖动物营造栖息空间。

（2）融合水体周边环境，重视水景植物空间层次布局

不同生长类型的植物有不同适宜生长的水深范围，在选择植物时，应融合水体周边环境，从水岸至水面，选择适宜的水景植物高低错落、疏密有致地搭配在一起。

（3）注重艺术性的构图，做到四季有景

水景植物配置应遵循基本的艺术法则，注重情与景的交融，以及意境的创造。在植物的选择上可以选择花期不同、色彩丰富的水景植物组团配置，使得在季相上形成三季有花、四季有绿的景观。

2.1.2.2　水景植物材料的选择

水景植物按照生活方式与形态特征分为四大类（参看任务1.1中的表1-10）：

（1）挺水型水景植物

挺水型水生植物植株高大，花色艳丽，绝大多数有茎叶之分；直立挺拔，下部或基部沉于水中，根或地茎扎入泥土中生长发育，上部植株挺出水面。挺水型植物种类繁多，常见的有荷花、黄花鸢尾、千屈菜、菖蒲、香蒲、慈姑等。

（2）浮叶型水景植物

浮叶型水生植物的根状茎发达，花大、色艳，无明显的地上茎或茎细弱不能直立，而它们的体内通常储藏大量的气体，使叶片或植株能平衡的漂浮于水面上，常见种类有王莲、睡莲、萍蓬草、芡实、荇菜等，种类较多。

（3）漂浮型水景植物

漂浮型水生植物种类较少。这类植物的根不在泥中，株体漂浮于水面之上，多数以观叶为主。又因为它们既能吸收水中的矿物质，同时又能遮蔽射入水中的阳光，所以也能够抑制水藻的生长。但有些品种生长、繁衍得特别迅速，可能会成为水中一害，如水葫芦等，所以需要定期用网捞出一些，否则它们就会覆盖整个水面。

（4）沉水型水景植物

沉水型水生植物根茎生于泥中，整个植株沉于水中，通气组织特别发达，利于在水中空气极度缺乏的环境中进行气体交换。

2.1.2.3 园林水体的植物景观设计手法

（1）水边植物景观设计

水边的植物配置既能装饰水面，增加水面倒影效果，又能实现从水面到堤岸的过渡，丰富岸边景观层次和色彩，突出自然野趣。

水边植物配置要点如下：

植物配植宜群植，而不宜孤植，同时还应注意与园林周边环境的协调。

切忌等距种植及整形式修剪，以免失去画意，遮挡观景视线。在树丛之间应留出透景线，引导游客到水边欣赏开阔的水景及对岸的景观。

切忌所有植物处于同一平面上，应注意林冠线的变化，高低错落、疏密有致，体现节奏与韵律，同时应与水体中的水生植物协调一致。

配置各种树形及线条的植物，丰富线条构图，增加倒影效果。如选择植物的枝、干探向水面的种类，枝条或平伸、或斜展、或拱曲，在水面上形成优美的线条；而选择树干挺拔的植物种类，线条鲜明，同时与水面形成强烈的方向对比（图2-15）。

水边树种要具备一定耐水湿的能力，多选择彩色植物和柔枝植物，以衬托水的光彩和柔美。

① 静态水景的植物配置

湖：湖泊的特征是平静、清澈，可以将水边的植物通过倒影的方式融入构图要素中。湖边植物宜选用耐水喜湿、姿态优美、色泽鲜明的乔木和灌木，以群植、丛植为主，注重林冠线的丰富和色彩的搭配，突出季节景观。杭州西湖，早春时节，垂柳、悬铃木、枫树、水杉等新叶一片嫩绿，接着碧桃、日本晚樱、垂丝海棠、迎春等先后吐艳；秋季，无患子、银杏、鸡爪槭、乌桕、重阳木、紫叶李、水杉等组成了色彩斑斓的景观。如花港观鱼湖滨长廊，迎合曲折的岸线构成疏密有致、变化丰富的植物景观。各种植物的树冠形成此起彼伏的天际线，植物色彩和质感间的协调差异尤为明显。在植物材料的选择上，树型、花色相似的木绣球与琼花的混

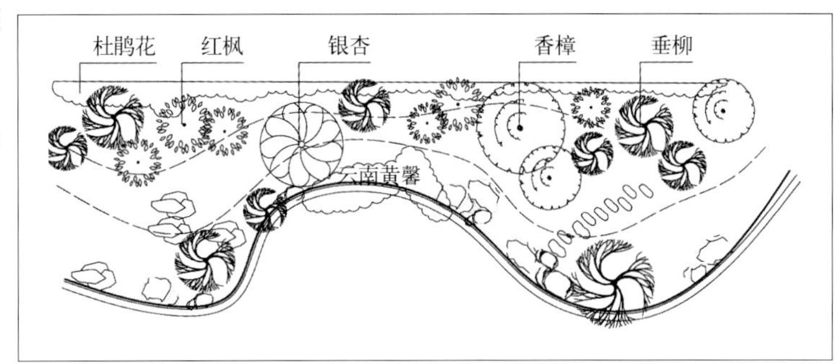

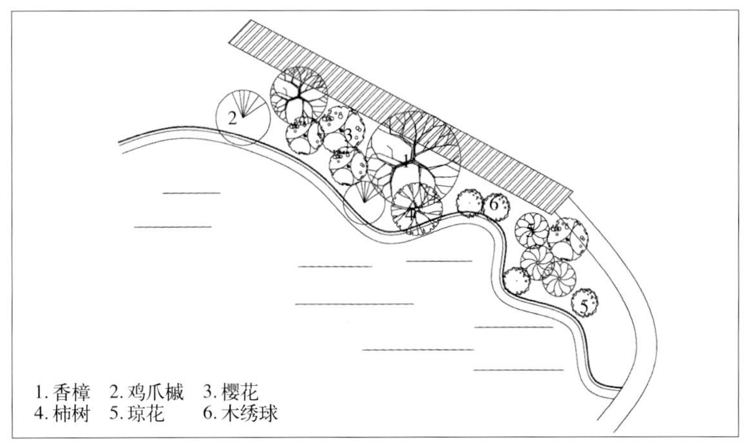

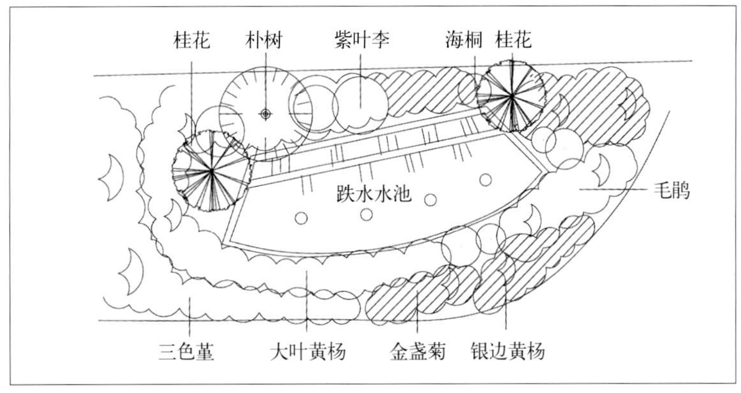

图2-15　水边配置各种线条的植物，丰富线条构图（上）

图2-16　花港观鱼湖滨长廊（中）

图2-17　几何形状水池边宜搭配几何形状植物（下）

栽，鸡爪槭秋色上的差异，胸径相差约2倍的两株香樟的应用等，使景观整体上体现了多样与统一的风格（图2-16）。

池：在较小的园林中，水体的形式常以池为主。为了获得“小中见大”的效果，植物配置常突出个体姿态或利用植物分割水面空间，增加层次，同时还创造活泼与宁静的景观。池边的植物选择主要是多年生草本植物、花灌木，较远处种植大灌木或乔木，植物种植层次丰富，形成的倒影也更具有立体感。江南古典园林一般水面规模较小，所以水体以池为主，其处理水体的植物造景手法是：园池旁配置少量体态富于变化之树，如柳近水易于生长，姿态婀娜而偏于清丽，与水景协调配合，最能体现江南的妩媚多姿；高处常植迎春、络石等，再上者便为萱草、玉簪、六月雪、秋海棠之类，错落有致；池岸路边植物则较稀疏，不遮水面视线。现代园林中，水池多为几何形状，常以花坛或圆球形等几何规则式树形搭配（图2-17）。

② 动态水景的植物配置

溪：现代园林设计中，溪流多出现在一些自然式园林中，其植物配置以模仿自然界野生植物交错生长状态为主，体现山林野趣。乔灌木配置形式多为丛植、群植、林植等，花卉沿着溪流形成连续花丛。此外，植物的配置应因形就势，以增强溪流的曲折多变及山涧的幽深感觉。为了与水的动态相呼应，可形成落花景观，将李、梨、苹果等植物配于溪旁，秋叶植物也是绝佳的选择，而林下溪边常植喜阴湿的植物，如蕨类，虎耳草、冷水花等。如图2-18所示，是一处溪流植物景观，溪流边皆为花叶繁盛的各色灌木，如垂丝海棠、山茶、云南黄馨等，岸上栽植桂花与芭蕉，形成左右遮挡的狭长空间，起到夹景的作用，营造出自然静谧的园林空间。

河：园林中的河多为人工改造的自然河流。对于水位变化不大相对静止的河流，两边多植以高大的植物群落形成丰富的林冠线和季相变化，也可配置枝条柔软的树木，如垂柳、榆、乌桕、朴树、枫杨、火炬树等；或植灌木，如迎春、连翘、六月雪、紫薇、珍珠梅等，使枝条披斜低垂水面，缀以花草；亦可沿岸种植同一树种。而以防汛为主的河流，则配置固土护坡能力强的地被植物为主，如禾本科、莎草科的一些植物以及紫花地丁、蒲公英等。

泉：由于泉水喷吐跳跃，吸引人们的视线，可作为景点的主题，而泉边叠石间隙若配置合适的植物加以烘托、陪衬，效果更佳。在植物的选择上，主要是选用耐水湿的植物，如香蒲、黄菖蒲、萱草、旱伞草、海芋等都是良好的选材。杭州西泠印社的“印泉”，面积仅1m^2，池边叠石间隙夹以沿阶草，边上植一丛孝顺竹，一株梅花俯身探向水面，形成疏影横斜、暗香浮动、雅静幽深的景观（图2-19）。广州矿泉别墅以泉为主题，以水为主景，种植榕树，铺以棕竹和蕨类植物，高低参差配置，构成富于岭南风光的“榕荫甘泉”庭院。

③ 水边绿化树种选择　水边绿化树种在我国从南到北常见的有水松、蒲桃、棕榈、榕树类、羊蹄甲、木麻黄、椰子、蒲葵、落羽松、池杉、水杉、垂柳、旱柳、苦楝、乌桕、枫杨、枫香、悬铃木、重阳木、夹竹桃、无患子、柿树、榔榆、桑、柽柳、海棠、碧桃、四照花、云南黄馨、梅、鸡爪槭、香樟、银杏、榆、朴树、蔷薇、紫藤、连翘、梨属、白蜡属、山楂属、棣棠、圆柏、丝棉木、刺槐等。

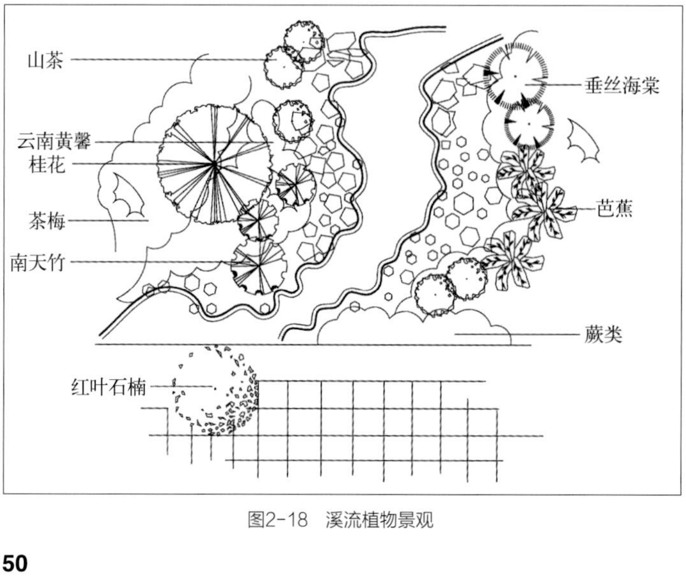

（2）驳岸植物景观设计

曲折优美的驳岸线是水景重要的景点，驳岸植物配置很重要，既能使陆地和水融成一体，又对水面空间的景观起主导作用。利用花草镶边或湖石结合配置花木可以打破驳岸相对僵硬的质感，丰富驳岸的层次，柔化驳岸的线条，丰富水边的色彩。

驳岸可分为土岸和石岸。

图2-18　溪流植物景观

土岸边的植物配置，应结合地形、道路、岸线布局，有近有远，有疏有密，有断有续，曲曲弯弯，自然有趣。最忌等距离，用同一树种，同样大小，甚至整形式修剪，绕岸栽植一圈。英国园林中自然式土岸边的植物配置，多半以草坪为底色，为引导游人到水边赏花。常种植大批宿根、球根花卉，如落新妇、围裙水仙、雪钟花、绵枣儿、报春属以及蓼科、天南星科、鸢尾属

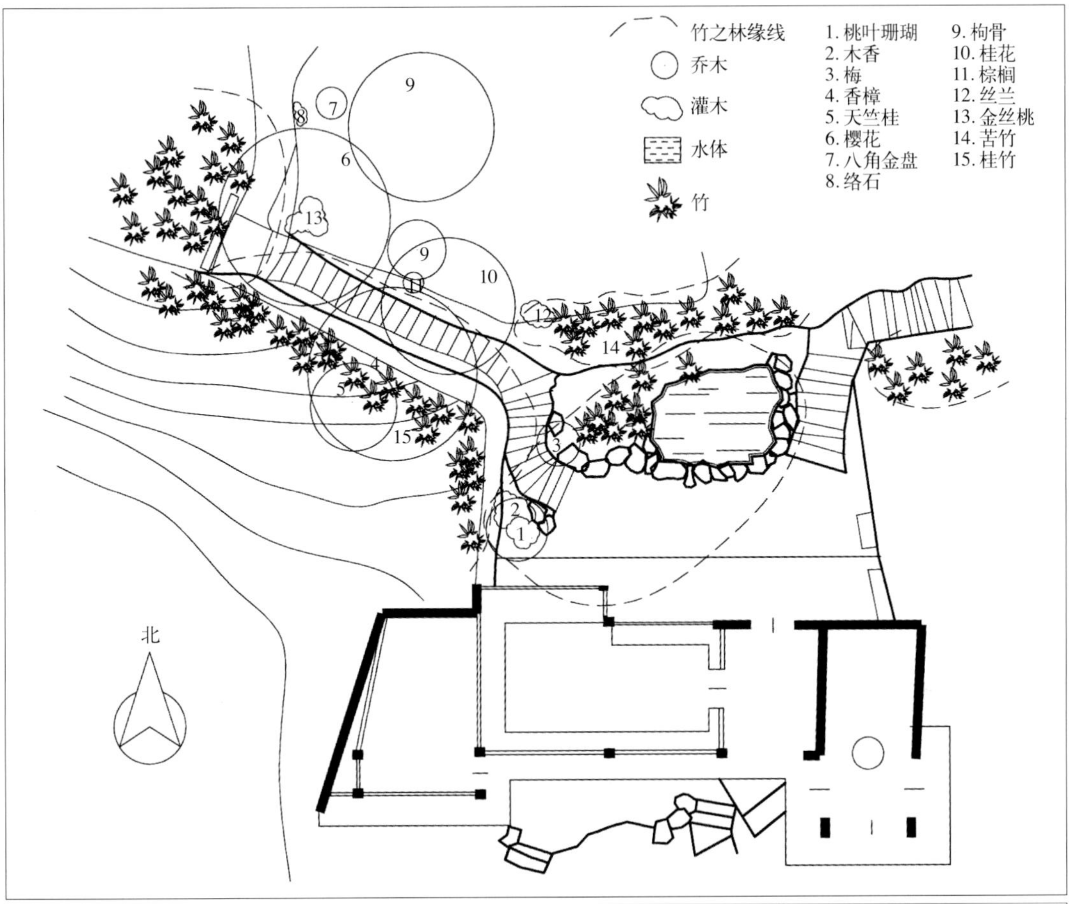

竹之林缘线
乔木
灌木
水体
竹

1. 桃叶珊瑚
2. 木香
3. 梅
4. 香樟
5. 天竺桂
6. 樱花
7. 八角金盘
8. 络石
9. 枸骨
10. 桂花
11. 棕榈
12. 丝兰
13. 金丝桃
14. 苦竹
15. 桂竹

北

图2-19　杭州西泠印社“印泉”

植物。我国青海湖边、新疆哈纳斯湖边的五花草甸，为引导游人临水倒影，则在岸边植以大量花灌木、树丛及姿态优美的孤立树，尤其是变色叶树种，一年四季具有色彩。如图2-20所示是一处土岸边的植物配置，沿着土岸边缘，以常绿乔木香樟、桂花为主要材料，5株香樟以4m左右的间距集中种植，林下中层种植桂花，植物群落边缘临水地段点缀一株垂柳。在树型配置上，为避免统一的树形给人单调的感觉，除了香樟、桂花等垂直线条的树种，又增加了水平线条的植物如鸡爪槭、红花檵木和紫藤；在色彩应用上兼顾季相变化，以常绿树种为基调，注重了彩叶树种鸡爪槭、红花檵木的使用；在花期以紫藤的紫色花序、黄馨的黄色花朵进行点缀，丰富了群落色彩。

石岸线条生硬、枯燥，植物配置原则是露美、遮丑，使之柔软多变，一般配置岸边垂柳和迎春，让细长柔和的枝条下垂至水面，遮挡石岸，同时配以花灌木、藤本植物、宿根花卉和水生花卉等色彩丰富的植物局部遮挡（忌全覆盖、不分美丑），增加活泼气氛。也可将岸上部的石或泥土混合，适当留些缝隙、孔洞，其中嵌土配置植物，倍感亲切、自然。杭州柳浪闻莺景区一处池岸植物景观，选用低矮的细叶莺尾种植在岸边，与体量相当的湖石对比，显得湖面空间较大。岸上种植高度、冠幅都较小的鸡爪槭，与整体空间相协调。为了体现丰富的植物形态以及高度变化给景观带来的趣味，在岸上种植枝条细长铺地的南迎春，与片层结构的鸡爪槭和挺拔向上的细叶莺尾相映成趣，增加了景观层次。以沿阶草覆盖山石裸露部分，软化了石岸生硬的线条，而恰到好处的点缀做到了露美、遮丑的作用。

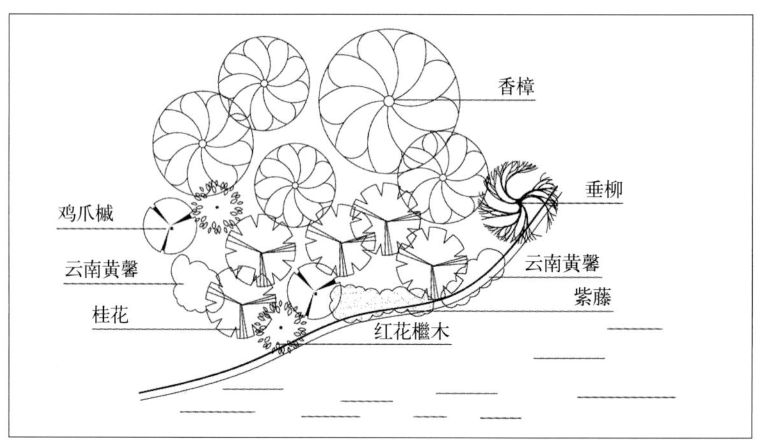

图2-20 疏密有致、断续结合的土岸植物配置

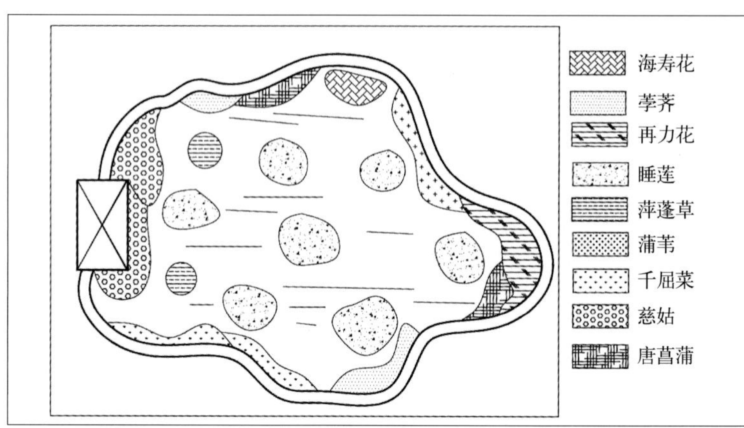

图2-21 杭州茅家埠水面植物景观

（3）水面植物景观设计

水面景观低于人的视线，与水边景观呼应，加上水中倒影，最宜游人观赏。水面植物的配置要根据水面大小选择适当体量的水生植物在水面沿岸或水面中央丛植或片植，切忌铺满水面或沿岸种植一圈，在有限的空间留出充足的开阔水面展现倒影及水中游鱼。在几种水生植物混植时，要根据植物的形态特征、适应的水深，选择高度有差异的植物组合，达到宜人的观赏效果。切忌使用体量、高度相当的植物组合，导致层次不分，没有重点。

宽阔水面的植物配置以营造水生植物群落景观为主，主要考虑远观，植物配置注重整体、连续的效果。植物配置宜以量取胜，给人以一种壮观的视觉感受。如大面积的荷花、睡莲，盛夏时节能创造出“接天荷叶无穷碧，映日荷花别样红”的壮丽景观。水生植物的搭配要做到主次分明，体形、高低、叶形、叶色及花期、花色对比协调。

小水面的植物配置宜考虑近观，其配置手法细腻，注重植物单体的效果，对植物的姿态、色彩和高度有较高的要求，植物的配置既要突出个体美，又要考虑群体组合美及其与周边环境的协调。水面上的浮叶及漂浮植物与挺水植物的比例要保持恰当，否则易产生水体面积缩小的不良视觉效果。因此， 将水生植物占水体面积的比例控制在不超过 1/3 是比较适合的。如图2-21所示是杭州茅家埠一圆形池塘，该水景所用植物材料较为丰富，水体四周植物高低错落，具有一定的韵律节奏美。紫色的海寿花与再力花正同时开放，水上白睡莲含苞待放，荇蓬草黄色的小花，在大量绿叶的衬托下，雅致宁静。但也存在不足之处，水体四周被植物围满，过于拥挤，反而因过度封闭造成水体与周围环境的隔离。水面上的睡莲、荇蓬草由于生长繁盛，占据了过多的水面空间，影响倒影的效果。

（4）堤、岛、桥的植物景观设计

水体中设置堤、岛、桥是划分水面空间的重要手段，堤、岛常与桥相连，它们周边的植物配置可以增添水面空间的层次，丰富水面空间色彩，活跃景观氛围。

① 堤　在园林中，堤的防洪功能逐渐弱化，其往往是划分水面空间的主要手段，是重要的游览交通路线。堤作为主要的游览道路，植物首先以行道树方式配置，考虑遮阴效果，选择树形紧凑枝叶茂密、质感厚重为好；考虑到有人为活动进行，选择分枝点高的乔木，还要留出相对私密的小空间供人休息。同时由于堤临水面，所以植物应选择耐水湿的种类，考虑植物的姿态、色彩及其在水中的倒影效果。长度较长的堤上应隔一段距离换一些种类, 以打破单调和沉闷。“苏堤春晓”是著名的西湖十景之一，以“桃柳间植”为其特点，在配置方式上则采用自然式，形成开合有致的整体风格。配景树种，特别是上层高大乔木如香樟、无患子、重阳木等，不仅起到了延长空间的视觉效果，强化了进深感，而且使天际线更趋浑圆丰满。道路两旁铺设草坪，其上种植各式花木如玉兰、日本晚樱、海棠、迎春、溲疏、桂花等。在某些地段，以两三棵香樟或大叶柳围合成覆盖空间，放置座椅供人休息、观水。

② 岛　岛的植物配置应根据岛的类型因地制宜、灵活把握。仅供远眺、观赏的湖中岛，可选择多层次的植物群落形成封闭空间，以树形、叶色造景为主，注意季相的变化和天际线的起伏，要求四面皆有景可赏；可游览的半岛或湖中岛上，植物配置时应考虑导游路线，不能有碍交通，多设树林以供游人活动或休息。临水边种植密度不能太大，应疏密有致，高低有序，同时具有良好的引导功能，让人能透过植物去欣赏水面景致（图2-22）。北京北海公园琼华

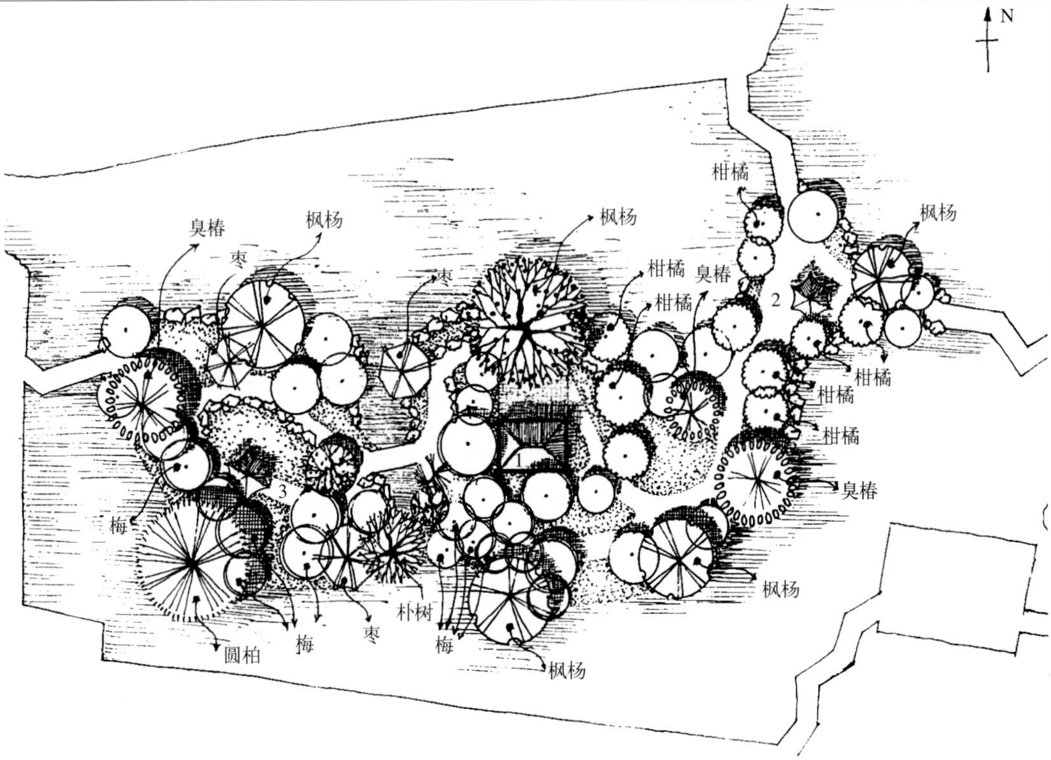

1. 雪香云蔚亭 2. 待霜亭 3. 荷风四面亭

图2-22 拙政园中部山岛植物配置平面图

岛，环岛以柳为主，间植刺槐、侧柏、合欢、紫藤等植物，将岛上的亭、台、楼、阁掩映其间，并以其深绿的色彩烘托出岛顶白塔的洁白。

③ 桥 桥头植物配置主要是以引导树的形式出现，目的是吸引游人视线，引导游人由此经过。根据桥的位置、形式及色彩、质地以及表现出来的建筑风格而配置相应的体量和数量的引导树（图2-23）。一般体型稍大的桥梁引导树为垂柳、水杉、合欢、香樟等大乔木；体型较小的桥为桂花、丁香、碧桃、鸡爪槭、红枫等叶花轻松活泼、枝叶开展的树种；体型更小的桥，桥头可用水生植物如再力花、黄菖蒲等代替引导树。同时，还要考虑桥与植物结合形成的立面轮廓，注意植物对桥身的遮掩，以及树木的高低起伏、疏密有致。如曲桥的拐角处常以芦苇、柳树丛、水杉林等遮掩，以表现曲桥及其水面绵远无尽之感。

2.1.3 园林植物与建筑组景设计

2.1.3.1 园林植物与建筑组景设计要求

（1）植物景观设计要加强建筑美感

建筑属于以人工美取胜的硬质景观；植物体是有生命的活体，有其生长发育规律，具有灵动的自然美。植物与建筑的配置是自然美与人工美的结合，力求处理得当，使二者关系变得和谐一致。植物所能赋予的视觉感官上的丰富色彩、柔和多变的线条、优美各异的姿态都

能增添建筑的美感，使之产生的感染力生动活泼且富有季节变化，体现出一种动态的均衡感，使建筑与周围的环境更为和谐、融洽。建筑形体多是生硬的几何线条，而且人工的痕迹很重，难免简单枯燥。而植物线条相对柔和和活泼，种植以后，起到软化建筑物硬线条的作用，还可以缓解视觉上的单调感。例如，在广州双溪宾馆走廊中，配置的龟背竹犹如一幅饱蘸浓墨泼洒画面，不但可以增添走廊中活泼气氛，还能使浅色的建筑与浓绿的植物在色彩及其线条上形成强烈的对比。

（2）植物景观设计要符合建筑的性质和功能

园林建筑类型多样，形式灵活，建筑旁的植物配置应和建筑的风格协调统一，应符合其性质和功能，不同建筑的不同部位，要求选择不同的植物，采取不同的配置方式，以衬托建筑，协调和丰富建筑物构图。同时，也要考虑植物的生态习性、文化内涵，以及植物和建筑环境的

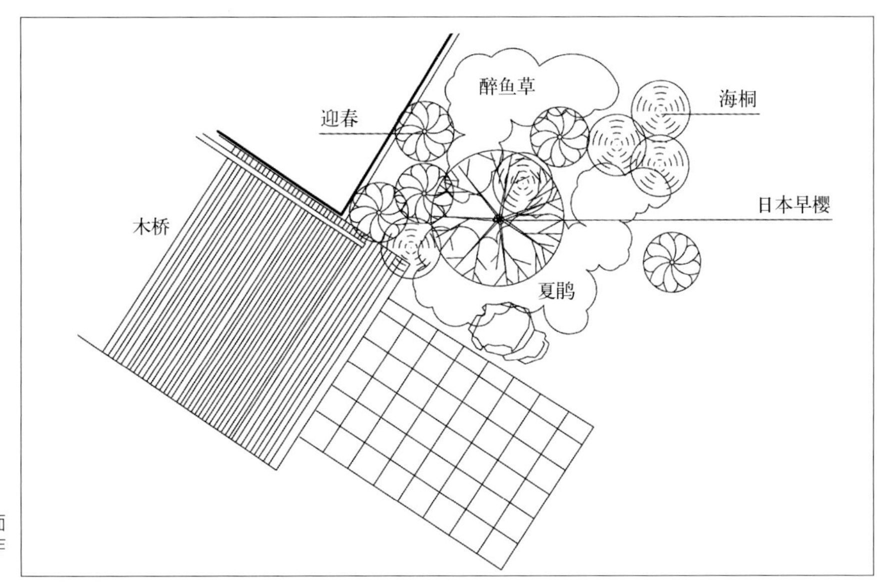

图2-23 在道路与桥面的过渡处用日本早樱作为引导树

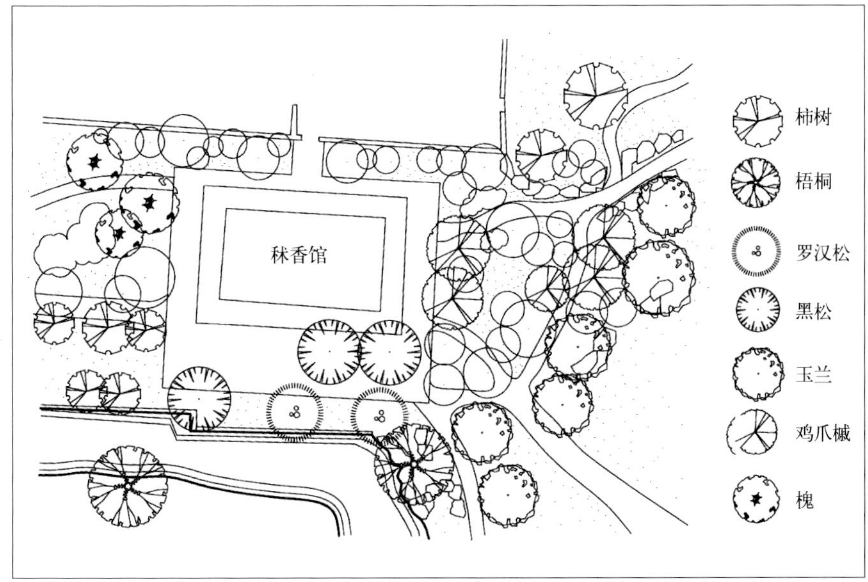

图2-24 拙政园秫香馆植物配置平面图

协调性。北方古典园林建筑雄伟，具有体量宏大、色彩浓重、布局严整、等级分明的特点，常选择姿态苍劲、意境深远的中国传统树种，且一般多规则式种植。如配置白皮松、油松、圆柏等常绿树种，象征帝王的兴旺不衰、万古长青；配置玉兰、海棠、迎春、牡丹、桂花寓意“玉堂春富贵”。江南古典园林面积不大，建筑体量小，色彩淡雅，植物配置求“诗情画意”、“咫尺山林”，多注重细节，宜选用观赏价值高、有韵味的乔灌木进行配置，如拙政园秫香馆旁的植物配置（图2-24）。岭南园林建筑轻巧、淡雅、通透，建筑旁宜选用竹类、棕榈类、芭蕉、苏铁等乡土树种，并与水、石进行配置，组成一派南国风光。西南地区的园林建筑比较浑厚，由于气候条件的优越，植物长得比较茂盛，通常把园林建筑淹没在茂密的森林中，意味更加悠远。

寺观园林建筑多以庙堂为主，庄严、肃穆，而且神秘，因此一般多用白皮松、油松、圆柏、青檀、七叶树、银杏、槐、海棠、玉兰、牡丹、竹子等植物对植、列植或林植以烘托气氛，增加场地的隐蔽性。纪念性建筑的植物配置常用松、柏来象征革命先烈高风亮节的品格和永垂不朽的精神，也表达了人民对先烈的怀念和敬仰，多用白皮松、油松、圆柏、槐、七叶树、银杏，且多列植和对植于建筑前以突出建筑庄严肃穆的特点。现代公共建筑造型较灵活，形式多样。 因此，树种选择范围较宽，应根据具体环境条件、功能作用和景观要求选择适当树种，如果建筑前有些活动的设施，或是人群经常停留的空间，则应考虑用大乔木遮阴，还要考虑用安全性的植物，如枝干上无刺、无过敏性花果、不污染衣物等。欧洲风格建筑的植物配置，一般选用耐修剪的整形树种如圆柏、侧柏、冬青、枸骨、珊瑚树等规则式种植，造型时应与整个建筑的造型相协调。

（3）植物景观的设计要提升建筑的内涵

利用植物诗情画意的意境与建筑巧妙结合，可以使园林建筑环境具有生命力，提升建筑内涵，在不同的区域栽植不同的植物或突出地方植物特点，形成区域景观的特征，增加园林的丰富性。如苏州留园的“闻木樨香轩”，周边环绕桂花，花开时分，异香扑鼻，意境幽雅；拙政园的留听阁，四周开窗，阁前置平台，秋季赏荷听雨，别有一番风味（图2-25）。

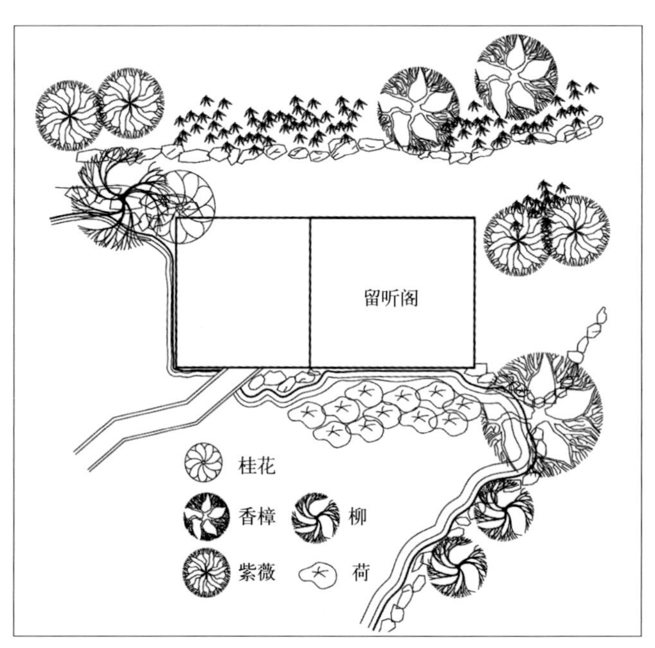

图2-25　苏州拙政园留听阁平面图

2.1.3.2　建筑外环境的植物景观设计

（1）建筑入口的植物景观设计

建筑入口处绿化首先要满足功能要求，不要影响人流与车流的正常通行及阻挡行进的视线，同时要反映出建筑的特点。植物选择中应

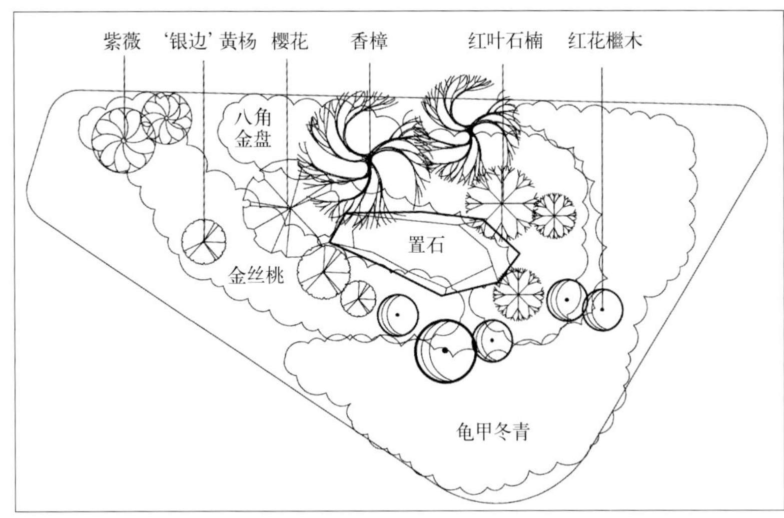

图2-26　建筑入口处丰富的植物层次在色彩和形态上遥相呼应

优先考虑株形优美、色彩鲜明、具有芬芳气息的类型，多与台阶、花台、花架等相结合进行绿化配置，以达到强化标志性的作用（图2-26）。在一些大型公共建筑入口前最好还能制造出层次鲜明的造型，采用大型植物以及分层次的地被彩带；而在私人住宅入口则应营造出亲切宜人的小尺度空间。同时可以充分利用门的造型，以门为框，结合植物景观，增加景深，延伸空间。

（2）建筑基础的植物景观设计

建筑的基础种植应考虑建筑的采光问题，不能离得太近，不能太多地遮挡建筑的立面，同时还应考虑建筑基础不能影响植物的正常生长。一般多选用灌木、花卉等进行绿化布置，也可种上地锦、络石等攀缘植物对墙面进行垂直绿化。在墙基保护方面，要求在墙基3m以内不种植深根性乔木或灌木，在这个范围以内应种植根较浅的草本或灌木。

（3）建筑窗边的植物景观设计

窗前绿化要综合考虑室内采光、通风、减少噪声、视线干扰等因素，一般在近窗种植低矮花灌木或设置花坛，通常在离住宅窗前5～8m之外，才能分布高大乔木，可以选择株型优美、季相变化丰富、能诱鸟的芳香植物。同时窗外植物常作为窗户框景的重要内容，安坐室内，透过窗框外的植物配置，俨然一幅生动画面。由于窗框的尺度是固定不变的，植物却不断生长，随着生长，体量增大，会破坏原来的画面，因此要选择生长缓慢、变化不大的植物，如芭蕉、南天竹、孝顺竹、苏铁、棕竹、软叶刺葵等种类，近旁可再配些尺度不变的剑石、湖石，增添其稳定感，这样有动有静，构成相对稳定持久的画面。为了突出植物主题，窗框的花格不宜过于花哨，以免喧宾夺主。另外，窗台还可以摆放盆花、盆景或垂挂花篮、藤本植物等，但要注意其生长高度不影响窗户通风透光和玻璃安全。

（4）建筑墙面的植物景观设计

园林中通常以墙面为“纸”，以观赏植物为画组成画卷（图2-27）。一般的墙垣都是用藤本植物，或经过整形修剪及绑扎的观花、观果的灌木，甚至极少数的乔木来美化墙面，辅以各种球根、宿根花卉作为基础栽植。一些深色或暗色的墙面前，宜配置一些开浅色花的植物，如木绣球，使硕大饱满圆球形白色花序明快地跳跃出来，也起到了扩大空间的视觉效果。一些山墙、城墙，如有薜荔、何首乌等植物覆盖遮挡，则会极具自然之趣。在一些窗格墙或虎皮墙前，宜选用草坪和低矮的花灌木以及宿根、球根花卉。高大的花灌木会遮挡墙面的美观而喧宾夺主。

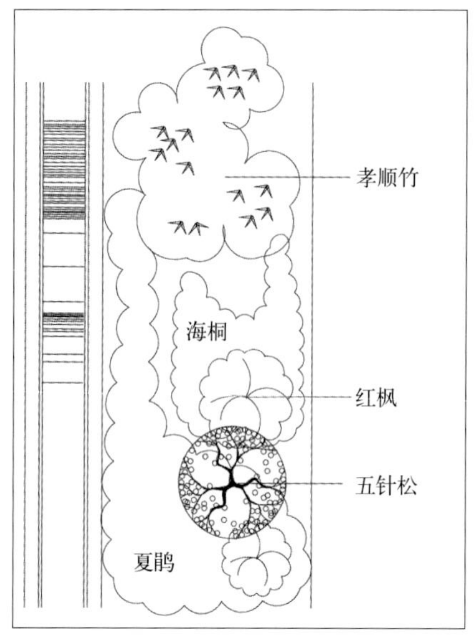

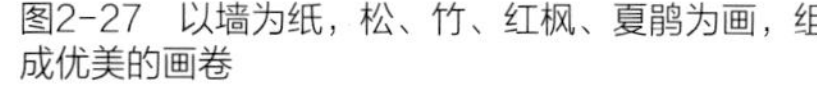
图2-27 以墙为纸，松、竹、红枫、夏鹃为画，组成优美的画卷

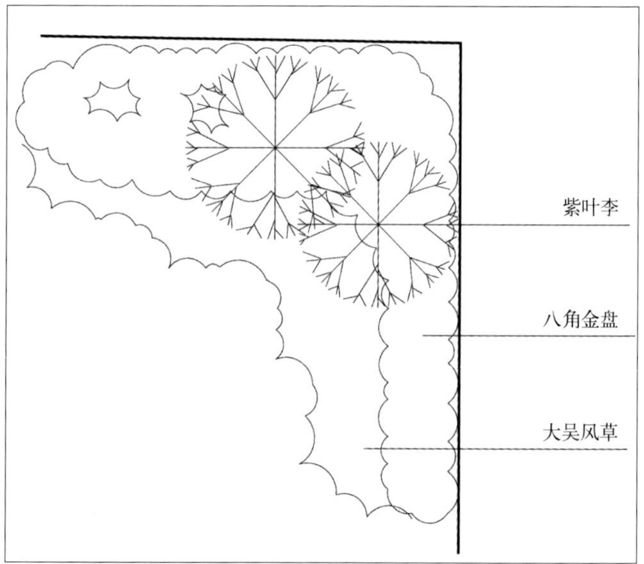

图2-28 建筑角隅的植物配置由高到低呈扇形展开

建筑墙面在进行绿化时还要考虑墙体的朝向问题，墙体的朝向影响墙体接受阳光照射的强度，影响所选择植物的喜光性取向以及常绿或落叶树种的确定。东西墙前可选用具有气生根和吸盘的攀缘植物直接吸附墙面进行垂直绿化，减少夏季日晒，也可利用高大的、树冠分枝点低的落叶乔木，以降低室内气温，美化装饰墙面。建筑南面光照充足，门窗多，一般不采用墙面垂直绿化，而是在南墙利用良好的小气候环境，配置色彩鲜艳的喜光植物，同时配置落叶的庭荫树以利夏季遮阴。北墙环境最差，日照时间短，四季阴凉，是冬季寒风的迎风面，一般不进行垂直绿化，利用高大的常绿树和耐阴的植物进行复层绿化，阻挡冬季寒风。

（5）建筑角隅的植物景观设计

建筑的角隅相对僻静，而线条生硬，用植物配置进行软化和美化很有效果。一般宜选择观果、观花、观干种类成丛种植，可配置成花坛、花池、花境、竹石小景、树石小景等。建筑角隅的植物景观设计由墙角到外侧可呈扇形展开，植株由高到低，往往选用一些浅根性的大型植株作为装饰墙体内侧的植物(如竹子、芭蕉、棕榈等植物)，外侧采用花灌木或观赏草作为第二个层次，将视线完全吸引到茂密的植物景观中，而忽略这里是墙角。同时建筑角隅采光、通风、土质条件较差，因此植物要选择耐阴、抗性强的种类（图2-28）。

2.1.3.3 建筑小品的植物景观设计

（1）亭的植物景观设计

亭旁的植物景观设计应从亭的造型、主题、位置上考虑，达到统一、和谐的目的。从亭的造型上考虑，应选择和亭的造型相协调的植物，如亭的攒尖较尖、挺拔、俊秀，应选择圆锥形、圆柱形植物，如枫香、毛竹、圆柏、侧柏等竖线条的植物；从亭的主题上考虑，应选择能充分体现其主题的植物，如碑亭附近的植物应结合碑文配置意境植物；从亭的位置考虑，应结合其功能选择合适的植物，如路亭周围可配置多种乔灌木，形成幽静的歇憩环境，但在有佳景可观的方向，要适当留出使人视线远伸赏景的空间。柳浪闻莺的路亭植物景观中，亭旁一株高15m的女贞与周围一片桂花和圆柏，以及假山石组成一个隐蔽路亭的常绿树丛，在树丛中夹植鸡爪槭点缀，增加色彩变化。

亭旁的植物景观设计的常用布置方法有两种：一是在亭的周围广植林木，亭在林中若隐若现，有深幽之感，如苏州拙政园的听松风处，亭周边遍植黑松（图2-29），现代公园里亭周围常种植白玉兰、夹竹桃等植物；二是在亭旁孤植少量大乔木，再辅以低矮的花灌木和草本花卉，如毛鹃、金丝桃等，在亭中既可庇荫休息又可赏花（图2-30）。

（2）花架的植物景观设计

花架要与可用植物材料相适应，配合植株的大小、高低、轻重与枝干的疏密来选择格栅的宽度窄细。如植物配置得当，定能成为人们消夏庇荫的好场所。否则，就会出现有架无花或花架的大小和植物生长能力不适应，致使植物不能布满全架或花架体量不能满足植物生长需要等问题，从而削弱花架的观赏效果和实用价值。

目前，适于花架的藤本植物有上百种，常用的有紫藤、木香、凌霄、蔷薇、金银花等开花观果植物。由于它们的生长习性（如生长速度、枝条长短、叶和花的色彩、形状）和攀缘方式不同，因此，进行植物配置时，要结合花架的形状、大小，立地的光照条件、土壤酸碱度以及花架在园林中的功能作用等因素来综合考虑。如果花架高大、坚固，可栽种木质的紫藤、凌霄、南蛇藤等。如北京陶然亭公园中心岛处的花架，配置了花色清雅的紫藤。如花架体量稍小，且处于光照不足的阴凉处，则宜选耐阴喜湿的藤本植物。如河北安国中学绿地中的环形花架，即选择了叶子浓密、经冬不凋，花、茎、叶均可入药的金银花，并由花架中央形体高大的雪松为其遮阴蔽日，形成良好的私密空间。另外，还可根据植物不同的生长特点，将几种藤本植物混植，既能延长观花期，又能遮挡建筑的某些缺憾并减少酷暑的炙烤和冬日的寒风，使之常年都能起到装饰美化环境的作用。如中国科学院北京植物园中月季园对面的花架，就是将紫藤、多花紫藤、木香混植。由于紫藤先花后叶，多花紫藤先叶后花（且花期比紫藤稍晚），

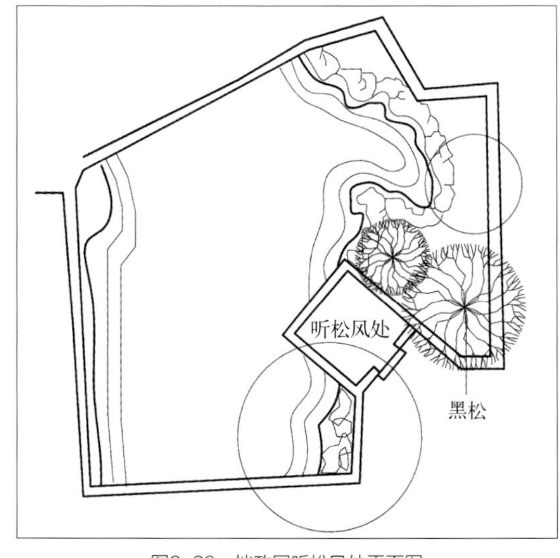

图2-29　拙政园听松风处平面图

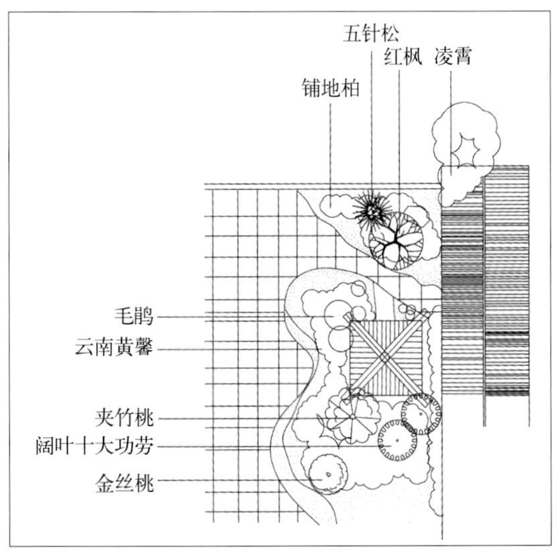

图2-30　亭旁配置少量乔木，辅以低矮的花灌木和草花

而木香花期比前两种又晚些，这样集三者于一架，效果甚佳。值得一提的是，休息、观赏与生产相结合，更是花架植物配置的一大优势。如中国科学院北京植物园水生植物区小湖边的花架，既采用了美国凌霄、南蛇藤、金银花、三叶木通，同时还配置了花时美丽、果时诱人的葡萄、猕猴桃等。不仅色、香、味俱全，而且春、夏、秋花开不断。背景采用高大的槐树、冠大阴浓的白蜡，周围还配置有麦李、紫薇、荚蒾等花灌木，真称得上是花架植物配置的综合体。

（3）围墙的植物景观设计

围墙的功能主要是分隔空间、丰富景致层次及控制引导游览路线等，是空间构图的一个重要手段。园墙与植物搭配，是用攀缘植物或其他植物装饰墙面的一种立体绿化形式。通过植物在墙面上垂挂和攀缘，既可遮挡生硬单调的墙面，又可展示植物的枝、叶、花、果，使自然气氛倍增（图2-31）。另外，在墙前植树，使树木的光影上墙，以墙为纸，以植物的姿态和色彩作画，也是墙面绿化的一种形式。最典型的是我国江南园林中白粉墙前的植物配置，常用的植物有色彩鲜艳的红枫、山茶、杜鹃花、南天竹或色彩柔和的木香等。有时为取植物的姿态美，也常选用一丛芭蕉、数竿修竹。还可将几种攀缘植物和花灌木相配，使其在形态和色彩上互相弥补和衬托，丰富墙面的景观和色彩。如拙政园的海棠春坞景观，粉墙前种植海棠、竹，再配以湖石，湖石上镶嵌沿阶草，整个景观朴素而又雅致。由于园墙在园林中的位置和作用不同，植物配置时还应充分考虑植物的生长特性，在园墙的不同方位选择合适的植物搭配。如常见的木香、紫藤、藤本月季、凌霄等喜光植物，不适宜配置在光照时间短的北向或庇荫墙面，只能在南向或东南向墙面配置；但薜荔、常春藤、扶芳藤等阴性或耐阴的植物，则宜在背阴处的墙面生长。

（4）座椅、坐凳的植物景观设计

座椅因其主要功能是供游人休息，因而其周围环境要舒适、恬静。座椅边的植物配置应该要做到夏可庇荫、冬不蔽日。所以座椅设在落叶大乔木下不仅可以带来阴凉，植物高大的树冠也可以作为赏景的“遮光罩”，使透视远景更加明快清晰，使休息者感到空间更加开阔。在比较开阔的地段可以孤植伞形大乔木，如果采用丛植，株数不要超过7棵，否则会有阴暗的感觉；也可以篱植小灌木，形成半围合空间，造就安静氛围；周围也可以设花丛，要选用香味淡雅的，味道过浓则给人产生昏昏欲睡的感觉；当然也可以与花坛、花台、花池相结合，形成一体，延伸空间。

图2-31 蔷薇美化围墙

（5）雕塑的植物景观设计

图2-32　北京植物园牡丹园的牡丹仙子雕塑

雕塑周围的植物配置应注意同雕塑本身的色彩、形体上对比强烈一些，以突出雕塑，突出主体，其中背景的处理尤为重要。常用手法有：以各种深色的植物作为浅色雕塑的背景，如北京植物园牡丹园的牡丹仙子雕塑，即以紫叶李为背景，周围植以牡丹，主题突出，色彩丰富（图2-32）；而青铜色等深色雕塑则应配以浅色植物或以蓝天为背景。此外，对于不同主题的雕塑还应采取不同的种植方式和相应的树种。如在纪念性雕塑周围宜采用整齐的绿篱、花坛及行列式种植，并以体形整齐的常绿树种为宜。如唐山市大钊公园的李大钊雕像，即在轴线两侧规则式列植了雪松、黄杨球和小檗球，雕像背景栽植了油松、圆柏、侧柏组成的常绿针叶混交林，产生了庄严的统一感。对于主题及形象比较活泼的雕塑小品，宜用比较自然的种植方式，在植物的树形、姿态、叶形、色彩等方面，则应选择比较潇洒自由的形式。如北京玉渊潭公园的留春雕塑，以常青的雪松、展叶早的树及早春开花的贴梗海棠、榆叶梅等组成的疏林草地为背景，突出了主题。另外，植物配置还能为雕塑形成框景或障景，以突出或衬托雕塑作品的艺术效果。

2.1.4　园林植物与山石组景设计

2.1.4.1　各类园林山体的植物景观设计

在园林中，当山石与植物组织创造景观时，要根据山石本身的特征和周边的具体环境，精心选择植物的种类、形态、高低、大小以及不同植物之间的搭配形式，使山石和植物组织达到最自然、最美的景观效果。柔美丰盛的植物可以衬托山石之硬朗和气势；而山石之辅助点缀又可以让植物显得更加富有神韵。植物与山石相得益彰地配置更能营造出丰富多彩、充满灵韵的景观。

（1）土山

园林中的土山就是主要用土堆筑的山。天际线的塑造成为山体植物景观的首要内容，宜采用高低不一的异龄树，打破平直的林冠线，加上连绵起伏的山峰轮廓，使天际线具有韵律节奏而且更富于变化。在色彩上，适当采用变叶树种，丰富季相变化。乔木、灌木、草本、藤本、竹类均可以在土山上配置，可以配置单纯树种，也可以多树种混合配置。土山设计还着重于山林空间的营造，往往不考虑山形的具体细节，而是加强植物景观的艺术效果，让人有置身山林的感受，同时借山岭的自然地势划分景区，每个区域突出一两个树种，形成特色景区。在进行植物景观设计时，应注重保护原有的天然植被，以乡土树种为主，模仿当地气候带的自然植被分布规律进行植物景观设计，体现浓郁的地方特色。

① 山顶植物配置　人工堆砌的山体，山峰与山麓高差不大，为突出其山体高度及造型，山脊线附近应植以相应高大的乔木；山坡、山沟、山麓则应选用相应较为低矮的植物；山顶植以

大片花木或色叶树，可形成较好的远视效果；山顶如筑有亭、阁，其周围可配以花木丛或色叶树，烘托景物并形成坐观之近景。山顶植物配置的适宜树种有白皮松、油松、黑松、马尾松、侧柏、圆柏、毛白杨、青杨、榆杨、刺槐、臭椿、栾树、火炬树等。

② 山坡、山谷植物配置　山坡植物配置应强调山体的整体性及成片效果，可配以色叶林、花木林、常绿林、常绿和落叶混交林。植物景观以春季观花，夏季庇荫，秋季观果、观秋叶，冬季观枝干、观绿叶为主，要有明显的季相特征。山谷地形曲折幽深，环境阴湿，适于喜阴湿植物生长，植物配置应与山坡浑然一体，树种应选择耐阴湿者，强调整体效果的同时突出湿地特征。如配置成松云峡、梨花峪、樱桃沟等，观赏价值都很高。

③ 山麓植物配置　园林中山麓往往是游人汇集的园路和广场，应用植物将山体与园路分开。一般可以低矮小灌木、藤本、地被、山石等作为山体到平地的过渡，并与山坡乔木连接，使游人经山麓上山，犹如步入幽静的山林。如以枝叶繁茂、四季常青的油松林为主，其下配以黄荆等花木，就易形成山野情趣。

（2）石山

石山的植物配置以山石为主，植物为辅助点缀。低山不宜栽高树，小山不宜配大木，以免喧宾夺主。在叠石时应预留配置植物的缝隙、凹穴，在山冈、山顶、峭壁、悬崖的石缝、石洞等浅土层中，常点缀宿根花卉，一、二年生草花及灌木、藤本、草皮等；在山坳、山脚、山沟等深土层上可以少量点缀乔木，而且要求形体低矮，姿态虬曲。在石缝渗水庇荫处，植以苔藓、蕨类等喜阴湿的植物。石山的植物选择要求植株低矮或匍匐，生长缓慢且抗逆性强，像高山植物、岩生植物等，多以灌木、藤本、多年生宿根和球根花卉以及部分一、二年生花卉为主，同时要求植物的姿态和色彩有较高的观赏价值。

（3）土石山

园林中的山多是山石结合的，此类山体容易堆砌，易栽培植物，最省人工，也最容易表现自然山林野趣。常见有3种类型：大散点类、石包土类、土包石类。

① 大散点类　此类山体山石散乱分布，半埋半露于土中，植物与山石的配置因地制宜、相得益彰。山麓植物配置，一般多用灌木、藤本等地被植物接近地表覆盖，适当配置小乔木，目的在于遮挡游人视线，使人看不到山冈的全体，造成幽深莫测的感觉。山腰间植高大乔木，林下灌木、藤本覆盖地表；山顶多植乔木，适当搭配灌木，目的在于平视可以看到有一定景深的山林，仰视则浓荫蔽日，俯视则石骨嶙峋、虬根盘礴。植物树种的选择应显示明显的季相特征，常绿树与落叶树保持合适的比例关系，落叶树比值可稍大于常绿树。

② 石包土类　此类山体山石突兀，沟壑纵横，植物穿插于山石之间的土层中。土层深厚，以乔木为主，林木繁茂；土层稀薄，以灌木、草皮、藤本植物为主；无土之处，岩石裸露。适当配以亭台，可形成峰峦叠嶂、林木苍翠、亭台相映的效果。

③ 土包石类　此类山体有两种做法：一是将山石筑成洞府或以石为地基，外表覆土，做成土包石型的山体，植物配置如土山一样；二是四周山坡围土，中央山顶垒石，植物配置山坡上如同土山，但由下至上，逐渐由密到疏。

2.1.4.2 孤立石的植物景观设计

孤立石在园林中常成为空间的焦点，而植物的配置多是为了表现石的形态美，或是为了表现石与植物交错共生的整体美。

当重点突出孤立石时，植物要起到衬托的作用。一般大型的孤立石周围不植大乔木，多在石旁配置小乔、灌木、宿根花卉或一、二年生花卉等低矮的色彩鲜艳的植物。通过植物的形态、大小、色彩等与孤立石对比，展现孤立石的魅力。当孤立石局部有瑕疵时，可配置藤本植物进行遮挡，或在石前植小乔木或灌木遮挡。通常选择姿态优美、叶形漂亮或叶色醒目的树种来配置，如松、石榴、山茶、南天竹、八角金盘等。

孤立石旁的植物可孤植，与石配置形成一树一石质朴自然的景观；可丛植，与石配置形成立面层次错落、季相丰富的自然群落景观；可运用人工造型植物与置石配置形成人工美与自然美相结合的景观。选择具某种象征意义的花木与石搭配，能让人获得不同的意境感受，如松柏类与石搭配，显示出一种苍劲有力感，寓意万古长青、坚贞不渝；竹与石相拥，显示出自然飘逸，寓意虚心有节、坚贞不屈；垂柳与石相依，凸显动静结合、刚柔并济效果；芭蕉与石相伴，能使人产生夜听风雨声的意境。

任务实施

1. 测量并绘制某城市绿地植物与其他造园要素组景设计现状图。

2. 根据园路、水体、建筑、山石的植物景观设计的设计要点分析该绿地植物与其他造园要素组景设计的适宜性（表2-1至表2-4）。

表2-1 园路与植物组景设计

园路类型		分析内容				
		树种统计	功能分析	生态性分析	景观效果分析	
					高度搭配	季相景观
主干道						
次干道和游步道	次干道					
	游步道					
特色径路	山径					
	竹径					
	花径					

表2-2　水体与植物组景设计

<table>
<tr><th colspan="2" rowspan="3">水体环境</th><th colspan="5">分析内容</th></tr>
<tr><th rowspan="2">树种统计</th><th rowspan="2">功能分析</th><th rowspan="2">生态性分析</th><th colspan="2">景观效果分析</th></tr>
<tr><th>高度搭配</th><th>季相景观</th></tr>
<tr><td colspan="2">水边</td><td></td><td></td><td></td><td></td><td></td></tr>
<tr><td colspan="2">驳岸</td><td></td><td></td><td></td><td></td><td></td></tr>
<tr><td colspan="2">水面</td><td></td><td></td><td></td><td></td><td></td></tr>
<tr><td rowspan="3">堤岛桥</td><td>堤</td><td></td><td></td><td></td><td></td><td></td></tr>
<tr><td>岛</td><td></td><td></td><td></td><td></td><td></td></tr>
<tr><td>桥</td><td></td><td></td><td></td><td></td><td></td></tr>
</table>

表2-3　建筑与植物组景设计

<table>
<tr><th colspan="2" rowspan="3">建筑不同部位</th><th colspan="5">分析内容</th></tr>
<tr><th rowspan="2">树种统计</th><th rowspan="2">功能分析</th><th rowspan="2">生态性分析</th><th colspan="2">景观效果分析</th></tr>
<tr><th>高度搭配</th><th>季相景观</th></tr>
<tr><td colspan="2">入口</td><td></td><td></td><td></td><td></td><td></td></tr>
<tr><td colspan="2">基础</td><td></td><td></td><td></td><td></td><td></td></tr>
<tr><td colspan="2">窗边</td><td></td><td></td><td></td><td></td><td></td></tr>
<tr><td colspan="2">墙面</td><td></td><td></td><td></td><td></td><td></td></tr>
<tr><td colspan="2">角隅</td><td></td><td></td><td></td><td></td><td></td></tr>
<tr><td rowspan="5">建筑小品</td><td>亭</td><td></td><td></td><td></td><td></td><td></td></tr>
<tr><td>花架</td><td></td><td></td><td></td><td></td><td></td></tr>
<tr><td>围墙</td><td></td><td></td><td></td><td></td><td></td></tr>
<tr><td>座椅、坐凳</td><td></td><td></td><td></td><td></td><td></td></tr>
<tr><td>雕塑</td><td></td><td></td><td></td><td></td><td></td></tr>
</table>

表2-4　山石与植物组景设计

<table>
<tr><th colspan="2" rowspan="3">山石类型</th><th colspan="5">分析内容</th></tr>
<tr><th rowspan="2">树种统计</th><th rowspan="2">功能分析</th><th rowspan="2">生态性分析</th><th colspan="2">景观效果分析</th></tr>
<tr><th>高度搭配</th><th>季相景观</th></tr>
<tr><td rowspan="3">土山</td><td>山顶</td><td></td><td></td><td></td><td></td><td></td></tr>
<tr><td>山坡、山谷</td><td></td><td></td><td></td><td></td><td></td></tr>
<tr><td>山麓</td><td></td><td></td><td></td><td></td><td></td></tr>
<tr><td colspan="2">石山</td><td></td><td></td><td></td><td></td><td></td></tr>
<tr><td colspan="2">土石山</td><td></td><td></td><td></td><td></td><td></td></tr>
<tr><td colspan="2">孤立石</td><td></td><td></td><td></td><td></td><td></td></tr>
</table>

知识拓展

1. 水生植物园

（1）水生植物园概念

水生植物园是集中了多种水生植物，展示水生植物的专类园，以收集、展示研究水生植物为主的独立植物园，或者是植物园里具有独立的水生植物园(区)的形式出现。

（2）国内外水生植物园发展

国外水生植物园的最初形态是睡莲温室或睡莲池，然后以睡莲为中心扩大到其他水生植物的研究。20世纪30～40年代，国外从事水生植物研究及栽培的学者还很少，相关论著也不多。50～70年代，国际著名水生植物学研究专家，瑞士苏黎世大学系统植物学研究所所长及植物园主任、教授库克对世界水生植物进行了考察，整理写出《世界水生植物》一书，其中涉及水生植物87科407属。80～90年代，世界对水生植物资源的研究及开发利用逐渐兴起，国外热衷于水景园的建设。今后水生植物区的发展趋势将注重以下几个方面:地位更加突出、强调生态理念、新型材料应用、功能更加复合。

在我国，观赏水生花卉有着悠久的历史。植物园水生植物区的开辟，最初是因为人们观赏水生花卉的需要，1921年建成的台北植物园的荷花池便是台北赏荷的最佳去处，武汉植物园、中国科学院北京植物园水生植物区的建立起初也是如此。后来随着世界水生植物的系统分类和研究热潮，植物园纷纷设立水生植物区，功能逐渐从观赏作用扩展到种质资源收集、研究、展示以及水生植物生态学等多个方面。我国水生植物区的发展大致分为3个阶段：缘起于赏荷文化、20世纪50～70年代开始荷花系统研究、70～90年代开始水生植物研究、90年代至今保护研究、收集及展示并行。

（3）水生植物园设计

①　水生植物选择　水生植物区植物的选择前提是科研功能与园林设计相结合，既能凸显水生植物的多样性，也为公众提供具有科学内容的植物园景观。植物园水生植物的选择主要从两个方面出发，一是观赏性的水生植物，满足人们对多样水生植物观赏的需求；另一方面是水生植物的生态研究，包括人工湿地以及水生植物群落两个方面。

目前植物园水生植物区种植的水生植物以观赏水生植物为主，突出水生植物的多样性和观赏性，以武汉植物园为例，其水生植物区在水生植物种类收集方面具有相当优势，挺水植物主要包括:泽泻、慈姑、芦苇、香蒲、灯心草、莲、美洲黄莲、美人蕉、水葱、鸢尾、菖蒲、菱白、雨久花、千屈菜、宽叶香蒲等。

植物园开展湿地生态方面研究，就会涉及主要针对人工湿地的水生植物选择，人工湿地生态型植物群落以水体污染治理、污水净化、促进生态系统建立和完善为主要目标，要求耐污、生态效益好。武汉植物园湿生植物群落展示区是模拟沼生生境，主要以展示泽泻属、莎草属、灯心草属、雨久花属、慈姑属等湿生植物群落和珍稀濒危水生植物如水韭、野生稻、水禾、金银莲花等植物群落为主，使它们生存于贴近自然的生境。目前我国人工湿地水生植物的选择主要包括:芦苇、宽叶香蒲、香蒲、灯心草、莎草、浮萍、苔草、大甜茅、黄菖蒲、美人蕉、水葱、鸢尾、风车草、黑麦草、凤眼莲、水芹、菱白、满江红等。

② 水生植物种植形式　独立水池：在规模较小水生区中,水体的形式常以独立水池为主，为了获得小中见大的效果，植物配置常突出个体姿态或利用植物分割水面空间。中国科学院北京植物园的水生池面积约1200m^2，采用直线与直角组合边缘以增加池岸线，便于游人观看，仿照颐和园后苏州街岸边处理的基本手法，既统一于直线直角又存在变化。为施工方便，挖土深度达2m，设防水层，再加钢筋混凝土，池底基本平坦，能承受1.5m水深，预留出水口、入水口及溢水口，植物春夏秋三季展出后全部入室冬藏，并将池水放完，以免冻垮池岸。植物对水深的要求不同，对土壤的要求也不同，采取对策如:王莲叶面大，游人喜爱，植于中央，西部展示其他睡莲，池东为荷花展示区，采用盆栽，盆下砌砖台承托花盆，其他如千屈菜、水葱、凤眼莲等20多种水生植物也采用盆栽穿插在荷花、睡莲之间。

连续的网格水池：为了展示多种不同的水生植物，水生区设计成多个网格状的小水池，每个水池里分别种植不同的水生植物，这样便于科学研究和查看管理。法国波尔多植物园水生园在大水面的一侧设条形水池，每两个不规则四边形小水面一排，相互错开，之间用钢板隔开，小水面里置小石，水下采用种植盆种植水生植物；德国埃兰根植物园最初作为药园建于1626年，1828年迁至埃兰根的水生植物园，是德国最小的植物园之一，占地约2hm^2，收集植物达4000种，是在小空间尽可能多地种植植物的典范，其水植物花坛既整齐又充分利用空间。

水下定植池：一般自然式的湖泊和池塘采用水下暗池的形式来种植水生植物，这样做的目的既是为了便于科研人员确定每种水生植物的具体位置以及挂标志牌，同时也为了造景时能使植物之间的距离隔开，方便游人更清楚地观察每种水生植物。武汉植物园荷花品种展示区在早春时露出湖底和定植池，每个定植池的大小不等，也有许多的形状，呈圆形、矩形、椭圆、菱形、心形等；中国科学院北京植物园的水生植物种植注重植物从岸边到水面的层次，因此利用水泥、混凝土等砌成水下暗槽，暗槽位于湖面边缘的水中，控制植物生长的范围。

植物浮岛：利用泡沫板或竹排漂浮在水面上，上面种植植物，固定底部，从外面看如同漂在水上的船，这种种植方式在植物园不多见，主要应用于公园水景的布置。

沉水植物种植箱：植物园有的为展示和收集研究某一区域的沉水植物，会在植物园内开辟出沉水植物展示区，如武汉植物园和华南植物园。武汉植物园是为了更好地保育华中地区丰富的沉水植物资源和有效展示沉水植物的净化作用，为我国富营养化湖泊的治理、水质改善提供可操作的技术支撑和理论基础而设置沉水植物区，占地2000m^2，修建了142个养护池和32个大型玻璃展示池，集物种保育和展示为一体；华南植物园的沉水植物展示区(水族馆)位于新建成的展览温室群景区内，四大温室分别是主体温室（热带雨林室，以及3个附温室)、沙漠植物室、高山极地植物室、奇异植物室，水族馆位于奇异植物室外，由37个水族箱沿奇异植物室临水围起，形成植物水族馆，收集来自世界各地的水生类的奇花异草。

③ 水生植物园分区　一般按照规模的大小、功能性质定位来确定。规模小的水生区可以只设一个池塘或水景园，种植某几种水生植物，用来进行科普教育等。一些日趋发展成熟的水生区是一直在不断完善，分区也会更加多样和细致，大致可分为水生区、湿生区、沼生区、睡莲区、荷花区、生态群落区、菖蒲区、鸢尾区、沉水植物区等。还有

特殊生境植物展示区，如武汉植物园的模拟三峡库区消长带植物生长的保存区以及辰山植物园的水生植物品种园。

水生植物园不仅是收集展示各类水生植物的场所，也是人类了解、观赏水生植物，具有优美风景的场所，还具有生态示范功能，更是科学研究水生生态系统的一部分。今后水生植物园的发展将更加综合，包括收集完善和培育水生植物种类、营造水生植物为主的特色园区、水质处理以及研究水生生态系统等方向。水生植物园的规划设计同时也需要园林设计者结合植物学、生态学、美学、心理学、建筑学等理论，巧妙运用水生植物，营造出富有诗情画意的优雅环境，最终体现出水生植物园的景观特色和科学内容。

2. 岩石园

（1）岩石园的发展历史

岩石园以岩石及岩生植物为主体，可结合地形选择适当的沼泽、水生植物，经过合理的构筑与配置，展示高山草甸、牧场、碎石陡坡、峰峦溪流等自然景观的植物群落的装饰性绿地。全园景观别致，富有野趣。

岩石园在欧美各国常以专类园出现，规模大的可占地1hm^{2}左右。如英国爱丁堡皇家植物园内的岩石园即是如此；小者常在公园中专辟岩石园角。目前很多私人小花园中兴起建造微型岩石园，很易与面积较小的私人花园相协调。岩生植物多半花色绚丽、体量小，易为人们偏爱。为模拟自然高山景观，园艺家们精心培育出一大批各种低矮、匍生，具有高山植物体形的栽培变种，甚至高逾数十米至百米的世界爷、雪松、云杉、冷杉、铁杉都被培育成匍地类型。

18世纪末，欧洲兴起了引种高山植物的热潮，一些植物园中开辟了高山植物区，成为现在岩石园的前身。1864年，奥地利植物学家Kerner Von Marilaum写了一本论述高山植物的专著，为引种栽培高山植物提供了良好的理论和实践的基础。19世纪末，英国植物学家William Robinson提出了更完善、系统的引种驯化高山植物的原理及栽培方法。后来，Reginald Farrer在此基础上，根据自然的高山景观外貌，形成了岩石园。在引种高山植物及建立岩石园的过程中，他发现不少高山植物不能忍受低海拔的环境条件而死亡。后来他就寻找一些貌似高山植物的灌木，多年生宿根、球根花卉来替代，才使岩石园逐渐发展至今。

英国爱丁堡皇家植物园于1860年，在国内东南部首先建立了一个岩石园，历经100余年的改建及不断完善，至今占地1hm^2，其规模、地形、景观在世界上最为有名。其次邱园也有一个不小的岩石园。其他的植物园，以及某些公园、校园中很多都有大小不等的岩石园。其后，我国在庐山植物园，于20世纪30年代由陈封怀先生创建了第一个岩石园。其设计思想为：利用原有地形，模仿自然，依山叠石，做到花中有石，石中有花，花石相夹难分；沿坡起伏，垒垒石垛，丘壑成趣，远眺可显出万紫千红、花团锦簇，近视则怪石峰峡，参差连接形成绝妙的高山植物景观。至今还保存有石竹科、报春花科、龙胆科、十字花科等高山植物约236种。

（2）岩石园的类型

① 规则式岩石园　规则式是相对自然式而言。结合建筑角隅、街道两旁及土山的一面做成一层或多层的台地，在规则式的种植床上种植高山植物。这类岩石园地形简单，以展示植物为主，一般面积规模较小。从整体上看，根据位置不同而成规则式岩床、单面或多面观的规则上升的台地式或山丘式岩石园。岩石园的基础，从地面向下空20～

30cm放入园土，再安置大块岩石。要使基础坚实而稳定，岩石园的内部，以瓦片和砾石为材料，表层以园土和沙尾主要材料，间隔安置些大的岩石，埋在岩石和沙土之间。岩石之间的组合以便于排水且适合植物根系生长为原则。从岩石园的整体上看，岩石布置宜高低错落，疏密有致；岩块的大小组合与植物搭配相宜。可以通过匍匐性植物种植于栽植床边缘打破呆板和生硬的线条。

② 自然式岩石园　以展现高山的地形及植物景观为主，模拟自然山地、峡谷、溪流等自然地貌形成景观丰富的自然山水面貌和植物群落。一般面积较大，植物种类也丰富。宜选择在向阳、开阔、空气疏通之处，坡地最为理想。地形地貌模拟自然，有隆起的山峰、山脊、支脉、下凹的山谷、碎石坡和干涸的河床，孤置、散置和组合布置的山石，疏密有致，高低错落。流水是岩石园中最愉悦的景观之一，故要尽量将岩石与流水结合起来，使具有声响，显得更有生气，因此，要创造合理的坡度及人工泉源。岩石园内游览小径宜设计成柔和曲折的自然线路，台阶、蹬道与铺设平坦的石块或铺路碎石、卵石的小径相结合，小路与蹬道、台阶的边缘及缝隙间点缀花卉，更具自然野趣。在设计地形地貌和道路时，要考虑种植床的位置、大小、朝向及高低，用山石镶嵌出边缘。种植床要避免大小一样，等高等距，要力求自然，床内也可散置山石，与环境协调。有些地方虽然只是零星点缀植物，但是施工时需预留种植穴并填充栽培土壤。

③ 墙园式岩石园　这是一类特殊的展示岩生花卉景观的岩石园。通常利用园林中各种挡土墙及分隔空间的墙面，或者特意构筑墙垣，在墙的岩石缝隙种植各种岩生植物从而形成墙园。一般与岩石园相结合或自然式园林中结合各种墙体而布置，形式灵活、景色美丽。有高墙和矮墙两种。高墙需做40cm深的基础，矮墙则在地面直接叠起。建造墙园式岩石园需注意墙面不宜垂直，面要向护土方向倾斜。石块插入土壤固定，也要由外向内稍朝下倾斜，既可避免水、土流失，也便于承接雨水，使岩石缝里保持足够的水分供植物生长。石块之间的缝隙不宜过大，并用肥土填实。竖直方向的缝隙要错开，不能直上直下，以免土壤冲刷及墙面不坚固。石料以薄片状的石灰较为理想，既能提供岩生植物较多的生长缝隙，又有理想的色彩效果。墙园上部及侧面须能栽培植物，根系向着中心。由于建成后土壤改良较困难，因此建造过程中应根据植物需要进行土壤改良。墙园的高低及宽窄要与周围的环境协调。墙园形式灵活，可以结合挡土墙做成单面墙园，也可以做成双面式，经过适当的植物配置可以形成美丽的景观。

④ 容器式微型岩石园　采用石槽或各种废弃的木槽、水槽，各种小水钵石碗、陶瓷容器，种植岩生植物并用各种砾石相配，布置于岩石园或庭园的趣味式栽植，再现大自然之一隅。种植前必须在容器底部凿几个排水孔，然后用碎砖、碎石铺在底层以利排水，上面再填入生长所需的肥土，种上岩生植物。这种种植方式便于管理和欣赏，可到处布置，植物宜选择矮小的品种。另外，碎石床及岩石构筑的花台或种植池都是比较灵活的展示岩生植物的形式，除了布置在岩石园中，也可以在花园的铺装场地或草坪上设置，形成活泼美丽的独特风景。

⑤ 高山植物展览室　暖地在温室中利用人工降温（或夏季降温）创造适宜条件展览高山植物，是专类植物展览室。通常也结合岩石的搭配模拟自然山地景观。

（3）岩石园植物的选择

岩生植物多为耐旱、耐瘠薄、植株低

矮、叶小、生长缓慢、花色艳丽、管理粗放的种类。常见的岩石园植物有：偃松、石松、岩蕨、花毛茛、金老梅、毛毡杜鹃、高山龙胆、黄报春、秋牡丹、耧斗菜、毛地黄、矮鸢尾、白头翁、垂盆草、高山紫菀、紫花地丁、射干、鸦葱、桔梗等。

巩固训练

选择另一块城市绿地，分析园林植物与其他造园要素组景设计的适宜性，完成该绿地植物景观与其他造景要素组景设计的分析评价报告。为便于完成分析评价，该报告应该附绿地总平面图、局部平面图、局部立面图和实景照片等。

该任务的评价表和教学反馈表见表2-5、表2-6。

表2-5　分析某城市绿地中植物与其他造园要素的组景设计评价表

评价类型	项目	子项目	组内自评	组间互评	教师点评
过程性评价（70%）	专业能力(50%)	对植物与其他造园要素组景设计适宜性分析能力（40%）			
		现状图表现能力（10%）			
	社会能力（20%）	工作态度（10%）			
		团队合作（10%）			
终结性评价（30%）	调查报告的准确性（10%）				
	调查报告的规范性（10%）				
	调查报告的完成性（10%）				
评价评语	班级：	姓名：	第　组	总评分：	
	教师评语：				

自主学习资源库

（1）植物景观规划设计．苏雪痕．中国林业出版社，2012.

（2）园林艺术及园林设计．孙筱祥．中国建筑工业出版社，2011.

（3）园林植物景观设计．屈海燕．化学工业出版社，2013.

（4）专类园设计．臧德奎．中国建筑工业出版社，2010.

表2-6　园林植物在环境中的运用教学反馈表

序号	调查内容	是	否
1	您是否明确本任务的学习目标？		
2	您是否达到了本学习任务对学生知识和能力的要求？		
3	您理解园路植物景观设计要点吗？		
4	您掌握主干道、次干道和游步道的植物景观设计方法吗？		
5	您能举例说明特色径路的植物营造方式吗？		
6	您理解园林水景中植物景观设计原则吗？		
7	您掌握园林水体的植物景观设计手法吗？		
8	您理解园林植物与建筑组景设计要求吗？		
9	您掌握建筑外环境以及建筑小品的植物景观设计方法吗？		
10	您掌握园林植物与山石组景设计方法吗？		
11	您能运用本节理论知识去调查分析已建成绿地植物与其他造园要素组景设计的适宜性吗？		
12	您课下阅读自主学习资源库的内容了吗？		
13	您是否喜欢这种上课方式？		
14	您对自己在本学习任务中的表现是否满意？		
15	您对本小组成员之间的团队合作是否满意？		
16	您认为本学习任务对您将来的工作会有帮助吗？		
17	您认为本学习任务还应该增加哪些方面的内容？（请在下面回答）		
18	本学习任务完成后，您还有哪些问题需要解决？		
请写出您的意见和建议：			

参考文献

[1] 卢圣．2004．植物造景[M]．北京：气象出版社．
[2] 金煜．2008．园林植物景观设计[M]．辽宁：辽宁科学技术出版社．
[3] 熊运海．2009．园林植物造景[M]．北京：化学工业出版社．
[4] 赖尔聪．2002．观赏植物景观设计与应用[M]．北京：中国建筑工业出版社．
[5] 刘荣凤．2008．园林植物景观设计与应用[M]．北京：中国电力出版社．
[6] 范建勇．2012．园路的植物配置与造景[J]．现代农业科技，238（2）：238-241．
[7] 车生泉，郑丽蓉．2004．园林植物与建筑小品的配置[J]．花园与设计，16（2）：16-17．
[8] 刘彦红，刘永东．2010．植物景境设计[M]．上海：上海科学技术出版社．
[9] 徐德嘉．2010．园林植物景观配置[M]．北京：中国建筑工业出版社．
[10] 杭州市园林管理局．1981．杭州园林植物配置[M]．北京：城市建设杂志社．
[11] 尹吉光．2007．图解园林植物造景[M]．北京：机械工业出版社．
[12] 李俊英．2009．园林植物造景及其表现[M]．北京：中国农业科学技术出版社．

项目3 园林植物景观设计的图纸表现

任务3.1 绘制园林种植设计图

学习目标

【知识目标】

（1）了解植物种植图的分类。

（2）掌握植物种植图的绘制要求。

（3）掌握风景园林图例图示标准中植物的图例规范。

【技能目标】

能够运用相关知识，根据给定的种植设计图完成种植施工图的绘制。

工作任务

任务提出（临摹提供的种植设计平面图）

如图3-1所示为深圳园博会热带庭园种植设计平面图，根据植物种植设计图的绘制要求、绘图的步骤，完成深圳园博会热带庭园种植设计平面图的绘制。

任务分析

在了解植物种植图分类的基础上，明确种植施工图的作用、内容、绘制要求、相关的制图规范、绘图的步骤与方法，最终完成该图纸的绘制。

材料及工具

绘图纸、针管笔、图板、绘图仪器、绘图软件（AutoCAD）、计算机。

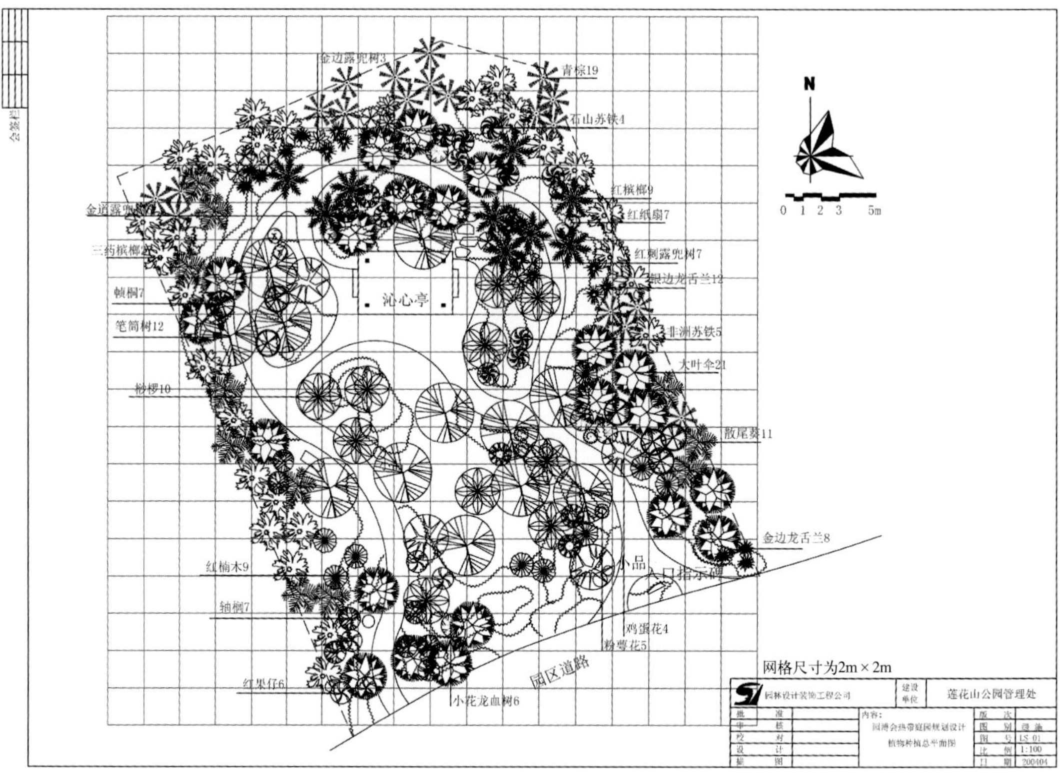

图3-1　深圳园博会热带庭园种植设计平面图
（灌木与地被的标注见光盘）

知识准备

3.1.1　园林种植设计图分类

3.1.1.1　按照表现内容和形式进行分类

（1）平面图

平面图是表现植物与地形、地貌、建筑物、构筑物的平面位置关系，以及植物种类、种植位置、数量和规格的图纸（图3-2）。

（2）立面图

立面图是指在竖向上标明各种植物之间的关系，园林植物与建筑物、构筑物、山石及各种设施的水平距离以及植物的垂直高度、体形姿态的图纸（图3-3）。

（3）剖面图或断面图

这是表现植物的相对位置、垂直高度以及植物与地形等其他构景要素组合情况的图纸（图3-4）。

（4）透视效果图

透视效果图是表现植物在立体空间的景观效果的图纸，包括鸟瞰图和局部透视效果图。局部透视效果图是以正常的人视为视高，如图3-5。鸟瞰图的视高要高于所有的景物，就如同在天空向下俯瞰景观的效果，如图3-6。

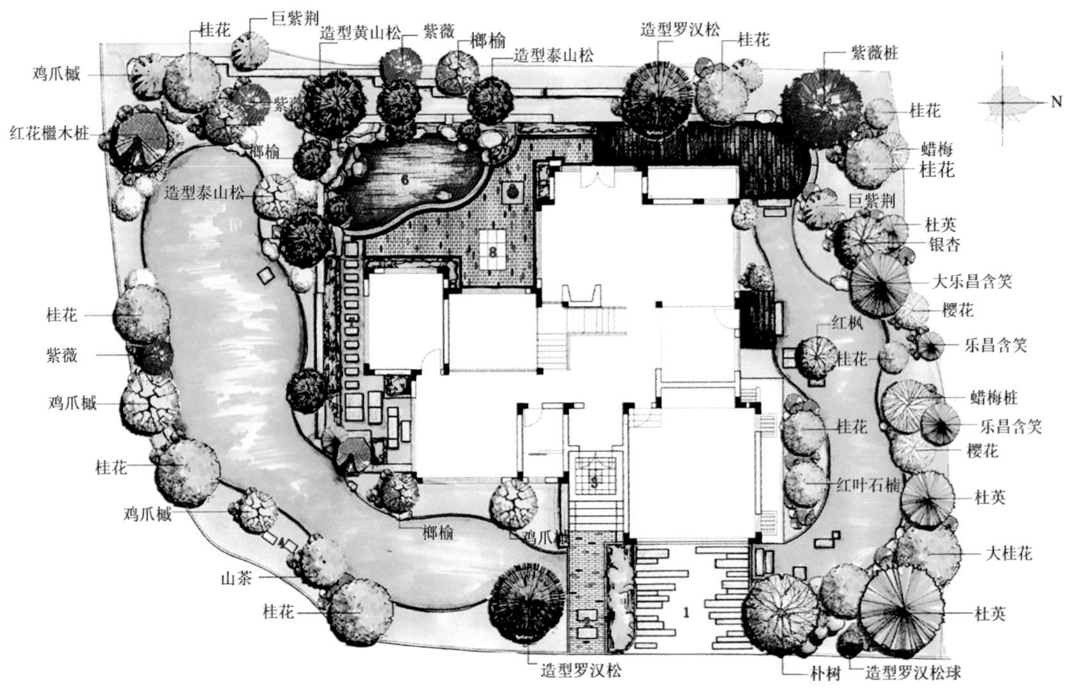

图3-2 园林种植设计平面图

3.1.1.2 按照对应设计环节进行分类

（1）园林种植规划图

园林种植规划图是指在初步设计阶段，绘制植物组团种植范围，并区分植物类型的图纸。园林种植规划图的目的在于标示植物分区布局情况，所以园林种植规划图仅绘制出植物组团的轮廓线，并利用图例或者符号区分常绿树、阔叶树、花卉、草坪、地被等植物类型，一般无须标注每一株植物的规格和具体种植点的位置。

（2）园林种植设计图

园林种植设计图是在详细设计阶段，用相应的平面图例在图纸上表示设计植物的种类、数量、规格、种植位置及种植形式和要求的平面图纸。除了种植平面图外，往往还要绘制植物群落的剖面图、断面图或效果图。种植设计平面图还要用列表的方

图3-3 园林种植设计立面图

图3-4 园林种植设计剖面图

式绘制出植物材料表，具体统计并详细说明设计植物的编号、图例、种类、规格（包括树木的胸径、高度或冠幅）和数量等。种植设计平面图根据绘制的部位和内容还可分为总平面图、分区平面图、乔木平面图（分区乔木平面图）、灌木平面图（分区灌木平面图）、地被平面图（分区地被平面图）。

图3-5　园林种植设计局部透视图

（3）园林种植施工图

园林种植施工图是在施工图设计阶段，标注植物种植点坐标、标高，确定植物种类、规格、数量、栽植或养护要求的图纸，主要内容包括：坐标网格或定位轴线；建筑、水体、道路、山石等造园要素的水平投影图；地下管线或构筑物位置图；各种设计植物的图例及位置图；比例尺；风玫瑰图或指北针；标题栏；主要技术要求；苗木统计表；种植详图等。与种植设计图一样，种植施工图根据绘制的部位和内容也可分为总平面图、分区平面图、乔木平面图（分区乔木平面图）、灌木平面图（分区灌木平面图）、地被平面图（分区地被平面图）。园林种植施工图是编制预算、组织种植施工、施工监理、进行养护管理的重要依据。

3.1.2　园林种植图绘制要求

首先图纸要规范，要符合国家行业相关规范要求，植物图例要符合风景园林图例图示标准。

图3-6 园林种植设计鸟瞰图

3.1.2.1　园林种植规划图

表示出植物分区布局，绘制出不同植物组团轮廓线，并利用图例或者符号区分常绿针叶植物、阔叶植物、花卉、草坪、地被等植物类型，一般无须标注每一株植物的规格和具体种植点的位置。

园林种植规划图绘制应包含以下内容：

① 图名、指北针、比例、比例尺。

② 图例表：包括序号、图例、图例名称（常绿针叶植物、阔叶植物、花卉、草坪、地被等）、备注。

③ 设计说明：包括植物配置的依据、方法、形式等。

④ 园林种植规划平面图：绘制植物组团的平面投影，并区分植物的类型。

⑤ 植物群落效果图、剖面图或断面图等。

3.1.2.2　园林种植设计图绘制要求

（1）制图要求

在园林种植设计图中，将各种植物的图例，绘制在设计种植位置上，并应以圆点表示出树干的位置。树冠大小按成龄后的冠幅绘制。在规则式的种植设计图中，对单株或丛植的植物宜用小点表示种植位置；对蔓生和成片种植的植物，用细线绘出种植范围。园林种植设计图绘制应包括以下内容：

要绘制出指北针、比例、比例尺，标明图名。植物表中分别列出序号、图例、植物中文名、拉丁名、规格、造型形式、单位、数量、备注。设计说明中要指出植物配置的依据、方法、形式（详见光盘中“深圳园博会寄思园种植设计图”）。园林种植平面设计图要利用图例标示植物的种类、规格、种植点的位置以及与其他构景要素的关系。绘出植物群落剖面图或断面图。

① 总平面图　表示整个用地范围内的植物分布情况，比例视总图而定，标准为打印出图清晰即可。

② 乔木平面图　表示整个用地范围内的乔木分布情况。

③ 灌木平面图　表示整个用地范围内的灌木分布情况。

④ 地被平面图　表示整个用地范围内的地被分布情况。

（2）图面要求

① 植物图例及连线文字采用较粗线型，其他线条相对选用细线。

② 连线、字的位置设置尽量有规则性及韵律性，引出草地、建筑以外，避免与其他线条重合，保证图纸的整体美观与清晰。

3.1.2.3　园林种植施工图

将各种植物的图例，绘制在设计种植位置上，并应以圆点或十字表示树干的位置。为便于区别树种，计算株数，有时将不同树种统一编号，标注在树冠图例内。（或者对同一树种以粗实线连接起来，用引线标注每一种植物种类、规格、数量或面积；或者用索引符号逐树种编号，索引符号用细实线绘制，圆圈的上半部注写植物编号，下半部注写数量，尽量列排整齐、图面清晰。）

自然式的种植图，宜将各种植物按平面图中的图例，绘制在所设计的种植位置，树冠大小按苗木出圃时冠幅绘制。自然式栽植往往借助坐标表格定位。

规则式种植图，对单株或丛植的植物宜以圆点表示植物的种植位置；对蔓生和成片种植的植物，用细实线绘制出种植范围；草坪用小圆点表示，小圆点应绘制得有疏有密，凡在道路、建筑物、山石、水体等边缘处应密，然后逐渐稀疏。

要绘制出指北针、比例、比例尺，标出图名。植物图例表中所列的植物要具体到种，苗木表中分别列出序号、植物中文名，拉丁名、图例、规格、单位、数量、栽植密度，还要注明苗木栽植养护要求（如是否需要带土球）。施工说明中要指出放线定点、选苗、栽植、养护的技术要求，并绘制出种植说明详图（详见光盘中“华鼎世家一期种植设计施工图”）。要绘制出园林种植剖面图或断面图。

① 施工平面图　其中要有放线网格、尺寸标注、植物种类、株行距（规则式种植要标出株行距）。

② 分区平面图　是将总平面分为若干区段，用大比例尺分别绘制每一区段平面图，清晰表示乔、灌木、地被等布局及层次关系，一般比例为1∶300或1∶200（分区平面图应在一角加注区域位置平面图）。

③ 定线定位图　植物密度小时，乔、灌、地被定线合为一张图纸。

④ 乔木平面图　乔木连线原则为相临两株距离较近的植株；连线尽量不要相交。端头引出乔木的品种及数量。

⑤ 灌木平面图　灌木连线原则为相临两株距离较近的植株；连线尽量不要相交。端头引出灌木的品种及数量。片状种植灌木标出面积，引线端头带标志点。

⑥ 定线定位原点　以建筑角点或已知道路角点为基准，自然式种植采用方格网定位，网格尺寸为：1000×1000，2000×2000，5000×5000（范围较大时应用），网格使用较细线型的虚线或细实线。方格网面积较大时，每隔10m或20m加粗方格，并标注尺寸。定位网格应尽量定至就近建筑边线并与之平行或垂直。规则种植的行道树或点状种植灌木可以相临路边石为定位依据。

任务实施

园林种植施工图绘制步骤（以AutoCAD软件绘制为例）如下：

（1）选择合适的比例，确定图幅。手绘图需要先确定图幅和比例，用AutoCAD软件按1∶1绘图，打印或图纸布局时确定图幅和比例。植物种植设计图图幅不宜过小，一般不小于1∶500，否则无法表现植物种类及其特点。

（2）绘制直角坐标网，坐标网格为2m×2m。坐标网格要绘制在网格图层上（图3-7）。

（3）绘制出其他造园要素的平面位置。将园林设计平面图的建筑、道路、广场、山石、水体及其他园林设施和市政管线的平面位置按绘图的比例绘在图上。造园要素要绘制在设计图层上。水体边界线用粗实线，沿水体边界线内侧用一细实线表示出水面，建筑用中实线，道路

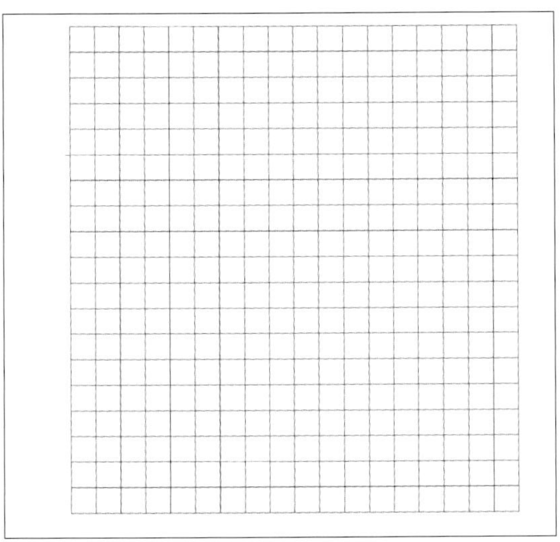

图3-7　直角坐标网

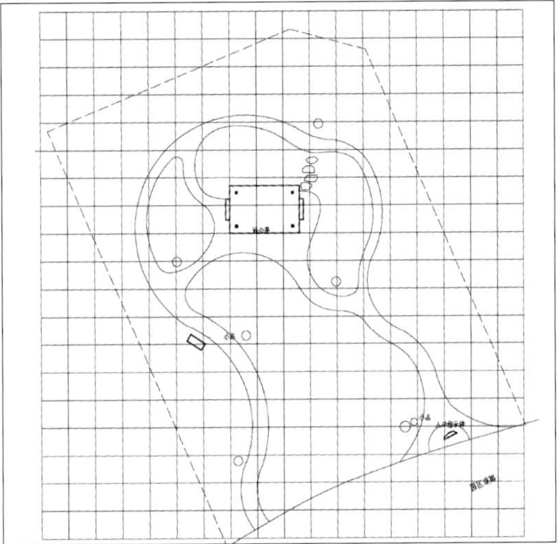

图3-8　景观要素平面图

用细实线，地下管道或构筑物用中虚线（图3-8）。

（4）先绘制出需保留的现有树木，再绘出种植设计内容（详见光盘“园博会热带庭院种植设计平面图”）。

① 绘制乔木种植平面图

- 建立乔木图层，根据种植位置绘制出乔木。乔木的冠幅按苗圃出圃的冠幅绘制。
- 建立乔木文本图层，进行乔木的标注。

② 绘制灌木地被种植平面图

- 关闭乔木、乔木文本图层。
- 建立灌木图层，根据种植位置绘制出灌木。
- 建立灌木文本图层，进行灌木的标注。
- 建立地被图层，用细实线绘制地被的种植范围。
- 建立地被文本图层，进行地被的标注。

③ 绘制植物种植总平面图

- 打开乔木、乔木标注图层。
- 关闭灌木标注、地被标注图层（如果图纸复杂，过多的标注看着太乱，可以把标注图层关闭）。

（5）苗木统计表。在图中适当的位置，列表说明所在设计的植物编号、植物名称、拉丁名称、单位、数量、规格及备注等内容。如果图上没有空间，可在设计说明中附表说明。

（6）标注定位尺寸。自然式植物种植施工图，宜用与规划设计平面图、地形图同样大小的坐标网确定种植位置。规则式植物种植施工图宜相对某一原有地上物，用标注株行距的方法，确定种植位置。

（7）绘制种植详图。必要时按苗木统计表中编号（即图号）绘制种植详图，说明种某一植物时挖坑、覆土、施肥、支撑等种植施工要求。

（8）绘制比例、风玫瑰图或指北针，主要技术要求及标题栏。

知识拓展

1. 植物种植设计说明

(1) 阐述种植设计理念和构思以及对苗木总体质量的要求。

(2) 遵守园林种植规范及要求，其中包括覆土厚度、种植穴规格、大树移植技术、树木与地下管线及其他设施距离等 [详细内容参见《园林建设工程》(中卷，梁伊任)《城市绿化工程施工及验收规范》、《城市道路绿化规划与设计规范》]

(3) 园林种植材料明细表 (包括植物材料规格、数量、具体植物形态上的要求)。

(4) 说明所引用的相关规范和标准，如《城市绿化施工及验收规范》、《城市绿地设计规范》等，以及有关地方性规范和规定性文件。

(5) 说明园林种植工程同其他相关单项施工的衔接与协调，及对施工中可能发生的未尽事宜的协商解决办法。

2. 园林种植施工图识读要领

阅读园林种植施工图的主要目的是明确工程设计意图，即明确绿化目的与任务，绿化施工完成后应达到的效果，通过对图纸及有关资料的阅读，一方面评定设计方案是否合理，表达是否确切；另一方面，明确工程性质、范围和任务量，做出工程预算，以便为更好地组织施工提供依据和保障，使工程施工符合设计要求、体现设计意图。其识读要领如下：

(1) 从标题栏明确工程名称、建设单位和设计单位。

(2) 从比例、风玫瑰图及设计说明，明确绿化目的、性质与范围，了解当地主导风向。

(3) 看图中索引编号和苗木统计表，根据植物图例及注写说明、编号和苗木统计表，了解植物的种类、名称、规格和数量，并结合施工做法与技术要求，验核或编制种植工程预算。

(4) 看图示植物种植位置及配置方法，分析设计方案是否合理，植物栽植位置与各种建筑构筑物和市政管线之间的距离是否符合有关设计规范的规定。

(5) 看植物的种植规格和定位尺寸，分析并明确植物的种植位置及定点放线的基准，保证园林植物配置有适宜的密度和各种类型植物有良好的群落关系。

(6) 看种植详图，明确具体种植要求，组织种植施工。

3. 园林种植设计图表现技法

随着计算机技术的普及应用，设计图纸的表现不再仅限于用传统的手工进行表达，与计算机技术相结合或者完全运用计算机技术进行表达是现代设计图纸表现的趋势。传统的手绘通常运用针管笔、马克笔、彩色铅笔、水彩或水粉等手段进行表现，而计算机技术则是运用AutoCAD，Photoshop，3ds Max，Sketchup等软件进行表现。手绘与计算机技术的结合，以及手写板的运用，使得设计图纸的表现更加灵活、丰富和生动。

(1) 平面图表现

① AutoCAD+马克笔表现技法　用AutoCAD软件绘制出平面图的线稿，打印出图后用马克笔上色。这种方法绘图精度高，表现力强 (图3-9)。

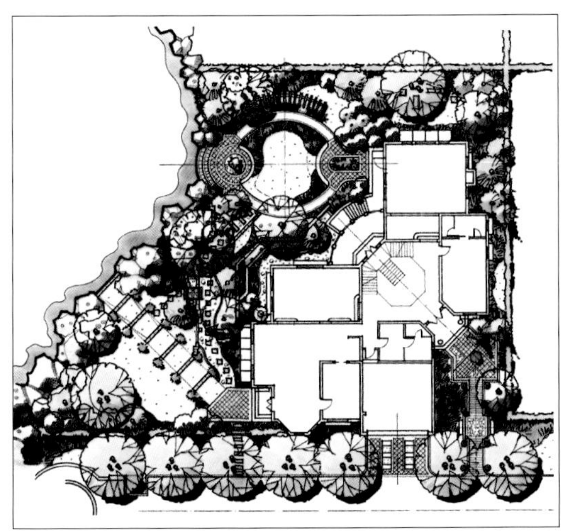

图3-9　AutoCAD+马克笔平面图表现

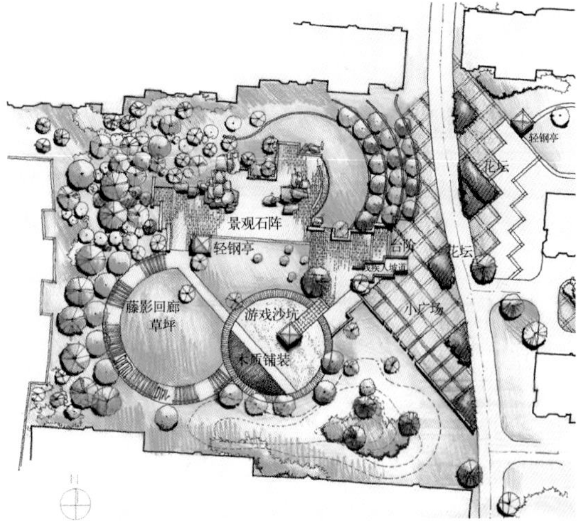

图3-10　针管笔线稿+彩色铅笔平面图表现

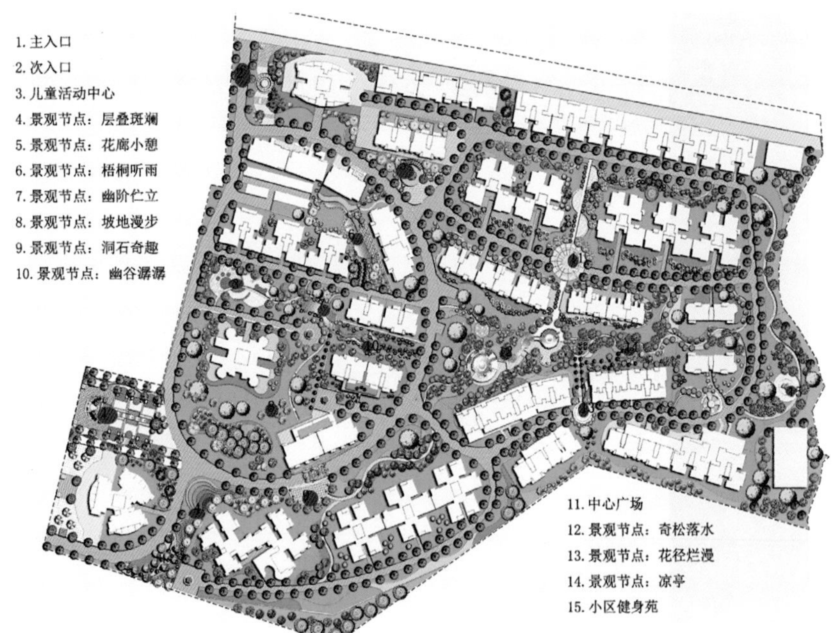

图3-11　AutoCAD+Photoshop平面图表现

②　针管笔线稿+彩色铅笔表现技法　用针管笔绘制出平面图线稿，用水溶性彩色铅笔上色，虽然不如AutoCAD绘图的精度高，但却很生动，富有人情味（图3-10）。

③　AutoCAD+Photoshop表现技法　用AutoCAD软件绘制出平面图的线稿，用虚拟打印机打印出图片格式文件后用Photoshop进行颜色和材料质感的表现。这种方法绘图精度高，表现力强，而且比手绘的表现更真实，更贴近实际（图3-11）。

（2）立、剖面图表现

①　针管笔线稿+马克笔表现技法　用针管笔绘制出立面图线稿，用马克笔上色，这种方法表现力强，富有人情味（图3-12）。

②　针管笔线稿+彩色铅笔表现技法　用针管笔绘制出剖面图线稿，用彩色铅笔上色，这种方法不如马克笔表现力强，但绘图速度快，可用于快速设计（图3-13）。

③　针管笔线稿+水彩表现技法　用针管笔绘制出剖面图线稿，用水彩上色，这种方法不如

马克笔和彩色铅笔上色方便，绘图速度慢，但表现力强，画面色彩清新淡雅(图3-14)。

④ AutoCAD+Photoshop表现技法　用AutoCAD软件绘制出立面图的线稿，用虚拟打印机打印出图片格式文件后用Photoshop处理，建筑用真实的材料质感表现，植物用真实的图片表现，表现效果非常真实（图3-15）。

（3）透视图表现

透视表现图常常用马克笔、彩色铅笔、水彩上色，也可以灵活地综合运用这些表现工具，还可以同计算机软件结合进行表现（图3-16至图3-19）。图3-20的景物部分用马克笔上色，背景天空是Photoshop用真实的图片合成的。也可以利用手写板在计算机上画出线稿，用Painter等上色软件进行上色。

图3-12　针管笔线稿+马克笔立面图表现

图3-13　针管笔线稿+彩色铅笔剖面图表现

图3-14　针管笔线稿+水彩剖面图表现

图3-15　AutoCAD+Photoshop剖面图表现

4. 植物种植设计图表现方法与步骤

为了强化学生手绘的基本功，这里只介绍植物种植设计图手绘表现的方法与步骤，计算机技术表现部分请参看有关计算机辅助设计方面的书籍。

（1）立面图绘制的方法与步骤

① 根据平面图及景观要素的尺寸，先用铅笔起线稿，并复勾墨线，画出立面图的墨线稿，如图3-21。

② 用马克笔进行着色　先给植物着色：绿色的植物用浅黄绘制亮面，注意受光部分留白；再用中绿铺大色，暗部用深绿色强调。彩叶树种根据植物叶色，亮面和暗面分别选用适当的颜色来表现，并注意受光部的留白，同时还要注意亮面偏暖、暗部偏冷的色彩关系。开花的树种可用与花接近的颜色点缀在树冠上。

再给建筑物、构筑物及配景着色：建筑物墙体的色彩要淡于植物，建筑的材料质感

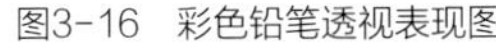

图3-16　彩色铅笔透视表现图

图3-17　马克笔+水彩透视表现图

图3-18　3ds Max+Photoshop透视表现图

图3-19　AutoCAD+3ds Max+Photoshop透视表现图

也要表现出来，并注意与植物之间的对比关系。配景人物的色彩要视画面的整体色彩来定，如果画面为冷色调的，人物的服装就用暖色调的色彩来平衡，反之亦然；如果画面色彩单调，人物衣着的颜色就要丰富些，反之，如果画面颜色已经很丰富，人物也可留白处理（图3-22）。

图3-20 马克笔+计算机技术透视表现图

（2）透视图绘制的方法与步骤

① 墨线稿的绘制步骤 根据设计的平面图、立面图以及设计要表现的内容，选择好视点与视角，用铅笔起稿，控制景物的尺度关系，绘制出景物的轮廓。复勾墨线，并进行深入刻画，注意景观暗部的刻画。注意近景的植物要表现出细节，远处的植物表现要概括，拉开空间的层次。适当点缀配景人物来丰富画面（图3-23）。

② 色彩稿的上色步骤 先给植物着色：用马克笔从浅色开始上色，按照先浅后深的顺序给植物着色。注意前景植物、中景植物和远景植物的色彩关系，形成前暖后冷的对比关系，远景植物的色彩纯度一定要降低，以拉开空间层次。注意马克笔的笔触要明显，干脆利落，讲究留白。同时注意笔触的方向性，忌用笔琐碎、杂乱。马克笔笔触的叠加能产生丰富的变

图3-21 立面图墨线稿

图3-22 立面图色彩表现

图3-23 透视图墨线稿

图3-24 透视图色彩表现

化，但也不能反复涂抹，否则失去马克笔色彩明亮、干脆的特点。

再给建筑物、山石、水景、小品、铺装及配景着色：建筑物色彩的纯度要低于植物，并与植物的色彩形成对比关系。铺装的色彩要淡雅，以突出植物、建筑的表现。背景建筑物的色彩应偏灰偏淡，与景物之间拉开空间关系。如画面的色彩已经比较丰富，人物的色彩就应简略，甚至留白（图3-24）。

巩固训练

如图3-25所示为某园林种植设计总平面图，根据种植设计图的制图规范与图面要求，参照种植平面的绘图步骤，完成该园林植物景观设计总平面图；参照种植设计图的色彩表现技法，根据所给的鸟瞰图（图3-26），完成种植设计平面图的色彩表现，色彩表现请参考图3-27。

完成评价表与教学反馈表（表3-1、表3-2）。

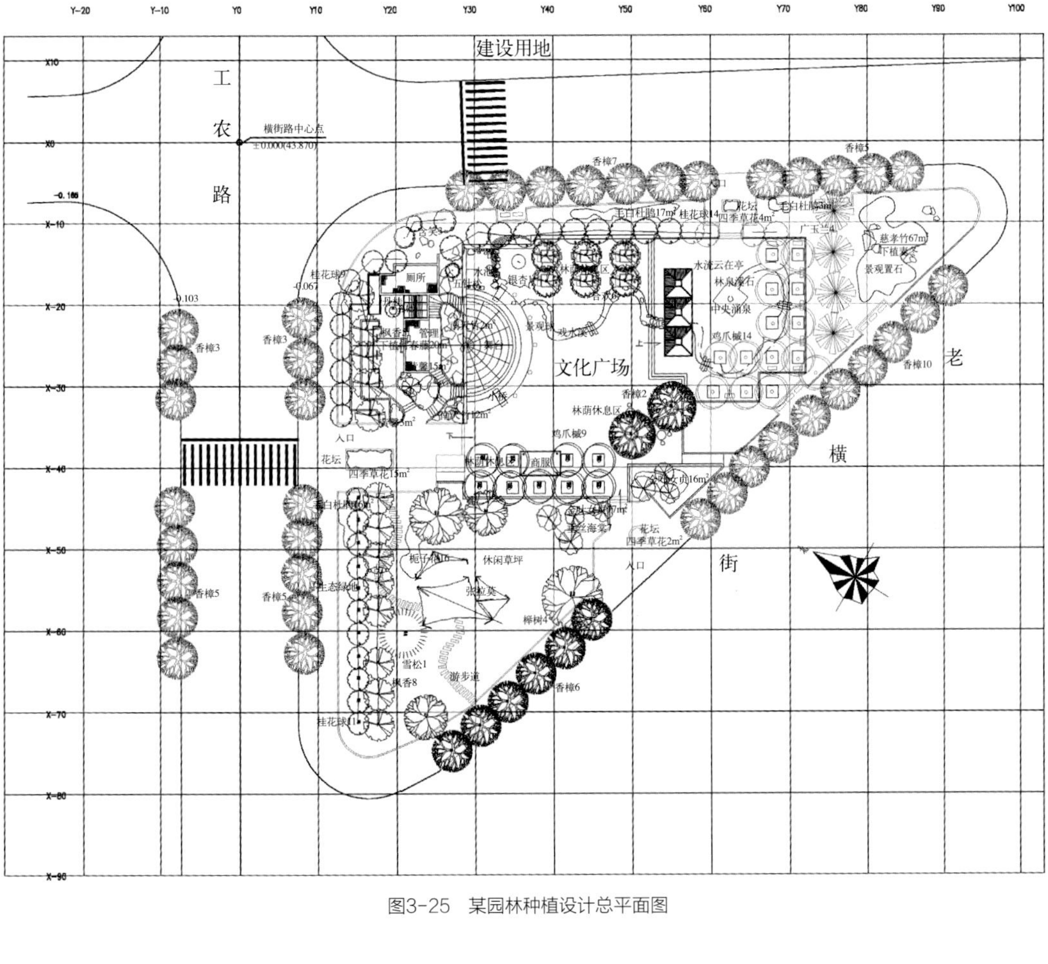

图3-25 某园林种植设计总平面图

图3-26　某园林种植设计鸟瞰图

图3-27　某园林种植设计色彩表现图

表3-1 绘制园林种植设计平面图评价表

评价类型	项目	子项目	组内自评	组间互评	教师点评
过程性评价（70%）	专业能力（60%）	图纸表达的规范性（20%）			
		图纸绘制的步骤与图层控制（20%）			
		图纸表现能力（20%）			
	社会能力（20%）	工作态度（10%）			
		团队合作（10%）			
终结性评价（20%）	作品的表现效果（10%）				
	作品的完成性（10%）				
评价评语	班级：	姓名：	第　组	总评分：	
	教师评语：				

表3-2 园林植物景观设计的图纸表现教学反馈表

序号	调查内容	是	否
1	您是否明确本任务的学习目标?		
2	您是否达到了本学习任务对学生知识和能力的要求?		
3	您了解植物种植图的分类吗?		
4	您掌握植物种植图的绘制要求吗?		
5	您能绘制出符合风景园林图例图示标准图例规范的各种植物图例吗?		
6	您掌握植物种植施工图绘制步骤了吗?		
7	您了解植物种植设计图各种表现技法的特点吗?		
8	您能运用本节学习内容进行具体项目植物种植设计图的手绘表现吗?		
9	您能运用本节学习内容进行具体项目植物种植设计施工图的绘制吗?		
10	您课下阅读自主学习资源库的内容了吗?		
11	您是否喜欢这种上课方式?		
12	您对自己在本学习任务中的表现是否满意?		
13	您对本小组成员之间的团队合作是否满意?		
14	您认为本学习任务对您将来的工作会有帮助吗?		
15	您认为本学习任务还应该增加哪些方面的内容?（请在下面回答）		
16	本学习任务完成后，您还有哪些问题需要解决?		
请写出您的意见和建议：			

自主学习资源库

（1）园林植物造境及其表现．李俊英．中国农业科学技术出版社，2010．

（2）景观手绘实战攻略．金晓乐．辽宁科学技术出版社，2011．

（3）中国风景园林网：http://www.chla.com.cn．

（4）秋凌景观网：http://www.qljgw.com．

参考文献

[1] 深圳市北林苑景观及建筑规划设计院. 2011. 图解园林施工图系列：种植设计[M]. 北京：中国建筑工业出版社.

[2] 梁伊任. 2000. 园林建设工程（中卷）[M]. 北京：中国城市出版社.

[3] 赵世伟. 2009. 园林工程景观设计——植物配置与栽培应用大全（上卷）[M]. 北京：中国农业科技出版社.

[4] 周道瑛. 2008. 园林种植设计[M]. 北京：中国林业出版社.

[5] 芦建国. 2008. 种植设计[M]. 北京：中国建筑工业出版社.

[6] 中岛宏，李树华. 2012. 园林植物景观营造手册：从规划设计到施工管理[M]. 北京：中国建筑工业出版社.

模块 2

设计篇

任务4.1

树木景观设计

学习目标

【知识目标】

（1）识记和理解乔木和灌木的孤植、对植、列植、丛植、群植、篱植等基本词汇的含义。

（2）能列举乔木和灌木的孤植、对植、列植、丛植、群植、篱植等的设计要点。

（3）归纳木质藤本植物和观赏竹的造景形式。

【技能目标】

（1）应用乔木和灌木、木质藤本植物、观赏竹的植物景观设计相关理论分析城市绿地中植物景观的适宜性。

（2）根据乔木和灌木、木质藤本植物、观赏竹植物景观设计的设计要点进行具体项目的树木景观的设计和绘图表达。

工作任务

任务提出（街头小游园树木景观设计）

如图4-1所示为华东地区某城市街道小游园景观设计平面图，根据植物景观设计的原则和基本方法以及小游园的功能要求，选择合适的植物种类和植物配置形式进行小游园的植物景观初步设计。该任务主要是对小游园进行树木景观的初步设计，花卉和草坪及观赏草景观设计将在任务4.2和任务4.3中完成。

任务分析

根据绿地环境和功能要求选择合适的植物种类进行树木景观的设计是植物配置从业人员职

业能力的基本要求。在了解绿地的周边环境、绿地的服务功能和服务对象的前提下进行植物景观的设计，首先要了解当地常用园林植物的生态习性和观赏特性，掌握乔木、灌木、攀缘植物、竹类植物的配置方法和设计要点等内容。

任务要求

（1）植物的选择适宜当地室外生存条件，满足其景观和功能要求。

（2）正确采用树木景观构图基本方法，灵活运用植物景观设计的基本方法，树种选择合适，配置符合规律。

（3）立意明确，风格独特；图纸绘制规范。

（4）完成街头小游园树木景观设计平面图1张。

材料及工具

测量仪器、手工绘图工具、绘图纸、绘图软件（AutoCAD）、计算机等。

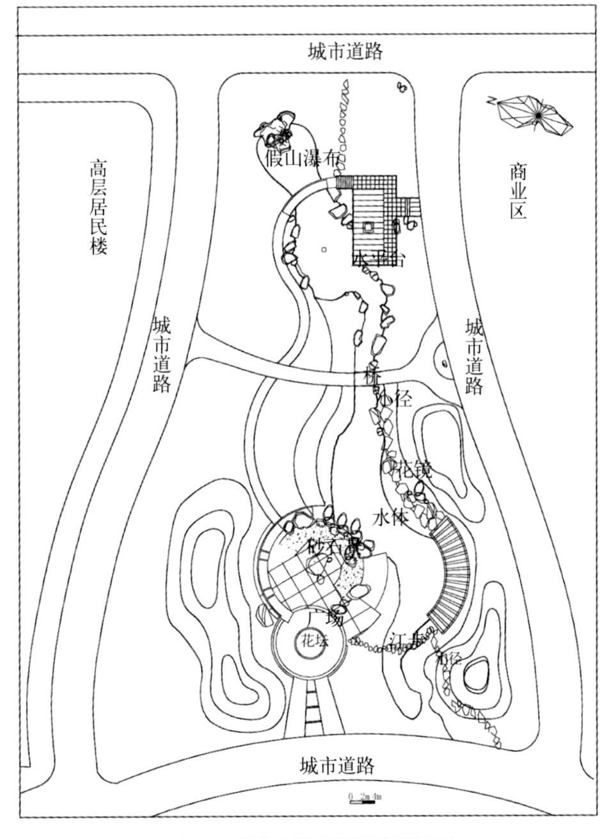

图4-1　街头小游园景观设计平面图

知识准备

4.1.1　乔木和灌木景观设计

4.1.1.1　孤植

孤植是乔木或灌木的孤立种植类型。孤植树又称为独赏树、标本树或赏形树。

（1）园林功能与布局形式

孤植是中西园林中广为采用的一种自然式种植形式，主要表现树木的个体美。在园林功能上，一是单纯作为构图艺术上的孤植树；二是作为园林中庇荫和构图艺术相结合的孤植树。在设计中多处于绿地平面的构图中心或构图的自然重心而成为主景，也可起引导视线的作用，并可烘托建筑、假山或水景，具有强烈的标志性、导向性和装饰作用。如选择得当、配置得体，孤植树可起到画龙点睛的作用（图4-2、图4-3）。如苏州留园“绿荫轩”旁的鸡爪槭是优美的孤植树，狮子林的“问梅阁”东南孤植的大银杏具有“一枝气可压千林”的气势。

孤植一般采取单独栽植的方式，但也有用2～3株合栽组成一个单元，形成整体树冠，后一

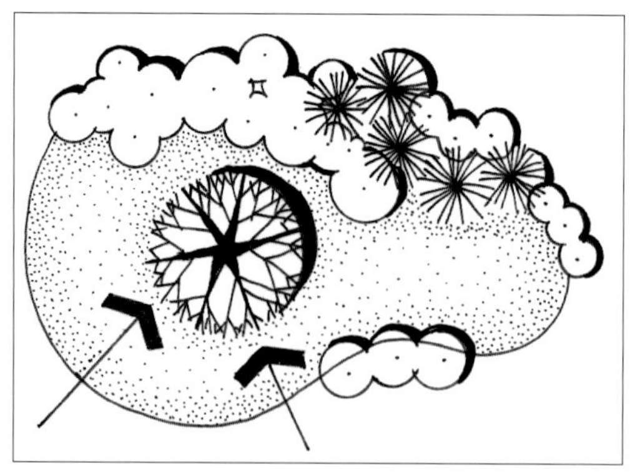
图4-2 开敞草坪中的孤植树常为主景

图4-3 孤植树在植物丛中作主景

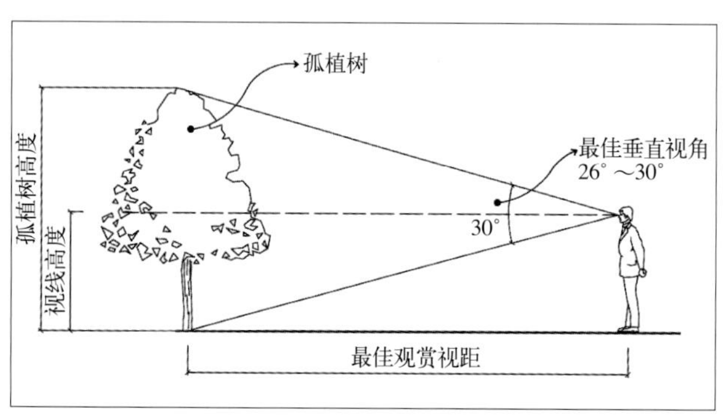

图4-4 孤植树观赏视距的确定

种情况下，必须采用同一树种。

（2）孤植树种选择

孤植树作为景观主体、视觉焦点，一定要具有与众不同的观赏效果。适宜作孤植树的树种，一般高大雄伟，树形优美，具有特色，且寿命较长，通常是具有美丽的花、果、树皮或叶色的种类。因此在树种选择时，可以从以下几个方面考虑。

① 树形高大，树冠开展 如槐、悬铃木、银杏、油松、合欢、香樟 、榕树、无患子、七叶树、青冈栎等。

② 姿态优美，寿命长 如雪松、罗汉松、白皮松、金钱松、垂柳、龙爪槐、蒲葵、椰子、海枣等。

③ 开花繁茂，芳香馥郁 如白玉兰、樱花、广玉兰、栾树、桂花、梅花、海棠、紫薇、凤凰木等。

④ 硕果累累 如木瓜、柿树、柑橘、柚子、枸骨等。

⑤ 彩叶树 如乌桕、枫香、黄栌、银杏、白蜡、五角枫、三角枫、鸡爪槭、白桦、紫叶李等。

为尽快达到孤植树的景观效果，进行绿地植物景观设计时，最好选胸径8cm以上的大树，也可利用原地的成年大树作为孤植树，如果绿地上已有百年或数十年的大树，必须使整个公园的构图与这种有利条件结合起来。

选择孤植树除了要考虑造型美观、奇特之外，还应该注意植物的生态习性，不同地区可选择的植物有所不同。

（3）孤植树布置场所

孤植树往往是园林局部构图的主景，规划时位置要突出。孤植树种植的地点，要求比较开阔，不仅要保证树冠有足够的空间，而且要有比较合适的观赏视距和观赏点，让人有足够的活动场所和恰当的欣赏位置，一般适宜的观赏视距大于等于树木高度的4倍（图4-4）。最好还

要有像天空、水面、草地等自然景物作背景衬托，以突出孤植树在形体、姿态等方面的特色。孤植树的位置可选择以下地点。

① 开阔的大草坪或林中空地构图的重心上　开阔的大草坪是孤植树定植的最佳地点，但孤植树一般不宜种植在草坪的几何中心，而应偏于一端，安置在构图的自然重心上，与草坪周围的景物取得均衡与呼应的效果（图4-5）。也可将2或3株同种树紧密种植在一起，如同具有丛生树干的一株树，以增强其雄伟感，满足风景构图的需要。

② 开阔的水边或可眺望远景的山顶、山坡　孤植树以明亮的水色作背景，游人可以在树冠的庇荫下欣赏远景或活动，孤植树下斜的枝干自然也成为各种角度的框景（图4-6）。孤植树配置在山顶或山岗上，既有良好的观赏效果，又能起到改造地形、丰富天际线的作用。

③ 桥头、自然园路或河溪转弯处　可作为自然式园林的诱导树、焦点树，以诱导游人进入另一景区（图4-7、图4-8）。特别在深暗的密林背景下，配以色彩鲜艳的花木、红叶或黄叶树种格外醒目。

④ 建筑庭院或广场的构图中心　孤植树布置在建筑、庭院或广场的构图中心，成为视线焦点。

⑤ 花坛、树坛的中心　花坛、树坛中的孤植树要求丰满、完整、高大，具有宏伟的气势。

孤植树作为园林构图的一部分，必须与周围的环境和景物相协调。开阔空间如开敞宽广的

图4-5　草坪中的孤植树

图4-6　以水面为背景的孤植树

图4-7　布置在桥头的孤植树

图4-8　道路转弯处的孤植树起引导作用

草坪、高地、山岗或水边应选择高大的乔木作为孤植树，并要注意树木的色彩与背景的差异性。狭小的空间如小型林中草坪、较小水面的水滨以及小的庭院中应选择体形与线条优美、色彩艳丽的小乔木或花灌木作为主景。在山水园中的孤植树，必须与假山石调和，树姿应选盘曲苍古的，树下还可以配以自然的卧石，以作休息之用。

4.1.1.2 对植

对植是指两株或两丛相同或相似的树，按照一定的轴线关系，形成相互对称或均衡的种植方式。

（1）对植的功能

对植常用于建筑物前、广场入口、大门两侧、桥头两旁、石阶两侧等，起烘托主景作用，给人一种庄严、整齐、对称和平衡的感觉，或形成配景、夹景，以增强透视的纵深感，对植的动势向轴线集中。

（2）对植树种选择

对植多选用树形整齐优美、生长缓慢的树种，以常绿树为主，但很多花色、叶色或姿态优美的树种也适于对植。常用的有松柏类、南洋杉、云杉、大王椰子、假槟榔、苏铁、桂花、白玉兰、广玉兰、香樟、槐、银杏、蜡梅、碧桃、西府海棠、垂丝海棠、龙爪槐等，或者选用可进行整形修剪的树种进行人工造型，以便从形体上取得规整对称的效果，如整形的黄杨、大叶黄杨、石楠、海桐等也常用作对植（图4-9、图4-10）。

（3）对植的设计形式

① 对称栽植　将树种相同、体形大小相近的乔木或灌木对称配置于中轴线两侧，两树连线与轴线垂直并被轴线等分。这种对植常在规则式种植构图中应用，多用于宫殿、寺庙、纪念性建筑前，体现一种肃穆气氛（图4-11）。

② 非对称式栽植　将树种相同或近似，大小、姿态、数量有差异的两株或两丛植物在主轴线两侧进行不对称均衡栽植。动势向中轴线集中，与中轴线垂直距离是大树近、小树远。非对称栽植常用于自然式园林入口、桥头、假山蹬道、园中园入口两侧，既给人以严整的感觉，又有活泼的效果，布置比对称栽植灵活（图4-12）。

图4-9　厅堂前龙爪槐对植

图4-10　入口处整形黄杨对植

4.1.1.3　列植

列植是乔木或灌木按照一定的株距成行栽植的种植形式，有单行、环状、顺行、错行等类型（图4-13）。列植形成的景观比较整齐、单纯，气势庞大，韵律感强。如行道树栽植、基础栽植、“树阵”布置，就是其应用形式。

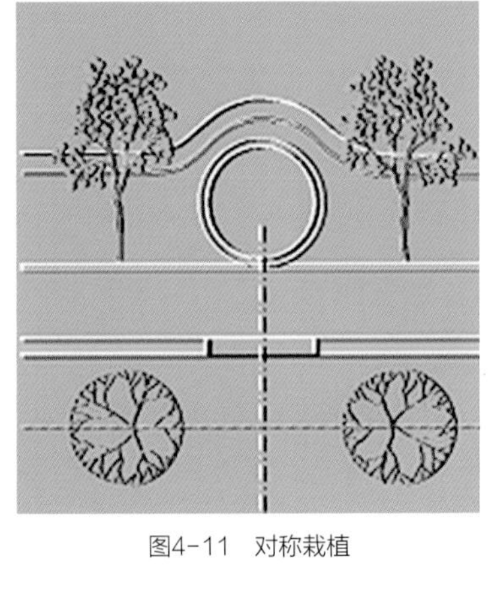

图4-11　对称栽植

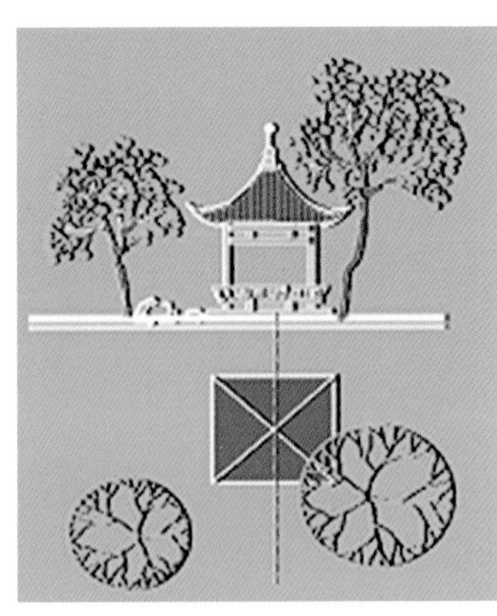

图4-12　非对称式栽植

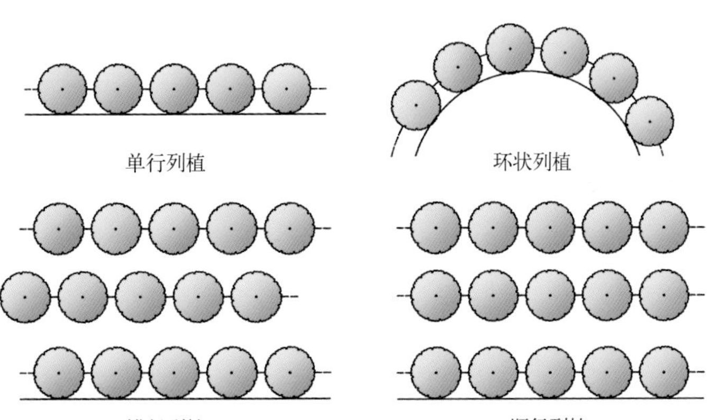

图4-13　列植的类型

（1）列植的功能和布置

列植在园林中可发挥联系、隔离、屏障等作用，可形成夹景或障景，多用于公路、铁路、城市道路、广场、大型建筑周围、防护林带、水边，是规则式园林绿地中应用最多的基本栽植形式（图4-14至图4-16）。

（2）列植的树种选择

列植宜选用树冠体形比较整齐、枝叶繁茂的树种。如圆形、卵圆形、椭圆形、塔形等的树冠。道路边的树种的选择上要求有较强的抗污染能力，在种植上要保证行车、行人的安全，还要考虑树种生态习性、遮阴功能和景观功能。常用的树种中，大乔木有油松、圆柏、银杏、槐、白蜡、元宝枫、毛白杨、悬铃木、香樟、臭椿、合欢、榕树等；小乔木和灌木有丁香、红瑞木、黄杨、西府海棠、月季、木槿、石楠等；绿篱多选用圆柏、侧柏、大叶黄杨、雀舌黄杨、‘金边’大叶黄杨、‘红叶’石楠、水蜡、小檗、蔷薇、小蜡、‘金叶’女贞、黄刺玫、小叶女贞、石楠等分枝性强、耐修剪的树种。

（3）列植的构图形式

列植分为等行等距和等行不等距两种形式。等行等距的种植从平面上看是正方形或正三角形，多用于规则式园林绿地或混合式园林绿地中的规则部分。等行不等距的种植，从平面上看种植点呈不等边的三角形或四边形，多用于园林绿地中规则式向自然式的过渡地带，如水边、路边、建筑旁等，或用于规则式栽植到自然式栽植的过渡。

（4）列植株行距大小

株行距大小取决于树种的种类、用途和苗木的规格以及所需要的郁闭度。一般而言大乔木的株行距为5～8m，中、小乔木为3～5m；大灌木为2～3m，小灌木为1～2m，绿篱的种植株距一般为30～50cm，行距也为30～50cm。

图4-14 入口广场上的列植

图4-15 道路边的列植

列植多应用于硬质铺地及上下管线较多的地段，所以在设计时要考虑多方情况，要注意处理好与其他因素的矛盾。如周围建筑、地下地上管线等，应适当调整距离以保证设计技术要求的最小距离。

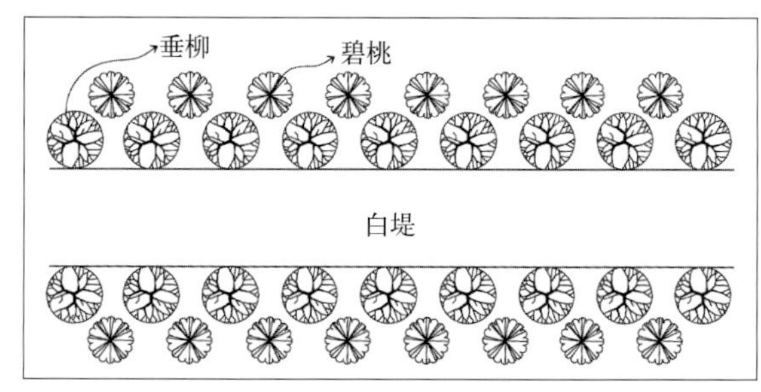

图4-16 杭州白堤植物列植

4.1.1.4 丛植

由2～3株至10～20株同种或异种的树种做不规则近距离组合种植，其林冠线彼此密接而形成一个整体，这样的栽植方式为丛植。

（1）丛植的功能和布置

丛植是自然式园林中最常用的方法之一，它以反映树木的群体美为主，这种群体美又要通过个体之间的有机组合与搭配来体现，彼此之间既有统一的联系，又有各自的形态变化。丛植整体上要密植，像一个整体，局部又要疏密有致。在空间景观构图上，树丛常作局部空间的主景，或配景、障景、隔景等，还兼有分隔空间和遮阴的作用（图4-17、图4-18）。

树丛常布置在大草坪中央、土丘、岛屿等地作主景或草坪边缘、水边点缀；也可布置在园林绿地出入口、路叉和弯曲道路的部分，诱导游人按设计路线欣赏园林景色；可用在雕像后面，作为背景和陪衬，烘托景观主题，丰富景观层次，活跃园林气氛；运用写意手法，几株树木丛植，姿态各异，相互趋承，便可形成一个景点或构成一个特定空间。

（2）丛植树种选择

丛植植物讲究植物的组合搭配效果，基本原则是“草本花卉配灌木，灌木配乔木，浅色配深色……”通过合理搭配形成优美的群体景观。以遮阴为主要目的的树丛常选用乔木，并多用单一树种，如香樟、朴树、榉树、槐，树丛下也可适当配置耐阴花灌木。以观赏为目的的树丛，为了延长观赏期，可以选用几种树种，并注意树丛的季相变化，最好将春季观花、秋季观果的花灌木以及常绿树种配合使用，并可于树丛下配置耐阴地被。例如，在华北地区，“油松—元宝枫—连翘”树丛或“黄栌—丁香—珍珠梅”树丛可布置于山坡；“垂柳—碧桃”树丛则可布置于溪边池畔、水榭附近形成桃红柳绿的景色，并可在水体中种植荷花、睡莲、水生鸢尾；在江南，“松—竹—梅”树丛布置于山坡、石间是我国传统的配置形式，谓之“岁寒三友”。

（3）树丛造景形式设计

① 两株配合　两株树必须既有调和又有对比，使两者成为对立的统一体。因此，两株配合首先须有通相，即采用同一种树或外形相似树种；同时，两株树必须有殊相，即在姿态、大小、动势上有差异，使两者构成的整体活泼起来。如明朝画家龚贤所论“二株一丛，必一俯一仰，一猗一直，一向左一向右，一有根一无根，一平头一锐头，二根一高一下”。二株树栽植距离应该小于两树冠半径之和，以使之成为一个整体（图4-19至图4-21）。

② 三株配合（图4-22）

相同树种：三株树的配置分成两组，数量之比是2∶1，体量上有大有小。单株成组的树木在体量上不能为最大，以免造成机械均衡而没有主次之分。

不同树种：如果是两种树最好同为常绿树，或同为落叶树，或同为乔木，或同为灌木。三株树的配置分成两组，数量之比是2∶1，体量上有大有小，其中大、中者为一种树，距离稍远，最小者为另一种树，与大者靠近。

构图：三株树的平面构图为任意不等边三角形，不能在同一直线上或为等边三角形、等腰三角形。

图4-17　草坪上白玉兰树丛

图4-18　水边多种树种的丛植

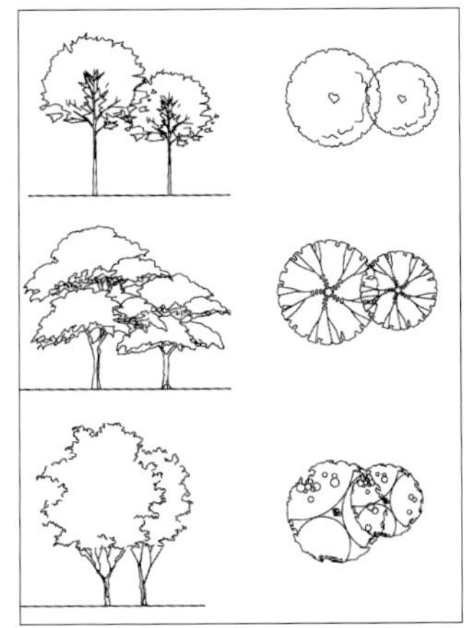

图4-19　两株树丛植平面图和立面图

图4-20　两株树丛植大小的差异

图4-21　两株树丛植动势的呼应

③ 四株配置（图4-23）

相同树种： 四株树的配置分两组，数量之比为3∶1，切忌2∶2，体量上有大有小，单株成组的树既不能为最大，也不能为最小。

不同树种： 四株配置最多为两种树，并且同为乔木或灌木。四株树木的配置分成两组，数量之比为3∶1，体量上有大有小，树种之比是3∶1，切忌2∶2。单株树种的树木在体量上既不能为最大，也不能为最小，不能单独成组，应在三株一组中，并位于整个构图的重心附近，不宜偏置一侧。

构图： 四株树的平面构图为任意不等边三角形和不等边四边形，构图上遵循非对称均衡原则，忌四株成一直线或正方形、菱形、梯形。

④ 五株配置（图4-24、图4-25）

相同树种： 五株树木的配置分两组，数量之比为4∶1或3∶2，体量上有大有小，数量之比为4∶1时，单株成组的树木在体量上既不能为最大，也不能为最小。数量之比是3∶2时，体量最大一株必须在三株一组中。

不同树种： 五株配置最多为两种树，并且同为乔木或灌木。五株树木的配置分成两组，数量之比为4∶1或3∶2，每株树的姿态、大小、株距都有一定的差异。如果树种之比是4∶1，单株树种的树木在体量上即不能为最大，也不能为最小，不能单独成组，应在四株一组中。如果树种之比为3∶2，两株树种的树木应分散在二组中，体量大的一株应该是三株树种的树木。

构图： 五株树的平面构图为任意不等边三角形、不等边四边形和不等边五边形，忌五株排成一直线或正五边形。

⑤ 六株以上树木的配置（图4-26）　六株以上配合实际上就是二株、三株、四株、五株

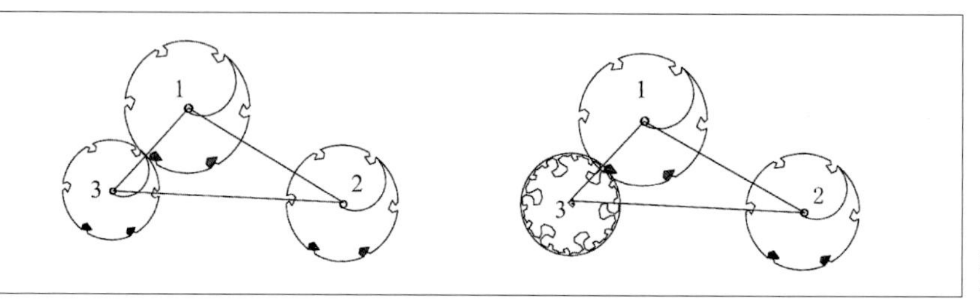

图4-22　三株树丛构图与分组形式

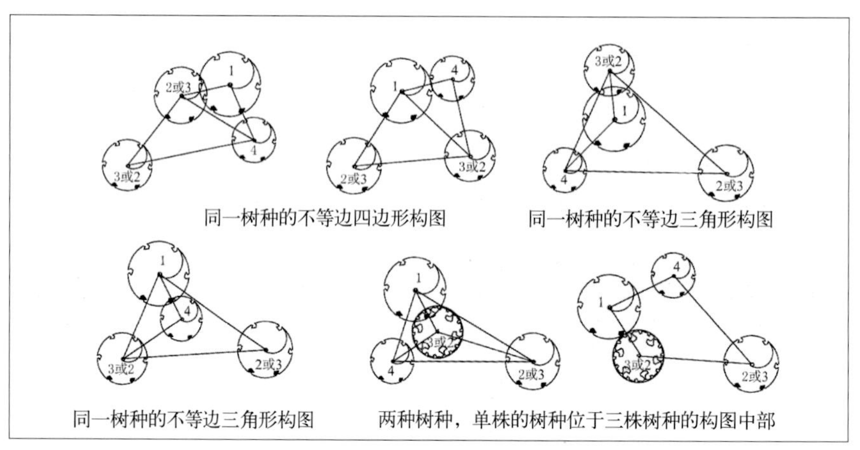

图4-23　四株树丛构图与分组形式

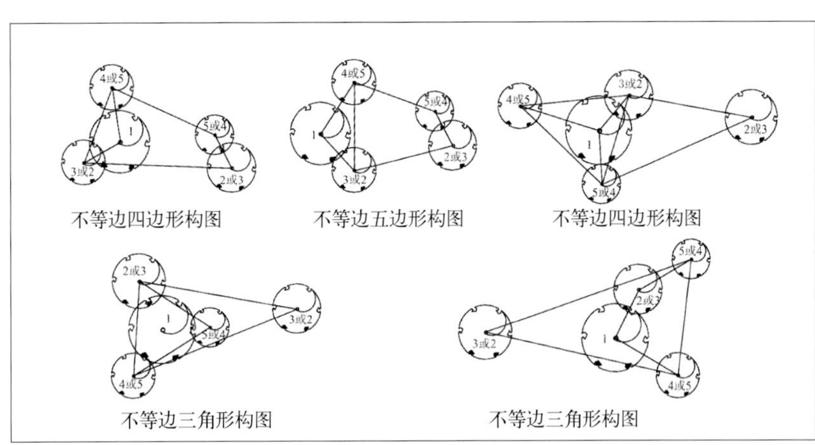

图4-24　五株同种树丛构图与分组形式

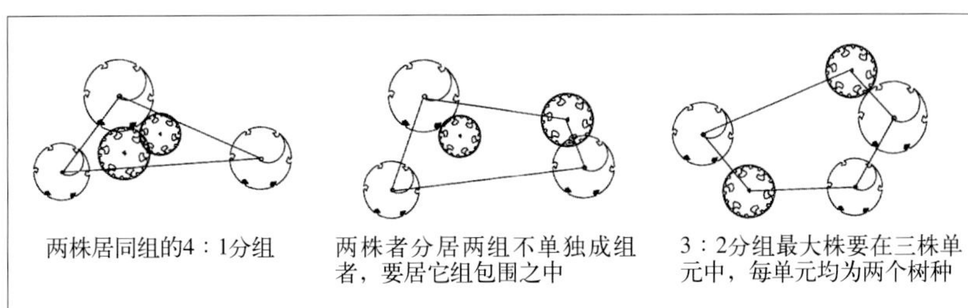

图4-25　五株不同种树丛构图与分组形式

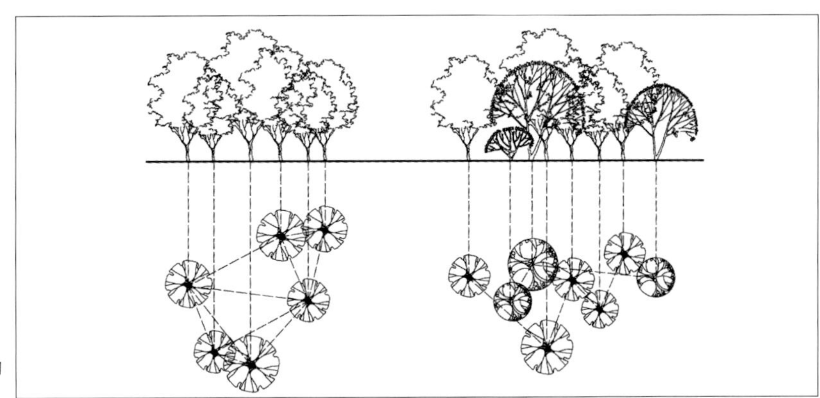

图4-26　六株以上树种树丛构图与分组形式

几个基本形式的相互合理组合。6～9株树木的配置，其树种数量最好不要超过两种。10株以上树木配置，其树种数量最好不要超过3种。

六株树木的配置，数量之比4：2或5：1；七株树木的配置，数量之比4：3或5：2；八株树木的配置，数量之比5：3或6：2；九株树木的配置，数量之比6：3或7：2或5：4。

（4）丛植设计中注意问题

① 树丛应有一个基本的树种，树丛的主体部分、从属部分和搭配部分清晰可辨（图4-27）。

② 同一树种组成的树丛，植物在外形和姿态方面应有差异，既要有主次之分，又要相互呼应。不同树种组成的树丛，树木形象的差异不能过于悬殊，但又要避免雷同。树丛的立面在大小、高低、层次、疏密和色彩方面均应有一定的变化。

③ 种植点在平面构图上要达到非对称均衡，并且树丛的周围应给观赏者留出合适的观赏

点和足够的观赏空间，一般树丛前要留出3～4倍的观赏视距，在主要观赏面甚至要留出10倍以上树高的观赏视距。

④ 树丛可以作为主景，也可作为背景或配景。作为主景时的要求同孤植树一样，树丛也要选择合适的背景。如在中国古典园林中，树丛常以白色墙为背景；再如，树丛为色叶植物组成，则背景可以采用常绿树种，在色彩上形成对比。如果树丛作为背景或者配景则应选择花色、叶色等不鲜明的植物，避免喧宾夺主。

⑤ 丛植应根据景观的需要选择植物的规格和树丛体量，在开阔的草坪上，如果想要创造亲近、温馨的感觉，可布置高大的树丛，而如果想增加景深，则可以布置矮小的灌木。

4.1.1.5 群植

由二、三十株以上至数百株的乔木、灌木成群配置时称为群植，其群体称为树群。树群可由单一树种组成，亦可由数个树种组成。

（1）树群的功能与布置

树群所表现的主要为群体美，观赏功能与树丛相似，在园林中可作背景用，在自然风景区中亦可作主景（图4-28、图4-29）。两组树群相邻时又可起到透景、框景的作用（图4-30）。树群的组合方式一般采用郁闭式、成层的组合，树群内部通常不允许游人进入，因而不利于作庇荫休息之用，但树群的北面，树冠开展的林缘部分，仍可作庇荫之用。

树群应布置在有足够面积的开阔的场地上，如靠近林缘的大草坪、宽广的林中空地、水中的小岛上、宽广水面的水滨、小山的山坡、土丘上等，其观赏视距至少为树高的4倍。

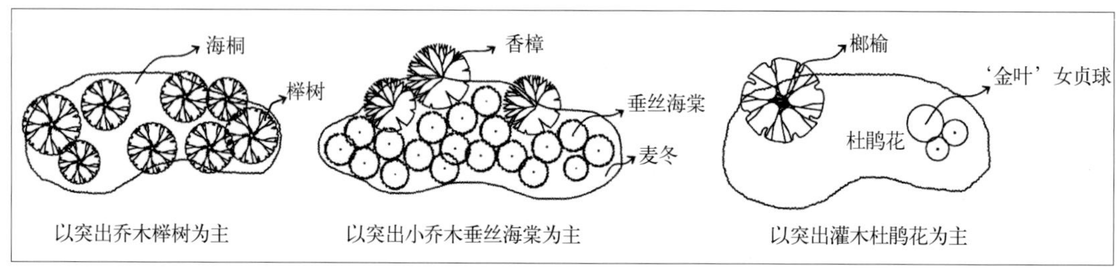

图4-27 树丛配置主体突出

图4-28 池杉树群秋景

图4-29 棕榈树群表现热带风光

图4-30 树群形成的框景和透景

图4-31 公园小径边由香樟、鸡爪槭、八角金盘、洒金东瀛珊瑚、杜鹃花、麦冬等组成的混交树群

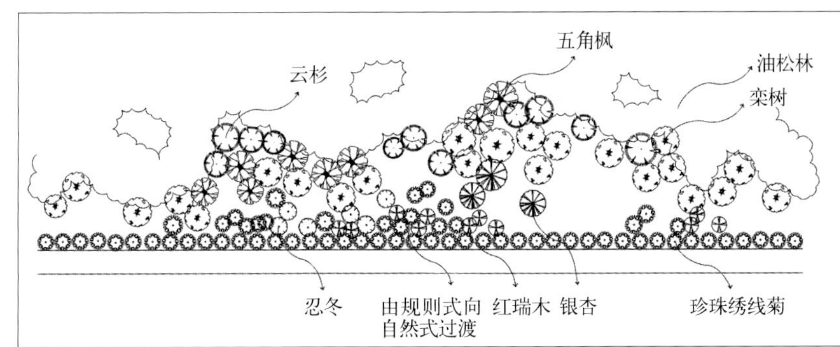

图4-32 带状树群

（2）树群的类型

① 单纯树群 由一种树木组成，为丰富其景观效果，树下可用耐阴地被如玉簪、萱草、麦冬、常春藤、蝴蝶花等。

② 混交树群 具有多重结构，层次性明显，水平与垂直郁闭度均较高，为树群的主要形式。可分为5层（乔木、亚乔木、大灌木、小灌木、草本）或3层（乔木、灌木、草本）。与纯林相比，混交林的景观效果较为丰富，并且可以避免病虫害的传播（图4-31）。

③ 带状树群 当树群平面投影的长度大于4∶1时，称为带状树群，在园林中多用于组织空间。既可为单纯树群，又可为混交树群，如图4-32。

（3）树群设计注意事项

① 品种数量。树木种类不宜太多，1～2种骨干树种，并有一定数量的乔木和灌木作为陪衬，种类不宜超过10种，否则会显得凌乱。

② 树群栽植标高应高于草坪、道路、广场，以利于排水。

③ 群植属多层结构，水平郁闭度大，林内不宜游人休息，因此不应该在树群里安排园路。

④ 树种的选择和搭配。树群应选择高大、外形美观的乔木构成整个树群的骨架，以枝叶密集的植物作为陪衬，选择枝条平展的植物作为过渡或者边缘栽植，以求取得连续、流畅的林冠线和林缘线。乔木层选用树种树冠姿态要特别丰富，亚乔木层选用开花繁茂或叶色艳丽的树种，灌木一般以花木为主，草本植物则以宿根花卉为主，不同树形的组合，可以形成生动活泼、对比强烈、鲜明突出的效果（图4-33）。图4-34是北京陶然亭标本园群植配置，图4-34

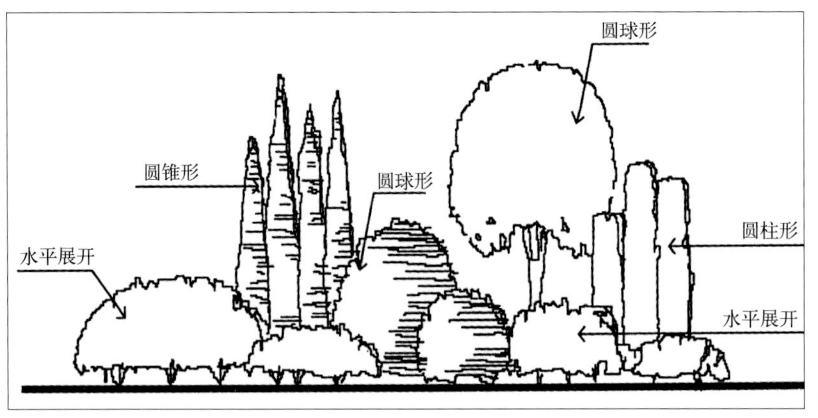

图4-33 不同树形植物的组合

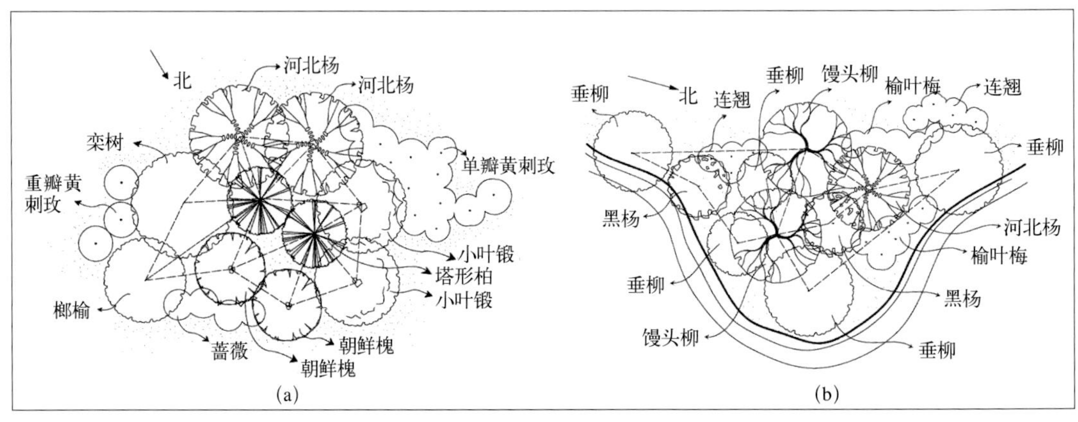

图4-34 北京陶然亭标本园群植实例

（a）以高耸挺拔的塔柏为组团的中心，配以枝条开展的河北杨、栾树、朝鲜槐等落叶乔木，外围栽植低矮的花灌木黄刺玫、蔷薇等，整个组团高低错落、层次分明，在考虑植物造型搭配的同时，也兼顾了景观的季相变化。

另外，设计树群的时候，还应该根据生态学原理，模拟自然群落的垂直分层现象配置植物，以求相对稳定的植物群落。第一层的乔木应为喜光树，第二层的亚乔木应为半阴性树，乔木之下或北面的灌木、草本应耐阴或为阴性植物。

⑤ 布置方法。群植多用于自然式园林中，植物栽植应有疏有密，不宜成行成列或等距栽植。林冠线、林缘线要有高低起伏和婉转迂回的变化，树群外围配置的灌木花卉都应成丛分布，交叉错综，有断有续，树群的某些边缘可以配置一两个树丛及几株孤植树。

4.1.1.6 林植

成片、成块地大量栽植乔、灌木称为林植，构成林地或森林景观的称为风景林或树林。这是将森林学、造林学的概念和技术措施按照园林的要求引入到自然风景区和城市绿化建设中的配置方式。

（1）林群的功能与布置

风景林的作用是保护和改善环境大气候，维持环境生态平衡；满足人们休息、游览与审美要求；适应对外开放和发展旅游事业的需要；生产某些林副产品。在园林中可充当主景或

背景，起着空间联系、隔离或填充作用。此种配置方式多用于风景区、森林公园、疗养院、大型公园的安静区及卫生防护林等。

（2）风景林的设计

风景林设计中，应注意林冠线的变化、疏林与密林的变化、林中树木的选择与搭配、群体内及群体与环境间的关系，以及按照园林休憩游览的要求留有一定大小的林间空地等措施，特别是密度变化对景观的影响（图4-35）。

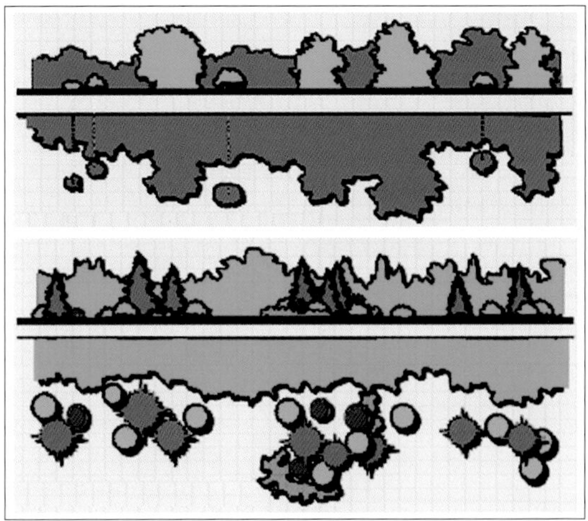

图4-35　风景林林缘的处理

① 密林　水平郁闭度在0.7～1.0，阳光很少透入林中，土壤湿度很大。地被植物含水量高，不耐踩踏，容易弄脏衣物，不便游人活动。密林又有单纯密林和混交密林之分。

单纯密林：是由一个树种组成的，它没有垂直郁闭度景观美和丰富的季相变化（图4-36）。单纯密林应选用富有观赏价值而生长强健的地方树种，简洁、壮观，适于远景观赏。在种植时，可以用异龄树种，结合利用起伏地形的变化，同样可以使林冠得到变化。林内外线还可以选择同一树种的树群、树丛或孤植树，增强林缘线的曲折变化。林下配置一种或多种开花的耐阴或半耐阴的草本花卉，以及低矮开花繁茂的耐阴灌木。为了提高林下景观的艺术效果，水平郁闭度不可太高，最好为0.7～0.8，以利地下植被正常生长，增强可见度。

混交密林：是一个具有多层结构的植物群落，不同植物类型根据自己的生态要求，形成不同的层次，其季相变化比较丰富。供游人欣赏的林缘部分，其垂直成层构图要十分突出，但也不能全部塞满，影响游人欣赏林下特有的幽邃深远之美（图4-37）。密林可以有自然路通过，但沿路两旁垂直郁闭度不可太大，必要时可以留出空旷的草坪，或利用林间溪流水体，种植水生花卉，也可以附设一些简单构筑物，以供游人做短暂的休息或躲避风雨之用。

密林种植：大面积的可采用片状混交，小面积的多采用点状混交。要注意常绿与落叶、

图4-36　单纯林

图4-37 混交密林

图4-38 海桐和绣线菊组成的绿篱界定空间

图4-39 珊瑚树绿篱

乔木与灌木林的配合比例，还有植物对生态因子的要求等，混交密林中一般常绿树占40%～80%、落叶树占20%～60%、花灌木占5%～10%。混交密林的设计，基本与树群相似，但由于面积大，无需作出每株树的定点设计，只做几种小面积的标准定型设计即可。标准定性设计的面积为25m×20m至25m×40m，绘出每株树的定植点，注明地被植物并绘出植物编号表及编写说明书。设计图纸总平面图比例为1：1000～1：500，并绘出规划范围、道路、设施及标准定型设计编号。定型设计图比例为1：250～1：100。

单纯密林和混交密林在艺术效果上各有特点，前者简洁壮观，后者华丽多彩，两者相互衬托，特点突出，因此不能偏废。从生物学的特性看，混交密林比单纯密林好，园林中纯林不宜太多。

② 疏林　水平郁闭度在0.4～0.6，常与草地结合，故又称草地疏林，是园林中应用最多的一种形式。疏林中的树种应具有较高的观赏价值，树冠应开展，树荫要疏朗，生长要强健，花和叶的色彩要丰富，树枝萧条要曲折多变，树干要美观，常绿与落叶树搭配要合适。树木的种植要三五成群，不污染衣服，尽可能让游人在草坪上活动。作为观赏用的嵌花草地疏林，应该有路可通，不能让游人在草地上行走，为了能使林中花卉生长良好，乔木的树冠应疏朗一些，不宜过分郁闭。

草地疏林：在游客量不大，游人进入活动不会踩死草坪的情况下设置。草地疏林设计中，疏林株行距应在10～20m，不小于成年树树冠直径，期间也可设林中空地。树种选择要求以落叶树为主，树荫疏朗的伞形冠较为理想，所用草种应含水量少，组织坚固、耐旱，如禾本科的狗牙根和野牛草等。

花地疏林：在游客量大，不进入内部活动的情况下设置。此种疏林要求乔木间距大些，以利于林下花卉植物生长，林下花卉可为单一品种，也可多品种进行混交造景，或选用一些经济价值高的花卉，如金银花、金针菜等。花地疏林内应设自然式道路，以便游人进入游览。道路密度以10%～15%为宜，沿路可设石椅、石凳或花架、休息亭等，道路交叉口可设置花丛。

疏林广场：在游客量大，又需要进入疏林活动的情况下设置。林下多为铺装广场。

4.1.1.7 篱植

凡是由灌木或小乔木以近距离的株行距密植，栽成单行或双行，其结构紧密的规则种植形

式，称为绿篱或绿墙。绿篱的使用广泛而悠久，如我国古人就有“以篱代墙”的做法，《诗经》中亦有“摘柳樊圃”诗句；欧洲几何式园林也大量地使用绿篱构成图案或者进行空间的分割。现代园林中，绿篱被赋予了新的含义和功能，使用也较过去更为广泛。

（1）篱植的功能与布置

① 防护与界定功能　绿篱的防护和界定功能是绿篱最基本的功能，一般采用刺篱、高篱或在篱内设置铁丝的围篱形式，一般不需整形，但观赏要求较高或进出口附近仍然应用整形式。绿篱可用作组织游览路线，不能通行的地段，如观赏草坪、基础种植、果树区、规则种植区等用绿篱加以围护、界定，通行部分则留出路线（图4-38、图4-39）。

② 分割空间和屏障视线　园林的空间有限，往往又需要安排多种活动用地，为减少互相干扰，常用绿篱或绿墙进行分区和屏障视线，以便分割不同的空间。这种绿篱最好用常绿树组成高于视线的绿墙。如把综合性公园中的儿童游乐区、露天剧场、体育运动区与安静休息区分割开来，这样才能减少相互干扰（图4-40）。在混合式绿地中的局部规则式空间，也可用绿墙隔离，使风格对比强烈的两种布局形式彼此分开（图4-41）。

③ 作为花境、喷泉、雕像的背景　园林中常用常绿树修剪成各种形式的绿墙，作为喷泉和雕像的背景，其高度一般要高于主景，色彩以选用没有反光的暗绿色树种为宜，作为花境背景的绿篱，一般为常绿的高篱和中篱（图4-42）。

图4-40　珊瑚树绿篱将活动空间与其他区域分割

图4-41　珊瑚树绿篱将规则式空间与自然式空间分割

图4-42　绿篱作花境背景

图4-43　绿篱美化建筑物墙体

④ 美化挡土墙或建筑物墙体　在各种绿地中，为避免挡土墙和建筑物墙体的枯燥，常在其前方栽植绿篱，避免硬质的墙面影响园林景观。一般用中篱或矮篱，可以是一种植物，也可以是两种以上植物组成高低不同的色块（图4-43）。

⑤ 作图案造景　园林中常用修剪成各种形式的绿篱作图案造景，如欧洲风格的模纹花坛、修剪整形的仿建筑图形式的各种造景等（图4-44）。在城市绿地的大草坪和坡地上可以利用不同观叶木本植物，组成具有气势、尺度大、效果好的纹样。要注意纹样宽度不要过大，要利于修剪操作，设计时注意留出工作小道。北京常用模纹组合为'金叶'女贞、'紫叶'小檗和小叶黄杨；上海常用模纹植物有'金叶'女贞、红花檵木、小叶黄杨、小蜡、龙柏等。近年来一些新优植物种类如'金边'大叶黄杨、'红叶'石楠、'金森'女贞等应用于绿地建设中，丰富了园林植物景观（图4-45）。

（2）绿篱的分类及其特点

按照高度，绿篱可以分为矮篱、中篱、高篱、绿墙几个类型，见图4-46、表4-1。

根据功能和观赏要求不同，可分为常绿篱、落叶篱、彩叶篱、花篱、果篱、刺篱、蔓篱、编篱，见表4-2。

（3）绿篱的设计

① 绿篱的造型形式

整形式绿篱：即修剪为具有几何形体的绿篱，其断面常剪成正方形、长方形、梯形、圆顶形、城垛、斜坡形等。整形式绿篱修剪的次数因树种生长情况及地点不同而异（图4-47）。

图4-44　绿篱的图案造景（左）

图4-45　绿篱的综合运用（右）

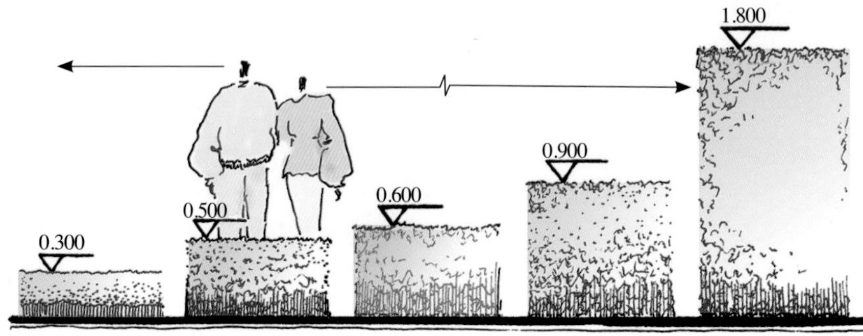

图4-46　按高度划分的绿篱类型示意（单位：m）

表4-1　按高度划分绿篱的类型及植物选择

分　类	功　能	植物特性	可供选择的植物材料
矮篱（<0.5m）	构成地界；形成植物模纹，如组字、构成图案；花坛、花境镶边	植株低矮，观赏价值高或色彩艳丽，或香气浓郁，或具有季相变化	小叶黄杨、水栀子、六月雪、'紫叶'小檗、月季、夏鹃、'龟甲'冬青、雀舌黄杨、'金山'绣线菊、'金焰'绣线菊、'金叶'莸、'金森'女贞等
中篱（0.5～1.2m）	分割空间（但视线仍然通透）、防护、围合、建筑基础种植	枝叶密实，观赏效果较好	栀子、'金叶'女贞、小蜡、海桐、火棘、枸骨、'红叶'石楠、'洒金'桃叶珊瑚、变叶木、绣线菊、胡颓子、茶梅、春鹃等
高篱（1.2～1.6m）	划分空间，遮挡视线，构成背景，构成专类园，如迷园	植株较高，群体结构紧密，质感强	法国冬青、大叶女贞、圆柏、榆树、锦鸡儿等
绿墙（>1.6m）	替代实体墙用于空间围合，多用于绿地的防范、屏障视线、分隔空间等	植株高大，群体结构紧密，质感强	龙柏、法国冬青、女贞、山茶、石楠、侧柏、圆柏、榆树等

表4-2　按观赏特性和功能划分绿篱的类型及植物选择

分　类	功　能	植物特性	可供选择的植物材料
常绿篱	阻挡视线，空间分割，防风	枝叶密集、生长速度较慢、有一定的耐阴性的常绿植物	侧柏、圆柏、龙柏、大叶黄杨、翠柏、冬青、珊瑚树、蚊母树、小叶黄杨、海桐、月桂、茶梅、杜鹃花等
落叶篱	分割空间，围合，建筑基础种植	春季萌芽较早或萌芽力较强的植物	榆树、丝绵木、小檗、紫穗槐、沙棘、胡颓子
花　篱	观花，划分空间，围合，建筑基础种植	多数开花灌木、小乔木或者花卉材料，最好兼有芳香或药用价值	绣线菊、锦带花、金丝桃、迎春、黄馨、栀子花、木槿、紫荆、米兰、九里香、月季、贴梗海棠、棣棠、珍珠梅、溲疏等
彩叶篱	观叶，空间分割，围合，建筑基础种植	以彩叶植物为主，主要为红叶、黄叶、紫叶和斑叶植物，能改善园林景观，在少花的冬秋季节尤为突出	'金叶'女贞、'紫叶'小檗、'洒金'桃叶珊瑚、'金边'大叶黄杨、'红叶'石楠、'金森'女贞、'金山'绣线菊、'金叶'小檗、'黄斑'变叶木、红桑、'彩叶'杞柳
果　篱	观果，吸引鸟雀，空间分割，阻挡视线等	植物果形、果色美观，最好经冬不落，并可以作为某些动物的食物	枸杞、冬青、枸骨、火棘、枸橘、忍冬、沙棘、荚蒾、紫杉等
刺　篱	避免人、动物的穿越，强制隔离，防范	植物带有钩、刺等	玫瑰、月季、黄刺玫、山皂荚、枸骨、山花椒等
蔓　篱	防范和划分空间	攀缘植物，需事先设置供攀附的竹篱、木栅栏或铁丝网篱	金银花、凌霄、山荞麦、蔷薇、茑萝等
编　篱	隔离和划分空间	由枝条韧性较大的灌木组成	杞柳、枸杞、紫穗槐、雪柳

不整形绿篱：仅做一般修剪，保持一定的高度，下部枝叶不加修剪，使绿篱半自然生长，不塑造几何形体。

② 绿篱的配植方法

不同植物组合：需要在配植上实现多种植物组合，在一条绿篱上应用多种植物。如采用几种不同的树种，如针叶树种、大叶树种、小叶树种各作为绿篱的一段。

宽度不一：在一条同一树种或不同树种的绿篱上，宽窄不一，一段宽（如60～70cm）、一段窄（如30～40cm），宽窄相间，看过去好像有个曲线，增加美感。宽窄不一的绿篱常与花卉一起配置，丰富景观的色彩，增加景观的韵律美，常用造型如图4-48。

高矮相间：把一条绿篱修剪得一段高（如1m）、一段矮（如50cm），这样高高低低，很像城墙的垛口，显得很别致。

不同造型相结合：在一条绿篱上按照不同植物的长势制作不同的造型。例如，一段剪成平顶的植物（如黄杨）夹杂着一棵修剪成圆形或椭圆形的植物（如侧柏）；一段修剪成矩形的福建茶接一丛稍高一些、修剪成大圆形的小叶黄杨。在一条绿篱上有方形、圆形、椭圆形以及三角形，竖面上也是高低错落，非常活泼、多姿。

不同颜色的相间组合：一条绿篱由红叶植物、黄叶植物、绿叶植物或者深浅绿色植物相间组成，使绿篱更加多彩、艳丽（图4-49）。例如，用一段'金叶'女贞、一段龙柏、一段红花檵木或'红叶'石楠相间组成的绿篱。

栅栏与绿篱植物相结合：绿篱的另外一种形式是用篱笆（可采用铁栅栏、混凝土浇筑的栅栏等）与植物一起构成的一种垂直绿化形式。这既可满足迅速实现防御功能，又可实现绿色植物的生态功能及美化功能。

③ 绿篱种植密度　绿篱的种植密度根据使用的目的、树种、苗木规格和种植地带的宽度及周边环境而定。绿篱种植一般采用单行式或双行式，中国园林中一般为了见效快而采用品字形的双行式，不同类型绿篱的株行距见表4-3。绿篱的起点和终点应做尽端处理，从侧面看来比较厚实美观。

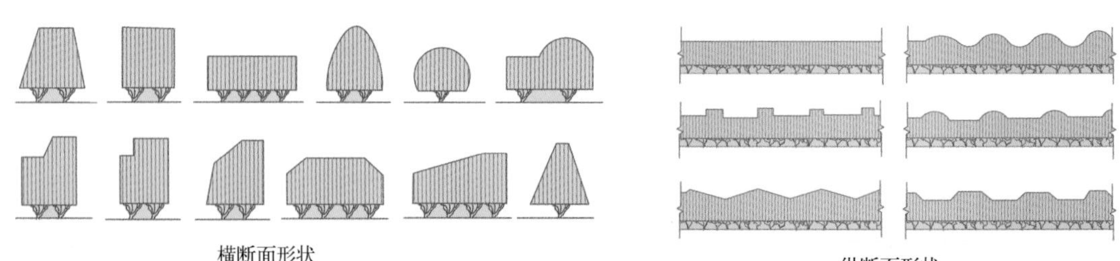

图4-47　整形绿篱修剪形式

图4-48　宽窄不一的绿篱与花卉配置常用造型

图4-49　由小蜡、龙柏、红花檵木组成的绿篱

表4-3　不同类型绿篱种植密度

类型	单双行栽种	高（cm）	宽（cm）	株距（cm）	类型	单双行栽种	高（cm）	宽（cm）	株距（cm）
矮篱	单	15～50	15～40	15～30	高篱	单	120～160	50～80	50～75
中篱	单	50～120	40～70	30～50		双	120～160	80～100	行距40～60
	双	50～120	50～100	行距25～50	绿墙	双	>160	15～40	15～30

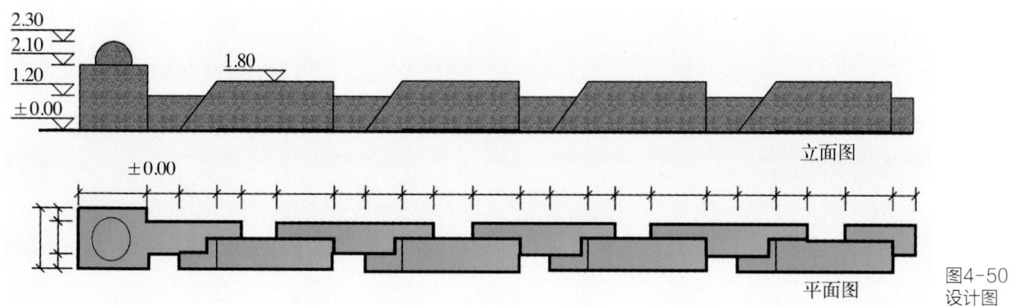

图4-50　绿篱设计图

④ 绿篱图纸绘制　绿篱平面图可以单独绘出，也可以在种植设计图中绘制。绘出平面图、立面图或绘出横断面图、纵断面图，并在图中标注尺寸，如图4-50。

4.1.2　木质藤本景观设计

4.1.2.1　木质藤本植物景观的功能与应用特点

自古以来，木质藤本植物一直是我国造园中常用的植物材料，著名古籍《山海经》和《尔雅》中就记载着栽培紫藤的描述。花亭、花廊和垂花门等均由攀缘植物布置而成，蔷薇架、木香亭、藤萝架等更是古典园林常见的造景形式。木质藤本不仅能提高城市及绿地拥挤空间的绿化面积和绿量，调节和改善生态环境，还可以美化建筑、护坡、园林小品，拓展园林空间，增加植物景观层次的变化，而且可以增加城市及园林建筑的艺术效果，使之与环境更加协调统一，生动活泼。

利用木质藤本植物进行垂直绿化具有占地少、见效快、绿量大的优点，如人工栽植的紫藤，在长江流域一年可长到3～8m，在北方也可长到3m以上。充分利用木质藤本植物进行垂直绿化是增加城市绿量、改善人居生态环境、拓宽城市绿化空间的有效途径。

4.1.2.2　木质藤本景观设计

（1）木质藤本植物景观配置原则

① 选材适当，适地适栽　木质藤本植物种类繁多，在选择应用时应充分利用当地乡土树种，适地适树。应满足功能要求、生态要求、景观要求，根据不同绿化形式正确选用植物材料。缠绕类木质藤本，如紫藤、南蛇藤、中华猕猴桃等适用于栏杆、棚架；吸附类如地锦、扶芳藤、络石、凌霄等适用于墙面、山石等。

② 注意植物材料与被绿化物的色彩、风格相协调　如红砖墙不宜选用秋叶变红的攀缘植物，而灰色、白色墙面则可选用秋叶红艳的攀缘植物。

③ 合理进行种间搭配，丰富景观层次　考虑到单一种类观赏特性的缺陷，在木质藤本植物植物造景中，应尽可能利用不同种类之间的搭配以延长观赏期，创造出四季景观。如爬山虎、络石或常春藤合栽，络石或常春藤生于爬山虎下，既满足了其喜阴的生态特性，在冬季又可弥补爬山虎的不足。

④ 尽量采用地栽形式　一般种植带宽度50～100cm，土层厚50cm，根系距墙15cm。棚架栽植时，一般株距1～2cm，根据棚架的形式和宽度可单边列植或双边错行列植。墙垣绿化栽植时种植带宽大于45cm，长大于60cm，栽植株距一般为2～4m，为尽快收到绿化效果，种植间距根据植物的特性可适当调整。

（2）木质藤本造景形式

① 附壁式造景　附壁式为常见的垂直绿化形式，依附物为建筑物或土坡等的立面，如各种建筑物的墙面、断崖悬壁、挡土墙、大块裸岩、假山置石等（图4-51、图4-52）。附壁式绿化能利用藤本植物打破墙面呆板的线条，吸收夏季太阳的强烈反光，柔化建筑物的外观。附壁式以吸附类藤本植物为主，北方常用爬山虎、凌霄等，近年来常绿的扶芳藤、木香等作为北方地区垂直绿化材料亦颇被看好。南方多用量天尺、油麻藤、倒地铃等来表现南国风情。建筑

图4-51　藤本月季的附壁式造景

图4-52　爬山虎的附壁式造景

图4-53　蔷薇的篱垣式造景

图4-54　红花忍冬的篱垣式造景

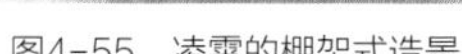
图4-55　凌霄的棚架式造景

图4-56　紫藤的棚架式造景

物的正面绿化，还应注意植物与门窗的距离，并在生长过程中，通过修剪调整攀缘方向，防止枝叶覆盖门窗。用藤本植物攀附假山、山石，能使山石生辉，更富自然情趣，使山石景观效果倍增。

② 篱垣式造景　主要用于篱架、矮墙、护栏、铁丝网、栏杆的绿化，它既具有围墙或屏障的功能，又具有观赏和分隔的功能（图4-53、图4-54）。篱垣的高度有限，几乎所有的藤本植物都可用于此类绿化，但在具体应用时应根据不同的篱垣类型选择适宜的植物材料。竹篱、铁丝网、围栏、小型栏杆的绿化以茎柔、叶小的柔软木本种类为宜，如铁线莲、络石、金银花等。栅栏绿化若为透景之用，种植植物宜以疏透为宜，并选择枝叶细小、观赏价值高的种类，如络石、铁线莲等，并且种植宜稀疏。如果栅栏起分隔空间或遮挡视线之用，则应选择枝叶茂密的木本种类，包括花朵繁茂、艳丽的种类，将栅栏完全遮挡，形成绿篱或花篱，如胶州卫矛、凌霄、蔷薇等。普通的矮墙、石栏杆、钢架等，可选植物更多，如缠绕类的金银花、探春，具卷须的炮仗花，具吸盘或气生根的地锦等。蔓生类藤本植物如蔷薇、藤本月季、云实等应用于墙垣的绿化也极为适宜。

③ 棚架式造景　棚架式造景是园林中应用最广泛的藤本植物造景方式，广泛应用于各种类型的绿地中（图4-55、图4-56）。棚架式造景可单独使用，成为局部空间的主景，也可作为室内到花园的类似建筑形式的过渡，均具有园林小品的装饰性特点，并具有遮阴的实用目的。棚架式藤本植物一般选择卷须类和缠绕类，如紫藤、中华猕猴桃、葡萄、木通、五味子、炮仗花等。部分枝蔓细长的蔓生种类同样也是棚架式造景的适宜材料，如叶子花、木香、蔷薇等，但前期应当注意设立支架，人工绑缚以帮助其攀缘。若用攀缘植物覆盖长廊的顶部及侧方，以形成绿廊或花廊、花洞，宜选用生长旺盛、分枝力强、叶幕浓密而且花果秀美的种类，目前最常用的种类北方为紫藤，南方为炮仗花。

④ 立柱式造景　随着城市建设的发展，立柱式绿化已经成为垂直绿化的重要内容之一。它的依附物主要为电线杆、路灯灯柱、高架路立柱、立交桥立柱等（图4-57）。从一般意义上讲，吸附式的藤本植物最适于立柱式造景，不少缠绕类植物也可应用。但由于立柱所处的位

图4-57 五叶地锦的立柱式造景

图4-58 五叶地锦的悬蔓式造景

置大多交通繁忙，废气、粉尘污染严重，立地条件差，因此应选用适应性强、抗污染并耐阴的种类。五叶地锦的应用最为普遍，除此之外，还可选用木通、南蛇藤、络石、金银花、小叶扶芳藤等耐阴种类。一般电线杆及灯柱的绿化可选用观赏价值高的树种，如凌霄、络石、西番莲等。对于水泥电线杆，为防止因照射温度升高而烫伤植物的幼枝、幼叶，可在电线杆的不同高度固定几个铁杆，外附以钢丝网，以利于植物生长，此后，每年应适当修剪，防止植物攀缘到电线上。古典园林中一些枯树如能加以绿化，也可给人以枯木逢春的感觉，如可在千年古柏上，分别用凌霄、紫藤、栝楼等绿化，景观各异，平添无限生机。

⑤ 悬蔓式造景　这是攀缘植物的逆反利用，利用种植容器种植藤蔓或软枝植物，不让其沿引向上，而是凌空悬挂，形成别具一格的植物景观（图4-58）。如为墙面进行绿化，可在墙顶做一种植槽，种植小型的蔓生植物，如探春、蔓长春花等，让细长的枝蔓披散而下，与墙面向上生长的吸附类植物配合，相得益彰。或在阳台上摆放几盆蔓生植物，让其自然垂下，不仅起到遮阴功能，微风徐过之时，枝叶翩翩起舞，别有一份风韵。

4.1.3 观赏竹景观设计

4.1.3.1 观赏竹的园林艺术特色

竹子因其特殊的美感和自然物性一直是中国园林中最具特色、不可缺少的植物造景材料之一，在中国传统造园中，常用比兴手法，借竹虚心劲节、严冬不凋的形象、品格，对其应用配置赋予特定的主题和寓意。在现代园林植物造景中，竹景更以其特有的艺术风格和审美情趣为现代园林带来了无限的诗情画意，成为一道亮丽的风景线。

以竹造园，竹因园而茂，园因竹而彰；以竹造景，竹因景而活，园因景而显。以竹造园，不管是纷披疏落竹影的画意，还是以竹造景、借景、障景，或是用竹点景、框景、移景，都能组成如诗如画的美景，且风格多种多样，诸如竹径通幽、竹篱夹道、竹亭闲逸、竹外怡红、竹水相依等景观艺术，无不遍及中国园林。

4.1.3.2　观赏竹在园林中的造景手法

（1）观赏竹在古典园林中的造景艺术手法

①　竹里通幽　计成在《园冶》之“相地篇”中多次提及竹林景观，如“门湾一带溪流，竹里通幽，松寮隐僻，送涛声而郁郁，起鹤舞而翩翩。”在“园说”中有：“梧荫匝地，槐荫当庭，插柳沿堤，栽梅绕屋；结茅竹里”，竹林中搭一茅屋，养心畅情。竹里通幽包括竹林的静观和动观两个方面。关于竹林的静观，最负盛名的当属辋川别业的竹里馆，诗人“独坐幽篁里，弹琴复长啸。深林人不知，明月来相照”，尽情享受竹林的静观之美。竹林的动观处理则主要体现在曲径通幽的动态空间序列，竹林小径为求含蓄深邃，总是忌直求曲，忌宽求窄（图4-59）。古典园林竹里通幽的典范之作当属杭州西湖小瀛洲的“曲径通幽”。曲径通幽位于三潭印月的东北部，竹径两旁临水，长约50m，宽1.5m。竹种以刚竹为主，高2.5m左右，游人漫步小径，感觉清净幽闭，看不到堤外水面。沿小径两侧是十大功劳绿篱，沿阶草镶边，刚竹林外围配置了乌桕和重阳木，形成富有季相变化的人工群落。特别是竹径在平面处理上采取了3种曲度，两端曲度大，中间曲度小，站在一端看不到另一端，使人感到含蓄深邃，体会“庭院深深，深几许”的园林意境。竹径的尽头展现出一片开场虚旷的草坪，营造出符合奥旷交替的园林审美空间。

②　移竹当窗　移竹当窗的本义是窗前种竹，后引申特指竹子景观的框景处理，通过各式取景框欣赏竹景，恰似一幅图画嵌于框中（图4-60）。《园冶》对移竹当窗的深远意境论述为“移竹当窗，分梨为院，溶溶月色，瑟瑟风声；静拢一榻琴书，动涵半轮秋水，清气觉来几席，凡尘顿远襟怀。”移竹当窗以窗外竹景为画心，几竿修竹顿生万顷竹林之画意。由于看时隔着一种层次，空间相互渗透而产生幽远的意境。同时，这种框景不是静止不变的，随着欣赏者位置的移动，竹子景观随之处于相对位移的变化之中。倘若连续设置若干窗口，游人通过一系列窗口欣赏窗外竹景时，随着视点的变化，竹景时隐时现，忽明忽暗，画面呈现一定的连续性，具有明显的韵律节奏感。

图4-59　竹径通幽

图4-60　移竹当窗

③ 粉墙竹影　这是传统绘画艺术写意手法在竹子造景中的体现。将竹子配置在白粉墙前组合成景，恰似以白壁粉墙为纸，婆娑竹影为绘的墨竹图（图4-61）。"藉以粉墙为纸仿古人笔意，植黄山松柏、古梅、美竹，收之圆窗，宛然镜中游也。"（计成《园冶·掇山》）若再适当点缀几方山石，则此画面更加古朴雅致。

④ 竹石小品　指将竹子与奇峰怪石通过艺术构图，组合而成的景观。这在古典园林中常作为点缀，布置于廊隅墙角，既可独立成景，又可遮挡、缓解角隅的生硬线条。竹和石是江南名园"个园"的两大特色。"个园"的四季假山都配置了不同的竹种（图4-62、图4-63）。春景位于"个园"的入口处，以刚竹和石笋为主，背景是白壁粉墙，仿佛粉墙为纸、竹石为绘的雨后春笋图，特别是春天发笋之际，竹笋、石笋相映成趣，呈现出一派春意盎然的景象；夏景由柔美纤巧的水竹与玲珑剔透的太湖石组合成景，配以紫薇、广玉兰等，渲染出夏季的清丽秀美；秋景是全园的高潮，以大明竹配置黄石，加之红枫等秋色叶树种，营造出萧瑟的秋日景象；冬山由宣石叠掇，配以斑竹、蜡梅，"斑竹一枝千滴泪，竹晕斑斑点泪光"，悲凉凄苦之感油然而生。同时斑竹、蜡梅与邻近秋景区的黑松创造出"岁寒三友"的园林意境。

（2）观赏竹在现代园林造景中的运用

分析古典园林中竹子的造景艺术手法，是为了在现在园林中作为借鉴。"竹里通幽"、"竹石小品"等景观依然使用于现代园林植物景观设计。"移竹当窗"、"粉墙竹影"主要适合借鉴于面积较小的园林空间，如宾馆内、外庭院、盆景园等"园中园"。现代园林中应充分借鉴古典园林竹子造景的一些艺术手法，并巧妙运用竹文化，可起到画龙点睛的作用。竹在现在园林造景中的运用主要有以下几种：

① 以竹为主，创造竹林景观　形态奇特、色彩鲜艳的竹种，以群植、片植的形式栽于重要位置，构成独立的竹景，或以自然的声音形成美丽的竹林景观。如用秆形、色泽互相匹配的树种，造成一种清净、幽雅的

图4-61　粉墙竹影

图4-62　个园刚竹和石笋组成春景

图4-63　个园水竹与太湖石组成夏景

图4-64　竹与湖石配置

图4-65　“岁寒三友”图

气氛，具有观赏憩息的功能。以广阔的庭院，创造竹径通幽的竹林景观，幽篁夹道、绿竹成荫、万竿参天、云雾缭绕，步入其间，会感到盛夏酷暑不见，畏月清风忽来，身置竹径，会产生一种深邃、雅静、优美的意境。竹林景观，因其浩瀚壮观、气势恢宏，故又称竹海。我国较为著名的赏竹胜地有“蜀南竹海”、“闵园竹海”、“长宁竹海”及“宜兴竹海”等。

② 与建筑小品搭配，美化环境　在亭、堂、楼、阁、水榭附近，栽植数株翠绿修竹，不仅能起色彩和谐的作用，而且衬托出建筑的秀丽，同时掩映在修竹丛中“精舍”，亦可使人体会到白居易所说“映竹年年见，时闻下子声”的那种情境。在房屋和墙垣的角隅，配置紫竹、方竹等，形成层次丰富、造型活泼的清秀景色，同时也对建筑构图中的某些缺陷起阻挡、隐蔽作用，使环境变得更为优雅。亭榭之旁，以竹衬托，配石笋三两，紫竹数杆，生机盎然，亦富情趣。利用竹影似画却高于画，择以粉墙为背景配合山石，结合诗词、画题，勾画出意境深远的精品；也可将清秀的竹子数竿置于漏窗前做漏景的屏障。把自然美升华为艺术美，使之“日出有清阴，月照有清影，风吹有清声，雨涤有清韵，霜凝有清光，雪染有清趣”。在园墙、园门、廊榭、墙角用这种拟画法配置是对我国古典园林的传统手法的继承。

③ 与山石及其他植物配置　假山、景石是具有特殊风趣的庭园小品，若配置适当竹子，能增添山体的层林叠翠，呈现自然之势、山林之美。竹类植物与其他植物材料的组合，不仅能创造优美的景致，更能将无限的诗情画意带入园林，并形成中国园林特有的情境与意境（图4-64）。竹景观除了少量彩叶种类如菲黄竹、菲白竹以及一些具有色斑和条纹的竹秆外，主要以翠绿的叶色为基调，如此可以形成清幽、雅致的环境，但在特定的空间也可以点缀其他观花及彩叶植物，如竹丛间植以春花、秋实及红叶等植物，与竹相映，艳丽悦目，颇有特色。如竹与桃混栽，形“竹外桃花三两技，春江水暖鸭先知”的意境；或用数条茁壮的石笋若隐若现于几竿修竹丛中，再植以几株四季青绿的桂花象征春意永存。另外，以竹为背景，兰花、寒菊为地被植物衬托，几株梅花点缀其间，以此配置景观，既突出了“四君子”的主题，又给萧瑟的冬季带来清丽。亦可把严冬时节傲霜斗雪、屹然挺立的松、竹、梅混栽，称之为“岁寒三友”图（图4-65）。

④ 园以竹胜、景以竹异的专类竹园　专类竹园主要收集各种竹类植物作为专题布置，在色泽、品种、秆形上加以选择相配，创造一种雅静、清幽的气氛，同时兼有观赏、科普教育的作

用，主要以竹类公园为主。竹类公园是供游人观赏的以竹景、竹种取胜的专类竹园。它主要运用现代园林造景手法科学组织观赏竹种的形式美要素，结合必要的人文景观，创造出深远的园林意境，全面展示竹子外在的秀美风姿和内在品质，集自然景观和人文景观于一体，为城市居民提供赏心悦目的休闲娱乐空间。当代的成都望江公园、浙江安吉公园、北京紫竹院这类园以竹胜、景以竹异的专类竹园，更多地展现出竹荫、竹声、竹韵、竹影、竹趣等的异彩，更以多品种的竹类取胜。

任务实施

1. 选择适宜的园景树

在本案例中，综合分析绿化地的气候、土壤、地形等环境因子及园林植物景观的需要，利用植物景观设计基本方法和树木景观的配置形式，创作宜人的植物景观，满足游人游憩和赏景的需要。树种选择时，乔灌木、常绿或落叶树相互搭配，层次和季相要有变化，可以考虑的园景树有：黑松、香樟、白皮松、日本五针松、榉树、银杏、鸡爪槭、合欢、垂柳、日本早樱、合欢、

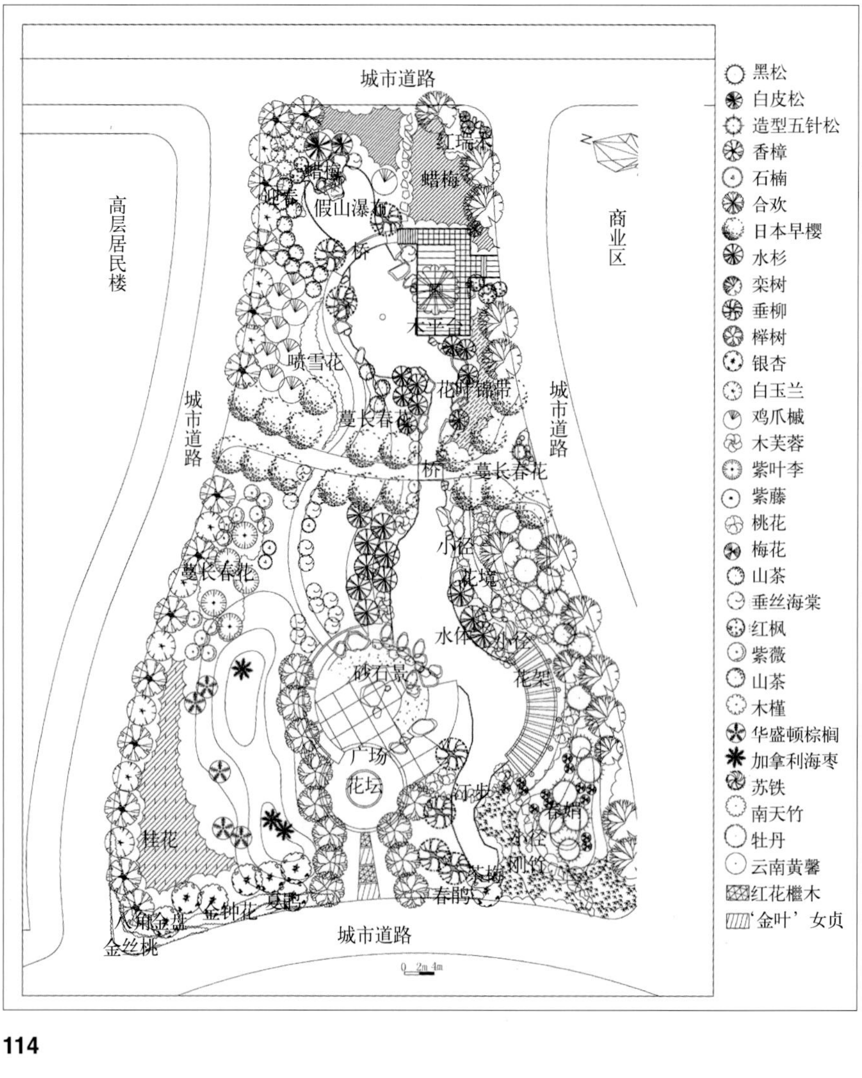

图4-66　街道小游园树木景观初步设计平面图

栾树、白玉兰、刚竹、蜡梅、桂花、垂丝海棠、紫薇、木槿、华盛顿棕榈、加纳利海枣、八角金盘、山茶、春鹃、夏鹃、'花叶'锦带花、金丝桃、石楠、紫叶李、紫藤、梅花、桃等。

2. 确定配置技术方案

在选择好园景树树种的基础上，确定其配置方案，绘出树木景观初步设计平面图（图4-66）。小游园的树木景观配置形式为混合式，采用孤植、列植、丛植、群植、篱植等方式。

知识拓展

1. 栽植树木的指定方法

（1）树木名称。根据规划需要，选择适合的树种，并标注树木名称。植物配置应综合考虑植物材料间的形态和生长习性，既要满足植物的生长需要，又要保证能创造出较好的视觉效果，与设计主题和环境相一致。

（2）通常把以下3项指标作为标注树木形态、尺寸的基本参数，即树高（H）、胸径（Φ，地面上1.2m高处的树干直径）、树冠宽度（W，也叫冠径）。而藤本植物还需指定长度，对分株的树木则不适用胸径，而改为制订分株数。标注时常用单位一般为m（图4-67）。

（3）植篱的设计，除树高、冠径外，还要制订修剪高度和单位距离（m）上种植密度（株）。

（4）密植桂花、山茶等灌木或沿阶草等地被植物，一般以单位面积（m^2）上的棵数为指标。如栽种成片生长的植物，则一般按片设计。

表4-4　绿化植物栽植间距　m

名　称		不宜小于（中～中）	不宜大于（中～中）
一行行道树		4.00	6.00
两行行道树（棋盘式栽植）		3.00	5.00
乔木群栽		2.00	—
乔木与灌木		0.50	—
灌木群栽	大灌木	1.00	3.00
	中灌木	0.75	0.50
	小灌木	0.30	0.80

（5）种植草坪，以片或带2～3cm空隙的70%～80%留边草坪为基本单位。

2. 植物栽植密度与间距

要想获得理想的植物景观效果，应该在满足植物正常生长的前提下，保证植物成熟后相互搭接、形成植物组团。因此设计师不仅要知道幼苗的大小，还应该明白植物成熟后的规格。另外植物的栽植密度还取决于所选植物的生长速度，对于速生树种，间距可以稍微大些，因为它们很快会长大，填满整个空间；相反，对于慢生树种，

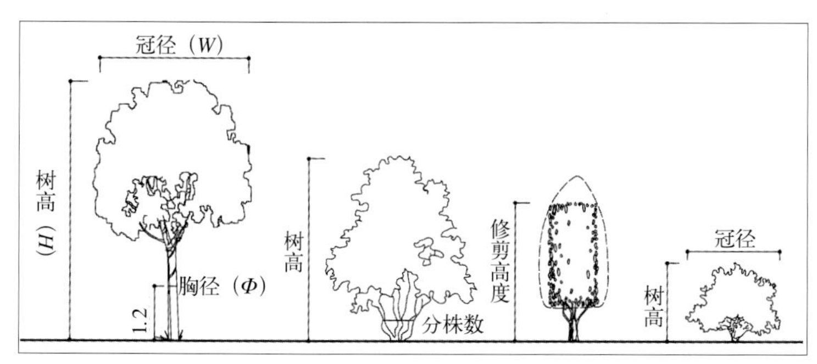

图4-67　树木的参数示意

间距要适当减少，以保证在尽量短的时间内形成效果。绿化植物栽植间距可参考表4-4。

如果栽植的是幼苗，而甲方又要求短期内获得景观效果，那就采取密植的方式，也就是说增加种植数量，减少栽植间距，当植物生长到一定时期后再进行适当的间伐，以满足观赏和植物生长的需要，对于这种情况，在种植设计图中要用虚线表示后期需要间伐的植物，如图4-68所示。

3. “生态墙”新技术

所谓“生态墙”，就是用大自然中的绿色植物来砌墙，这种生长着的“墙”叫做“生态墙”，目前欧美、日本及加拿大均有大量运用。2005年日本爱知世博会上，“生态墙”是一个亮眼展品。2010年上海世界博览会（以下简称世博会）的不少展馆承接了这一创意，中国主题馆、法国馆、宁波滕头实践馆、阿尔萨斯案例馆等一批展馆的外墙，都做成了“生态墙”（图4-69）。尤其在上海世博会主题馆的东西立面上，由‘红叶’石楠、‘常绿’六道木、‘亮绿’忍冬等绿色植物构成的全世界最大绿墙，总面积达5000m²，为目前全球已实施的最大生态绿墙。超规模、高难度的钢结构大型建筑外立面上建设活生生的即时成景的植物墙，得益于一套科学而完善的绿化新技术体系支撑。

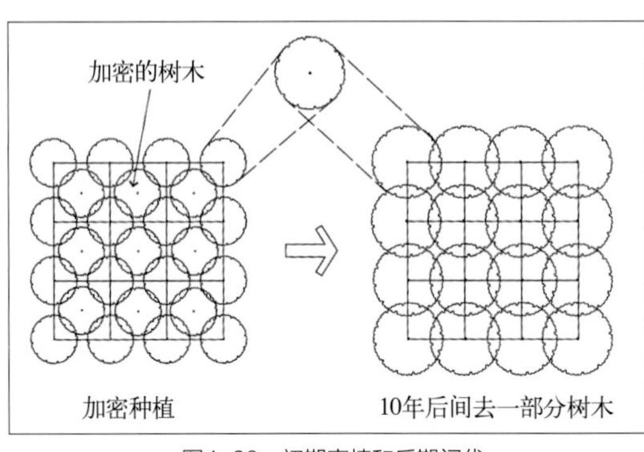

图4-68　初期密植和后期间伐

（1）上海世博会主题馆生态墙

① 种植模块技术　根据生态墙面积大、高度高的特点和便于养护和更换的要求，世博主题馆生态墙在施工方案设计中提出模块化安装的技术，即栽培容器按照一定模数组成模块，再与结构系统连接，易装易拆，便于更换。主题馆生态墙采用壁挂式植物种植模块系统（图4-70、图4-71）。该种植模块具有符合植物生长的生物学特性及能与结构系统结合紧密的优点。同时每个种植模块单元质量不超过19kg，便于人工安装及更换。模块特别设计了一个45°的斜口，因为其符合植物的生长特性，且能有效增强植物与结构体的稳定性，这一设计在事后运营的实践中发挥了重要的作用。

② 支撑结构技术　即绿化模块系统和主题馆现有的钢结构系统的连接构件。要保证足够的牢固度并便于安装和拆卸，同时要保证结构系统和原来的系统在色彩、材质上保持统一，不影响原来建筑整体的设计意向和立面效果。

③ 植物选择技术　植物是生态墙景观表现的最重要部分。植物材料选择是否得当，能否维持稳定长效的景观效果等，也是需要研究与攻克的关键技术。因为生态绿墙对植物的生长习性、根须的稠密度、对极端生境的适应性和对高温高寒等有害条件的抗性有非常高的要求。最终通过大量的试验筛选出了‘红叶’石楠、‘金森’女贞、‘亮绿’忍冬、六道木及‘花叶’络石5种植物作为主题馆东西植物墙的应用材料。它们具有综合抗性强、养护要求低、能经受较为恶劣的气候环境条件的优点。

④ 一体化介质技术　世博会主题馆生态墙对植物栽培介质亦有很高的要求，首先要保证清洁材质，不能滋生病虫害。其次要保证栽培介质和植物根系结合紧密，还要保证

图4-69 上海世博会法国馆生态墙

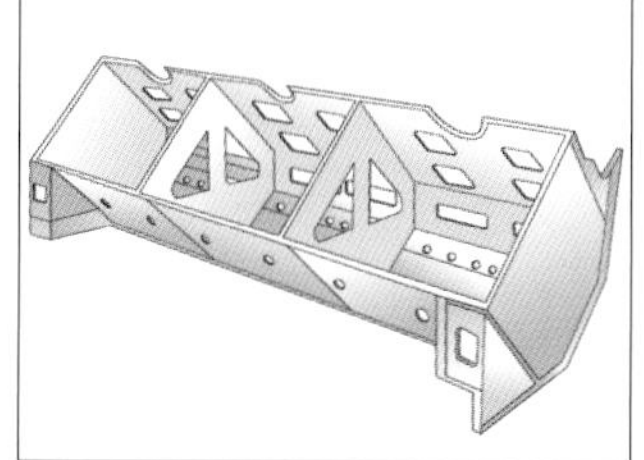

图4-70 植物种植模块正面

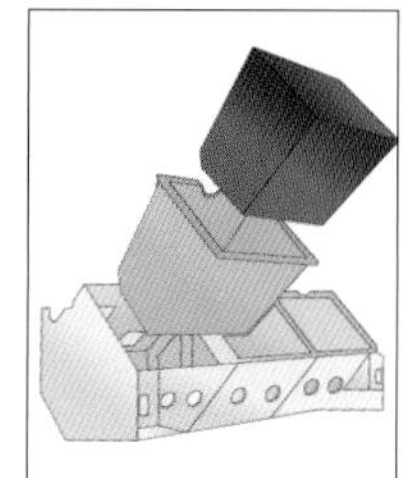

图4-71 植物种植模块与纸质栽培容器及栽培介质结合示意

栽培介质低容重。传统的土壤介质不能满足要求。为此，专门研制了适于生态墙运用的一体化栽培介质。此介质主要采用绿化垃圾中的枯枝落叶等有机废弃物作为壁挂植物生长的主要“土壤”和肥料，并添加椰丝等植物纤维，使其具备不松散、不脱落、能与根系紧密结合成一体的优点。

⑤ **精准滴灌技术** 为满足世博会会展期间不产生地面径流和土壤深层渗漏的要求及生态绿墙需要稳定高效的浇灌保证的要求，经过多种方案的反复比较论证，最终选择了技术比较成熟、稳定性高、技术要求相对简单的滴灌系统作为生态绿墙的灌溉系统（图4-72）。滴灌系统作为国际上已经成熟应用的一种精准灌溉技术，不仅符合节能节水环保等方面的要求，而且很好地解决了稳定的长效精准灌溉的要求，并通过水压的调节，保证26m的高差范围内能做到水压均匀，灌溉均匀。

（2）上海世博园宝钢大舞台生态墙

上海世博园宝钢大舞台室外生态墙在设计时，秉承建筑与环境和谐统一的设计理念，通过生态墙技术的应用，将原上海钢铁三厂的特钢车间改造为具有现代表演功能舞台的同时，与世博公园植物景观融为一体，形成植物景观掩映下的当代舞台表演剧场。该绿墙为长方形，施工分为施工前期及安装期两个阶段。施工前期主要解决结构补强加固的问题，因为整套垂直绿墙系统是安装悬挂在经年的原特钢车间钢结构支架上，根据专业安全检测机构对老厂房钢结构安全性检测报告以及施工单位提供的垂直绿墙种植穴盘单位面积的最大载重要求，经过精密验算后对原有钢结构加固，以确保绿墙安装施工过程及完成后的安全性。安装期主要完成主体绿墙结构施工，包括绿墙支撑系统的安装、整体排灌水设备与管道的安装、场外预加工植物栽植穴盘的安装等。本生态墙技术的亮点在于，在安全稳定的绿墙支撑系统以及特制的较大基质空间种植穴盘构造与相应的排灌水系统的和谐配合下，一定程度上解决了如何为植物提供较大量的植栽生长所需的基质空间和充足水分的问题。宝钢大舞台垂直绿墙技术在世博园区的运用，成为世博会期间园区内特殊空间绿化的一个亮点，该

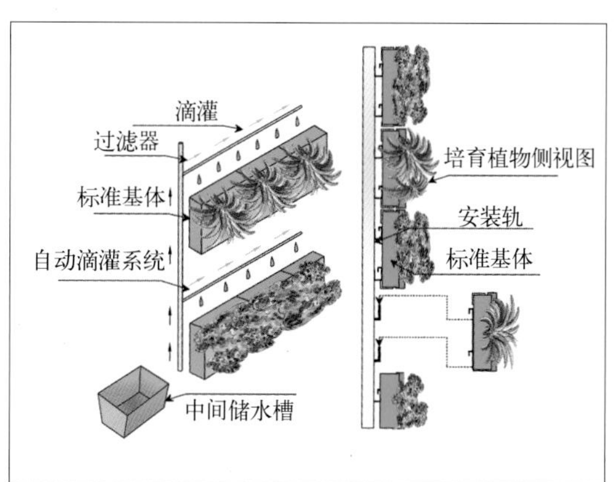

图4-72 生态墙的滴灌系统示意

项目在栽培穴盘模块和供排水体系方面的改进和创新为国内垂直绿化施工技术的发展提供了一个全新的案例。

园林绿化技术的发展，拓展了植物材料的应用领域，使无攀缘能力的灌木和草花也可以设计在墙面上。由于模块式生态墙技术构图灵活、即时成景，还可形成各种景观小品及商业标志。绿化面形成的Logo效果比普通的商业Logo更加能吸引顾客的注意力，更具有视觉冲击力。但模式化生态墙需墙外加骨架，存在施工复杂、费用高昂、格子对绿化图案有所限制、设计师无法自由创作等缺点。植物造景师应根据项目的实际情况合理选择和应用。

巩固训练

如图4-73所示为华东地区某城市街头小游园景观设计平面图，根据自己对该项目的理解，利用植物景观设计基本方法和植物配置形式进行小游园植物景观初步设计，完成小游园的植物景观初步设计平面图。该训练主要是对街头小游园进行树木景观的初步设计，花卉和草坪及观赏草景观设计将在任务4.2和任务4.3中完成。

本任务有关评价内容详见表4-5、表4-6。

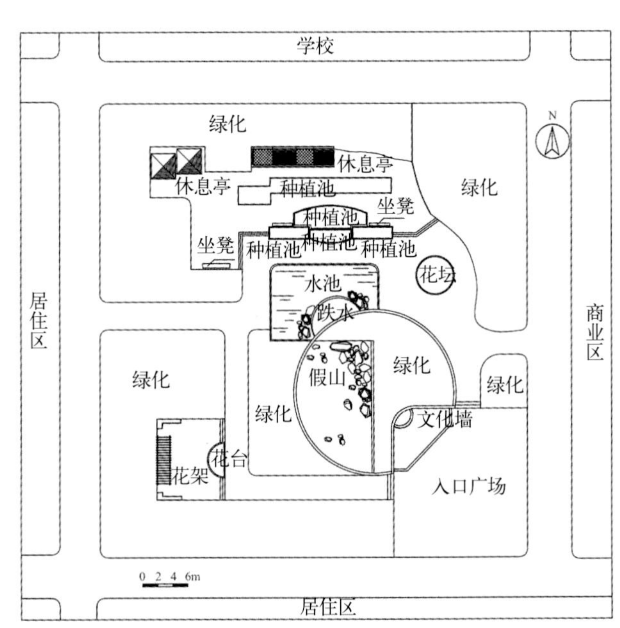

图4-73　某城市街头小游园景观设计平面图

表4-5　街头小游园树木景观设计评价表

<table>
<tr><td>评价类型</td><td>项　目</td><td colspan="2">子项目</td><td>组内自评</td><td>组间互评</td><td>教师点评</td></tr>
<tr><td rowspan="4">过程性评价（70%）</td><td rowspan="2">专业能力（50%）</td><td colspan="2">植物选配能力（40%）</td><td></td><td></td><td></td></tr>
<tr><td colspan="2">方案表现能力（10%）</td><td></td><td></td><td></td></tr>
<tr><td rowspan="2">社会能力（20%）</td><td colspan="2">工作态度（10%）</td><td></td><td></td><td></td></tr>
<tr><td colspan="2">团队合作（10%）</td><td></td><td></td><td></td></tr>
<tr><td rowspan="3">终结性评价（30%）</td><td colspan="3">作品的创新性（10%）</td><td></td><td></td><td></td></tr>
<tr><td colspan="3">作品的规范性（10%）</td><td></td><td></td><td></td></tr>
<tr><td colspan="3">作品的完成性（10%）</td><td></td><td></td><td></td></tr>
<tr><td rowspan="2">评价评语</td><td colspan="2">班级：</td><td>姓名：</td><td>第　　组</td><td colspan="2">总评分：</td></tr>
<tr><td colspan="6">教师评语：</td></tr>
</table>

表4-6　树木景观设计教学反馈表

序号	调查内容	是	否
1	您是否明确本任务的学习目标?		
2	您是否达到了本学习任务对学生知识和能力的要求?		
3	您了解园林中的树木与花卉的区别吗?		
4	您理解孤植、对植、丛植、群植、林植、篱植的含义吗?		
5	您能举例说明孤植、对植、丛植、群植、林植、篱植在绿地中的应用吗?		
6	您掌握乔木和灌木的配置形式了吗?		
7	您掌握藤本植物和观赏竹的造景形式了吗?		
8	您熟悉当地常用园林植物的观赏特性和园林应用情况吗?		
9	您能运用本节理论知识去调查分析已建成绿地树木景观吗?		
10	您能运用本节学习内容进行具体项目的树木景观设计和绘图表现吗?		
11	您课下阅读自主学习资源库的内容了吗?		
12	您是否喜欢这种上课方式?		
13	您对自己在本学习任务中的表现是否满意?		
14	您对本小组成员之间的团队合作是否满意?		
15	您认为本学习任务对您将来的工作会有帮助吗?		
16	您认为本学习任务还应该增加哪些方面的内容?（请在下面回答）		
17	本学习任务完成后，您还有哪些问题需要解决?		
请写出您的意见和建议：			

自主学习资源库

（1）植物设计师手册．周厚高．江苏人民出版社，2012．

（2）园林植物修剪与造型造景．鲁平．中国林业出版社，2006．

（3）景观植物配置．祝遵凌．江苏科学技术出版社，2010．

（4）上海世博立体绿化．王仙民．华中科技大学出版社，2011．

（5）土木在线——园林：http://yl.co188.com．

参考文献

[1] 赵世伟．2006．园林植物种植设计与应用[M]．北京：北京出版社．
[2] 金　煜．2008．园林植物景观设计[M]．辽宁：辽宁科学技术出版社．
[3] 熊运海．2009．园林植物造景[M]．北京：化学工业出版社．
[4] 臧德奎．2002．攀缘植物造景艺术[M]．北京：中国林业出版社．
[5] 陈松河．2009．观赏竹园林景观应用[M]．北京：中国建筑工业出版社．
[6] 朱红霞．2004．垂直绿化——拓宽城市绿化空间的有效途径[J]．中国园林，（3）：28-31．
[7] 金荷仙．1998．竹文化在中国古典园林中的运用[J]．竹子研究汇刊，（3）：66-69．
[8] 朱红霞．2005．论竹与园林造景[J]．河北林业科技，（4）：155-157．

任务4.2

花卉景观设计

学习目标

【知识目标】

（1）识记和理解花坛、花境、花丛、花台等花卉景观的含义。

（2）能列举花坛、花境、花丛、花台等花卉景观中植物材料的选择要求。

（3）能列举花坛、花境、花丛、花台等花卉景观中所需的当地常见的植物材料，熟悉植物材料的观赏特点和生态习性。

（4）能列举花坛、花境、花丛、花台等花卉景观的设计要点。

【技能目标】

（1）根据所学花卉景观应用知识评析具体环境中的花卉景观。

（2）能够根据具体场景环境进行花卉景观的设计和绘图表达。

工作任务

任务提出（街头小游园花卉景观设计）

在任务4.1中已经完成街头小游园树木景观的初步设计，在本次任务中主要是在图4-66的基础上对小游园指定位置完成花坛景观和花境景观设计。

任务分析

根据绿地环境和功能要求选择合适的植物种类进行花坛和花境等花卉景观设计是植物配置从业人员职业能力的基本要求。首先了解绿地的周边环境、绿地的服务功能和服务对象，确定花卉景观类型，然后熟悉当地常用花卉的种类、生态习性和观赏特性，确定花坛和花境的设计方案，完成花卉材料的选择配置和设计图的绘制。

任务要求

（1）植物的选择适宜当地室外生存条件，满足其景观和功能要求。

（2）花坛、花境有明确的主题立意。

（3）完成花坛和花境设计。花坛图案设计、色彩设计或造型设计有特色，适合场景环境；花境平面设计、立面设计优美自然，有季相变化，至少两季景观突出，且效果良好。

（4）完成街头小游园花坛景观和花境景观设计图各1张。

（5）图纸绘制规范。

材料及工具

测量仪器、 手工绘图工具、绘图纸、绘图软件（AutoCAD）、计算机等。

知识准备

4.2.1　花坛的设计

4.2.1.1　花坛的概念和功能

花坛是最具有感染力和视觉冲击力的花卉布置方式之一，在城市园林中广泛应用。

（1）花坛的概念和特点

花坛最初的含义是在具有几何形轮廓的种植床内，种植各种不同色彩的花卉，运用花卉的群体效果来体现图案纹样，或观赏花卉盛开时绚丽景观的一种花卉应用形式。随着时代的发展和科技的进步，花坛景观有了更丰富的内容，也被赋予了许多新的含义：花坛是在具有一定几何形状的种植床内，种植以草花为主的各种观赏植物，运用植物的群体效果来体现图案纹样、立体造型或绚丽景观色彩的一种花卉应用形式。

花坛具有以下特点：

① 规则式种植设计　花坛是具有一定几何形状的种植床，属于规则式种植设计，多用于规则式园林构图中。从平面构图上看，花坛的外形轮廓为规则的几何图形或几何图形的组合；从立面构图上看，同一纹样内的植物高度一致。

② 表现群体景观　花坛主要表现花卉群体组成的平面图案、纹样、立体造型，或华丽的色块效果，不表现个体花卉的色彩美和形态美。

③ 植物材料以草本花卉为主　构成花坛的材料主要是草本花卉，如一、二年生花卉，球根花卉，宿根花卉，而木本花卉应用较少。

④ 季节性，没有季相的变化　花坛主要以时令性的草本花卉为材料，为保证花坛景观效果，花卉材料需随季节更换。气候温暖地区也可用终年具有观赏价值且生长缓慢、耐修剪的多年生草本观叶植物或木本观叶植物。

（2）花坛的功能

花坛在短期内能够创造出绚丽而富有生机的景观，给人以强烈的视觉冲击力和感染力，在城市绿化中有重要的作用。花坛主要有美化环境、基础装饰、组织交通、渲染气氛、标志宣传的作用。

4.2.1.2　花坛的类型和应用

花坛按照不同的标准分类，可产生不同的类型（表4-7），多数情况下，同一花坛依据不同标准，可归属为多种类型，各个花坛类型之间或交叉或归属或包含。例如，盛花花坛中有平面和立体之分，立体花坛也有盛花花坛或模纹花坛的不同。

（1）以表现主题分类

① 盛花花坛　也称为“花丛花坛”，主要由观花草本花卉组成，以组成的绚丽色彩为表现主题，而花坛的图案纹样居次要地位。花坛的图案宜简洁，重点为色彩搭配。根据花坛平面长轴和短轴的比例不同，可将盛花花坛分为：

表4-7 花坛的类型

划分标准	花坛的类型
三维空间	平面花坛、立体花坛
布置方式	盛花花坛、模纹花坛
空间位置	平面花坛、斜面花坛、立体花坛、台阶花坛、高台花坛、下沉花坛
观赏季节	春季花坛、夏季花坛、秋季花坛、冬季花坛
布局方式	独立花坛、花坛群、连续花坛群、花坛组
花坛主题	盛花花坛、模纹花坛、标题花坛、装饰物花坛、立体造型花坛、基础花坛、造景花坛
植物材料	草花花坛、灌木花坛、五色草花坛、球根花坛、专类花坛、混合花坛
外形轮廓	圆形花坛、椭圆形花坛、方形花坛、三角形花坛、多边形花坛
配置关系	主景花坛、配景花坛

花丛花坛：不论花坛种植床的外形轮廓是何种外形，只要其纵轴和横轴的长度之比为1：1～1：3之间，就称为花丛花坛（图4-74）。花丛花坛的表面可以是平面，也可以是中央高四周低的梯面或球面。多作主景，布置在大门口、公园、小游园、广场中央、交叉路口等处。

带状花坛：花坛的短轴大于1m，且长轴和短轴的之比超过3～4时称为带状花坛，简称花带（图4-75）。多作主景，布置在街道两侧、公园主干道中央。有时作配景布置在建筑墙垣、广场或草地边缘等处。

图4-74 花丛花坛

图4-75 带状花坛

图4-76 花 缘

图4-77　毛毡花坛

图4-78　浮雕花坛

图4-79　装饰物花坛

图4-80　立体造型花坛

花缘：花坛的宽度通常不超过1m，长轴与短轴的之比不小于4（图4-76）。作配景，常作草地、道路、广场的镶边装饰或基础栽植。

② 模纹花坛　由各种不同色彩的观叶植物或花叶兼美的植物组成，以华丽复杂的图案纹样为表现主题，而花坛的色彩居次要地位。依花坛内部纹样和景观效果不同，可将模纹花坛分为：

毛毡花坛：应用各种低矮的观叶植物或花叶兼美的植物，组成精美复杂的装饰图案。花坛表面常修剪成平整的平面或曲面，整个花坛好像一块华丽的地毯，所以称为毛毡花坛（图4-77）。因五色草植株低矮、茎叶细密、生长缓慢,是组成毛毡花坛的理想材料。

浮雕花坛：与毛毡花坛相似，区别是花坛材料通过修剪或配置高度不同在花坛表面形成凸凹分明的浮雕效果（图4-78）。

彩结花坛：植物材料按照一定的纹样种植，模拟绸带编成的彩结式样，图案线条粗细相等，条纹间用草坪或彩色砂石铺填，也可种植色彩一致、高度相同的时令花卉。

③ 标题花坛　用观花或观叶植物组成具有明确主题思想的图案，如文字、肖像、象征性图案、标志物等。一般设置成斜面或立面以便观赏，通常用模纹花坛的形式表达。

④ 装饰物花坛　用观花或观叶花卉配置成具有一定实用目的的花坛，如日历、时钟（图4-79）、日晷花坛，一般设置成斜面。通常用模纹花坛的形式表达。

⑤ 立体造型花坛　用枝叶细密矮小的植物配置在一定结构的立体造型骨架上，塑造出各

种形态的造型，常见的有花篮、花瓶、花球、花柱、花拱、建筑、动物、人物等的几何造型（图4-80）。一般用模纹花坛的形式表达。

⑥ 基础花坛　在建筑物的墙基、喷泉、水池、雕塑、山石、广告牌、灯柱、树基等周围设置的花坛。目的是美化装饰主体，让主体更加突出，富有生气。

⑦ 造景花坛　利用各种植物材料，采用园林造景的手法，配置出有一定主题立意的较大型的园林花坛景观（图4-81）。园林造景中的元素如建筑、水景、山石、树木等被设计成花坛景观的组成部分，有时作为花坛的背景。一般体量较大，在环境中作主景。

（2）以布局方式分类

① 独立花坛　花坛作为局部构图的主体，通常布置在广场中央、道路的交叉口、建筑的正前方等处。花坛形式一般是花丛花坛、模纹花坛、标题花坛、装饰物花坛、立体造型花坛或造景花坛。为了便于观赏，花坛的面积不能太大，因其里面不设道路，不便于管理。

② 花坛群　由两个以上的个体花坛组成不可分割、构图完整的花坛整体。个体花坛的排列组合对称，可以相同，也可以不同，但必须具有构图中心。通常以独立花坛、喷泉、雕塑、

图4-81　造景花坛

图4-82　花坛群（以广场中心喷泉为构图中心）

图4-83　花坛组

水池、纪念碑等作为构图中心（图4-82），一般布置在大面积的建筑广场或绿化广场等处。

③ 连续花坛群 由多个独立花坛或带状花坛，成直线排成一行，组成一个有节奏、完整的构图整体时，称为连续花坛群。通常布置在道路的两侧或中央、广场的中央或边缘、草地的边缘等处。连续花坛群的演进节奏，可以用两个以上的个体花坛反复、交替重复演进，也可以是不同的个体花坛设计成连续的构图，有起点、高潮、结尾和某些主题，各独立个体花坛外形既有变化，又有统一的规律。

④ 花坛组 在同一个环境中设置联系不够紧密的多个单体花坛。如广场或草坪上作基础装饰的数个小花坛，沿路布置的多个小花坛（图4-83）。

4.2.1.3 花坛植物材料的选择与应用

花坛所用花材以一、二年生花卉为主，兼顾球根花卉和多年生花卉及木本植物。常见的花卉种类见表4-8。

（1）花坛中心的植物材料

花丛花坛的中心常用株型高大、姿态规整、花叶美丽、具有较高观赏价值的花卉作中心材料。如美丽针葵、苏铁、棕榈、棕竹、橡皮树等观叶植物；叶子花、桂花、杜鹃花等观花植物；石榴、金橘等观果植物。

（2）花坛边缘的植物材料

要求植株低矮、株丛紧密、开花繁茂或枝叶美丽的花卉，盆栽材料以悬垂或蔓性花卉更佳，因其可以遮挡容器。如垂盆草、天门冬等悬垂植物；香雪球、矮牵牛、三色堇等低矮的植物。

（3）盛花花坛的主体植物材料

盛花花坛一般由观花的草本植物组成，主要为一、二年生草本花卉或球根花卉，开花繁茂的多年生花卉及部分观叶植物也可以使用。植物材料的具体要求：

① 高矮一致，株丛紧密、整齐。

② 开花繁茂、整齐，花色艳丽；在花朵盛开时，枝叶最好全部为花朵所掩盖，见花不见叶。

③ 花期一致，花期较长。

例如：矮牵牛、鸡冠花、雏菊、百日草、万寿菊、孔雀草、翠菊、非洲凤仙、夏堇、鼠尾草、一串红、金盏菊、鸡冠花、香雪球、三色堇、彩叶草、金叶薯等一、二年生草本花卉；风信子、郁金香、大丽花、水仙、美人蕉、球根秋海棠等球根花卉；小菊、荷兰菊等多年生花卉。

（4）模纹花坛的主体植物材料

以观叶植物为主，兼顾一些花叶兼美的植物和观花植物。具体要求如下：

① 植株低矮，以5～10cm为好。

② 生长缓慢，多年生植物较好，也可以是一、二年生草本花卉。

③ 枝叶细小、繁茂，株丛紧密，萌孽性强，耐修剪。

例如：五色草（大叶红、小叶红、绿草、小叶黑、白草）、四季秋海棠、香雪球、半支莲、彩叶草、非洲凤仙、‘紫叶’小檗、‘金叶’女贞、小叶黄杨、福建茶、六月雪等。

表4-8 花坛常用植物材料表

中 名	拉丁名	株高（cm）	花色或叶色								观赏期(月份)
			紫红	红	粉	白	黄	橙	蓝紫	紫堇	
藿香蓟	*Ageratum comnyzoides*	30～60							√		4～10
五色苋	*Alternanthera bettzickiana*	根据修剪控制									观叶
红草五色苋	*Alternanthera amoena*	根据修剪控制									观叶
金鱼草	*Antirrhinum majus*	15～25（矮）；45～60（中）；90～120（高）	√	√	√	√	√				5～7, 10
天门冬	*Asparagus springeri*	40				√					观叶
荷兰菊	*Aster novi-belgii*	50							√		8～10
四季秋海棠	*Begonia semperflorens*	20～25			√	√					5～10
雏 菊	*Bellis perennis*	10～15（20）		√	√	√					4～6
红叶甜菜	*Beta vulgaris* var. *cicla*	40									观叶
羽衣甘蓝	*Brassica oleracea* var. *acephala f.tricolor*	30～40									观叶
金盏菊	*Calendula officinalis*	30～40					√	√			4～6
翠 菊	*Callistephus chinensis*	10～30（矮）	√	√	√	√		√	√		5～10
大花美人蕉	*Canna generalis*	100～150		√	√		√				8～10
美人蕉	*Canna indica*	100～130		√							8～10
长春花	*Catharanthus roseus*	30～60		√	√	√					5～10
鸡冠花	*Celosia cristata*	15～30（矮）；80～120（高）	√	√		√	√				8～10
桂竹香	*Cheiranthus cheiri*	30～60	√	√	√						4～6
矢车菊	*Centaurea cyanus*	60～80	√	√	√	√			√	√	5～6
彩叶草	*Coleus blumei*	50～80									观叶
大丽花	*Dahlia pinnata*	20～40（矮）；60～150（高）	√	√	√	√	√	√	√	√	8～10
须苞石竹	*Dianthus barbatus*	40～50	√	√	√	√					5～6
石 竹	*Dianthus chinensis*	30～50			√	√					5～9
菊 花	*Dendranthema* × *grandiflora*	30～50（矮）；60～150（高）	√	√	√	√	√	√			5～8；10～12
毛地黄	*Digitalis purpurea*	60～120	√		√	√					6～8
银边翠	*Euphorbia marginata*	50～80				√					7～10
一品红	*Euphorbia pulcherrima*	60～70		√	√	√	√				11～3
千日红	*Gomphrena globosa*	20（矮）；40～60（高）	√	√		√	√			√	6～10
霞 草	*Gypsophila paniculata*	30～50			√	√					4～6
麦秆菊	*Helichrysum bracteatum*	40～90		√	√	√	√	√			7～9
风信子	*Hyacinthus orientalis*	15～25	√	√	√	√			√		5～6

（续）

中　名	拉丁名	株高（cm）	花色或叶色								观赏期(月份)
			紫红	红	粉	白	黄	橙	蓝紫	紫堇	
凤仙花	*Impatiens balsamina*	20（矮）；60～80；150（高）		√	√	√					6～10
苏氏凤仙	*Impatiens sultanii*	15～20（矮）；30～60（高）		√	√	√					四季
何氏凤仙	*Impatiens holstii*	50～100	√	√	√	√		√			四季
血　苋	*lresine herbstii*	根据修剪控制									观叶
扫帚草	*Kochia scoparia*	100～150，根据修剪控制									观叶
香雪球	*Lobularia maritima*	15～30				√					6～10
紫罗兰	*Matthiola incana*	40～60	√	√		√					4～5
勿忘草	*Myosotis silvatica*	30～60			√	√			√		5～6
葡萄风信子	*Muscari botryoides*	15～20							√		3～5
喇叭水仙	*Narcissus pseudonarcissus*	35～40					√				3～4
水　仙	*Narcissus tazetta* var. *chinensis*	30～40				√					1～2
天竺葵	*Pelargonium hortorum*	30～60	√	√	√	√					5～6；9～10
矮牵牛	*Petunia hybrida*	30～40		√	√	√		√		√	4～5；6～8
福禄考	*Phlox drummondii*	15～40	√	√	√	√			√		6～8
半枝莲	*Portulaca grandiflora*	15～20	√	√	√	√	√	√			6～10
一串红	*Salvia splendens*	30～60		√							9～10；5～6
一串紫	*Salvia splendens* var. *atropurpura*	30～50							√	√	8～10
高雪轮	*Silene armeria*	30～60		√		√					5～6
矮雪轮	*Silene pendula*	30			√	√					5～6
孔雀草	*Tagetes patula*	20～40					√	√			7～10
万寿菊	*Tagetes erecta*	25～30（矮）；40～60（中）；70～90（高）					√	√			7～10
夏　堇	*Torenia fournieri*	30					√		√		6～10
郁金香	*Tulipa gesneriana*	20～40	√	√	√	√	√	√	√	√	4～5
美女樱	*Verbena hybrida*	30～40	√	√	√	√			√		5～10
三色堇	*Viola tricolor*	10～25	√			√	√			√	4～5
葱　莲	*Zephyranthes candida*	15～25				√					7～11
韭　莲	*Zephyranthes grandiflora*	15～25			√						6～9
百日草	*Zinnia elegans*	15～30（矮）；50～90（高）	√	√	√	√	√				6～10

（臧德奎，2002）

4.2.1.4　花坛的设计

（1）花坛与环境关系的处理

花坛常适宜在重要景观节点、视觉焦点和对景处应用，如主要交叉路口、公园出入口、广场、草坪、主要建筑物前等需要重点美化装饰的地段。在花园出入口设置规则整齐、精致华丽的花坛常适宜在重要景观节点、视觉焦点等处应用，如建筑前、出入口、交叉路口、广场、道路、草坪等需要重点美化装饰的场所。

花坛周围环境的构成要素包括建筑、道路及背景植物。花坛在环境中作主景或配景，花坛设计时要考虑花坛的类型、大小、高低与周边环境的关系。

① 花坛与建筑物的关系　作主景的花坛的轴线需与建筑物的轴线一致或平行，作配景的花坛通常以花坛群的形式配置在建筑或广场轴线两侧。花坛的面积一般不应超过广场面积的1/3，也不应小于1/5。花坛的外部轮廓应与广场外轮廓协调一致，在细节处可有一些变化；如正方形的广场，花坛的外形一般选择正方形或圆形等中心对称的几何图形；长方形的广场，花坛外形一般是长方形、椭圆形。花坛的风格和装饰纹样应与周围建筑的性质、风格、功能相协调。如在民族风格的建筑前花坛可选择具有中国传统风格的图案纹样和形式，在现代风格的建筑前，可设计有时代感的抽象图案。

② 花坛与道路的关系　道路两侧可设置对称的花坛组景观、花带或花缘，其宽度小于路宽。道路上可设置连续花坛群，花坛的轴线与道路的轴线一致。十字交叉路口的花坛禁止行人入内，从交通安全出发，直径需大于30m。

③ 花坛与周围植物的关系　与背景植物在色彩上有对比，光照上要满足花坛植物的生长需求，这样才能发挥出理想的景观效果。

（2）花坛图案设计

花坛的外形轮廓一般为规则的几何图形，几何图形的组合或闭合的自由曲线（图4-84），如圆形、半圆形、椭圆形、三角形、正方形、长方形、五角形、六角形等。正方形、矩形能合理地利用空间，突出整齐、大方、稳重的主题效果；三角形以锐为特征，反映进取、奋发向上的精神；圆形给人以安静、柔和、圆满、舒畅的感觉；由各种曲线组成的不规则形花坛有的给人以优美、柔和、轻盈的感觉，有的给人热情、奔放的感觉，在各类园林绿

图4-84　花坛的外形轮廓

图4-85　花坛内部图案纹样

地、水畔、道路两侧等应用较多。

盛花花坛内部图案应主次分明，简洁美观，突出大色块的效果；模纹花坛内部纹样精致复杂，清晰美观，突出图案的精美华丽（图4-85）。通常花坛的装饰纹样有以下选择：

- 借鉴民族手工艺品上的图案；
- 云卷、花瓣纹、星角类等图案；
- 现代风格的套环类、几何形；
- 文字；
- 象征性图案或标志；
- 花篮、花瓶、建筑小品、各种动物、花草、乐器等图案或造型。

注意问题：国旗、国徽、会徽等设计要严格符合比例，不可改动；纹样的宽度不能过细。通常由五色草组成的模纹花坛纹样最细处不能小于5cm，其他花卉组成的纹样最细处不少于10cm，木本植物组成的纹样最细处在20cm以上，才能保证纹样的清晰；装饰纹样风格应与周围环境协调一致。

图4-86 花坛色彩设计图

（3）花坛色彩设计

花坛的效果显现与色彩关系密切，花坛色彩搭配要求主次分明、鲜明、艳丽（图4-86）。应注意下列几点：

① 有一个主调色彩 一般选用1～3种颜色为主色调，占大块面积，其他颜色则为陪衬，以达到色彩上主次分明。忌在一个花坛中设色太多，没有主次，即使立意和构图很好，终因色彩变化太多而杂乱无章，没有焦点或焦点太多，从而失去应有的效果。这点在盛花花坛设计时更要注意，目前盛花花坛的流行趋势是追求大色块对视觉的冲击力。

② 颜色对人的视觉和心理的影响 同一色调或近似色调的花卉种在一起，易给人以柔和愉快的感觉。例如，万寿菊和孔雀草都是橙黄色，种在一起，给人鲜明活泼的印象；荷兰菊、藿香蓟、蓝色翠菊种在一起，给人舒适、安静的感觉。同一色调花卉浓淡的比例对效果也有影响，如大面积浅蓝色花卉，用深蓝色花卉镶边，则效果较好，如浓淡两色面积均等，则显得呆板。明度越高，面积显得越大；明度越低，面积显得越小，在花坛配色时要注意合理利用视觉差。

③ 单色的使用 单色花坛在近年来应用广泛，小空间、大空间都可使用。大空间可应用由多个单色花坛组成的花坛群景观。

④ 对比色的应用 对比色相配，效果醒目，是花坛纹样表现的主要设色手法。一般以一种色彩作出花坛的纹样，用其对比色填充在纹样内。浅色调对比效果较好，柔和不失鲜明，鲜明不失强烈。如堇紫色的三色堇与黄色的三色堇、藿香蓟+黄早菊、荷兰菊+黄早菊等。

⑤ 白色的花卉，除可以衬托其他颜色花卉外，还能起着两种不同色调的调合作用，也常用于花坛内勾画出纹样鲜明的轮廓线。

⑥ 花坛的色彩要和它的作用相结合 红色 、黄色、橙色等暖色系花卉一般用于强调热烈、

欢快的效果，蓝色、紫色一般用于营造安静、冷凉的感觉（图4-87、图4-88）。花坛设计时应根据环境选用花坛色调。如在公园、剧院和草地上应选择暖色的花卉作主体，使人感觉鲜明活跃；办公楼、纪念馆、图书馆，则应选用冷色的花卉，使人感到安静幽雅。

⑦ 花坛的色彩表现会受环境的影响　花坛的色彩不同于调色板上的色彩，因具体环境而改变，环境的光照、周边的颜色都会影响色彩的表现，即便是同种花卉，在不同的环境也会产生不同的色彩效果，这要在实际中仔细观察，才能正确应用。组字的花坛一般用浅色（黄、白）作底色，深色作字，效果好。

（4）花坛栽植床设计

① 花坛的外形　花坛的外部轮廓应与建筑物边线、相邻的道路和广场的形状协调一致，在细节上可有一些变化；交通量大的广场、路口，为保证其功能作用，花坛外形可与广场不一致。

② 花坛的大小　需与花坛设置的广场、出入口及周围建筑的大小、高低成比例。花坛的面积一般不超过广场面积的1/3，不小于1/5，如场地过大，可将其分割为几个小型花坛，使其相互配合形成花坛群。一般模纹花坛及纹样精细的盛花花坛面积宜小些，面积越大，纹样的变形越大。独立花坛，一般图案复杂的短轴宜小于8～10m，图案简单的短轴不超过20m。

③ 花坛的高度　应在人们的视平线以下，使人们能够看清花坛的内部和全貌。以表现平面图案为主的花坛，一般其主体高度不宜超过人的视平线，内部最高不超过1.5m；立体花坛可高些，一般2～3m。为了避免游人践踏，促使土壤排水良好并使花坛外形轮廓明显突出，花坛

图4-87　暖色系花坛

图4-88　冷色系花坛

图4-89　花坛边缘兼有坐凳功能

图4-90　花坛木栅栏边缘

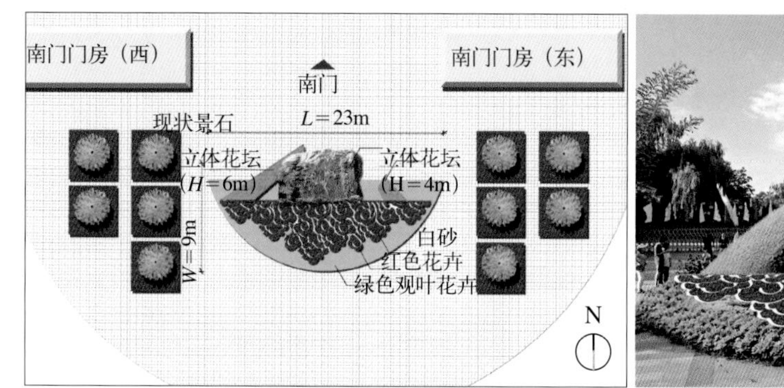

图4-91 玉渊潭公园花坛

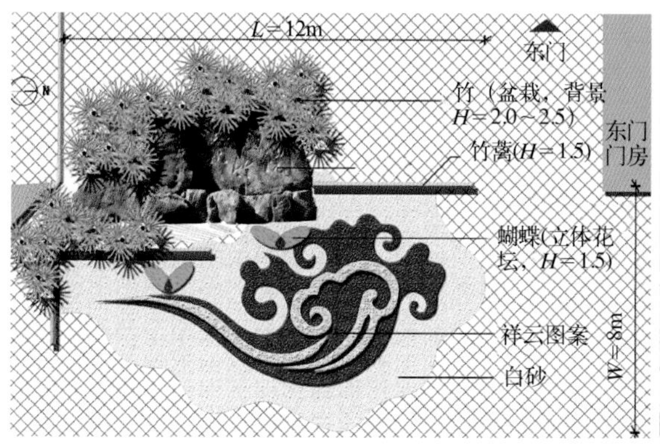

图4-92 紫竹院公园花坛

种植床略高于地面，以高出地面7～10cm为宜。为了减小花坛图案纹样的变形并有利排水，花坛中心可高些，一般设4%～10%排水坡度。

④ 花坛的边缘　有两种处理方式：有边缘石和无边缘石。有边缘石的种植床周围用石头、砖或木质材料围起来，使花坛有明显的轮廓，防止践踏和泥土流失污染地面，通常边缘石高10～15cm，不超过30cm，宽10～30cm，兼有坐凳功能的边缘石常宽些（图4-89）。永久固定种植床花坛的边缘常用建筑材料如石头、砖或木质材料等垒砌，有时边缘外立面用水泥沙石抹面，涂色或镶瓷砖。临时花坛的边缘常用花坛边缘预制件，如木栅栏（图4-90）、竹栅栏、铁管焊接材料等。无边缘石的花坛边缘选择使用镶边植物，镶边植物宽度一般为1～2盆。

⑤ 种植土厚度　一年生花卉为15～20cm，多年生花卉和灌木为35～40cm。

（5）视角、视距设计

距离驻足点1.5～4.5m范围内，花坛观赏效果最佳，花坛图案清晰不变形；当观赏视距超过4.5m时，花坛表面应倾斜，倾角≥30°时花坛的图案清晰，倾角达到60°时效果最佳，既方便观赏，又便于养护管理。

（6）花坛设计图绘制

一张完整的花坛设计图包括环境总平面图、花坛平面图、花坛剖面图、花坛效果图、用材表、设计说明等（图4-91、图4-92）。用钢笔或墨线笔及水彩、水粉、彩笔绘制均可。

① 总平面图　依环境面积大小选用1：500～1：100的比例绘制。标出花坛建筑物的边

界、道路分布、广场平面轮廓、绿地边界及花坛所在位置及外形轮廓。

② 花坛平面图　较大的花坛常以1:50的比例，精细的模纹花坛以1:30～1:2的比例绘制。用流畅光滑的线条绘制图案的轮廓线，在绘出的花坛图案上用阿拉伯数字或者其他符号，按一定的顺序依次编号，且编号与植物材料表相对应。图案可按照设计的花色标绘色彩。

③ 花坛立面图　对称花坛画出主立面图，斜面花坛画侧立面图，不对称花坛需有不同立面设计图。一般以1:50～1:20的比例绘制。

④ 花坛效果图　一般只需画出主观赏面的效果图，也可以画出其他观赏角度的效果图。

⑤ 植物材料表　罗列整个花坛所需植物材料，包括植物中文名称、拉丁名、株高、花期、花色、用量及备注，备注中可写材料的轮替计划等内容。花坛材料用量要留出5%～15%的损耗量。

⑥ 设计说明　简述作者创作意图（主题、构思）及图中难以表达的内容。语言简练，不要过多地修饰修辞，避免华而不实。另外，花坛对材料的要求，用苗量的计算，起苗、定植的要求，轮替计划，以及花坛建成后的养护管理要求、施工详图等可以单独作为一个文件。

典型实例1：玉渊潭公园花坛设计说明（图4-91）

以现状景石为中心设计花坛：山石、流水、层叠的祥云，一抹清泉、一片花海、温馨呵护的双手，悄然蕴含着人与自然的关系——珍爱、给予、祥和。

典型实例2：紫竹院公园花坛设计说明（图4-92）

以现状景石为中心，在其周边布置盆栽竹作为背景；中景为矮竹篱悬挂红灯笼烘托气氛，增加夜景观赏效果；前景以白砂铺垫，散落的竹竿，衬托吉祥云纹，色彩明艳温馨，跃然于上的蝴蝶，灵动活泼，营造出和谐饱满的庭院风光。

4.2.2　花境景观设计

4.2.2.1　花境的概念和特点

（1）花境的概念

花境是以宿根花卉为主，结合花灌木、球根花卉和一、二年生花卉等观花、观叶植物，以自然带状或斑块的形式混合种植于林缘、路缘、草坪、庭院、墙垣等处，通过艺术提炼而达到色彩、季相、立面效果自然和谐的植物造景形式（图4-93）。

花境的特点主要有：

① 植物材料主要以低维护、易管理的多年生宿根花卉为主，花灌木、球根花卉和一、二年生草花等也可适当选用；

② 在设计形式上是带状构图，供一面或多面观赏；

③ 模拟自然界中多种野生花卉交错生长的状态，经过艺术提炼，体现回归自然、生态设计的思想；

④ 有的需要背景，单面观赏花境往往需要一定的背景，如树丛、树篱、建筑物、墙体、

草坪等。

花境源自欧洲，是一种从规则式构图到自然式构图过渡的中间形式，是一种半自然式的带状花卉种植形式，其平面轮廓与带状花坛相似，种植床的两边是平行的直线，或是有几何轨迹可循的曲线，主要表现植物的自然美和群体美。花境的应用不仅符合现代人们对回归自然的追求，也符合生态城市建设对植物多样性的要求，还能达到节约资源、提高经济效益的目的。

20世纪70～80年代，花境开始在国内出现，但应用一直不太广泛，近年来在部分城市开始推广，以北京、上海、杭州、南京、深圳等大中城市应用较多。花境主要应用于公园及城市公共绿地中。杭州从2003年开始大规模发展花境景观，已呈现出较好的观赏效果；上海从2001年起，开始花境试点并在一些主要道路和重点区域绿地推广；北京地区园林花境应用的植物资源较丰富，但花境主要集中在公园应用，如北京植物园，尚未在街心和其他绿地大量使用。

（2）花境的特点

① 表现手法自然　花境营造的是“虽由人作，宛自天开”、“源于自然，高于自然”的植物景观。运用园林美学等造型艺术手法，模拟野生林地边缘植物自然生长状态，表现花卉群丛平面和立面的自然美，平面上不同花卉混交，五彩斑斓，立面上高低错落。

② 植物材料丰富　这是花境的突出特点。植物材料以宿根花卉为主，可搭配小灌木、球根花卉和一、二年生草花、观赏草等。有的花境选用的植物多达四五十种。

③ 有固定种植床　种植床的边缘是连续不断的平行的直线或是有几何轨迹可循的曲线，是沿长轴方向演进的带状连续构图。

④ 有季相变化　除了某些单一植物的花境，大多数花境都运用较多的植物种类，营造季节变换的景观，达到四季有景、三季有花的景观效果，每个季节有代表性的3～4种植物开花。

⑤ 半自然式种植设计　花境是一种半自然的植物配置形式，体现植物的自然美与群体美。

（3）花境的布置场合

花境在园林中设置在庭院及林荫路旁、水边、绿篱或树丛前、建筑物墙基前等，起到丰富植物多样性、增加自然景观、分隔空间与组织游览路线的作用（图4-94、图4-95）。它是一种半自然式的植物造景方式，极适合用于园林中建筑、道路、绿篱等人工构筑物与自然环境之

图4-93　花　境

图4-94 路缘花境

图4-95 草坪边缘花境

图4-96 单面观赏花境

图4-97 道路两侧对应式花境

间，起到由人工到自然的过渡作用。

花境在园林造景中，既可作主景，也可为配景。

4.2.2.2 花境的类型和应用

花境的形式多种多样，可以根据观赏角度、植物材料、生长环境以及功能等方面分成不同的类型。

（1）按观赏角度分类

① 单面观赏花镜　是传统的花境形式，多靠近道路设置，常以建筑物、矮墙、树丛、绿篱为背景，植物材料整体上前低后高，供一面观赏（图4-96）。

② 双面观赏花境　可供两面或多面观赏的花境。多设置在道路和广场的中央，如隔离带、广场或草坪中央等，没有背景，植物种植总体上中间高，两边或四周低。

③ 对应式花境　在园路两侧，广场或草坪的周围，建筑的四周，配置左右两列或周边互相拟对称的花境（图4-97）。

（2）按植物材料分类

① 宿根花卉花境　全部由可露地过冬、越夏、适应性较强的耐寒、耐热的宿根花卉组成。如鸢尾、萱草、芍药、玉簪、荷包牡丹、荷兰菊、假龙头、千屈菜等。宿根花卉种类繁多，色彩丰富；适应性强，养护简单，一次种植，可以连续多年开花；栽培容易，维护成本低，是花境设计师的优秀素材。

② 球根花卉花境　花境内栽植的花卉为球根花卉，如百合、石蒜、大丽菊、水仙、风信子、郁金香、唐菖蒲、美人蕉等。球根花卉具有丰富的色彩和多样的株型，花期在春季或初夏，可以弥补宿根花卉和灌木景观上的不足。但是由于花期较短或相对集中，花后休眠或景观效果差等原因，设计花境时可以选择多个种类或不同品种类型来延长观赏期。

③ 观赏草花境　观赏草包括禾本科、莎草科、灯心草科、香蒲科及天南星科等一些具有观赏性的植物。它们具有生态适应性强、抗寒性强、抗旱性好、抗病虫能力强、不用修剪等特点，适合花境应用。观赏草的品种繁多，从叶色丰富到花序多样，从粗犷野趣到优雅正气，从株型高大到低矮小巧，应用起来可以组合出多种形式。观赏草花境景观自然、朴实，富有野趣，别具特色，且管理粗放，近年来，观赏草花镜以其独特的美越来越得到人们的青睐（图4-98）。

④ 灌木花境　以观花、观叶、观果的灌木为材料搭配组成。如红枫、'红叶'石楠、羽毛枫、一品红、'金叶'女贞、八角金盘、牡丹、南天竹、山茶、八仙花、杜鹃花、金丝梅、金丝桃等。它们具有开花繁盛、色彩鲜艳、花色丰富、成景快、寿命长、栽培容易、抗逆性强、养护简单等特点。

⑤ 一、二年生花卉花境　一、二年生花卉种类繁多，从播种到开花所需时间短，花期集中、观赏效果佳，但花卉寿命短，在花境应用中需按季节更换或年年播种，管理投资较大，故在花境设计中选择管理粗放、能自播繁殖的种类为佳，如矮牵牛、大花飞燕草、波斯菊、黑心菊、紫茉莉、半枝莲、硫华菊等。

⑥ 专类花境　由同一类花卉为主配置的花境。花卉在花期、株型、花色等方面有丰富的变化。如由叶形、色彩及株型等不同的蕨类植物组成的花境；由株型、叶色、质感、色彩不同的针叶树组合成的针叶树花境；由不同颜色和品种的芍药组成的花境；由鸢尾属的不同种类和品种组成的花境；由芳香植物组成的花境等。

⑦ 混合花境　这是景观最为丰富的一类花境，它主要是指由一、二年生花卉，宿根、球根花卉，观赏草及灌木等组成的花境，是园林中最常见的花境类型。混合花境一般是以常绿乔木和灌木为基本结构，结合多年生花卉，一、二年生花卉花境植物的主体，组成一个植物群落（图4-99）。混合花境的持续时间长，植物的叶色、花色等在不同的时期有明显的季相变化，呈现出不同的景观效果。

图4-98　观赏草花境

宿根花卉花境和混合花境在园林中

图4-99 混合花境

应用广泛。

花境还可以根据主要开花季节分为春季花境、夏季花境、秋季花境等；根据色系可分为红色花境、紫色花境、白色花境等单色花境及双色和混色花境；根据花境的立地条件不同分为阳地花境、阴地花境、黏土花境、砂土花境、湿地花境等多种形式。

4.2.2.3 花境植物材料的选择与应用

花境中植物丰富，以宿根花卉为主，兼配灌木，一、二年生及球根花卉；观赏期应持续数月，植物高低错落，富于季相、色彩变化；植物一次种植，景观保持3～5年。

（1）花境植物的选择

花境植物应具备以下基本条件:

① 应适应当地环境、气候条件，以乡土植物为主。

② 抗性强、低养护　花境植物材料应能露地越冬，不易感染病虫害，每年无需大面积更换。以在当地能露地越冬的宿根花卉为主，兼顾一些小灌木和球根花卉及一、二年生花卉。

③ 观赏期长,花叶兼美　植物的观赏期(花期、绿期)较长,花谢后叶丛美丽。

④ 景观价值高　株高、株型、花序形态等变化丰富，花序有水平和竖线条的区别。每种植物能表现花境中的竖线条景观或水平线条景观（丛状景观）或独特花头景观。

⑤ 植株高度有变化　花境注重植物的高低错落，所以在高度上有一定要求，基本控制在0.2～2m之间。

⑥ 色彩丰富，质地有别。

⑦ 花期具有连续性和季相变化，花卉在生长期次第开放，形成优美的群落景观。

（2）花境常用植物材料

花境常用草本花卉见表4-9、表4-10。常用于花境的花灌木北方有牡丹、绣线菊、锦带花、大叶黄杨、‘金叶’女贞、锦熟黄杨、‘紫叶’小檗、寿星桃、‘金叶’莸、醉鱼草、石榴、棣棠、月季、砂地柏、珍珠梅等；南方有南天竹、凤尾竹、八仙花、变叶木、红背桂、十大功劳、鹅掌柴、龙舌兰、红枫、杜鹃花、山茶、苏铁、朱蕉等。

表4-9 江南花境常用球宿根花卉种类

序号	中文名称	学 名	株高（cm）	花 期	花 色
1	千叶蓍	*Achillea millefolium*	30～80	夏秋（6～8月）	粉、白、黄
2	花叶石菖蒲	*Acorus gramineus*	20～50	春（3～5月）	观叶
3	石菖蒲	*Acorus tatarinowii*	20～50	春夏（5～7月)	观叶
4	多花筋骨草	*Ajuga multiflora*	20～40	春（4～6月）	蓝紫
5	宽叶韭	*Allium hookeri*	40～60	夏秋（7～11月）	白
6	杂种蓝目菊	*Arctois × hybrida*	40～60	秋	白、橙、蓝紫
7	银 蒿	*Artemisia austriaca*	40～60	花期长	观叶，银白
8	一叶兰	*Aspidistra elatior*	20～50	春（5～6月）	观叶，绿
9	射 干	*Balamcanda chinensis*	30～90	春夏（6～8月）	橙
10	四季海棠	*Begonia semperflorens*	15～30	3～12月	红、粉
11	岩白菜	*Bergenia purpurascens*	20～30	冬春	粉色、近白色
12	风铃草	*Campanula medium*	40～80	春夏（5～9月）	紫红、粉红、蓝紫
13	‘花叶’美人蕉	*Canna generalis* ‘Varigata’	50～100	夏（6～7月）	黄、橙、红
14	美人蕉	*Canna indica*	80～150	夏秋（6～ll月）	黄、红
15	紫叶美人蕉	*Canna warscewiezii*	150～200	夏秋	黄
16	黄花美人蕉	*Cannaceae indica* var. *flava*	50～100	夏秋	黄
17	春黄菊	*Chrysanthemum segetum*	30～50	春夏（5～8月）	黄
18	大 蓟	*Cirsium japonicum*	30～50	夏秋（6～9月）	紫、红
19	西洋樱草	*Common vulgalis*	20～40	春	红、黄、玫瑰红
20	大花金鸡菊	*Coreopsis grandiflora*	30～70	夏秋（6～10月）	金黄
21	大花飞燕草	*Delphinium grandiflorum*	70～120	春（4～5月）	紫、黄、白
22	地被石竹	*Dianthus plumarius*	8～10	春（5～6月）	粉红
23	松果菊	*Echinacea pururea*	60～150	夏（6～7月）	紫
24	大吴风草	*Farfugium japonica*	30～70	夏（7～10月）	黄
25	宿根天人菊	*Gaillardia aristata*	20～40	夏（7～8月）	黄、橙
26	山桃草	*Gaura lindheimeri*	100	春夏（5～9月）	白、粉
27	染料木	*Genista tinctoria*	30～50	观叶	观叶
28	‘花叶’活血丹	*Glechoma hederacea* ‘Variegsata’	<20	观叶	观叶
29	姜 花	*Hedychium coronarium*	40～70	夏秋（5～11月）	白
30	大花萱草	*Hemerocallis middendorffii*	40～60	夏（7～8）	橙红
31	玉 簪	*Hosta plantaginea*	60～80	夏（7～9月）	白
32	紫 萼	*Hosta ventricosa*	60～80	夏（8～10月）	粉紫
33	‘花叶’鱼腥草	*Houttuynia cordata* ‘Chameleon’	30～40	夏（6～8 月)	观叶
34	风信子	*Hyacinthus orientalis*	20～50	春（3～5月）	蓝紫、粉红
35	德国鸢尾	*Iris germanica*	60～100	春(4～5 月)	白、紫、黄
36	蝴蝶花	*Iris japonica*	20～40	春（4～5月）	白、紫
37	玉蝉花	*Iris kaempferi*	40～80	春夏（5～6月）	白、红紫
38	马 蔺	*Iris lactea* var. *chinensis*	10～60	春（4～5月）	蓝紫
39	黄菖蒲	*Iris pseudacorus*	60～70	春（4～5月）	黄色有紫斑点

（续）

序号	中文名称	学　名	株高（cm）	花　期	花　色
40	溪　荪	*Iris sanguinea*	50～100	春（3～5月）	白色、紫色
41	鸢　尾	*Iris tectorum*	50～100	春（3～5月）	蓝紫
42	球根鸢尾	*Iris xiphium*	50～100	春（4～5月）	黄
43	灯心草	*Juncus effusus*	40～100	春（3～4月）	观叶
44	长寿花	*Kalanchoe blossfeldiana*	10～30	冬春（1～4月）	红
45	火炬花	*Kniphofia uvaria*	80～120	夏（6～7月）	橙红
46	兔尾草	*Lagurus ovatus*	20～30	春	白
47	野芝麻	*Lamium barbatum*	30～40	春(3～6月）	白，黄
48	大滨菊	*Leucanthemum maximum*	60～100	春(3～5月)	白
49	‘花叶’大吴风草	*Farfugium japonicum* ‘Aureo-maculatum’	30～70	夏秋（7～10月）	花叶
50	‘金边’阔叶麦冬	*Liriope muscari* ‘Variegata’	20～50	夏（6～8月）	金叶
51	兰花三七	*Liriope longipedicellata*	20～40	观叶	观叶，绿
52	半边莲	*Lobelia chinensis*	6～15	春（4～5月）	红、黄、橙、玫瑰红
53	羽扇豆	*Lupinus polyphyllus*	90～120	春（5～6月）	黄、紫、红
54	过路黄	*Lysimachia christinae*	10～15	春夏(5～7月)	观叶，黄
55	‘花叶’薄荷	*Mentha rotundifolia* ‘Variegata’	30	夏(7～8月）	绿叶有白斑
56	美国薄荷	*Monarda didyma*	30～100	夏(7～9月）	粉紫
57	芭　蕉	*Musa basjoo*	2.5～4m	夏秋	紫、红褐
58	地涌金莲	*Musella lasiocarpa*	60	一年多次	黄
59	洋水仙	*Narcissus pseudonarcissus*	20～50	春（3～5月)	白、黄
60	卷　耳	*Cerastium arvense*	10～20	春	白
61	肾　蕨	*Nephrolepis auriculata*	10～20	观叶	观叶
62	‘密叶’波斯顿蕨	*Nephrolepis exaltata* ‘Corditas’	10～20	观叶	观叶
63	美丽月见草	*Oenothera speciosa*	60～80	春夏秋（4～10月）	粉红
64	红花酢浆草	*Oxalis corymbosa*	32	春夏秋（4～11月）	红
65	‘紫叶’酢浆草	*Oxalis triangularis* ‘Purpurea’	15～30	夏（6～8月）	紫
66	钓钟柳	*Penstemon campanulatus*	60	春（5～6月）	紫红、粉等
67	玉带草	*Arundo donax* var. *versicolor*	30～60	夏（6～7月）	白
68	宿根福禄考	*Phlox paniculata*	20～50	4月	白、粉、紫、红
69	花毛茛	*Ranunculus asiaticus*	20～40	春（4～5月）	红、黄
70	万年青	*Rohdea japonica*	20～50	春（6～7月）	观叶
71	黑心菊	*Rudbeckia hirta*	20～50	夏(6～8月)	橙黄至橙红
72	金光菊	*Rudbeckia laciniata*	50～100	秋(9～11月)	黄
73	石碱花	*Saponaria officinalis*	40～80	春(5～6月）	白、粉
74	虎耳草	*Saxifraga stolonifera*	15～45	春（4～8月）	白
75	佛甲草	*Sedum lineare*	< 20	春（3～5月）	观叶，鲜黄
76	八宝景天	*Sedum spectabile*	30～50	夏（6～8月）	黄

（续）

序号	中文名称	学　名	株高（cm）	花　期	花　色
77	银叶菊	*Senecio cineraria* 'Silver Dust'	50～80	夏（6～9月）	银白
78	绵毛水苏	*Stachys lanata*	25～80	春夏（5～7月）	观叶，银白
79	蒲公英	*Taraxaum officnala*	30～50	春（4～6月）	白、粉红
80	紫露草	*Tradescantia albiflora*	50～70	春夏（6～8月）	蓝紫
81	'紫叶'三叶草	*Trifolium repens* 'Purpurascens Quadrifolium'	30～60	夏（5～7月)	观叶，紫
82	郁金香	*Tilipa gesneriana*	20～50	春（4～5月）	红、黄、白、紫黑
83	荷兰铁	*Yucca elephantipes*	50～120	夏	观叶
84	马蹄莲	*Zantedeschia aethiopica*	50～90	冬春（2～4月）	白
85	吊竹梅	*Zebrina pendula*	<20	夏	观叶
86	韭兰	*Zephyranthes grandiflora*	30～50	春夏秋（6～9月）	红

（夏宜平，2009）

表4-10　北京地区花境常用植物

序号	中文名称	学　名	株高(cm)	花期（月）	花　色
1	大花金鸡菊	*Coreopsis grandiflora*	40～60	5～9	金黄
2	穗花婆婆纳	*Veronica spicata*	60	7～9	蓝
3	'长叶'婆婆纳	*Veronica longifolia* 'Blauriesin'	60	6～10	蓝紫
4	宿根福禄考	*Phlox drummondii*	50～70	6～9	粉、红
5	宿根天人菊	*Gaillardia aristata*	20～40	6～10	黄、紫
6	大滨菊	*Leucanthemum maximum*	60～80	6～9	白
7	美国薄荷	*Monarda didyma*	30～80	7～9	粉、紫
8	萱 草	*Hemerocallis fulva*	50～80	6～9	黄、橙
9	铃 兰	*Convallaria majalis*	20～30	4下～5上	白
10	荷包牡丹	*Dicentra spectabilis*	30～50	4下～5上	粉白
11	耧斗菜	*Aquilegia vulgaris*	60	4下～7上	混色
12	鸢尾（多个品种）	*Iris* cv.	50～70	4下～6上	蓝、白
13	'不朽'白鸢尾	*Iris germanica* 'Immortality'	70	4,8～11	白
14	钓钟柳	*Penstemon campanulatus*	60～80	5	红
15	须苞石竹	*Dianthus barbatus*	20～30	5～6	红
16	荆 芥	*Nepeta cataria*	30～50	5～9	蓝
17	一枝黄花	*Solidago decurrens*	50～60	5～9	黄
18	月见草	*Oenothera biennis*	20	6～9	明黄
19	'日光'月见草	*Oenothera biennis* 'Golden Sunray'	50	6～9	柠檬黄
20	火炬花	*Kniphofia uvaria*	60～120	6～9	橙黄
21	蛇鞭菊	*Liatris spicata*	40～70	7～8	白、粉紫
22	落新妇	*Astilbe chinensis*	40～60	7～9	粉、乳、白

（续）

序号	中文名称	学　名	株高(cm)	花期（月）	花　色
23	堆心菊	*Helenium mudiflorum*	90～150	7～9	黄
24	‘钹星’堆心菊	*Helenium* ‘Cymbal Star’	100	8	红
25	假龙头花	*Physostegia virginiana*	40～60	7～10	粉红、淡紫
26	紫　菀	*Aster novi-belgii*	30～80	9	粉、紫
27	春黄菊	*Anthemis tinctoria*	30～60	6～9	黄
28	草本象牙红	*Penstmon barbatus*	150	7	红
29	超级鼠尾草	*Salvia superba*	60	6～8	蓝紫
30	大火草	*Anemone tomentosa*	100	8	浅粉
31	肥皂草	*Saponaria officinalis*	30～60	5～9	粉
32	山桃草	*Caura lindheimeri*	85	7～10	粉
33	紫露草	*Tradescantia viginiana*	20～30	5～10	白、淡紫
34	景天（多个品种）	*Sedum* cv.	40～70	8下～10上	粉、黄
35	粗壮景天	*Sedum* ‘Robustum’	70	8中、下	红
36	红花奇观景天	*Sedum spectable* ‘Rosenteller’	10	8初	粉
37	蓍　草	*Achillea millefolium*	40～50	6～9	红、黄、粉、白
38	红毯白景天	*Sedum album* ‘Coral Carpet’	10	6～8	粉
39	玉簪（多个品种）	*Hosta* cv.	40～50	7～8	白、藕荷
40	‘贵族’玉簪	*Hosta* ‘Patrician’	25	8～9	淡紫
41	‘雪杯’玉簪	*Hosta* ‘Snow Cap’	60	7～8	淡紫
42	‘糖与奶油’	*Hosta* ‘Suger and Cream’	65	7～9	淡紫
43	‘如此甜’	*Hosta* ‘So sweet’	45	8	白
44	黑心菊	*Rudbeckia hirta*	50	6～8	金黄
45	翠　雀	*Delphinium grandiflorum*	35～65	4下～6上	蓝紫
46	羽扇豆	*Lupinus polyphyllus*	90～120	5～6	蓝紫
47	凤尾丝兰	*Yucca gloriosa*	70～120	10～11	白

（纪书琴，2007，北京地区花境植物资源及其应用）

4.2.2.4　花境的设计

花境设计包括种植床设计、花境背景和边缘的设计、花境平面和立面设计、花境色彩设计、花境季相设计和花境设计图的绘制等。

（1）花境与环境关系的处理

环境是指要设计花境所在位置的周边情况和立地条件。环境中包含的各种因子对植物的生长有很大的影响，同时也影响花境的类型、植物材料的选择和表现形式。立地条件包括地形、地势、土壤、温度、光照、湿度等因子，影响植物种类的选择。如果环境设施的颜色较为素淡，如深绿色的灌木、灰色的墙体等，应适当点缀色彩鲜亮的花卉材料，容易形成鲜明的对比；反之则应选择色彩素雅的花材，如在红墙前，花境应选用枝叶优美、花色浅淡的植株来配置。

（2）花境种植床设计

① 平面轮廓　种植床是带状的，两边是平行或近于平行的直线或曲线。单面观花境的后边缘线多采用直线，前边缘线为直线或自由曲线。双面观花境的前后边缘基本平行，为直线或曲线。

② 朝向　对应式花境的长轴沿南北方向延伸，保证对应的两个花境光照均匀，生长势相近，容易取得近似的效果。其他类型的花境可自由择向。

③ 大小　花境的大小取决于环境空间的大小，通常花境长轴的长度不限。可以把过长的种植床分成几段，每段长度不超过20m，段与段之间可留出1～3m的间歇地段，设置座椅、雕塑或园林小品。种植床内植物可采取段内变化、段间重复的手法，表现植物布置的韵律和节奏。

花境的短轴长度：花境短轴宽度宜适当，过窄难以体现群落景观，过宽则超出视觉范围而造成浪费，也不便于养护管理。各类花境的适宜宽度大致是：单面观混合花境4～5m，单面观宿根花境2～3m，双面观宿根花境4～6m。在面积较小的庭院中一般为1～1.5m，一般不超过院宽的1/4 。

花境不宜距离建筑物过近，一般要离开建筑物40～50cm，较宽的单面观赏花境的种植床与背景之间可留出70～80cm的过道，以便于通风、养护（图4-100）。

④ 高度　根据土壤的条件和立地环境可设计成平床或高床，保持2%～4%排水坡度。若土质好，排水力强，设置于绿篱、建筑前及草坪边缘的花境宜用平床。排水差的土壤，挡土墙前的花境可做成30～40cm高的高床。

⑤ 土壤　土质条件要满足植物的生长发育，因植物大多要生长多年，若土质不好则影响其寿命和景观表现。对有特殊要求的植物可局部换土。

（3）花境背景和边缘的设计

① 花境背景设计　背景是花境的重要组成部分之一，单面观赏花境需要背景。较理想的背景是绿色的自然景观，如树墙、绿篱、林缘，因为绿色最能衬托花境优美的外貌和丰富的色彩效果。建筑物的墙基及各种栅栏作背景以绿色或白色为佳，如果背景的颜色不理想，可在背景前种植高大的绿色观叶植物或藤本植物，形成绿色的屏障，再设置花境。

② 花境边缘设计　花境的边缘对花境的轮廓起到确定、装饰或保护作用。饰边不仅围合花境，起到边界的作用，还能阻隔植物根系的蔓延，便于草坪的修剪和园路的清扫。常见的饰边材料有建筑材料和饰边植物。平床多用低矮植物镶边，以高度不超过20cm为宜，镶边花

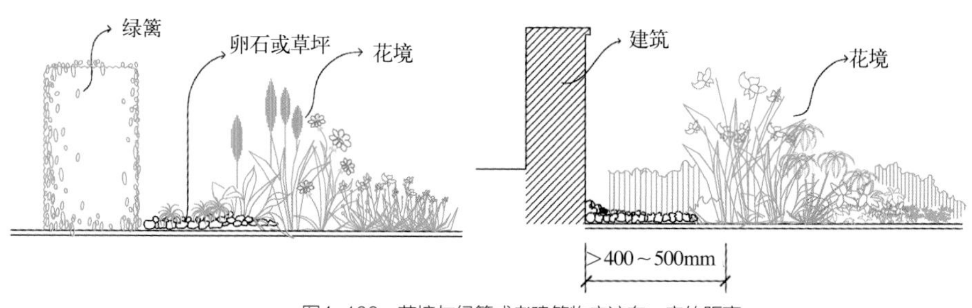

图4-100　花境与绿篱或者建筑物应该有一定的距离

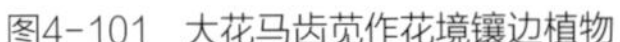
图4-101　大花马齿苋作花境镶边植物

图4-102　‘花叶’活血丹作花境镶边植物

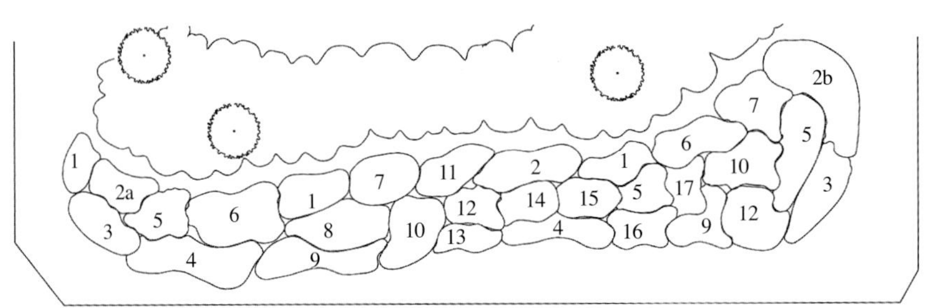
图4-103　花境平面设计示意
（图中的每一个数字表示一种植物种类，同一种植物不同颜色用a和b区分）

卉一般选择四季常绿或生长期保持美观、花叶兼美的多年生草本花卉或低矮灌木（图4-101、图4-102）。如马蔺、酢浆草、葱兰、沿阶草、大花马齿苋、蔓长春花、‘花叶’活血丹等，也可以是草坪草，但宽度至少在30cm以上。高床边缘常用建筑材料，如石块、卵石、砖垒砌或竹、木、金属等材质围栏。为防止花境边缘植物材料蔓延，可在花境边缘与环境分界处挖沟，填充塑料或金属板，阻隔根系。

（4）花境平面和立面设计

① 平面设计　花丛是构成花境的基本单位，平面上采用不同植物呈斑驳块状混植，每个斑块为一个单种的花丛（图4-103）。斑块大小不同、数量不同，各斑块间有疏有密、有大有小，富有自然野趣。斑块的大小取决于单种植物数量的多少、冠幅及株行距，一般景观效果好的斑块面积可大些，花后叶丛景观较差的植物面积宜小些。另外，根据人们观赏距离远近的需求，确定斑块面积的大小。一般供人们远距离观赏的花境，植物的斑块种植面积一般可相对较大，如高速公路口的花境、大型公共绿地上的草坪花境等；而供人们近距离观赏的花境，植物斑块的种植面积则一般相对较小，如庭院花境。花境内应由主花材形成基调，次花材作为配调，由各种花卉共同形成季相景观，即每季以2～5种花卉为主，形成季相景观；其他花卉为辅，用来丰富色彩。为使开花植物分布均匀，又不因种类过多造成杂乱，可把主花材植物分为数丛种在花境不同位置。对于过长的花境，可分段处理，种植床内植物可采取段内变化、段间重复的手法，表现植物布置的韵律和节奏。每段花境的植物种类一般10种以上，有时可达到40～50种。

② 立面设计　在花境设计过程中充分利用植物的株形、株高、花型、质地等观赏特性，

创造出层次分明，高低错落，富于变化的立面景观。

花境植物依种类不同，高度变化很大。但花境高度一般不超过人的视线。总体上是前低后高，在细部可有变化，整个花境要有适当的高低穿插和掩映，才显得自然。

花境在立面设计上最好有圆锥状和竖线条、球状和扁平状、独特型3类株型和花序特征的植物。直立的圆锥状植物如鼠尾草、火炬花，竖线条的蜀葵、宿根飞燕草、风铃草、唐菖蒲、羽扇豆、毛地黄、随意草、金鱼草等植物，可以打破水平线，增加竖向层次；球状植物株型圆浑、丰满，开花繁密，如紫菀、菊花、八仙花等在中间，作为焦点，可以吸引视线；扁平状植物如美女樱、报春花、岩白菜、蓍草等在前排，可层次分明；特异型的如射干、鸢尾、百合、大花葱等可摇曳出特殊风情。

花卉的枝、叶、花、果有粗糙和细腻等不同的质感，具有不同的视觉效果，给人以不同的心理感觉。粗质地的植物显得近，细质地的植物显得远。外形精致的植物如落新妇、耧斗菜、老鹳草、石竹、唐松草、乌头、金鸡菊、蓍草、丝石竹等会产生后退的错觉，使较狭的花境产生宽阔的效果；外观粗糙的植物如向日葵、蓝刺头、益母草、博落回等会产生拉近的错觉，种植在花境的远端，可以产生缩短花境的效果。

立面设计除了从景观角度出发外，还应充分考虑植物的生长与生活习性，如植物的光照需求，需要强光的花卉周边要配置低矮的花卉，相反，耐阴的植物周围要配置高大的植物遮光。

（5）花境色彩设计

花境的色彩主要用花色、叶色、果色、枝干色来体现。在花境总体色彩设计时可巧妙利用色彩的心理感觉和象征意义来创造丰富的效果。合理利用冷色与暖色，如冷色有退后和远离的感觉，布置在花境的后部，视觉上有加大花境深度的感觉，从而增加空间感，特别在狭小的空间可利用。夏季以冷色为主，如蓝紫色，给人带来凉意；春秋用暖色给人温暖。在安静的休息处适宜用冷色；若要增加热烈的气氛，则用暖色。

常用的配色方法有以下几种。

① 单色系设计　这种配色不常用，只为强调某一环境的某种色调或特殊需要时才使用。

② 类似色设计　这种配色法主要用于强调季节的色彩特征，如早春的鹅黄色，秋天的金黄色。

③ 补色设计　多用于花境局部配色，使色彩鲜明、艳丽。花境与周围环境的色调，宜用互补色设计，如在红墙体前的花境，可选用花色浅淡的植物配置；在灰色墙体前的花境，可选用大红或橙黄色植物。

④ 多色设计　花境常用的配色方法。使花境五彩缤纷，具有鲜艳、热烈的气氛。

设计中应根据花境的规模来搭配色彩，避免因色彩过多而产生杂乱感。注意：忌在较小的面积上使用较多的色彩；色彩设计不是独立存在的，必须与周围环境色彩相协

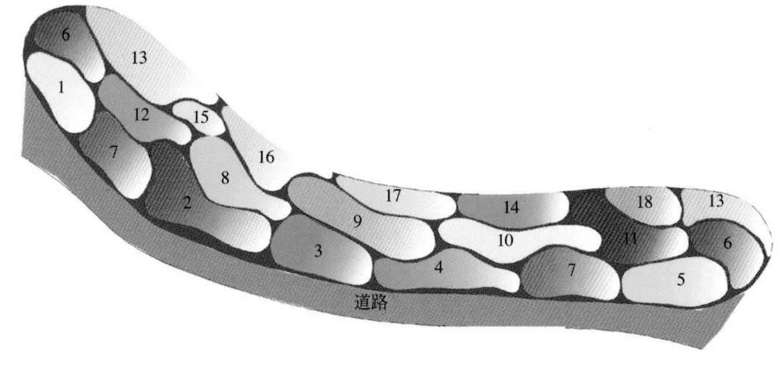

图4-104　花境的色彩设计示意

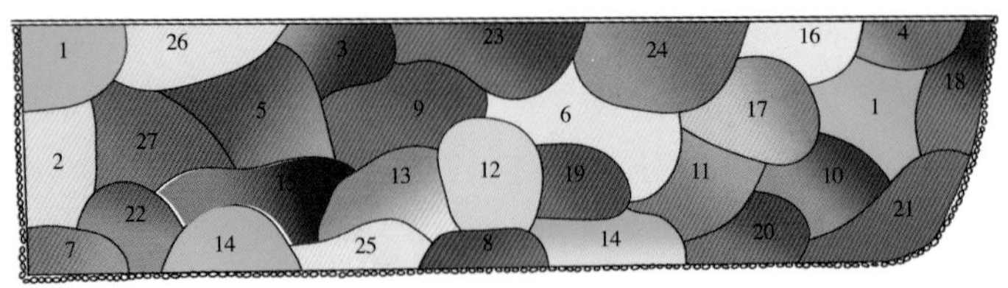

图4-105 花境平面图

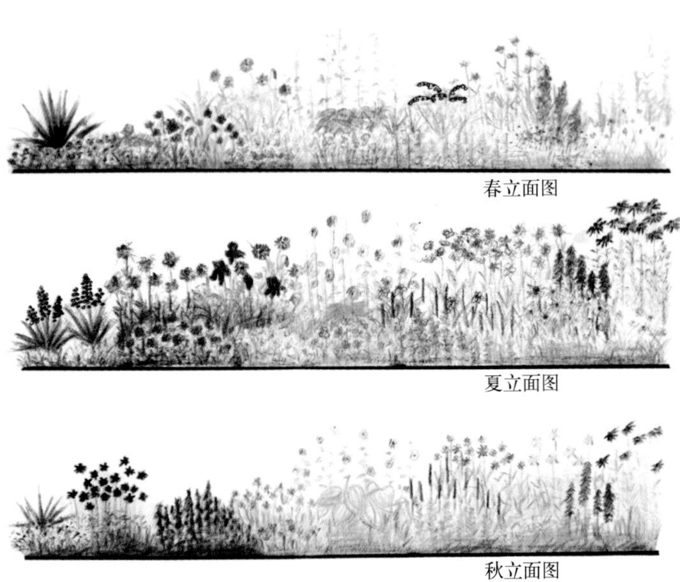

图4-106 花境立面图

调，与季节相吻合；为保证植物花期的连续性和景观效果的完整性，应使开花植物均匀散布在整个花境中，避免局部配色好，整体观上效果差（图4-104）。设色时注意色彩对人心理的影响。夏季应多选用蓝紫色及白色的花卉，给人清凉、宁静的感觉；秋季则以黄色为主色调，体现丰收的喜庆。

（6）花境季相设计

理想的花境应四季可赏，寒冷地区也应做到三季有景。花境的季相是通过种植设计实现的，利用花期、花色、叶色及各季节所具有的代表性植物来创造季相景观。如早春的迎春、堇菜，夏天的福禄考，秋天的菊花，冬天的棣棠、红瑞木等。植物的花期和色彩是表现季相的主要因素，花境中开花植物应连续不断，以保证各季的观赏效果。在季相设计时要根据植物生长期和生态要求，创造出可以欣赏到春叶、夏花、秋果、冬干等不同的季节景观，从而感受植物生长和季节变化所产生的独特美感。另外，还要注意景观的连续性，使开花植物分散在整个花境中。在季相构图中应该将各种植物的花期依月份或春、夏、秋等时间顺序标注出来，检查花期的连续性，并且注意各季节中开花植物的分布情况，使花境成为一个连续开花的群体。也可以突出某一季节景观，形成最佳观赏效果。

（7）花境设计图绘制

完整的花境设计图包括总平面图、花境平面图、花境效果图、用材表、设计说明等（图4-105至图4-107、表4-11）。

① 总平面图　标出花境周围环境，如建筑，道路、绿地及花境所在的位置。依环境面积大小选用1∶500～1∶100的比例绘制。

② 花境平面图　即花境的种植施工图。需绘出花境的边缘线，内部种植区域的植物种植图，以花丛为单位，用流畅的线条表示花丛的范围，在每个花丛内编号或直接注明植物及株数。也可绘制出各个季节或主要季节的色彩分布图。根据花境的大小可选

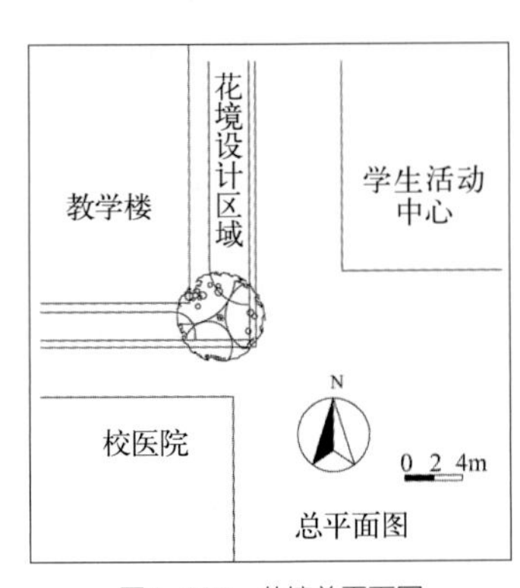

图4-107 花境总平面图

表4-11　花境用材表

序　号	中文名称	学　名	花期(月)	花　色	株高（cm）
1	凤尾丝兰	*Yucca gloriosa*	7～8	白	100
2	地被菊	*Chrysanthemum morifolium*	9～11中	黄	30～40
3	德国鸢尾	*Iris germanica*	5上～6上	蓝紫	40～60
4	火炬花	*Kniphofia uvaria*	6中～9上	橘红	40～60
5	东方罂粟	*Papaver orientale*	5～6	红	50～60
6	黄菖蒲	*Iris pseudacorus*	5～6初	黄	60～90
7	丛生福禄考	*Phlox subulata*	3下～5	粉	30～50
8	锦团石竹	*Dianthus chinensis* var. *heddewigii*	5～6	紫	15～25
9	紫　菀	*Aster tataricus*	9～10	紫	40～60
10	葡萄风信子	*Muscari botryoides*	3中～5上	蓝	20～30
11	荷包牡丹	*Dicentra spectabilis*	4下～5中	粉	40～60
12	玉　簪	*Hosta plantaginea*	7～8下	白	30～60
13	蝴蝶花	*Iris japonica*	4～5	淡紫	30～60
14	丽蚌草	*Arrhenatherum elatius* var.*tuberosum* 'Variegatum'	观叶，3～10	淡绿	30～50
15	吊钟柳	*Penstemon campanulatus*	7上～10	堇紫	40～60
16	杂种耧斗菜	*Aguilegia hybrida*	5中～7中	黄	70～80
17	宿根天人菊	*Gaillardia aristata*	5中～10中	橙	30～60
18	紫松果菊	*Echinacea purpurea*	6～8	紫红	70～130
19	穗状婆婆纳	*Veronica spicata*	6～8	紫	40～50
20	桂竹香	*Cheiranthus cheiri*	4～5	红	30～60
21	大花葱	*Allium giganteum*	5～6	堇紫	80～120
22	白头翁	*Pulsatilla chinensis*	3下～5	蓝紫	15～25
23	蜀　葵	*Althaea rosea*	6～8	红	80～150
24	洋桔梗	*Eustoma grandiflorum*	6～10	蓝紫	40～70
25	费　菜	*Sedum kamtschaticum*	6～8	黄	15～45
26	大花金鸡菊	*Coreopsis grandiflora*	6～9	黄	60～120
27	千屈菜	*Lythrum salicaria*	7～9	紫	60～90

用1∶50～1∶20的比例。

③ 花境立面效果图　绘制主要季相景观，也可分别绘出各季节景观。选用1∶200～1∶100的比例。

④ 植物材料表　罗列整个花境所需植物材料，包括植物中文名称、拉丁名、株高、花期、花色、用量及备注。

⑤ 设计说明　简述作者创作意图及管理要求等，并对图中难以表达的内容做出说明。

4.2.3 花台景观设计

4.2.3.1 花台的功能和布置

花台是明显高于地面的小型花坛，是抬高和缩小的花坛，也称为高设花坛，是将花卉种植在高出地面的有台基的种植床里而形成的花卉景观。多设在广场、庭院的阶旁、出入口两边、墙下、庭前、廊前、窗下等处。花台是以观赏植物的姿态、花色、芳香及花台造型等综合美为主的一种花卉应用形式。

4.2.3.2 花台的类型

花台按照形式可分为规则式和自然式两种类型。

（1）规则式

规则式花台有圆形、椭圆形、梅花形、正方形、长方形、菱形等规则的几何形状，多布置在规则式园林中。用形状、大小不同的几何图形花台，相互穿插、高低错落构成的组合式花台在现代的建筑广场上很适宜。

（2）自然式

自然式花台常布置在中国传统的自然式园林中，形式自由灵活，外形轮廓可以是自由曲线，高度可随环境地势高低变化，边缘常用天然材料镶边，如山石，既可挡土，又有自然之趣。常设置在影壁前、漏窗前、庭院中、粉墙下、角隅、假山等处。

4.2.3.3 花台设计要点

（1）花台大小

花台的面积一般不大，比花坛小。

（2）花台的基座

通常高40～100cm，宽10～40cm，基座可用于休息的，高度可设35～50cm，宽度40cm。规则式花台基座一般用建筑材料堆砌，外缘用水泥抹面，根据环境贴砖或刷涂料。自然式花台基座一般选择山石、原木等材料。

（3）花台植物配置

自然式花台可作主景或配景。植物可选择松、竹、梅、杜鹃花、南天竹、蜡梅、芭蕉、山茶、红枫、牡丹等中国传统花卉，也可搭配宿根花卉，如芍药、玉簪、麦冬、兰花等。在配置上既可是单种的“牡丹台”、“芍药台”，也可以是灌木、草本花卉等不同植物高低错落、疏密有致的搭配（图4-108）。在古典园林中，植物材料常与山石或浅水结合，布置成“盆景式”。植物与山石应遵循画论中的配置模式，如“梅边置石宜古”、“竹旁置石宜瘦”、“松下置石宜拙”。植物与水体应根据水的柔性选择合适的植物，形成“疏影横斜水清浅”的景观意境。疏——植物造型轻盈、枝叶松散，与水的虚幻呼应，如羽毛枫、鸡爪槭、红枫、梅花等。影——倒影，植物的花、叶色彩丰富，增加水面色彩，如垂丝海棠、杜鹃花等。横——植物的枝条横向片状，与平静的水面协调，如樱花。斜——植物枝条扑向水面，与水面有亲近呼应感，如黄馨、造型罗汉松、五针松等。

规则式花台可作主景或配景。植物材料与花坛相似，但比花坛材料更广泛，要求花色鲜艳、株高整齐、花期一致的草本花卉，植株低矮、花期长、开花繁茂、花色鲜艳的灌木花卉，常绿观叶植物或彩叶植物。因花台的面积通常较小，故一个花台内常布置一种花卉；因花台高于地面，一些繁茂匍匐或茎叶下垂的花卉，如非洲凤仙、矮牵牛、天竺葵、'金叶'甘薯、蔓长春花等可遮挡基座，效果更好。花台可以以草花为主体，搭配假山石、小品等创造最佳景观，也可以利用花台的大小、形状和高低变化，组成花台组，用在现代城市的大型园林绿地广场上，形式新颖、风格别致。

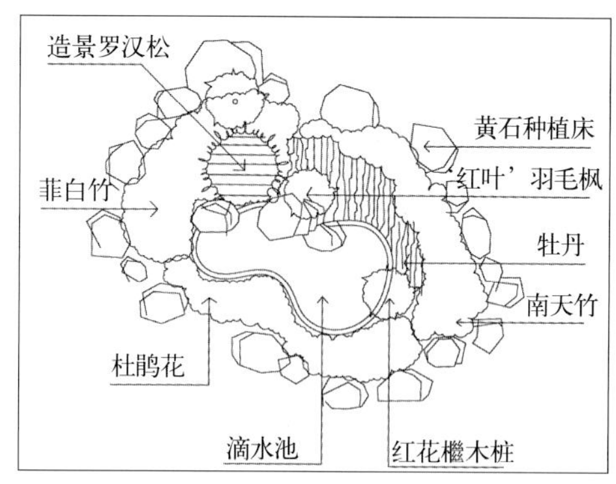

图4-108　自然式花台

4.2.4　花丛景观设计

4.2.4.1　花丛园林应用特点

花丛是指将数目不等的花卉植株组合成丛，配置在园林中的花卉种植形式。在园林中，花丛一般作配景，应用在阶旁、墙下、路旁、林下、草地、岩隙、水畔等处（图4-109、图4-110）。花丛是自然式花卉配置最基本的单位。

花丛主要表现开花时华丽的色彩和彩叶植物美丽的叶色。适宜布置在自然式园林中，在河边、草地、林缘、山坡等处，景观自然生动；若点缀在建筑周围或广场边缘，可对建筑生硬的线条和广场规整的人工环境起到软化和调节作用。

花丛的基本特点如下：平面和立面构图都是自然式；没有镶边植物；多用宿根花卉。

4.2.4.2　花丛植物材料的选择

花丛的植物材料以适应性强、栽培管理简单且能露地越冬的宿根和球根花卉为主，观花、观叶，也可以是花叶兼备的花卉材料，如芍药、玉簪、马蔺、葱兰、韭兰、萱草、射干、凤尾

图4-109　路边花丛

图4-110　水边花丛

兰、玉带草等；管理简单或粗放的一、二年生花卉或能自播繁衍的草本花卉，如紫茉莉、二月蓝、紫花地丁、蒲公英、薄荷等。

4.2.4.3 花丛设计要点

花丛从平面轮廓到立面构图均为自然式，边缘不用镶边植物，与周围草坪、树木等没有明显界限，呈现自然状态。根据园林环境的大小和周围景观，可以种单种植物构成大小不一、聚散有致的花丛，也可两种或两种以上花卉组合成丛，但花丛内的植物种类不宜过多，要有主有次。各种花卉混合种植，立面上有高低错落，平面上大小不一，疏密相间。花丛设计避免两点：一是大小相等，等距离排列，显得单调；二是种类太多，配置无序，显得杂乱。

任务实施

1.花坛的设计

（1）选择适宜的花卉

在本案例中，综合分析绿地的气候、土壤、地形等环境因子，花坛植物主要选择花期较长、颜色艳丽、株型丰满整齐的苏铁、一品红、鼠尾草、一串红、地被菊、非洲凤仙、垂盆草等材料。

（2）确定设计方案

在选择好植物材料的基础上，确定设计方案，分别绘出方案一盛花花坛设计平面图和效果图（图4-111、图4-112），方案二模纹花坛设计平面图（图4-113）。

2.花境设计

（1）在本案例中，综合分析绿地的气候、位置等周边环境因子，花境植物主要选择宿根花卉，见表4-12。

（2）在选择好植物材料的基础上，确定设计方案，分别绘出花境平面图（图4-114）和花境季相色彩平面图（图4-115至图4-117），并列出植物材料（表4-13）。

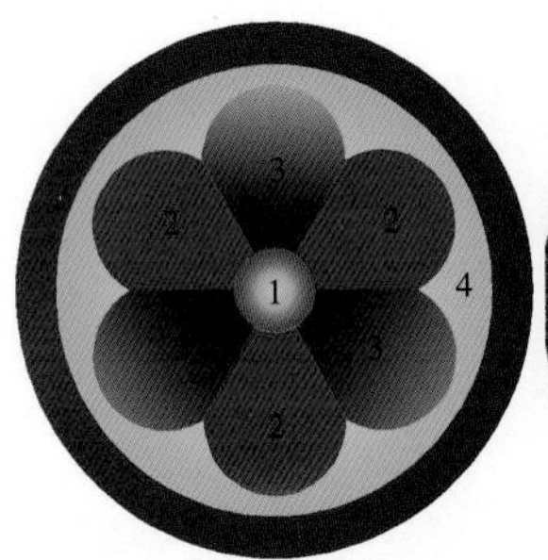

图4-111 盛花花坛平面图
1. 苏铁 2. 一品红 3. 鼠尾草
4. 反曲景天 5. 一串红

图4-112 盛花花坛效果图

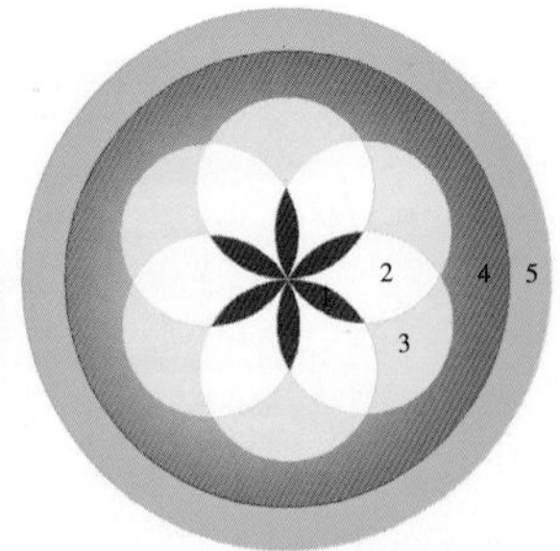

图4-113 模纹花坛平面图
1. 非洲凤仙（红） 2. 非洲凤仙（白）
3. 小菊 4. 非洲凤仙（粉） 5. 垂盆草

表4-12　花境植物材料

序　号	中文名称	学　名	花　期	株高(cm)	花　色
1	暗紫鼠尾草	*Salvia atropurpurea*	春（5~6月）	35~45	蓝紫
2	大花飞燕草	*Delphinium grandiflorum*	春（4~5月）	70~120	紫、黄、白
3	地被石竹	*Dianthus plumarius*	春（5~6月）	10~15	粉红
4	马　蔺	*Iris lacteal* var.*chinensis*	春（4~5月）	10~60	蓝紫
5	鸢　尾	*Iris tectorum*	春（3~5月）	50~100	蓝紫
6	德国鸢尾	*Iris germanica*	春（4~5月）	60~100	白、紫、黄
7	半边莲	*Lobelia chinensis*	春（4~5月）	6~15	红、黄、橙、玫瑰红
8	羽扇豆	*Lupinus polyphyllus*	春（5~6月）	90~120	黄、紫、红
9	狭叶费菜	*Sedum aizoon* var. *aizoon* f. *angustifolium*	春（6月）	10~15	黄
10	红花酢浆草	*Oxalis corymbosa*	春夏秋（4~11月）	25~35	红
11	千叶蓍	*Achillea millefolium*	夏（6~8月）	30~80	黄
12	千叶蓍	*Achillea millefolium*	夏秋（6~9月）	40~50	粉红
13	射　干	*Balamcanda chinensis*	春夏（6~8月）	30~90	橙
14	紫松果菊	*Echinacea pururea*	夏（6~7月）	60~150	紫
15	宿根天人菊	*Gaillardia aristata*	夏（7~8月）	60~90	黄、橙
16	山桃草	*Gaura lindheimeri*	春夏（6~10月）	100	白
17	大花萱草	*Hemerocallis middendorffii*	夏（7~8月）	40~60	橙红
18	金娃娃萱草	*Hemerocallis fuava*	春夏秋(6~10月）	30~40	黄
19	玉　簪	*Hosta plantaginea*	夏（7~9月）	60~80	白
20	美国薄荷	*Monarda didyma*	夏（7~9月）	30~100	粉紫
21	八宝景天	*Sedum spectabile*	夏（7~9月）	30~50	粉
22	宿根福禄考	*Phlox paniculata*	夏（6~9月）	50~70	红
23	狼尾草	*Pennisetum alopecuroides*	夏（7~8月）	90~110	粉
24	金光菊	*Rudbeckia laciniata*	秋（9~11月）	50~100	黄
25	宽叶韭	*Allium hookeri*	夏秋（7~11月）	40~60	白
26	美人蕉	*Canna indica*	夏秋（6~11月）	80~150	黄、红
27	姜　花	*Hedychium coronarium*	夏秋（5~11月）	40~70	白
28	大花金鸡菊	*Coreopsis grandiflora*	夏秋（6~10月）	30~70	金黄
29	‘紫色宫殿’小花矾根	*Heuchera micrantha* ‘Palace Purple’	春夏（6~7月）	20~25	观叶，紫红
30	一叶兰	*Aspidistra elatior*	春（5~6月）	20~50	观叶
31	灯心草	*Juncus effusus*	春（3~4月）	40~100	观叶
32	‘金边’阔叶麦冬	*Liriope muscari* ‘Variegata’	夏（6~8月）	20~50	金叶
33	过路黄	*Lyslmachla christinae*	春夏（5~7）	10~15	观叶，黄

表4-13　花境植物材料表

序号	中文名称	学　名	花　期	株高（cm）	花　色
1	鸢　尾	*Iris tectorum*	春（3~5月）	50~100	蓝紫
2	地被石竹	*Dianthus plumarius*	春（5~6月）	10~15	粉红
3	大花金鸡菊	*Coreopsis grandiflora*	夏秋(6～10月)	30~70	金黄
4	射　干	*Belamcanda chinensis*	夏（6~8月）	30~90	橙
5	紫松果菊	*Echinacea pururea*	夏（6~7月）	60~150	紫
6	宿根天人菊	*Gaillardia aristata*	夏（7~8月）	60~90	黄
7	羽扇豆	*Lupinus polyphyllus*	春（5~6月）	90~120	蓝
8	千叶蓍	*Achillea millefolium*	春夏秋（5～10）	30~80	黄
9	‘金娃娃’萱草	*Hemerocallis fuava* ‘Stella deoro’	夏秋（5~10）	30~40	黄
10	玉　簪	*Hosta plantaginea*	夏（7~9月）	60~80	白
11	半边莲	*Lobelia chinensis*	春（4~5月）	6~15	玫瑰红
12	八宝景天	*Sedum spectabile*	夏（7~9月）	30~50	粉
13	美人蕉	*Canna indica*	夏秋(6～11月)	80~150	红
14	德国鸢尾	*Iris germanica*	春（4~5月）	60~100	紫
15	大花飞燕草	*Delphinium grandiflorum*	春（4~5月）	70~120	黄
16	马　蔺	*Iris lacteal* var. *chinensis*	春（4~5月）	10~60	蓝紫
17	姜　花	*Hedychium coronarium*	夏秋(5～11月)	40~70	白
18	‘紫叶’酢浆草	*Oxalis triangularis* ‘Purpurea’	夏（6~8月）	15~30	观叶，紫红
19	千屈菜	*Lythrum salicaria*	夏（6~7月）	50~90	堇紫
20	‘紫色宫殿’小花矾根	*Heuchera micrantha* ‘Palace Purple’	夏（6~7月）	20~25	观叶，紫红
21	千叶蓍	*Achillea millefolium*	夏秋（6~9月）	40~50	粉红
22	狼尾草	*Pennisetum alopecuroides*	夏（7~8月）	90~110	粉
23	红花酢浆草	*Oxalis corymbosa*	春夏秋(4~11月)	25~35	红
24	暗紫鼠尾草	*Salvia atropurpurea*	春（5~6月）	35~45	蓝紫

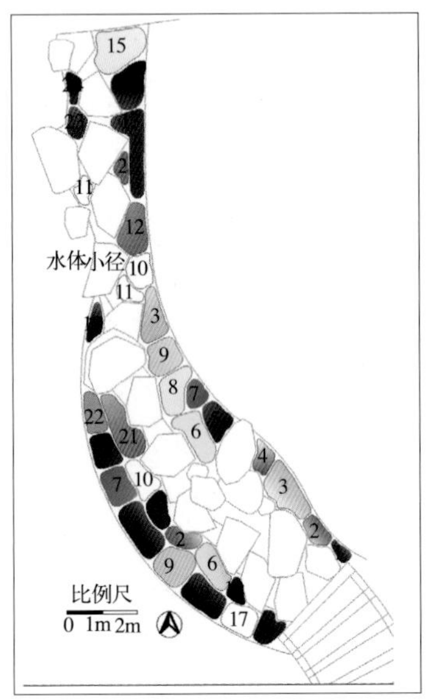

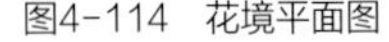
图4-114　花境平面图

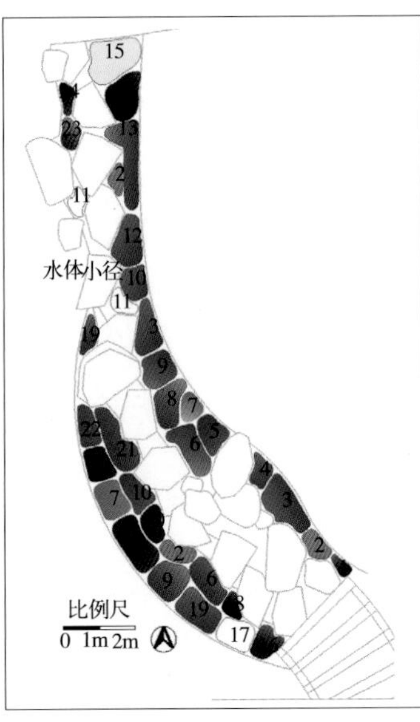

图4-115　花境春季色彩平面图

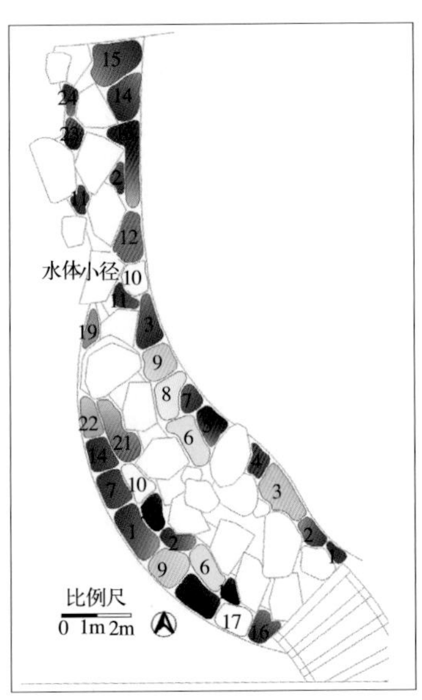

图4-116　花境夏季色彩平面图

知识拓展

1. 北京节日立体花坛解析

（1）2007年天安门广场国庆立体花坛主题及表现形式分析

为庆祝中华人民共和国成立58周年和迎接中国共产党第十七次全国代表大会的召开，2007年北京天安门广场花坛布置重点烘托首都喜庆、欢乐、祥和的节日气氛，以“庆十七大、喜迎奥运、构建和谐社会”为主题，展现新时代、新发展的和谐风貌，以及全国各族人民团结奋进、对祖国未来充满信心、喜迎奥运的美好景象。

广场东侧花坛以“同一个世界同一个梦想喜迎奥运盛会”为主题。它以火炬接力标志（图4-118）长城、雅典卫城（图4-119）为主景，象征奥运火炬传递从奥运发祥地——雅典走向充满活力与希望的古都——北京。中间凤凰形象的火炬接力标志，象征通过火炬接力把北京奥运会吉祥美好的祝福传遍全中国，带给全世界。景观之间环绕着用鲜花铺设的跑道，跑道上面布置了奥运会的28个比赛项目的造型，概括了北京奥运会“绿色奥运、科技奥运、人文奥运”的举办理念。

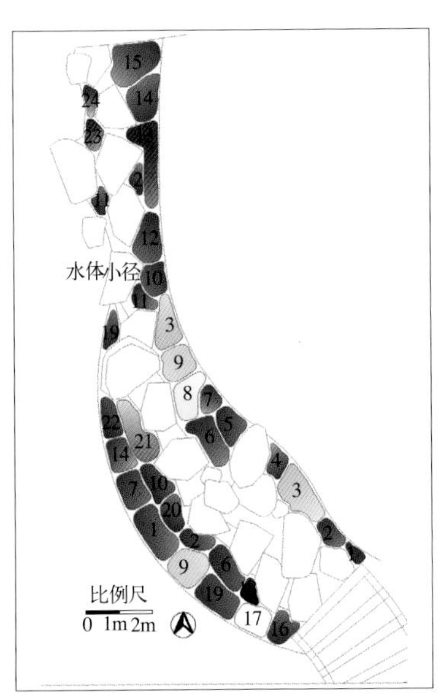

图4-117 花境秋季色彩平面图

广场西侧花坛主题为迎接十七大，花坛北侧以天坛祈年殿、现代花柱组成一幅古都新貌的画卷；花坛南侧以南湖船、遵义会址、延安宝塔为主景，寓意伟大的中国共产党的光辉历程。古老的祈年殿天圆地方的建筑思想是中国传统和谐理念的象征，现代花柱则象征着中国现代建设蓬勃发展的美好景象。

（2）长安街60年国庆立体花坛的应用

为庆祝新中国成立60周年，以花卉景观展示60年来我国在政治、经济、文化、军事、科技等诸多领域的发展成就，2009年国庆期间，长安街沿线共布置22处立体花坛（新兴桥至国贸桥市属绿地布置11处，西城区段布置7处，石景山段布置4处。）突出“普天同庆”的主题。把原本多姿的长安街装扮得更加靓丽繁华，不仅让人们感受到热烈、喜庆、祥和的节日气氛，也反映出伟大祖国60年来所发生的巨大变化。

西单路口的“神舟飞天”（图4-120），象征着网络化和数字化技术发展的“信息时代”，寓意祖国60年取得辉煌成就的“巨龙腾飞”。民族文化宫的“金石之声”，古乐器编钟造型的花坛寓意祖国悠久的历史文化。复兴门桥下的“古都新貌”，将长城、故宫与国家大剧院、CBD建筑群、三峡大坝联系在一起（图4-121）。木樨地桥的“乘风破浪”，用彩色风帆的造型，祝福祖国乘风

图4-118　火炬接力（左上）

图4-119　雅典卫城图（右上）

图4-120　西单十字路口“神舟飞天”（左下）

图4-121　复兴门“古都新貌”（右下）

破浪、继往开来。一个个或融入时代风貌或代表中华传统文化的立体花坛出现在大街小巷，为中外游客献上另一场视觉盛宴。

2. 容器绿化

容器绿化，就是按照一定的设计意图将花卉种植于各种类型的容器中的花卉应用方式，常布置于园林绿地、道路、广场，甚至室内等处，以美化装饰环境。是一种可移动的花卉应用方式，被称作移动的花坛，又简称花钵。它具有移动方便、布景灵活、成景迅速的特点，在城市园林绿化中越来越受到人们的重视和推广。

近年来，在一些城市广场、繁华闹市等特殊地段，往往为铺装地面，无花卉生长的土壤种植床，故这类地段的绿化、美化大多通过使用各类花钵来实现。容器绿化作为又一新型花卉应用形式，有着花坛、盆花无法达到的优势。与花坛相比，容器绿化更灵活，大多可以移动，可根据实际情况随处放置使用；花钵外形美观，造型新颖多样化，还可进行组合和装饰。在街头，三三两两的花钵，一字排开，花钵内，各色的时令花卉栽种其间，美不胜收（图4-122）。

容器绿化有如下优势：

① 充分利用各种空间，应用范围广泛　可将容器布置于各类无露地栽植的空间，如商业街、美食街、各类广场、室内大厅等，也可在各种花卉应用形式中作为花卉小品运用，如图4-123，在花丛中配置不同造型、不同风格的容器绿化，景观效果更加丰富。

② 充分体现创造的灵活性　按配置环境的不同而随意调整容器的大小、形状、颜色，使其能更好地融于四周的环境。如在道路两旁等距布置相同规格、相同颜色的容器以代替行道树的树坛，亦体现道路整体的规整；在建筑密度高的商业广场选用与建筑相

似材质的容器，可与建筑有机结合，协调统一。容器绿化调整及搬运便捷，可根据季节组合出不同的风景，灵活、方便。

③ 成景迅速　容器可移动，能快速组装成景，在节假日或平时各种庆典场合中运用，短时间内就能形成较好的景观效果，活动结束后的清场工作也比较简易。

④ 容器本身也有装饰作用　各种材质、色彩、造型、风格的容器及其各类容器的组合，与植物相互搭配形成各种不同景观风格，让绿化的表现形式更加丰富多彩。运用各类环保材料作为载体更可在欣赏绿化的同时起到宣传环保理念的作用（图4-124）。

⑤ 养护管理方便　因容器绿化比花坛体量小，可以给予某些特殊的绿化材料额外的管理养护，也可根据绿化材料的特点配制其所需的栽培用土，养护管理更加方便、灵活。

容器绿化的便捷、灵活、成景迅速、易于恢复、可反复使用等特点都符合现代城市发展的需求，使用越来越广泛。

图4-122　路边容器绿化

图4-123　花丛中的容器绿化

图4-124　环保风格的容器绿化

3. 花坛的发展趋势

随着我国经济的发展和科技的进步，大量新优植物材料的使用，最新科技成果的应用，花坛不仅成为园林建设的重要组成部分，而且成为现代化城市繁荣和文明的象征，呈现出鲜明的时代特征。

① 花坛的体量扩大　花坛的面积和容量更大，由独立的花坛发展为花坛群、连续花坛群、大色块效果的花带。植物材料的选择更加广泛，绿化、美化空间也更广阔。

② 花坛形式由平面观赏为主发展到斜面、立面和三维空间　大型的立体造型花坛或造景花坛，给人以层次丰富的视觉享受，往往成为景观中心，备受瞩目。

③ 由静态构图发展到动态的连续构图　在路边、草坪边缘、道路中间等位置设置连续花坛群，景观具有节奏和韵律，具有连续性。

④ 由室外扩展到室内　花坛一般作为室外造景的主要形式，现在随着室内空间的扩大，在机场、车站的大厅、宾馆的大堂等空间也用花坛营造欢快、喜庆的装饰效果。

⑤ 非生物材料的运用　由于花坛向立体化、多样化方向发展，而植物的生长发育需要一定的环境条件，有一些场合植物材料应

图4-125 花坛非生物材料的运用

图4-126 花篮中人造花的运用

图4-127 PVC卡盆

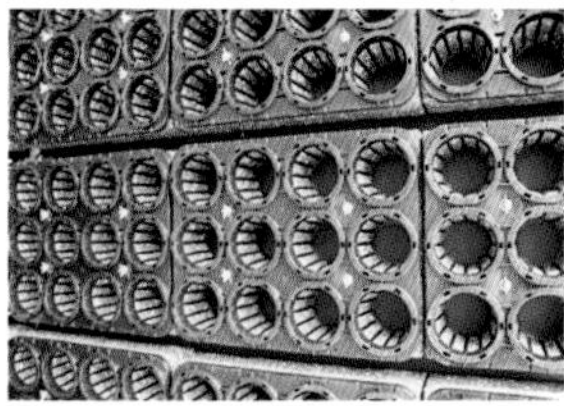
图4-128 钵 床

图4-129 钢圈钵床结构

图4-130 花球和花拱

用困难，比如低温、大风等恶劣条件，可以选择人造花卉。有时在立体花坛造型中，非生物材料的运用让施工更便捷，效果更逼真（图4-125）。

有些特殊的场合，如2009年国庆天安门广场中心花坛是以巨型花篮为中心的混合花坛——整体直径40m，高12m多，巨型花篮直径9m，是用牡丹、月季、百合、菊花、紫藤等60种近千枝各色大型花卉插制造型而成，为了保证最佳的观赏效果，篮体花材用仿真花。如果用真花，一是鲜切花材料观赏期短，二是体量小，在10m高的花篮上如果用鲜百合花，看上去就像一朵小小的六出花，真花无法实现最佳的观赏效果（图4-126）。

⑥ 广泛使用现代科技成果　推广应用花卉的新优花卉品种；运用声、光、电等高新技术，丰富花坛的表现形式，创造靓丽的夜景；运用微喷滴灌技术解决大型花坛的浇水问题；运用电热、保温技术满足热带植物生长发育的温度要求等。

新工艺、新容器、新结构的应用：穴盆苗栽植、新型种植容器、带蕾扦插、种植基质新配方等施工新技术的应用大大增加了立体花坛的科技含量，丰富了花坛花卉应用植物种类和展示手段。规格统一的PVC卡盆种植钵（图4-127）和各式钵床（图4-128），使一些适

合立体造型的花材可进行规模化生产，且便于现场安装入位。卡盆配套的新工艺——钢圈钵床结构（图4-129），取代了塑料钵床，不仅省工、省材、省时，而且使花坛结构更加严紧，为立体花坛的三维造型提供了更大的方便。可组合、拆装，又可重复利用的钢材、塑料结构的应用，为立体花坛的快速发展起到至关重要的作用。如近两年使用了一种可以灵活组合的小花拱（图4-130），可以重复利用，体现了生态环保意识。

微灌、滴灌技术：针对立体花坛需水量大，浇水困难，新优花卉不耐强水流冲击，费时耗工等实际问题，采用脉冲式微喷、滴灌、渗灌等花坛微喷滴灌形式，不仅解决了花坛用水车、皮管浇水带来的诸多问题，而且节约了大量用水，降低工人劳动强度，方便养护、延长花期，同时又保持和优化了花坛景观。

全方位立体照明技术：为了使花坛达到“白天赏花，晚上观灯”的艺术效果，在花卉布置中除了采用投光灯、泛光灯、镁氖灯、彩灯、霓虹灯等传统灯光，还不断增加各种各样新式的艺术灯饰：光纤灯、镭射灯、频闪灯、变色灯等，并采用全方位立体照明系统，将花卉和灯光完美融合在一起，使花坛夜景更加靓丽多彩。

计算机辅助设计：从1997年起，将AutoCAD，Photoshop，3ds Max及CorelDraw等软件综合运用于花坛设计，取得了很好的效果，并在方案审定和施工过程中，发挥了很大作用。

先进的施工工艺：施工工艺的改善确保了施工安全和工期。为尽可能减少现场作业量，很多花坛的主体结构加工作业都是安排在后方完成，再整体运输，现场吊装就位后，再缀花、安装微滴灌管线和照明灯具。

植物材料丰富：近年来新优花材在五一、国庆花坛中推广应用，有很多是从国外引进的新品种或优质品种，如四季海棠、彩叶草、矮牵牛、非洲凤仙、百日草等，新优花卉提供了更丰富的花色、花型和植株形态。

巩固训练

如图4-73所示为华东地区某城市街头小游园景观设计平面图，根据自己对该项目的理解，及在任务4.1中树木景观初步设计完成后，对花卉景观进行设计，完成花卉景观的设计图绘制。

本任务有关评价内容详见表4-14、表4-15。

自主学习资源库

（1）花境设计与应用大全．魏钰．北京出版社，2009.

（2）花境植物选择指南．高亚红．华中科技大学出版社，2010.

（3）园林花卉应用设计：配植篇．耿欣．华中科技大学出版社，2009.

（4）立体绿化．王仙民．中国建筑工业出版社，2010.

表4-14 街头小游园花卉景观设计评价表

<table>
<tr><td>评价类型</td><td>项目</td><td colspan="2">子项目</td><td>组内自评</td><td>组间互评</td><td>教师点评</td></tr>
<tr><td rowspan="4">过程性评价（70%）</td><td rowspan="2">专业能力(50%)</td><td colspan="2">植物选配能力（40%）</td><td></td><td></td><td></td></tr>
<tr><td colspan="2">方案表现能力（10%）</td><td></td><td></td><td></td></tr>
<tr><td rowspan="2">社会能力（20%）</td><td colspan="2">工作态度（10%）</td><td></td><td></td><td></td></tr>
<tr><td colspan="2">团队合作（10%）</td><td></td><td></td><td></td></tr>
<tr><td rowspan="3">终结性评价（30%）</td><td colspan="3">作品的创新性（10%）</td><td></td><td></td><td></td></tr>
<tr><td colspan="3">作品的规范性（10%）</td><td></td><td></td><td></td></tr>
<tr><td colspan="3">作品的完成性（10%）</td><td></td><td></td><td></td></tr>
<tr><td rowspan="2">评价评语</td><td colspan="2">班级：</td><td>姓名：</td><td>第　　组</td><td colspan="2">总评分：</td></tr>
<tr><td colspan="6">教师评语：</td></tr>
</table>

表4-15 花卉景观设计教学反馈表

<table>
<tr><td>序号</td><td>调查内容</td><td>是</td><td>否</td></tr>
<tr><td>1</td><td>您是否明确本任务的学习目标？</td><td></td><td></td></tr>
<tr><td>2</td><td>您是否达到了本学习任务对学生知识和能力的要求？</td><td></td><td></td></tr>
<tr><td>3</td><td>您了解园林中花卉常见的应用形式吗？</td><td></td><td></td></tr>
<tr><td>4</td><td>您理解了花坛、花境、花丛、花台的含义及区别吗？</td><td></td><td></td></tr>
<tr><td>5</td><td>您能举例说明花坛、花境、花丛、花台在绿地中的应用吗？</td><td></td><td></td></tr>
<tr><td>6</td><td>您是否掌握了花坛、花境、花丛植物材料的选择？</td><td></td><td></td></tr>
<tr><td>7</td><td>您掌握花坛、花境的设计了吗？</td><td></td><td></td></tr>
<tr><td>8</td><td>您熟悉当地常用草本花卉观赏特性和园林应用情况吗？</td><td></td><td></td></tr>
<tr><td>9</td><td>您能运用本节理论知识去调查分析已建成绿地花卉景观吗？</td><td></td><td></td></tr>
<tr><td>10</td><td>您能运用本节学习内容进行具体项目的花卉景观设计和绘图表现吗？</td><td></td><td></td></tr>
<tr><td>11</td><td>您课下阅读自主学习资源库的内容了吗？</td><td></td><td></td></tr>
<tr><td>12</td><td>您对自己在本学习任务中的表现是否满意？</td><td></td><td></td></tr>
<tr><td>13</td><td>您对本小组成员之间的团队合作是否满意？</td><td></td><td></td></tr>
<tr><td>14</td><td>您认为本学习任务对您将来的工作会有帮助吗？</td><td></td><td></td></tr>
<tr><td>15</td><td>您认为本学习任务还应该增加哪些方面的内容？（请在下面回答）</td><td></td><td></td></tr>
<tr><td>16</td><td>本学习任务完成后，您还有哪些问题需要解决？</td><td></td><td></td></tr>
<tr><td colspan="4">请写出您的意见和建议：</td></tr>
</table>

参考文献

[1] 郑成乐，金研铭. 2010. 花卉装饰与应用[M]. 北京：中国林业出版社.
[2] 董丽. 2003. 园林花卉应用设计[M]. 北京：中国林业出版社.
[3] 赵灿. 2008. 花境在园林植物造景中的应用研究[D]. 北京：北京林业大学.
[4] 纪书琴. 2007. 北京地区花境植物资源及其应用[J]. 北京园林，(3)：20-23.
[5] 吴越. 2010. 北方花境植物材料选择与配置的研究[D]. 北京：北京林业大学.
[6] 王美仙. 2009. 花境起源及应用设计研究与实践[D]. 北京：北京林业大学.
[7] 赵世伟. 2006. 园林植物种植设计与应用[M]. 北京：北京出版社.
[8] 夏宜平. 2009. 园林花境景观设计[M]. 北京：化学工业出版社.
[9] 孟庆武. 2003. 北京节日花坛[M]. 广州：百通集团，新疆科学技术出版社.
[10] 周武忠，译. 2003. 花境设计师[M]. 深圳：东南大学出版社.
[11] 臧德奎. 2008. 园林植物造景[M]. 北京：中国林业出版社.
[12] 吴涤新. 1994. 花卉应用与设计[M]. 北京：中国农业出版社.
[13] http://blog.sina.com.cn/xiaoli1955.
[14] http://0316116.blog.163.com/blog/static/2164933320079755535738.

任务4.3

草坪和观赏草景观设计

学习目标

【知识目标】

（1）识记和理解草坪的应用特点及草坪的分类。

（2）能列举草坪草和观赏草的代表种类。

【技能目标】

（1）应用草坪及观赏草的景观特点对园林草坪和观赏草景观进行评价。

（2）根据草坪和观赏草景观的设计要点进行具体项目的草坪和观赏草设计及图纸表达。

工作任务

任务提出（某街头小游园草坪和观赏草景观设计）

在任务4.1和4.2中已经完成对街头小游园树木景观和主要花卉景观的设计，本任务是根据草坪和观赏草植物景观设计要求完成小游园草坪及观赏草景观的设计。

任务分析

首先在了解项目性质、周边环境条件及其他景观要素构成的基础上对草坪景观的功能进行整体分析和定位，再通过对当地常用草坪的种类及各自的景观和功能特性的调查和研究，运用草坪景观设计的建坪方法及设计要点等内容合理布局和规划小游园内的草坪和观赏草景观。

任务要求

（1）草种的选择应符合当地的立地条件，并同时满足其景观和功能要求。

（2）正确分析草坪在小游园不同的景观空间中的应用特点，做到功能明确、布局合理。

（3）图纸绘制规范。

（4）完成街头小游园草坪和观赏草景观设计平面图1张。

材料及工具

测量仪器、手工绘图工具、绘图纸、绘图软件（AutoCAD）、计算机等。

知识准备

4.3.1 草坪景观设计

4.3.1.1 草坪的定义

草坪的定义有狭义与广义之分。

狭义的草坪仅指草坪草植物群体着生的场所，主要由覆盖地表的地上枝叶层、地下根系层以及根系生长的表土层三部分构成。

广义的草坪则指草坪草与土壤以及在这个环境中生长繁殖的各种生物共同构成的生态系统，它代表着一个高水平的生态有机体，包括草坪草及生长环境两个部分。它具有防风固沙、涵养水源、净化空气、绿化国土、水土保持和保护生物多样性等作用。

在1979年出版的《辞海》中“草坪”被注释为“草坪亦称草地，是园林中用人工铺植草皮或播种草籽培养形成的整片绿色地面，是风景园林的重要组成部分之一，同时也是休憩、娱乐的场所”。由此可知，园林草坪是指人工建植、管理的具有使用功能和改善生态环境作用的草本植被空间。通常是指以禾本科草或其他质地纤细的植被覆盖，并以大量的根或匍匐茎充满土壤表层的地被，是由草坪草的地上部分、根系和土层以及周边生物区系构成的整体（《园林草坪学》）。

4.3.1.2 草坪在园林中的应用

园林草坪或由人工建植并进行定期修剪等养护管理，或由人工改造的天然草构成——总之具有较强的人为干预性。它是园林以人工手法来实现自然与都市生活联系的重要表现途径之一。园林草坪不仅具有观赏特性，同时也具有人为参与特性，它是开展许多户外活动的绝佳场所。在园林空间布局中，草坪既可以作为主要景观和场地，营造丰富的空间美感，同时也可以作为其他景观不可或缺的搭配或背景，为园林空间增添或清新或浓厚的自然氛围。

（1）作主景

① 营造开敞的空间效果　在场地空间较为宽敞的地方，草坪草自身轻柔的形态与群体形成的广阔景象联系在一起，可以形成视觉上的交错对比，异景同构，展现出多姿多彩的自然美。

② 缓解局促的空间氛围　在一些较小的空间中，为了尽可能地将空间利用最大化，往往要

奉行“少即是多”的设计原则。中国古典园林中处理狭小空间的方法很多，如用单面廊或水池的曲折延伸创造空间的多样化层次等。

③ 打造丰富的空间质感　草坪整体上给人们的印象是芳草萋萋、一碧连天——在质地、密度、色泽方面都非常均匀一致。但不同的草坪草种类在不同的景观环境中可以呈现出多种不同的空间质感。如野牛草质地粗糙、狂野；而细叶结缕草形成的草坪则低矮平整，茎叶纤细美观，有一定弹性，侵占力极强，易形成草皮。

（2）作配景

草坪作为配景在园林中出现是园林草坪应用的主要形式，这与草坪自身低矮、整齐、色相柔和、质地均一等特点息息相关，再加上其开阔而具有张力的形态特征，就可以对园林中的建筑、小品、水体、高大植物、园路等要素起到良好的对比、调和、烘托及衬托的作用和效果，使置于其中的主要景观要素更加明显地凸显现在人们的视野之中。

① 草坪与地形　地形的营造是园林空间设计的重要手法之一，当草坪与地形要素搭配时，二者往往从视觉上是合二为一的——草坪紧紧地覆盖地面，随地形的起伏变化而表现出不同的种植形态（图4-131）。

② 草坪与水体　园林中的水体有动静之分。平静的水面可以映照出天空和周围的景物，而草坪作为质地均一、色调柔和的配景，则犹如优雅的画框，使园林如画境，人如在画中游。而流动的水面往往是人们观赏游憩的焦点，在绿茵静雅的草坪衬托对比之下，尤显灵动之气，在动静之间，将人们引入自然和谐、妙趣横生之境（图4-132）。

③ 草坪与建筑　草坪由于成坪快，效果明显，常常被用作协调建筑与环境的重要素材之一。草坪中的建筑往往可以丰富景观构图，所以二者之间的关系可以描述为：建筑使草坪更加生动，草坪使建筑更加艺术。

④ 草坪与乔木、灌木等其他植物　草坪与乔木、灌木等其他植物搭配，可以形成具有向心、递进、多点等多种景观层次的艺术效果。在草坪上，乔木与灌木等其他植物的配置形式主要有3种：孤植、群植（或丛植）和列植（图4-133、图4-134）。

⑤ 草坪与小品　与草坪搭配的园林小品主要有山石、座椅、雕塑等，主要应用于公园、广场、居住小区和庭院的绿化美化当中，它们往往可以成为园林局部景观的主景。在草坪上

图4-131　草坪与地形

图4-132　草坪与水体

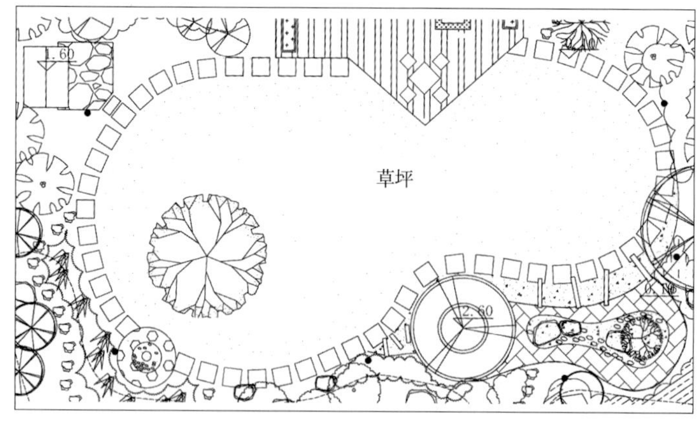

图4-133 草坪上的孤植树

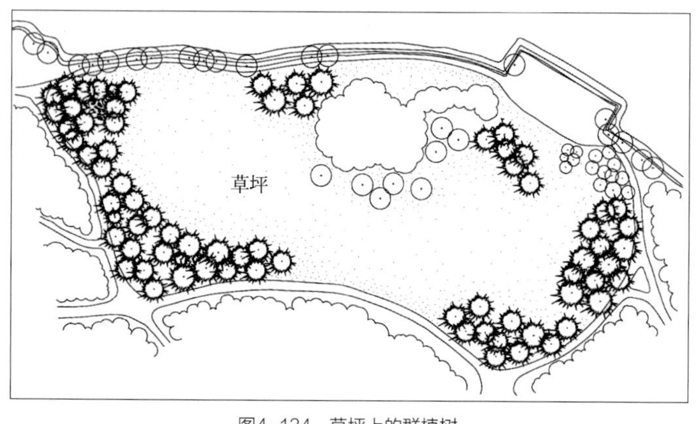

图4-134 草坪上的群植树

布置园林小品，会给人留下丰富的欣赏和想象空间，看似随意又不失情趣，同时利用草坪色泽均匀和整体平坦的特点，能够增强小品的艺术特色，更好地衬托出小品的色彩和造型的美感。

⑥ **草坪与道路** 线性的道路具有功能上的引导性和可达性，所以在与草坪搭配构成景观时自然而然成为园林中的主景。园林道路有不同的等级，与草坪配合的道路一般为小型的游步道，宽度为1～2m，主要供少量游人漫步游览、观赏景物，可以引导游人深入到园林的各个角落。游步道在园林草坪上的应用形式主要有两种：一种是道路以独立的形态布置在草坪上；另一种是草坪与预制块、石板、石块等材料共同形成道路，也称为嵌草路。独立的道路往往可以与草坪通过色彩和形态上的对比来增强视觉效果，远观宛如优美的彩带穿插在绿毯之上，清新、朴素，富有雅致的情调；而嵌草路则是路与草的交融，道路在草丛中若隐若现，使园林呈现出更加幽深、自然的野趣。

（3）作背景

草坪作主景和配景都是相对于另一种景物而言，此时草坪参与景观组合。而草坪作背景，则好像是一块天然的画布，在上面可以将道路、建筑、小品、水景做丰富多彩的组合，在草坪之上构成一幅幅生机盎然、多姿多彩的自然风景画面。

4.3.1.3 园林草坪的分类

草坪依据不同的划分标准，可以划分为不同的类型。

（1）按照植物材料构成进行分类

按照植物材料的构成进行分类，可以将草坪分为纯一草坪、混播草坪、缀花草坪、疏林草坪，具体内容见表4-16。

（2）按照功能进行分类

草坪按照功能进行分类，可以分为观赏草坪、游憩草坪、运动场草坪、交通安全草坪以及固土护坡草坪等，具体内容见表4-17。

表4-16 按照植物材料构成划分园林草坪的类型及其植物选择

类 型	功 能	设置位置	草种选择	图 片
纯一草坪（由一种草坪草种或品种建成的草坪）	形成高度均一性的草坪色彩和质感	应用在对均一性要求较高的区域，如在高尔夫球场的发球台、球洞区	南方：细叶结缕草、地毯草、狗牙根、高羊茅等；北方：草地早熟禾、匍匐翦股颖、白三叶、野牛草等	
混播草坪（由两种或两种以上草坪草种混合建植的草坪）	提高成坪速度和草坪的稳定性，以延长草坪绿期和使用年限	体育运动场地和护岸护坡	高羊茅、狗牙根、黑麦草、早熟禾、白三叶等	
缀花草坪（以草为背景，间以观花地被植物的草坪）	提高草坪的观赏和游憩价值	公园、大型绿地、医院、疗养院、机关、学校等	小冠花、百脉根等（以多年生矮小禾草或拟禾草为主，混有少量草本花卉）	
疏林草坪（在草坪上种植少量的树木）	增加景观层次，提高绿量，提供开阔的林下活动场所	群众性集体活动的场所	根据地区不同、功能不同选择稍耐阴品种	

4.3.1.4 草坪植物的选择与应用

草坪草大部分都是禾本科和莎草科植物，其中禾本科草坪草最多（表4-18）。此外，构成草坪的也有少量其他单子叶植物（如苔草）和双子叶植物（如白三叶和马蹄金）。草坪植物的选择应遵循以下原则：

① 植株低矮：优良草坪草株高在30cm以下，或约50cm或70cm左右，若超过1m则应为耐修剪品种。

② 绿叶期较长。

③ 生长迅速、繁殖容易、管理粗放。

④ 适应性强。

⑤ 依据特定要求选择具有抗逆性、一定观赏价值和经济价值的草种。

表4-17　按照功能划分园林草坪的类型及其植物选择

类　型	功　能	设置位置	草种选择	图　片
观赏草坪（专供人们欣赏景色的草坪）	用作广场内草坛、雕像喷泉、建筑纪念物四周、道路旁、分车道等处的装饰和陪衬	公园、广场、居住小区、纪念物、雕塑、喷泉等处的周围	羊胡子草、异穗苔草、燕麦草、紫羊茅、细叶结缕草、匍匐委陵菜等	
游憩草坪（人们游乐、休息和活动的草坪）	供人们入内休息、散步、进行小型活动、体育运动或游戏玩耍	大型绿地、医院、疗养院、机关、学校等	野牛草、结缕草、中华结缕草、狗牙根、假俭草、细叶结缕草等	
运动场草坪（专供体育比赛和运动的草坪）	为人们开展体育运动或比赛提供户外场地	足球、网球、高尔夫球等体育比赛场地	结缕草，细叶结缕草、狗牙根、假俭草等耐踏草种	
交通安全草坪（保证航空和地面交通安全的草坪）	开阔视野，降低安全隐患，美化环境，降低地表温度，减少噪声、沉降灰尘	道路交叉口、停车场和机场等	野牛草、结缕草，细叶结缕草、狗牙根等	
固土护坡草坪（既具有固土护坡作用又能美化环境的草坪）	用以防止水土被冲刷，防止尘土飞扬	堤坝、驳岸和陡坡	结缕草、假俭草、无芒雀麦、狗牙根等	

4.3.1.5　草坪景观的设计

（1）草坪景观的设计原则

无论是乔、灌、草多层次的草坪景观，还是以单独展现草坪美为主题的园林景观，都应该

表4-18　禾本科中常见的草坪草种

亚科	属	种
早熟禾亚科	羊茅属	紫羊茅、羊茅、硬羊茅、苇状羊茅
	早熟禾属	草地早熟禾、加拿大早熟禾
	黑麦草属	多年生黑麦草
	雀麦属	无芒雀麦
	洋狗尾草属	洋狗尾草
	碱茅属	碱茅、纳托尔碱茅、莱蒙氏碱茅
	翦股颖属	匍茎翦股颖、细弱翦股颖、普通翦股颖
	猫尾草属	猫尾草
	冰草属	冰草、兰茎冰草、沙生冰草
画眉草亚科	狗牙根属	狗牙根、布拉德雷氏狗牙根、杂交狗牙根
	结缕草属	结缕草、沟叶结缕草、细叶结缕草、中华结缕草、大穗结缕草
	野牛草属	野牛草
	垂穗草属	格兰马草、垂穗草
黍亚科	地毯草属	地毯草、近缘地毯草
	雀稗属	美洲雀稗
	狼尾草属	狼尾草
	钝叶草属	钝叶草（大黍草）
	蜈蚣草属	假俭草

从人们的行为、心理及需求出发，以“适用、美观、经济”三大原则为前提进行设计。

①适用——即科学性　首先，注意根据植物的生长习性合理搭配草坪植物，即根据不同的立地条件和不同的功能需求，选择生长习性适合的草坪植物，必要时还需做到合理混合搭配草种，这样才能使草坪植物生长良好，发挥其良好的生态效益和景观特色。其次，注意草坪与园林景观要素的协调关系，科学合理地将不同的要素融合在草坪环境中。最后，注意草坪植物各种功能的有机配合。

②美观——即艺术性　园林景观如画作，是多种要素经过巧妙的工程改造、艺术加工和创作形成的。草坪是园林的重要组成部分，既是基调，也是主景，因此在草坪景观设计中要特别注意其艺术性的展现。草坪植物景观的艺术性要与园林环境相协调，在自然式园林景观中应采用自然地形与草坪搭配，营造时而开阔时而幽闭的空间环境，而在规则式园林景观中，草坪的边界往往要随着规则式的布局要求，形成整齐美观、轮廓鲜明的特征。草坪的构图艺术主要遵循“变化统一、调和对比、节奏韵律、均衡稳定、尺度比例”的原则。

③经济——即经济性　草坪景观的经济性可以从投入和产出两个方面来考虑。一是注意在草坪植物选择上优先采用乡土草种，降低草坪建植的投入成本，减小草坪草死亡生病等风险带来的二次投入；二是在发挥草坪的园林景观功能的同时，尽量使其产生一定的经济价值（如食用、药用、作染料、淀粉和纤维等工业原料）。

（2）空间和形状的设计

设计草坪景观时，在综合考虑景观观赏、实用功能、环境条件等多方面因素的基础上，要充分把握其空间和形状上的要求，力求符合景观尺度和实用性要求。

①面积　尽管草坪景观视野开阔、气势宏大，但草坪的建植也有以下缺点：如前期投入的资本较大；养护成本相对昂贵；生态效益相比较其他树种相差许多；由于物种构成单一，需要大量使用杀虫剂等，容易造成二次污染；而从景观效果而言，草坪是平面化的，无法形成优美的立体景观。所以通常情况下不提倡大面积使用，多采取草坪与其他植物搭配建植的方式，

在满足功能、景观等需要的前提下尽量减少草坪的面积。

② 空间 从空间构成角度看，草坪景观不应一味地开阔，要与周围的建筑、树丛、地形等结合，形成一定的空间感和领地感，即达到“高”、“阔”、“深”、“整”的效果。例如，杭州柳浪闻莺大草坪的面积为35 000m^2，草坪的宽度为130m，以柳浪闻莺馆为主景，结合起伏的地坪配置高大的枫杨林，树丛与草坪的高宽比为1：10，空间视野开阔，但不失空间感（图4-135）。

树木、灌木、花丛在地面上的垂直投影轮廓即林缘线，林缘线往往是虚、实空间（树丛为实、草坪为虚）的分界线，也是绿地中明、暗空间的分界线。林缘线直接影响空间、视线及景深，对于自然式组团，林缘线应做到曲折流畅——曲折的林缘线能够形成丰富的层次和变化的景深。草坪与其他植物形成的自然式植物景观的林缘线有半封闭和全封闭两种，图4-136（a）为半封闭林缘线，树丛在面向道路一侧开敞，一片开敞的草坪成为树丛的展示舞台，在点A处有足够的观赏视距去欣赏这一景观，而站在草坪中央（点B），则三面封闭、一面开敞，形成一个半封闭的空间；图4-136（b）为封闭林缘线，树丛围合出一个封闭空间，如果栽植的是分枝点较低的常绿灌木或高灌木，空间封闭性强，通达性弱；而如果栽植分枝点较高的植物，会产生较好的光影效果，也可保证一定的通透性。

③ 形状 草坪的平面形状可以根据景观视觉效果的需求而任意设计。但为了获得自然的景观效果，方便草坪的修剪，草坪的边界应该尽量简单而圆滑，尽量避免复杂的尖角。通常在建筑物的拐角、规则式铺装的转角处可以栽植地被、灌木等植物，以消除尖角产生的不利影响（图4-137）。

（3）技术要求

草坪建植应在符合特定景观需求的同时，满足一系列的技术要求：

① 种植土厚30～50cm土层内无建筑垃圾和大的砖块，10cm土层内无直径大于3cm的石砾。

② 土壤疏松、透气，不能受到化学物质污染，无除草剂残留，无恶性杂草，pH 6～7。

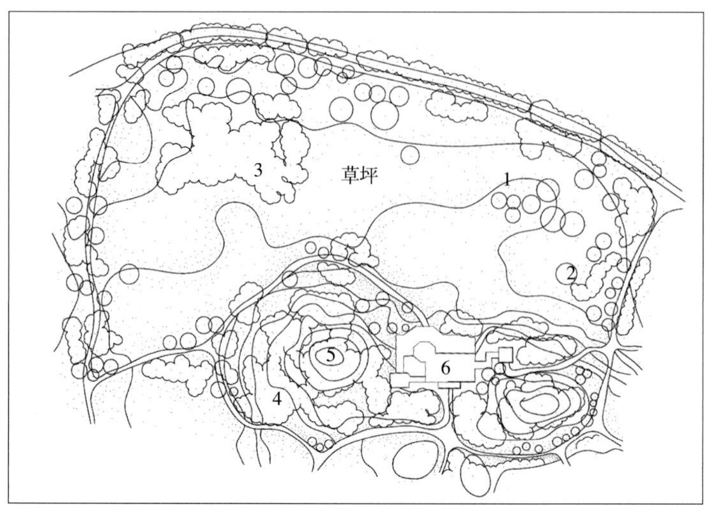

图4-135 杭州柳浪闻莺大草坪平面图
1.垂柳 2.香樟 3.枫杨 4.柳、桂花 5.紫叶李 6.闻莺馆

③ 按设计整理地形，土壤在不采取任何辅助措施时，坡度应满足排水以及土壤自然安息角的要求（表4-19）。无地形设计的应按3%～4%的坡面进行整理以利排水，路沿石应高出草坪土壤5cm。

有条件的情况下应适当施用有机肥以提高肥力。

冷季型草坪的最佳播种时间在初秋，春季播种一般在4月底前完成。暖季型草坪

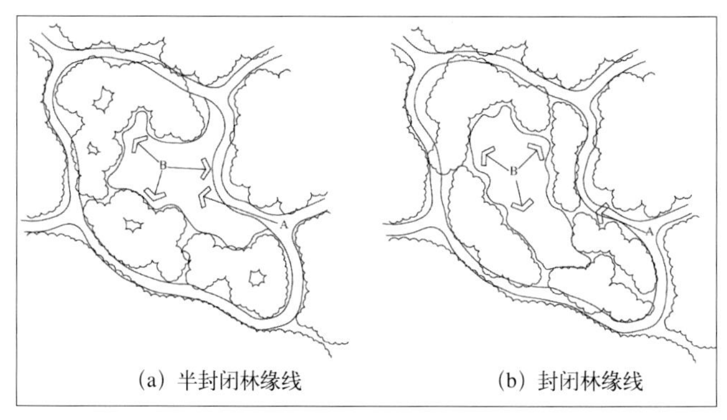

(a) 半封闭林缘线　　(b) 封闭林缘线

图4-136　草坪与其他植物形成的林缘线

图4-137　草坪边界处理示意

表4-19　草坪的设计坡度

应用类型	坡度要求	应用类型	坡度要求
规则式草坪	≤5%	一般设计坡度	5%～10%
自然式草坪	5%～15%	最大坡度	不能超过土壤的自然安息角（30%左右）

在5～6月播种为宜，播种后应覆盖草帘，以减少水分蒸发和冲苗，苗出全后应及时去掉覆盖材料。

4.3.2　观赏草景观设计

4.3.2.1　观赏草的含义

观赏草是一类形态美丽、色彩丰富，以茎秆和叶丛为主要观赏部位的草本植物的统称，其最高的美学价值就在于其具备赏心悦目的观赏特性，它自然优雅、潇洒飘逸，极富自然野趣，加上其对生长环境有极广泛的适应性，易于种植，近年来逐渐受到人们的喜爱。

4.3.2.2　观赏草的种类与景观特点

观赏草最初专指禾本科中一些具有观赏价值的植物。如今，除了园林景观中具有观赏价值的禾本科植物外，莎草科、灯心草科、花蔺科、天南星科、蓼科及香蒲科等一些具有观赏价值的植物也在观赏草之列（表4-20）。

4.3.2.3　观赏草在园林中的应用

观赏草及有关植物在形态、大小、叶色、开花习性以及生长要求方面具有多样性，这为它们融入设计提供了丰富的可能性。

（1）观赏草在花境中的应用

观赏草的叶具有细致的质地和细长弯曲的生长特征，与笔直生长或具有明显体量及开大花的多年生植物形成鲜明对比，观赏草与多年生开花植物相结合的花境比完全由开花植物组成的传统的、规则的花境更具柔和、自然的效果（图4-138）。

表4-20 观赏草的分类及其景观特点

科 名	种 类	景观特点
禾本科（Gramineae）	芦竹 *Arundo donax*	秆高，花丛大，叶翠绿茂密
	花叶芦竹 *Arundo donax* var. *versicolor*	叶片上有黄白色宽狭不等的条纹
	凌风草 *Briza madia*	花序紫色金字塔形，小穗似铃铛
	单蕊拂子茅 *Calamagrostis emodensis*	穗状花序，似芦苇状，穗尖略呈紫色
	虎尾草 *Chloris virgata*	金黄色穗状花序，部分花外稃有短芒
	蒲苇 *Cortaderia selloana*	银白色羽状穗
	紫羊茅（红狐茅）*Festuca rubra*	花穗蓝绿色或黄褐色，花序高出茎秆0.3 m
	细叶芒 *Miscanthus sinensis*	花序黄棕色
	‘红叶’白茅 *Imperata cylindrica* ‘Rubra’	叶直立，春天叶片变绿，叶尖红色，夏末和秋天叶子彻底变红，冬天变铜色
	狼尾草 *Pennisetum alopecuroides*	叶簇生，绿色有横向淡黄色条带,冬天变棕黄色、弧形
灯心草科（Juncaceae）	小花灯心草 *Juncus lampocarpus*	花序几呈伞形分枝,苞片常带紫红色，花被片黄绿色后变褐色
	红钩灯心草 *Uncinia rubra*	叶光滑呈深红褐色，花暗褐色
莎草科（Cyperaceae）	‘青铜’新西兰发状苔草 *Carex comans* ‘Bronze’	铜褐色叶
	‘金叶’苔草 *Carex elata* ‘Evergold’	叶纤细，黄色，有淡绿色纵向条纹
香蒲科（Typhaceae）	长苞香蒲 *Typha angustata*	黄色的花冠随着花朵盛开转为红色
	宽叶香蒲 *Typha latifolia*	雌花序绿褐色至红褐色，老熟时变灰白色

（2）观赏草作为欣赏焦点

单独一束观赏草可以布置在入口、道路的尽头、院子或阳台的角落处，成为观赏的焦点。在这种情况下，高度通常是选择何种观赏草要考虑的主要因素，例如，1.2～1.8m高的矮蒲苇、芒草等就格外突出，尤其在室外，阳光和微风能充分展示其娇嫩的花序和羽状果穗。

（3）观赏草作局部景观背景

从一株到两三株或数百株，甚至是上千株植物，大面积种植观赏草，是创造独特景观背景的另一种种植方式。在大规模的园林景观中，可以运用多组体形较大的观赏草来替代灌木丛或小树林。在花园设计中，规模一般较小，草的选择通常更多地取决于其形态、花期或叶色，而不是大小。尽管观赏草在高度、叶色和其他性状上会有一些差异，大规模种植不同草种也不会引起人的反感。规模较小的种植通常是为了创造统一感而采用无性繁殖的栽培品种。

（4）观赏草用作地被

广阔的草坪早已成为美国景观的一个典型特征，但是保持草坪最佳状态一般需要耗费大量的时间和人力进行施肥、浇水、控制病虫害。保持地被植物最佳状态一般也需要耗费大量的时间和人力，而观赏草很少或永远不需要修剪也可以提供类似的绿色景致。一些观赏草类植物的质地很好，可以创造出完整统一、如地毯一般的草地景观；有些种类，如沿阶草属植物，终年常绿；其他种类可能会在冬季或夏季停止生长，但会随生命周期带来外观的季相变化。

图4-138　花境中的观赏草　　图4-139　观赏草与水景园

（5）观赏草作为边界和屏障

观赏草作为边界和屏障，比传统的绿篱具有很多优势：一般比绿篱生长、成型更迅速；在冬天寒冷地区，观赏草不会因冰雪的堆积形成永久的伤害；被风吹动时发出的沙沙声能有效消除交通和附近的噪声；观赏草没有密集繁茂的枝叶，不会给人及动物的通行带来不便，但若要用作天然屏障，芒属植物和蒲苇叶片都很锋利，可以非常有效地遏制人们穿越。可以说，种植高大的观赏草是确定边界、营造空间、隐藏不雅景观、为户外休憩或就餐创造隐蔽环境的一种理想解决方案。

（6）观赏草在水景园中的运用

平静的水面给人很强的水平感，选择直立的观赏草，如灯心草，可形成强烈对比，并给人整齐的感觉；选择弧形、扇形的观赏草，如苔草属的金叶苔草，则能产生更自然的效果。同时，观赏草在水面形成倒影，在适当的光线下，镜子般的水面使雅致的花和轻轻摇摆的叶在水面上下产生双重美感（图4-139）。

任务实施

1. 选择适宜的草坪种类和观赏草

在本案例中，综合分析绿化地的气候、土壤、地形等环境因子及园林植物景观的需要，适当布置草坪和观赏草景观，满足游人游憩和赏景的需要。小游园绿地中可供游人游憩的草坪选择生长缓慢、养护管理水平低、草坪草密度适中（以抵抗轻度的践踏）的种类矮生百慕大，到冬季快来临时追播冷季型的黑麦草，以保持草坪四季常绿。整个小游园中树木和花卉以外的部分，用草坪满铺，形成园林景观的背景，烘托树木、花卉、建筑、水体、道路景观。在水边、路边或道路的转弯处，布置观赏草，丰富植物景观，主要选择的观赏草种类是斑叶芒草、矮蒲苇、花叶芦竹。

2. 确定配置技术方案

在选择好草坪和观赏草种类的基础上，确定其配置方案，最终完成小游园植物景观设计平面图（图4-140）。

巩固训练

如图4-73所示为华东地区某城市街头小游园景观设计平面图，在任务4.1和任务4.2巩固训练树木景观和花卉景观设计基础上，进行该小游园草坪和观赏草景观设计，完成小游园的植物景观设计平面图。本任务有关评价内容见表4-21、表4-22。

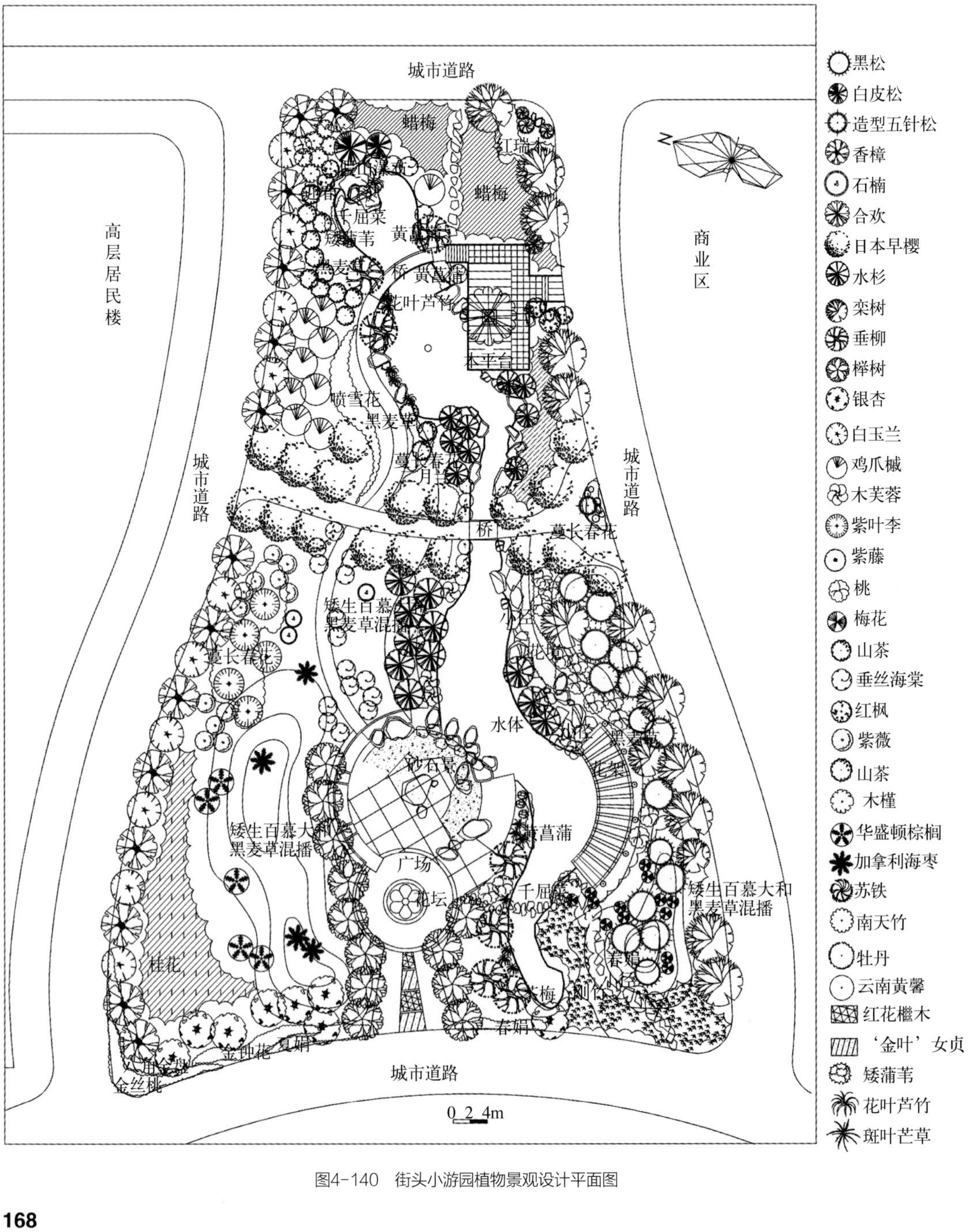

图4-140 街头小游园植物景观设计平面图

表4-21　街头小游园草坪和观赏草景观设计评价表

<table>
<tr><td>评价类型</td><td>项目</td><td colspan="2">子项目</td><td>组内自评</td><td>组间互评</td><td>教师点评</td></tr>
<tr><td rowspan="4">过程性评价
（70%）</td><td rowspan="2">专业能力
（50%）</td><td colspan="2">植物选配能力（40%）</td><td></td><td></td><td></td></tr>
<tr><td colspan="2">方案表现能力（10%）</td><td></td><td></td><td></td></tr>
<tr><td rowspan="2">社会能力
（20%）</td><td colspan="2">工作态度（10%）</td><td></td><td></td><td></td></tr>
<tr><td colspan="2">团队合作（10%）</td><td></td><td></td><td></td></tr>
<tr><td rowspan="3">终结性评价
（30%）</td><td colspan="3">作品的创新性（10%）</td><td></td><td></td><td></td></tr>
<tr><td colspan="3">作品的规范性（10%）</td><td></td><td></td><td></td></tr>
<tr><td colspan="3">作品的完成性（10%）</td><td></td><td></td><td></td></tr>
<tr><td rowspan="2">评价评语</td><td colspan="2">班级：</td><td>姓名：</td><td>第　　组</td><td colspan="2">总评分：</td></tr>
<tr><td colspan="6">教师评语：</td></tr>
</table>

表4-22　草坪和观赏草景观设计教学反馈表

<table>
<tr><td>序号</td><td>调查内容</td><td>是</td><td>否</td></tr>
<tr><td>1</td><td>您是否明确本任务的学习目标?</td><td></td><td></td></tr>
<tr><td>2</td><td>您是否达到本学习任务对学生知识和能力的要求?</td><td></td><td></td></tr>
<tr><td>3</td><td>您了解园林中的草坪与观赏草的区别吗?</td><td></td><td></td></tr>
<tr><td>4</td><td>您理解草坪和观赏草的含义吗?</td><td></td><td></td></tr>
<tr><td>5</td><td>您能举例说明草坪和观赏草的种类和园林应用特点吗?</td><td></td><td></td></tr>
<tr><td>6</td><td>您掌握草坪景观设计的原则及设计要求了吗?</td><td></td><td></td></tr>
<tr><td>7</td><td>您掌握观赏草的景观特点了吗?</td><td></td><td></td></tr>
<tr><td>8</td><td>您熟悉当地常用草坪和观赏草的观赏特性和园林应用情况吗?</td><td></td><td></td></tr>
<tr><td>9</td><td>您能运用本节理论知识去调查分析已建成绿地草坪和观赏草景观吗?</td><td></td><td></td></tr>
<tr><td>10</td><td>您能运用学习内容进行具体项目的草坪和观赏草景观设计和绘图表现吗?</td><td></td><td></td></tr>
<tr><td>11</td><td>您课下阅读自主学习资源库的内容了吗?</td><td></td><td></td></tr>
<tr><td>12</td><td>您是否喜欢这种上课方式?</td><td></td><td></td></tr>
<tr><td>13</td><td>您对自己在本学习任务中的表现是否满意?</td><td></td><td></td></tr>
<tr><td>14</td><td>您对本小组成员之间的团队合作是否满意?</td><td></td><td></td></tr>
<tr><td>15</td><td>您认为本学习任务对您将来的工作会有帮助吗?</td><td></td><td></td></tr>
<tr><td>16</td><td>您认为本学习任务还应该增加哪些方面的内容?（请在下面回答）</td><td></td><td></td></tr>
<tr><td>17</td><td>本学习任务完成后，您还有哪些问题需要解决?</td><td></td><td></td></tr>
<tr><td colspan="4">请写出您的意见和建议：</td></tr>
</table>

自主学习资源库

（1）观赏草及其在园林景观中的应用．武菊英．中国林业出版社，2008．

（2）观赏草及其景观配置．（美）兰茜·J·奥德诺．中国林业出版社，2004．

（3）地被植物与景观．吴玲．中国林业出版社，2007．

（4）园林草坪与地被．杨秀珍．中国林业出版社，2010．

参考文献

[1] 陈雅君，杜广明. 2009. 园林草坪学[M]. 北京：气象出版社.
[2] 侯碧清，陈勇. 2005. 草坪草与地被植物的选择[M]. 北京：国防科技大学出版社.
[3] 韩烈保. 1999. 草坪草种及其品种[M]. 北京：中国林业出版社.
[4] 韩烈保. 1999. 草坪建植与管理手册[M]. 北京：中国林业出版社.
[5] 陆庆轩，纪凯. 2003. 草坪建植与养护管理[M]. 沈阳：辽宁科学技术出版社.
[6] 赵世伟. 2006. 园林植物种植设计与应用[M]. 北京：北京出版社.
[7] 任敬民，陈跃进. 2005. 我国草坪业现状及应对措施[J]. 林业科技，（1）：54.
[8] 郭绍霞，张玉刚，王维华. 2003. 草坪在城市绿地中的应用[J]. 草原与草坪，（3）：3－6.
[9] 孙振元，李潞滨. 2007. 我国草坪业现状及发展趋势[J]. 林业科技通讯，（7）：3-5.

项目5 小环境园林植物景观设计

任务5.1 小庭院植物景观设计

学习目标

【知识目标】

（1）能说明及归纳园林植物景观设计的基本程序。

（2）记住并解答小庭院植物景观设计的原则和基本要求。

（3）归纳并掌握小庭院植物景观设计要点。

【技能目标】

（1）应用园林植物景观设计基本程序和方法对具体项目进行分析和操作。

（2）根据小庭院植物景观设计要点进行具体小庭院项目的植物景观的设计和绘图表达。

工作任务

任务提出（华北地区某私家小庭院植物景观设计）

如图5-1所示为华北地区某私家小庭院的基地现状图，根据小庭院植物景观设计的原理、方法以及功能要求，结合该庭院具体基地信息，对该小庭院进行植物景观设计。

任务分析

在了解各种小庭院的风格类型和植物景观特色的基础上，掌握小庭院植物景观设计的步骤及方法。在了解委托方对项目的要求后，根据小庭院植物景观设计原则，分析小庭院的气候对该项目的影响，最后进行设计构思，完成对该私家小庭院的植物景观设计。

任务要求

（1）了解委托方的要求，掌握该小庭院植物景观设计的案例资料及项目概况等基本信息。

（2）灵活运用小庭院植物景观设计的基本方法，适地适树，植物布局合理。

（3）表达清晰，立意明确，图纸绘制规范。

（4）完成该小庭院现状分析图、植物功能分区图、植物分区规划图、种植初步设计平面图、种植设计平面图等相关图纸。

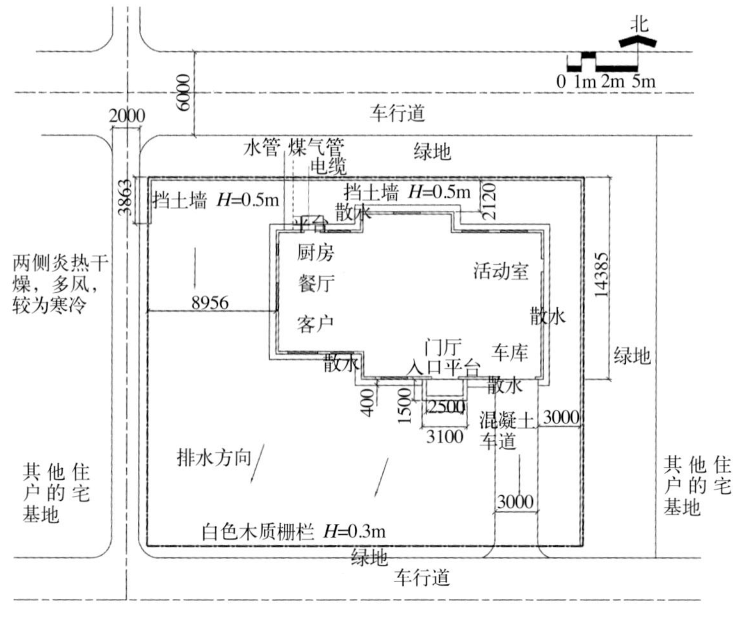

图5-1 私家庭院基地现状图

材料及工具

测量仪器、手工绘图工具、绘图纸、绘图软件（AutoCAD、Photoshop）、计算机等。

知识准备

5.1.1 小庭院植物景观类型与特色

5.1.1.1 中国式庭院的植物景观设计

中国古典园林师法自然，以“天人合一”思想作为指导，形成了独树一帜的自然山水园。植物的形态审美、种植技法、文化内涵紧密融合。中国式庭院植物景观主要有以下特色。

（1）师法自然

“师法自然”是中国古代庭院植物造景的基本原则之一。首先在植物选用及景观布局方面，中国古代庭院是以植物的自然生长习性、季相变化为基础，模拟自然景致，因地制宜，随机造景，达到“虽由人作，宛自天开”。另外，在景观组织方面，利用借景将自然山川纳入园中，或者利用欲扬先抑、小中见大等手法，造成视觉错觉，即使是在面积很小的庭院里，也利用“三五成林”，创造“咫尺山林”的效果。在植物选择上，追求质朴、清逸的种植风格，重视花木的姿态、画意。植物以古、奇、雅、色、香、姿为上选，在配置形式上，以孤植、对植及三五株丛植为主。

（2）用具有特定观赏寓意的植物造景

每种植物除具有一定的生态学和生物学特性外，还具有一定的观赏特性。植物独特的形态、色彩、芳香、声响、风韵之美组成极为丰富的观赏特性，利用植物的观赏特性，创造园林意境，是中国古典园林中常用的传统手法。如松、竹、梅的“岁寒三友”，梅、兰、竹、菊的

“四君子”，荷花的“出污泥而不染，濯清莲而不妖”，被认为是脱离庸俗而具有理想的象征；以竹的刚直不阿、松柏的苍劲、翠竹的潇洒、海棠的娇艳、芭蕉的洒脱、杨柳的飘逸、秋菊的傲霜、兰花的幽雅等来寓意造景在中国古代庭院中屡见不鲜（图5-2、图5-3）。因此选择不同的植物，创造的景观效果、立题寓意也有所不同，满足的功能要求也不尽相同。

（3）植物配置与诗情画意相结合

中国古代的文学、绘画对植物配置也产生了深远影响。在古代庭院中，植物不仅仅是为了绿化，而且还力求能入画，要具有画意（图5-4、图5-5）。在江南私家庭院中常常以白墙为纸，松、竹、石为画，在狭小的空间中创造淡雅的国画效果。古代庭院里很多植物景观因诗而得名，按诗取材，如苏州拙政园的“兰雪堂”，取自李白的“春风洒兰雪”而命名（图5-6）。古代庭院中常借植物抒发某种意境和情趣，不但从视觉角度，而且还从听觉、嗅觉等感官方面来充分表达。苏州拙政园的“雪香云蔚亭”中“山花野鸟之间”，极其渲染烘托出“蝉噪林愈静，鸟鸣山更幽”这一意境。游人至此仿佛置身于丘壑林泉之间，山林野趣油然而生，这是从视觉的角度来抒发情趣的。拙政园的“听雨轩”、“留听阁”则借芭蕉、残荷在风吹雨打所产生的声响效果而给人以艺术感受（图5-7）；承德避暑山庄的“万壑松风”景点，也是借风掠松林而发出的瑟瑟涛声而感染人的。通过色彩和嗅觉而起作用的景观有拙政园的“枇杷园”、“远香堂”，承德离宫的“金莲映日”、“香远益清”，苏州留园的“闻木樨香轩”等。春日的玉兰，夏日的荷花，秋天的桂花，冬日的蜡梅等，这些不期而至地反映出季节

图5-2　上海豫园水边娇艳的垂丝海棠

图5-3　扬州个园路边潇洒的翠竹

图5-4　苏州网师园中心水体的植物景观

图5-5　苏州拙政园长廊边的植物景观

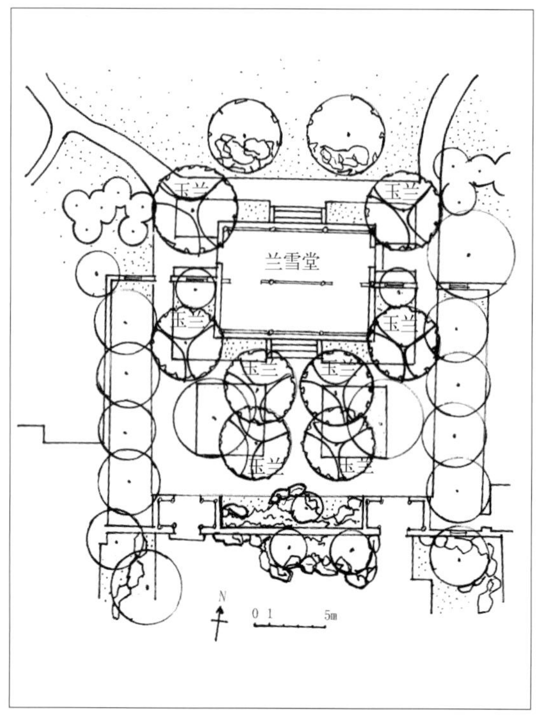

图5-6 拙政园“兰雪堂”平面图

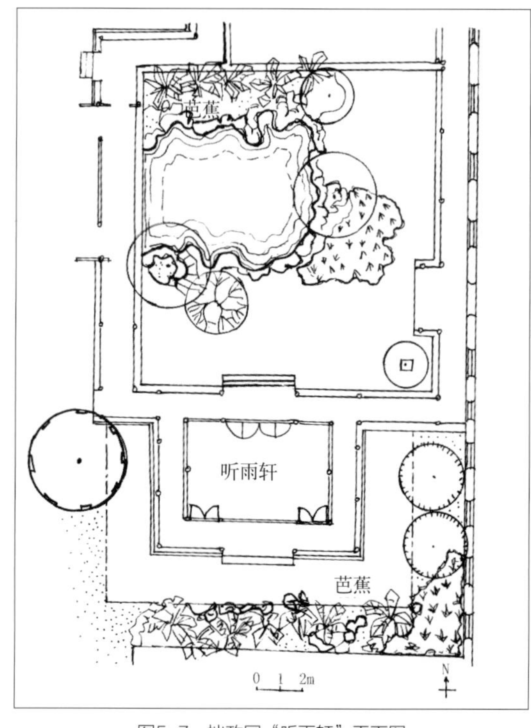

图5-7 拙政园“听雨轩”平面图

和时令变化的植物，在古代庭院中都能化为某种意境而深深感染着人。

（4）有成熟的理论和种植程式

自明代开始，古典园林的造园技巧有了成熟的理论总结，出现了造园专著或与造园相关的其他著述。例如，在《园冶》中对相地、因地制宜、借景的种植手法有详细论述，还对大量种植程式进行了总结，如“栽梅绕屋”、“芍药宜栏”、“院广堪梧，堤弯宜柳”等。在小庭院中，有一些建筑环境植物种植程式沿袭下来，如“移竹当窗”、“蔷薇扶壁”、“榴花照门”、“紫藤盘角”，都是花木配置的典范。

古典园林中的植物配置不仅注重栽植方式，而且还追求景观的深、奥、幽、雅。从许多园林的景观来看，这方面有一些规律：山姿雄浑，植苍松翠柏，山更显得苍润挺拔；水态轻盈，池中放莲，岸边植柳，柳间夹桃，方显得柔和恬静；悬崖峭壁倒挂藤本，或在山腰横出一棵古树老枝，给人的感觉则是山更高崇壮美，峰尤不凡；窗前月下若见梅花含笑，竹影摇曳，则更富有诗情画意。这些习以为常的植物配置方式，在我国古典园林中俯拾皆是，形成了影响深远的中国古典园林美。另外，花台、盆景、盆栽等在古典园林中亦运用甚广，室内、室外、厅前屋后、轩房廊侧、山脚池畔等处均可见到，点缀恰到好处。

现代中国式庭院承袭古典庭院的文化传统，以写意的手法再现其空间的精致，但更加简约，很重视植物的象征意味、装饰功能，往往会把植物的配置单纯化，使其特征更为突出（图5-8、图5-9）。

5.1.1.2 日式庭院的植物景观设计

日本从中国汉代开始受到中国文化的影响，至盛唐时期达到顶峰，尽管政治文化上受中国

的影响逐渐减弱，但是思想文化的根源仍是与中国相通的。就自然哲学观而言，都是以自然为本，强调人和自然的相互沟通和交流。在庭院的处理手法上，以景引情，寓情于景，并以水为脉，以山为骨。日式庭院的植物景观设计有如下特点。

（1）配置方式师法自然

日本庭院的植物配置方法是按照不对称、“七五三”等形式来进行。“七五三”是日本园林石景的一种固定形式，即七石景多与三石景和五石景结合，因植物与石头同样被当作造景符号，因此在植物造景时也出现了很多“七五三”式及其变形。例如，正传寺庭院（江户初期，京都）的院中就布置了以白沙为背景的呈七五三排列的修剪杜鹃花。而鹿苑寺金阁庭园（镰仓时代，京都）水面上的芦原岛，作为金阁的主要对景，也是“一三五”模式栽植松树。日式庭院植物配置整体师法自然，植物设计的平面、立面关系以不等边三角形构图作为基础。以这种格局种植的树木相互弥补对方树枝伸展姿态及色彩、树形之间的差异，达到如画的效果。也有一些整形植物的运用，如椭圆形或方形，但这样的植物整体还是以不对称、不均匀的方式组合。

（2）植物进行造型修剪

日本园林对植物的修剪是从室町时代（1393—1573）后期禅宗寺院的庭院开始的。禅宗园林以低矮的石景为视觉焦点，如果不对植物进行修剪，那么植物在温润的条件下生长迅速，势必将石景遮盖。日式庭院修剪植物景观分以下几种：①按画理修剪。日本园林空间较小，将远景的树木修剪成几何形，是通过画论中“远树无形”的原理来加强景深。②以水景为主题。背景树修剪成波浪形，中景树修剪成船形或岛形。③寺庙园林中的圆头形修剪树。日本园林中适于修剪的植物有珊瑚树、冬青、黄杨、杜鹃花、花柏、罗汉松、木槿、榆等。

（3）以常绿植物为主，但也非常重视四季的变化

日本古典庭院中选用的植物品种不多，常以一两种植物为主景，再选用一两种植物为配景，层次清楚，形式简洁。通常常绿树在庭院中占主导地位，因其不仅可以经年保持园林风貌，也可为色彩亮丽的观花或观叶植物提供一道天然背景，所以在日本古典园林中常绿植物与山石、水体一起被称为最主要的造园材料（图5-10）。在众多的可供选择的常绿植物中，日本黑松、红松应用最为普遍，除此以外，日本花柏、日本雪松、厚皮香、杨梅、桂花、山茶等也都是常用的常绿植物种类。同时日式庭院也很重视植物景观的季相变化，用开花植物或秋色

图5-8 上海东安公园竹的运用突出清影主题

图5-9 上海雕塑公园梅和竹的运用

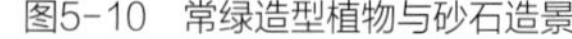

图5-10 常绿造型植物与砂石造景

图5-11 秋色叶植物丰富日本庭院植物色彩

叶植物打破过于稳定的枯燥无味。用山茶、紫玉兰、石楠、杜鹃花、棣棠、瑞香、海棠等春花植物赋予庭院色彩；用八仙花、紫薇、溲疏等丰富夏景；用元宝枫、鸡爪槭、银杏、卫矛、胡枝子、紫珠等的色叶来装点秋色（图5-11）。

（4）注重苔藓植物的应用

苔藓植物的庭院绿化主要是通过合理地改造地形、规划水体、配置植物，精心筛选出各种各样的苔藓植物，创造出各种适合苔藓植物生长的环境，营造出丰富的苔藓植物景观。“苔庭”是苔藓植物庭院绿化中最早采用的形式，大部分和寺庙结合在一起，是日本最著名的枯山水园林中常用的表现手法。通过苔藓植物与砂石的精心配置，表现出一种古老、枯寂的意境；有时也用苔藓与白砂对比，表示生命的存在，白砂象征海洋，苔藓象征生命，景石象征海岛。随着社会的发展，“苔庭”进一步面向公众开放，逐渐发展成供人游赏的苔藓公园。除苔藓公园外，日本的私家庭园中用苔藓植物进行景观布置也非常普遍，其配置的手法和象征意义也大大超越了枯山水园林的思想，最典型的用途和手法就是在狭小的空间内，通过苔藓植物形体的渺小，创造出非常开阔的空间感觉（图5-12）。一个苔藓公园往往有苔藓植物几十种，常用的苔藓植物有白发藓、桧叶白发藓、东亚砂藓、金发藓、大金发藓等。

5.1.1.3 西式庭院的植物景观设计

（1）西方古典庭院的植物景观设计

西方传统庭院一直沿袭了古埃及和古希腊的规则式庭院思想，经过古罗马庭院、中世纪庭院、意大利文艺复兴庭院、法国古典主义庭院，直到18世纪的英国，受到东方庭院文化的影响才有了彻底的改变，出现了不规则布局的自然风致园。虽然，现代的庭院很少有再现纯粹西方古典风格的，但有时候还是可以在有限的空间里表达局部或片段的形式，描摹其精神。

① 古埃及和古希腊庭院及其植物景观设计　古埃及庭院由菜园和果园发展而来。由于气候炎热、干旱缺水，古埃及人十分珍视水的作用和树木的遮阴，他们的庭院在高墙的围合下成排地种植着埃及榕、枣椰子、棕榈、洋槐等庭荫树，规整布置着葡萄架、水池，在矩形水池中种植水生植物（图5-13、图5-14）。古埃及庭院植物景观突出实用的目的，常用到的植物有无花果、石榴、葡萄，还有蔷薇、银莲花、罂粟等实用兼有观赏效果的植物。

古希腊为欧洲文明的发源地，其庭院文化对西方传统及现代庭院都产生了巨大的影响。古希腊庭院也是由实用的蔬菜园或果园发展而来的，但自公元前5世纪波希战争后，古希腊栽培花卉开始盛行，从实用型庭院开始向装饰型庭院转化。庭院形式也是几何式的，在庭院的中央有水池、雕塑、花卉，但花卉种类较少，仅有蔷薇、紫花地丁、罂粟、百合、风信子等。

② 意大利古典庭院及其植物景观设计　文艺复兴是14～16世纪欧洲的新兴资产阶级思想文化运动，始于意大利，然后扩大到德国、法国、英国、荷兰等国家。意大利式庭院是台地式的，整体以常绿植物为基调色，以不同深浅的绿色相互协调，避免色彩鲜艳的花卉，不追求植物景观的季相变化，在视觉上形成统一、宁静的绿色效果（图5-15）。重视植物修剪造型，由初期的方块、圆锥或其他简单几何形体发展到巴洛克式复杂精细的造型（图5-16）。后来，又在植物修剪造型的基础上发展成绿色围墙、绿色座凳等。

③ 法国古典庭院及其植物景观设计　17世纪下半叶，法国的君主集权制度发展到最高峰，改造了从意大利传来的造园艺术，形成了法国古典主义造园艺术，以对称的几何形布局为基本

图5-12　苔藓景观表现古老、枯寂的意境

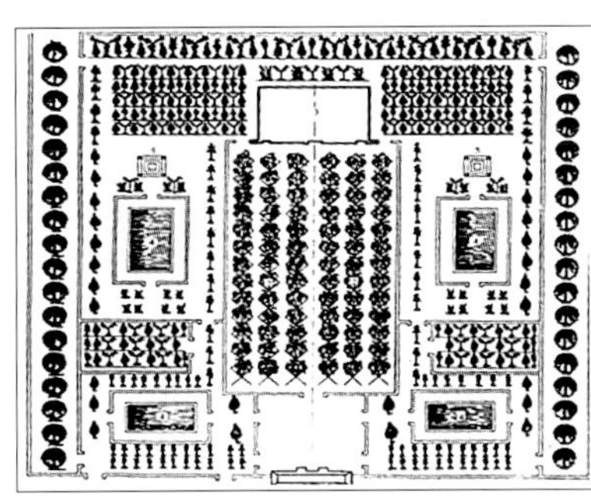

图5-13　古埃及古墓中的石刻所描绘的宅院平面图

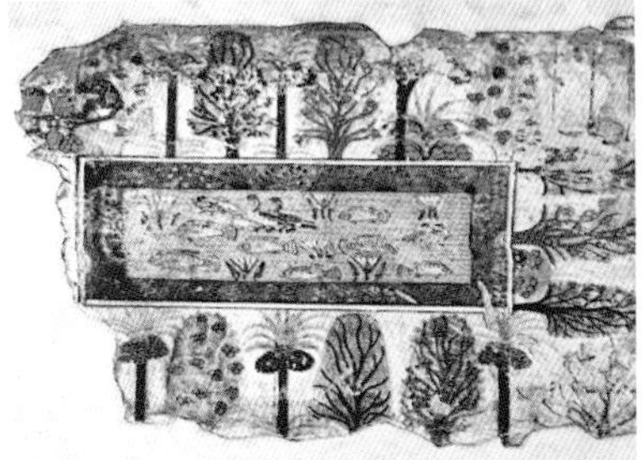

图5-14　古埃及庭院水池边植物配置图

图5-15　意大利庄园的植物景观

图5-16　意大利古典庭院中的各种植物造型

特色。法国宫廷庭院的艺术传遍了英国、德国、俄国以至整个欧洲。

法国古典庭院的植物景观特征为：庭院的中轴线得到加强，布置宽阔的林荫道。一般道路两侧列植两三排修剪过的树木，形成园中各景点之间便捷的联系，并构成线性的林荫空间。丰富、精美的树篱植坛极具装饰意味，成为庭院的主要观赏对象，有刺绣花坛、组合花坛、分区花坛等（图5-17）。由自然或人工栽植的大面积树木形成绿色背景，和周边的自然景观相互交融，将人们的视线延展到地平线。在主体建筑前设计整形式的修剪草坪，以方形或长方形为主，草坪常位于轴线上宽阔的林荫路中间，作为延长透视线的一种手段。

④ 英国古典庭院及其植物设计　18世纪上半叶，英国资产阶级牢固地掌握了政权之后，抛弃了法国古典园林，在“中国风”的影响下，兴起了自然风致园（Landscape Garden）。到18世纪下半叶，又进一步发展成如画式庭院。自然风致园植物景观的特征为：以自然开阔的草地形成良好的空间；植物以群植、片植和孤植点缀形成景观的焦点；植物种植与地形的变化完美结合，在地形顶部栽植的树丛，在视觉上产生加强地形高度的效果，地形凹陷的地方通过植物的栽植进行画面的调整（图5-18）。

（2）西方现代庭院的植物景观设计

20世纪初以来，由于社会和经济的原因，庭院面积变小，人们开始从实用角度来设计庭院，使其成为人们生活的场所。第二次世界大战以后，现代西方庭院倡导为使用者服务，以人为本，呈现出多元化的面貌。其植物景观设计特色鲜明，丰富多彩，深受现代科学技术和生态理念的影响。

很多国家的人们酷爱园艺。例如，在英国，园艺成为很多人的生活方式，将自己的庭院整理漂亮成为最值得自豪的事情，在自己的庭院中莳花弄草和收集、培育新品种成为休闲时光的最好选择。同时，园艺产业很发达，层出不穷的园艺展览会上总是会有最新的庭院设计思潮发布。

新的庭院植物设计理念存在很多分支的，没有一套被普遍承认的价值观。总地来说，庭院的植物景观设计有以下发展趋势。

图5-17　法国庭院中具有装饰意味的植坛

图5-18　英国自然风致园

图5-19　受极简主义影响的庭院植物景观

① 植物景观营造回归自然文化　西方古典庭院的植物多以整形形式出现，表达了以人力去抵抗自然力影响的态度。而现代庭院的植物景观设计的发展趋势在于对自然环境态度的转变，表现在珍惜和利用植物资源，充分认识自然景观中植物景观的形成和演变规律，并顺应这一规律。

现代庭院植物景观设计倡导将自然作为主体，进行适度调整，并充分利用自然力以形成具有生命力的场所。在庭院中按自然群落配置植物，展现自然纯朴的植物景观。例如，在庭院中栽植野花野草，而不是要求肥力充足的草坪和需要精心养护的花坛。更多的顺其自然的庭院植物种植和管理理念被一些园艺师实践着，不用化学制剂来施肥、除草，尊重植物自然生长规律，创造出最美的自然景观。

② 植物和景观组织形式丰富　西方古典庭院中植物虽是主要的造景材料，但运用的植物种类不多。在引进东方及外来物种之前，植物品种少，配置单调。直到19世纪，才逐渐丰富庭院中的植物配置，庭院的色彩才渐渐丰富起来。随着现代植物栽培及引种驯化技术的发展，植物品种越来越丰富，为植物景观的营造提供了丰富的物质基础。在取材上，从植物的色彩、质感、香味、声音、触觉、形态等方面发掘出新的魅力，配置也呈现了多样化，植物的搭配和空间组合都成为现代庭院设计的重点。

③ 风格多样发展　从西方植物景观设计风格的发展历程可以看出，植物景观设计本身也是一种艺术，其发展必然受到其他领域文化艺术的影响，与其时代背景息息相关。风格多样化的成因有很多，有的是缘自文化、艺术的影响，有些是由特殊地域特征或场地特征决定的。例如，美国的亚利桑那州属于亚热带大陆性干旱、半干旱气候，年降水量一般少于250mm，由于气候的原因，那里的庭院多运用一些当地植物，如虎刺梅、仙人掌，形成独具特色的地域庭院景观。现代艺术的多元化发展给庭院的植物景观营造注入了很多活力，如图5-19，可以看到极简主义对庭院植物景观设计的影响。

④ 注重植物的实用性和养护方便　庭院中植物的选择和种植方式更注重实际的需要，让植物发挥更多除观赏之外的功能和作用，如空间界定、遮阴等。另外，自然生长的植物对刈割、除草、修剪、清扫上所需要的人力物力都要比传统庭院中植物整形和草坪维护低得多，是经济有效的植物景观。按因地制宜的原则选择观赏植物，可以降低能源消耗和养护工作量。

5.1.2　小庭院的小气候

所谓“小气候”，是指基地中一个特殊的点或区域的小型气候条件，是一块相对较小的区域内温度、太阳照射、风力、含水量（湿度）的综合。小气候不仅对小庭院的空间使用方式产生影响，如人们使用最多的区域应根据小气候进行定位，以延长使用时间和提高使用的舒适度；小气候还决定着小庭院中植物的选择与定位，因为所有植物都有自己所需的特殊的气候条件。

任何小庭院都有自己的小气候，这是由小庭院的方位、建筑布局（位置、朝向、高度、形状）、地形、排水方式、现有植物的种类和数量，以及小庭院中地面材料的范围和位置等条件共同决定的。虽然每块基地不同，但一般基地都有一些共同的规律可循，这就是自然的客观规律（图5-20）。住宅东边的特点：温和舒适；早上有光照，午后则有阴影；能避免吹到西风；适合种耐阴的植物。住宅南边的特点：日照最多；夏季的早上和傍晚有阴影；冬天日照充分，最为温暖舒适；能避免吹到北边的冷风；利于大部分植物的生长，但喜阴的植物要注意遮阴。住宅西边的特点：夏季热而干燥，冬季多风但午后阳光很好；早上处于阴影中，午后阳光直射；如果要使用西边的空间，必须在更西边采取遮阴措施来改善；适合较耐旱及耐热的植物生长。住宅北边的特点：冷而潮湿，日照最少，冬季直接暴露在冷风中，即使是夏季，也不是舒服的地方；适合喜阴耐寒的植物生长。

每个小庭院的小气候各不相同，但都有一些对小气候起主导作用的因素，如光照和通风两个因素，对小气候具有决定性的影响。尽管温度等因子同样很重要，但小气候环境中这些因子常依赖于光照和通风。故以下主要就光照和通风两大因素对小庭院植物景观的影响进行探讨。

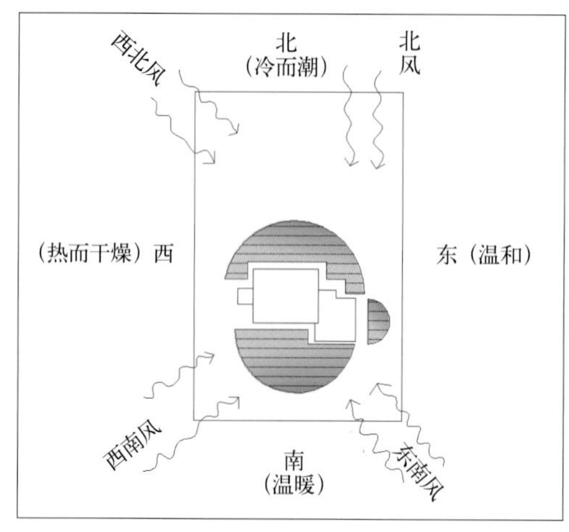

图5-20　小庭院小气候示意

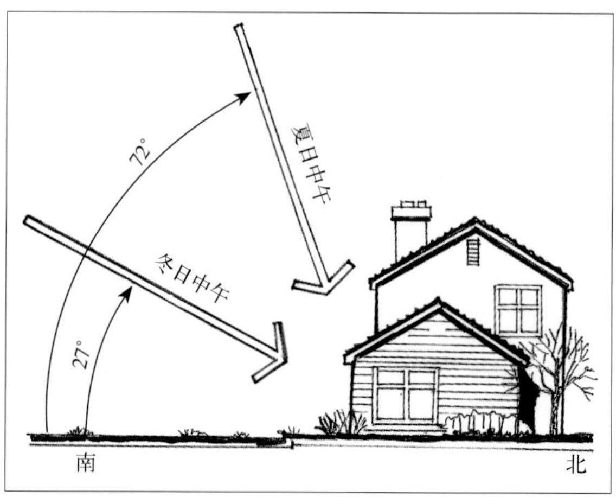

图5-21　气候温和地区冬季和夏季中午太阳的高度角变化情况

（1）光照

光照对小庭院的温度和阴影形状具有决定作用，它不仅影响使用者的舒适度，而且对小庭院中的植物的生长更具有决定性作用。

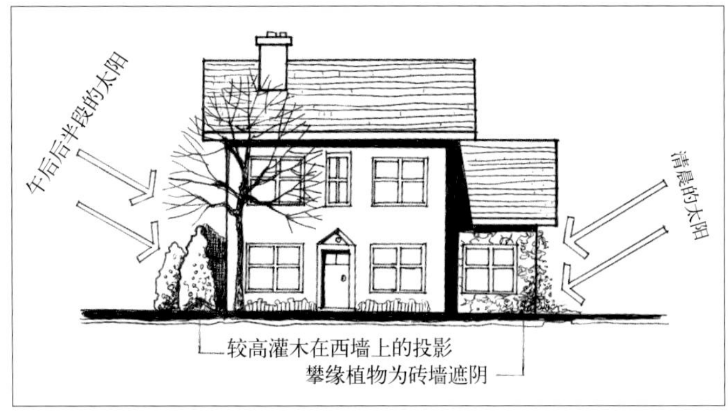

图5-22　当太阳高度角较低时，高一些的灌木和攀缘植物可以为东侧和西侧遮阴

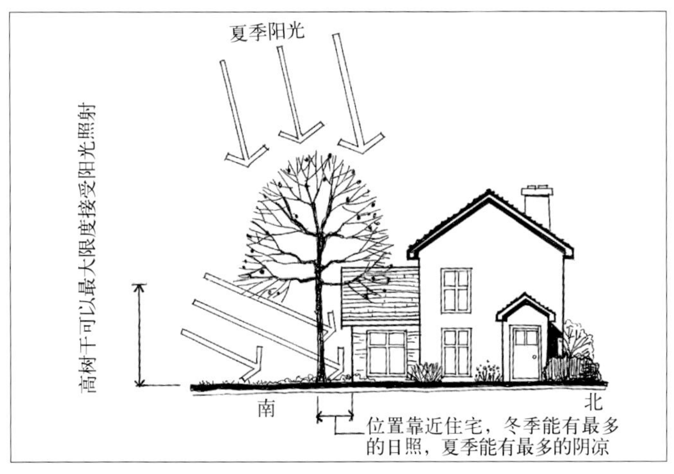

图5-23　建筑南面较高的落叶树枝干使房间在冬天获得较多的日照

要了解光照对小庭院的影响，首先应了解太阳在一天之中及一年之中不同季节的运动规律。随着太阳水平方向和高度角的不断变化，太阳在天空中的相对位置也不断变化。在夏季和冬季太阳高度角的最大值如图5-21所示。根据对太阳运行轨迹的研究和分析，太阳形成的阴影具有以下规律。

① 夏季，小庭院建筑的所有面都能接收阳光的照射，建筑所有面都能形成阴影；最大的阴影区会出现在建筑的东面或西面，建筑南面或北面有较小的阴影。

② 冬季，只有建筑的南面能受到阳光直接照射，北面没有阳光照射。

③ 3月和9月期间，最大的阴影区出现在建筑的东面、北面和西面。

④ 一年里，建筑的南面受到的阳光最多，北面的最少。

因此，在夏季，特别是午后的几个小时，特别需要在小庭院中提供遮阴，最普遍的方法就是在小庭院中种植一些高大的庭荫树。庭荫树应具有相对较高、冠幅较大、叶茂密的特点。为了提供良好的庇荫效果，庭荫树一般种植在建筑或室外空间的西南面或西面。除此以外，庭荫树还可以兼具其他功能，如形成空间边界、控制视线或作为视线的焦点等。

此外，利用棚架绿化同样可以为小庭院提供阴凉。与庭荫树相比，棚架绿化能在设计之初就起到作用，而树木则需要较长的生长时间才能达到遮阴的目的。

沿建筑的东墙或西墙种植攀缘植物和灌木也可以起到为建筑遮阴的作用（图5-22）。攀缘植物沿墙面攀爬，可以减少墙面对光照的吸收，从而降低室内温度。沿建筑外墙种植灌木可以起到类似的效果。

与夏季相反，每年从深秋到早春时节，由于气温较低，则应充分利用日照。因为日照可以使小庭院气温升高，延长小庭院的使用时间，从而提升小庭院的宜居性。根据太阳的运行规律，常用的使太阳照射最大化的方法就是在建筑的南面种植枝条开张、松散、分枝点较高的落叶乔木，并将其种植在靠近建筑的位置。这样不仅可以在夏季遮阴，到了冬天落叶之后，阳光可以穿透植物枝干直接照射建筑和小庭院，起到使室内外升温的作用（图5-23）。但在建筑南面种植植物也应适量，避免植物过于茂密阻挡阳光的透射。此外，还应尽量少种植常绿植物，在南边种植的灌木不能挡住窗户（图5-24）。

在全年均能形成阴影的建筑北面，需要利用植物改善小庭院的环境。植物应选择较耐阴的品种，以适应光照较差的现状。

（2）风

随着季节的变化，风也有着一定的运行模式，如对于中国大部分地区而言，夏季盛行的主导风向多为南风和东南风，而冬季盛行的主导风向多为北风和西北风。风的变化也与天气有关，如暖和的天气多为南风和东南风，而寒冷的天气则变为北风等。

在小庭院中，为给人提供良好的室内外活动空间，也能最大限度地利用自然力，通常会对风进行屏蔽和引导（图5-25）。一般常在寒冷季节对风进行屏蔽，常用植被、围墙、地形等作为防风屏障。植物的密集栽植可以形成类似于“墙”一样的屏障要素，为产生良好的效果，常绿的针叶树和灌木往往是最佳选择，将它们种植在建筑或小庭院的北面和西北面，可以

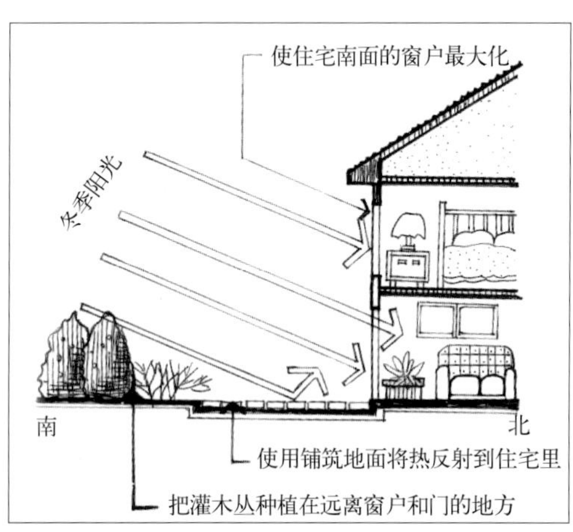

图5-24 为使庭院建筑获得充足阳光，应将种植点布置得当

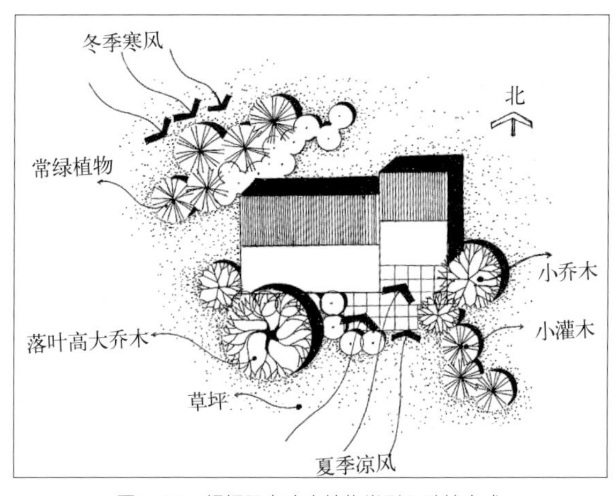

图5-25 根据风向确定植物类型和种植方式

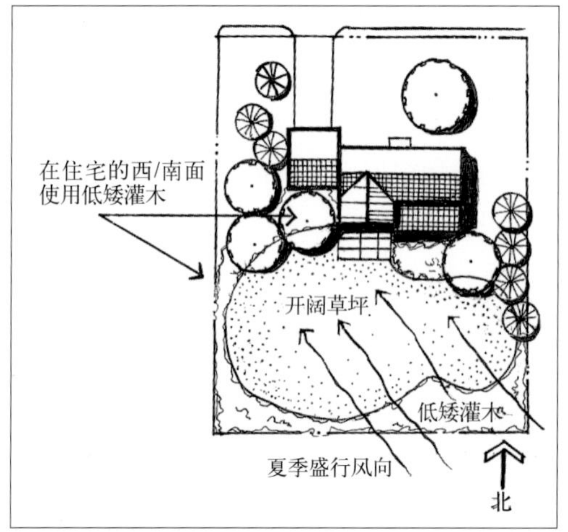

图5-26 在南面和东南面种植草坪及地被植物，可将夏季盛行风引入庭院

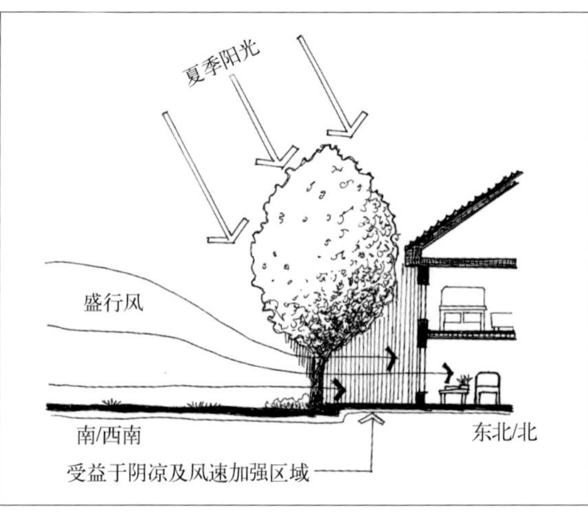

图5-27 落叶庭荫树可以引导风，为树下的室外空间及住宅提供阴凉

有效阻挡寒冷季节的冷风侵袭。

风也可以成为对小庭院非常有利的因素，如在气候炎热的季节，空气的流动可以加速人皮肤表面的水分蒸发，由此带来凉爽的感觉。风的流动还可以改善空气质量，如在小庭院的南面或东南面种植低矮植被或草坪，可以将盛行风向的风引入到小庭院中。实践证明，进入小庭院的风也受到所经过地表的影响，如果让风掠过低矮的植被或水面进入到小庭院深处或室内，会起到更强的降温效果。因此，最佳的处理方式应是在风向的引入面形成一条低矮植物或低矮植物与水面相结合的“通廊”，以最大限度地改善环境温度（图5-26）。

当风吹过高大树木的枝叶时，会受到植物枝叶的牵引，尤其是树冠与地面之间，风速会增强，让树下空间感觉更加凉爽，因此，与前面光照对植物的影响相结合，在建筑或小庭院的南面种植落叶植物，在夏季也可以起到降温的作用（图5-27）。

5.1.3　小庭院植物景观设计原则

小庭院的风格与形式多种多样，但小庭院植物景观设计具有诸多的共性，从中可以概括出一些具有指导性的原则。

（1）功能性原则

小庭院的性质和主要功能对小庭院景观的形成具有决定性的作用，首先应明确小庭院的功能定位，以此为基础，确定植物在小庭院空间塑造中的角色与功用。小庭院植物功能的充分发挥应以植物自身的特性为前提和基础。在明确小庭院植物功能的前提下，充分发掘和利用植物的特性，才能形成合理的植物空间布局。

（2）因地制宜原则

在进行小庭院植物景观设计时，应首先根据当地的自然环境选择植物，选择与当地自然环境全面融合的乡土植物作为主要造景素材。为取得良好的生态效益，还应模拟当地自然植被群落状态进行人工植物群落的配置。在进行小庭院植物景观设计时，还应根据实际环境情况选择适合在此环境生长的植物。此外，还应充分考虑小庭院的视线关系，即选择合适的植物形成对景、框景、漏景、点景等，使小庭院内植物具有丰富的变化和层次。

选择与庭院风格相匹配的植物。有些小庭院具有设计上的风格定位，如英式、法式、地中海式、日式、东南亚式等，小庭院植物景观与建筑及硬质景观在风格上的匹配程度关系着庭院营造的成败。因此，在庭院植物景观营造过程中，应选择具有代表性的植物来搭配相应风格的硬质景观。如红枫同手水钵一样，是日式景区的重要组成部分，矮麦冬是日式景区中常用的地被。

（3）以人为本原则

“以人为本”首先体现为小庭院植物景观设计应满足人的户外活动规律与需求。以住宅小庭院为例，有些园主喜好户外活动，则应该为使用者提供足够的户外活动空间，将植物主要沿小庭院周边布置，以留出中间较宽阔的硬地铺装或草坪供家人休闲或运动，并为主要活动空间布置庭荫树提供遮阴；有些园主要求体味农耕，则应该在小庭院中配置园艺种植区；还有些园主仅仅希望利用植物形成一个四季有景的观赏性小庭院，那么就应该选择多样的植物，进行合理的组织与搭配，形成优美的植物景观。

庭院主人个人喜好都有其各自的特点，偏爱的植物也有所不同，有些钟情于赋予浪漫寓意的薰衣草、玫瑰，有些钟情于可用于烹饪服务的香草植物，如迷迭香、薄荷、罗勒。枣树、石榴、樱桃等果树也是很多庭院主人偏爱的对象。在庭院植物景观营造过程中，应该在满足植物景观效果的原则下增加住宅庭院主人喜爱的植物。因此，在进行小庭院植物景观设计时，应对使用者的生理和心理有足够的了解，以此为基础，进行合理的植物景观塑造，使小庭院成为人们使用、沟通、交流的环境。

“以人为本”还体现在满足人的高层次精神需求方面，可以利用植物的“文化属性”营造出小庭院文化与精神的氛围，将植物景观营造与人的精神追求相联系，满足人的深层次心理需求。

（4）多样性原则

小庭院植物种类构成要注意多样性，在设计中应通过植物各品种类型间的合理搭配，充分运用植物的形态、色泽和质地等自然特征，创造出整体的美感效果。小庭院植物种类的多样还有助于完善小庭院的功能。各种植物由于生活习性的不同而有不同的功能，如利用乔木可以遮阴和防晒，并作为空间建构的骨架；灌木对于形成严密的围合与防护空间，点缀小空间有独到的作用；攀缘植物可以形成棚架绿化并对墙面进行修饰……只有选择多样的植物进行组合，才能使小庭院的空间利用最大化，并塑造出最宜人的小庭院空间。

当然，在小庭院中种植植物追求多样性，并不意味着无原则的多样，在选择基调植物时仍应以乡土植物为主，而且以1～2种为宜，再选择其他的植物种类进行丰富和补充，如灌木、地被、花卉类植物可以多选择一些，但也应注意色彩和层次的搭配，形成生态、美观的植物景观。

（5）形式美原则

小庭院植物景观不仅是改善环境的重要因素，更是形成优美环境空间的重要因素，因此，植物组合在一起应能给人美的观感，做到科学与艺术的统一。具体而言，是指进行植物种植时应遵循统一与变化、调和与对比、均衡与对称、节奏与韵律的原则。

（6）经济性原则

经济性原则要求在小庭院中营造植物景观时，从设计、施工到养护管理能够开源节流，达到“经济、实用、美观”的目的。首先，主要选择乡土植物，既可降低成本，又能减少种植后的养护管理费用，还有利于形成地域特色。其次，应减少后期投入，一方面应多选用寿命长、生长速度适中的植物以减少重复工程；另一方面还应选择强健而管理粗放的植物，以减少后期的维护和管理成本。此外，小庭院中的植物景观可以适当与生产相结合。在满足小庭院功能与审美要求的前提下，在小庭院中种植一些能够采摘鲜花、果实的植物，如在小庭院中种植一些蔬菜和药草类植物。

当然，在进行小庭院植物景观设计时，也应对场地中原有的古树、大树等植物进行保护和保留，因为这些植物既能有效地改善小庭院的环境，其本身又见证着设计场地的历史，能够增强小庭院的历史与文化底蕴。同时，保留这些植物还可以减少树木的购置成本，也是经济性的重要体现。

5.1.4　小庭院植物景观设计的步骤和方法

小庭院植物景观设计是一个很复杂的过程，因为它需要将设计思想与复杂的技术要求相结合。为使植物能够在小庭院环境中正常生长，还必须具备丰富的园艺知识。在小庭院景观中，植物不仅是设计师用于塑造空间的重要因素，植物还与其他景观要素（如地形、建筑物、水体等）有着紧密的联系。因此，为使小庭院的景观环境优美协调，在设计过程中应将植物景观作为一个重要的步骤和过程来考虑，而不仅仅是在设计过程的尾声才将植物作为装饰物添加进去。植物是小庭院景观的一个重要组成部分，作为小庭院的主要景观设计要素之一，在小庭院景观设计之初，就应将植物在小庭院中的功能和作用考虑进来。

5.1.4.1　现状调研与分析

现状调研与分析是小庭院景观设计的前提与基础，也是小庭院植物景观设计的前期准备阶段。在这一阶段，主要是收集与小庭院植物景观设计相关的各种资料，而所收集资料的深度和广度将直接决定着其后的分析与设计。因此，在这一阶段，设计师应尽可能详细地掌握项目的相关信息。这一阶段的具体内容主要包含会见客户、基地调查、基地资料整理与分析、绘制基地现状分析图等过程。

（1）承担设计任务

① 会见客户　会见客户并与之交谈是设计之初的一个重要步骤，它能够为其后的设计打下良好的基础。在这一阶段，设计师可以通过与客户的交流获取一些相关的资料，如客户的家庭情况、客户的需求与期望、客户对于小庭院环境的喜好、客户的生活方式与性格特点，以及客户对于基地的意见及客户对小庭院养护的水平和精力等。具体的交流内容如下。

- 家庭情况：家庭成员、年龄、职业以及对户外空间的喜好等。
- 需求与希望：对小庭院有何种期许与渴望，小庭院的风格与特点等。
- 甲方的喜好：客户对于设计风格、审美情趣、植物材料的美学特性与色彩等的喜好。
- 生活方式与兴趣爱好：客户如何使用小庭院空间。如是否喜欢户外活动，具体的活动内容如何；是否喜欢园艺生产；是否有晨练的习惯；是否饲养宠物等。
- 对基地的观察：在客户眼中基地的优势与不足；基地内建筑的内外构造等。
- 工程期限、造价。
- 特殊需求。

这一过程既可以口头交流的方式完成，也可以问卷调查的方式来进行。以上内容是小庭院景观设计的基础，将对小庭院的植物景观设计有着重要的影响。

② 获取图纸资料　设计师接受客户提供的相关图纸资料，如基地的测绘图、规划图、现状植物的分布位置图以及地下管线图；获取该基地其他的信息，如该地段的自然状况、植物状况、人文历史资料查询等。设计师在拿到一个项目之后要多方收集资料，尽量详细、深入地了解该项目的相关内容，以求全面掌握可能影响植物生长的各个因子。

（2）场地调研和分析

① 现场勘查　这一方面是在现场对所收集的资料进行核实、补充和完善，如对基地内植物的具体长势、形态等可以有直观的认识，基地内现有建筑与环境的关系也能够更明确地反映出来等；另一方面，设计师可以根据周边环境和基地现状，进行初步的艺术构思，经过勘查分析，发现可借景的景物和不利或影响基地内外视线的景物。

基地调查的主要内容如下。

● 基地现状：基地的范围、地形、排水、土壤、现有植被及绿化状况、小气候条件、现有建筑物及构筑物状况、公共设施等。

● 周边环境：基地周边的道路交通、污染源及其类型、建构筑物及相关设施、人员活动等。

● 视线关系：分析基地与周边环境、建筑室内与基地等的视线关系、视域范围与主要观赏面等。

● 社会环境：邻居等周边人群的活动规律、地方历史、文化习俗与背景等。

② 现场测绘　如果委托方（甲方）无法提供准确的基地测绘图，设计师就需要进行现场实测，并根据实测结果绘制基地现状图。基地现状图应该包含基地中现存的所有元素，如建筑、构筑物、道路、铺装、植物等。需要特别注意的是，场地中的植物，尤其是需要保留的有价值的植物，它们的胸径、冠幅、高度等也需要测量记录。

在现状调查中，为了防止出现遗漏，最好将需要调查的内容编制成表格，在现场一边调查一边填写（参见附录2和附录3），有些内容，如建筑物的尺度、位置以及视觉质量的更可以直接在图纸中进行标示，或者通过照片加以记录。

③ 现状分析　这是设计的基础和依据，植物与基地环境的联系尤为密切，基地的现状对植物的选择、生长、植物景观的创造、植物功能发挥等具有重要的影响。因此，在这一阶段，应通过分析明确植物景观设计的目标，确定在植物景观设计过程中需要解决的问题。具体就是对前一阶段收集的文字和图片资料进行归纳、分析和整理，明确基地条件对于植物景观设计的利与弊，并绘制出基地的现状分析图。

现状分析图主要是将收集到的资料以及在现场调查得到的资料用特殊的符号标注在基地底图上，并对其进行综合分析和评价。

5.1.4.2　小庭院植物景观方案设计

在完成前期的准备工作之后，就应开始着手进行小庭院植物景观的设计与构思了。设计与构思的过程是一个循序渐进的过程，包括起初的植物景观功能图解、设计构想，直到最终设计图纸的完成。

（1）庭院植物景观功能图解

这是小庭院植物景观设计的第一个步骤，在此阶段，设计师在基地图纸上以图示的方式，来进行设计的可行性研究，并将前期研究的结论与意见放进设计中。一般常用的方法是利用圆圈或抽象的图形符号把小庭院植物的主要功能和空间关系，在图面上表达出来，即泡泡图或功能分区图。这些符号不具有尺度和比例，只是将设计师的初步构思以图解的方式加以形化、物化，反映的是基地上植物功能空间的相互位置和关系。为了辅助图示说明，一般还会加上文字的注解说明。

在功能图解阶段，主要是明确植物材料在空间组织、造景、改善基地条件等方面的作用，一般不考虑不同的功能空间需使用何种植物，或单株植物的具体配置形式。设计师只需关注植物在合适位置的功能，如障景、庇荫、分割空间或成为视线焦点，以及植物功能空间的相对面积大小等问题。为了使设计效果达到最佳，往往需要拟定几个不同的功能分区图加以比较。植

物功能图解可以明确以下相关信息：一个简单的圆圈表示一个主要的植物功能空间；植物功能空间彼此之间的距离关系和相互联系；植物功能空间的封闭与开敞程度、功能空间的进出口状况；不同植物功能空间视线关系等。

（2）小庭院植物景观设计构思

① 植物分区规划图　在完成小庭院植物功能分区图的基础上，接下来开始对设计进行深入和细化。在这一阶段，设计师应对每个功能区块内部进行细部设计，具体做法是将每个功能区块分解为若干个不同的区域，对每个区域内植物的类型、种植形式、大小、高度等进行分析和确定。

② 植物的选择　在进行植物选择时，首先应根据基地的自然条件，如光照、水分、土壤等，选择合适的植物，使植物的生态习性与小庭院生境相适应。其次，小庭院植物选择应兼顾植物多方面的功能需求，植物在空间中往往不只需要满足一种功能，因此，选择植物的时候应在满足植物主要功能的同时兼顾其他的功能，如在小庭院中主要用于遮阴的植物，同时还充当着空间的视觉焦点，因而要选择具有较高观赏价值的大型乔木（图5-28、图5-29）。第三，小庭院植物选择应考虑苗木的来源、规格和价格等因素，应以基地所在地区的乡土植物种类为主，同时也应考虑已被证明能适应本地生境条件、长势良好的外来或引进的植物种类。最后，植物的选择还应与小庭院的风格和环境相适应，形成富有个性的植物种植空间。

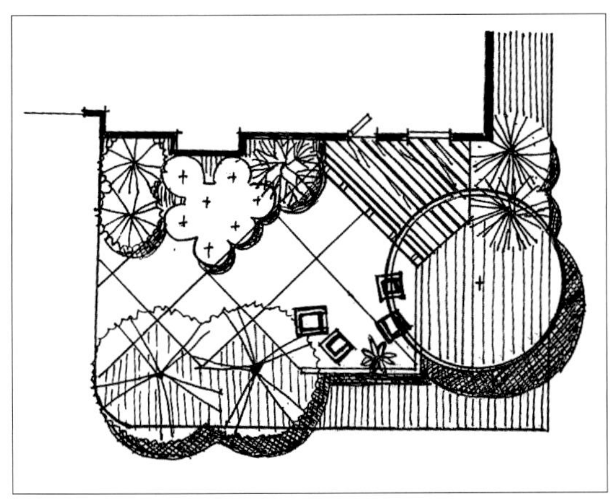

图5-28　大乔木提供有屏障的视野，能引导步行活动

图5-29　大乔木起到遮阴和视觉焦点的作用

为了取得统一的效果，小庭院植物还应确定基调树种。因小庭院面积不大，一般基调树种不宜过多，以1～2种为宜，在小庭院中大量种植，以数量来体现小庭院的植物种植基调。其后，根据小庭院的功能空间布局，选择其他树种作为丰富和补充，形成既统一又富有变化和层次的植物景观。

（3）小庭院园林种植设计

完成小庭院植物景观设计构想之后，就应开始绘制小庭院植物种植设计图，此设计图是设计构想的具体化。一般种植设计图以植物成年后的景观为准，因此，设计者需要对所选植物的观赏特性、生态习性非常了解，对乔、灌木成年期的冠幅有准确的把握，这是完成小庭院园林种植设计图的基本要求。

① 植物冠幅的确定　小庭院种植设计图一般按1∶500～1∶50的比例作图，乔灌木的冠幅

以成年树树冠的75%～100%绘制。绘制成年树冠幅一般可大致分为以下几种规格。

乔木：大乔木8～12m；中乔木6～8m；小乔木3～5m。

灌木：大灌木3～4m；中灌木1～2.5m；小灌木0.3～1m。

② 植物布局形式和布局要点　植物的布局形式取决于园林景观的风格，如规则式、自然式以及中式、日式、英式、法式等多种园林风格，它们在植物配置形式上风格迥异、各有千秋，具体内容可参见5.1.1节内容。另外植物的布局形式应该与其他构景要素相协调，如建筑、地形、铺装、道路、水体等，如图5-30（a）所示，规则式的铺装周围植物采用自然式布局方式，铺装的形状没有被突显出来，而图5-30（b）中植物按照铺装的形式行列式栽植，铺装的轮廓得到了强化。当然这一点也并非绝对，在确定植物具体的布局方式时还需综合考虑周围环境、园林风格、设计意向、使用功能等内容。

在进行小庭院植物景观布局的时候，首先应把握的就是群体性的原则，即将植物以组群的方式布局在小庭院中（图5-31）。一方面，群体性的布局可以增强视觉的统一感，使植物与植物之间的联系得以增强。若植物布局分散，由于植物与植物之间彼此孤立，整个设计就有可能分裂成无数相互抗衡的对立部分（图5-32）。另一方面，自然界的植物几乎都是以群体组合的方式出现的，它们共享赖以生存的光照、空气以及土壤等条件，并能增强植物个体抵御外界侵害的能力。因此，为使小庭院的植物更好地存活，应该按照自然规律进行布局，形成能够

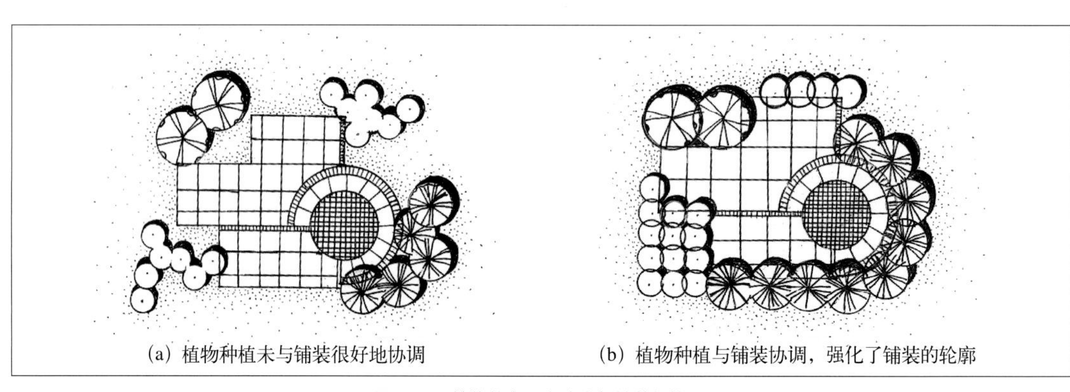

(a) 植物种植未与铺装很好地协调　　(b) 植物种植与铺装协调，强化了铺装的轮廓

图5-30　植物的布局方式应与铺装相协调

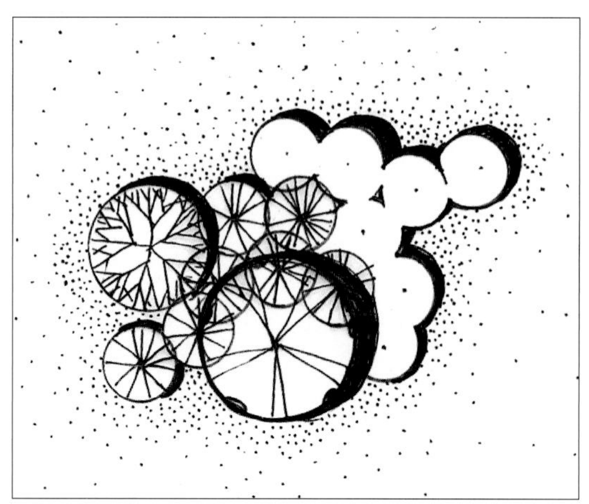

图5-31　植物以组群的方式组合，整体性较强

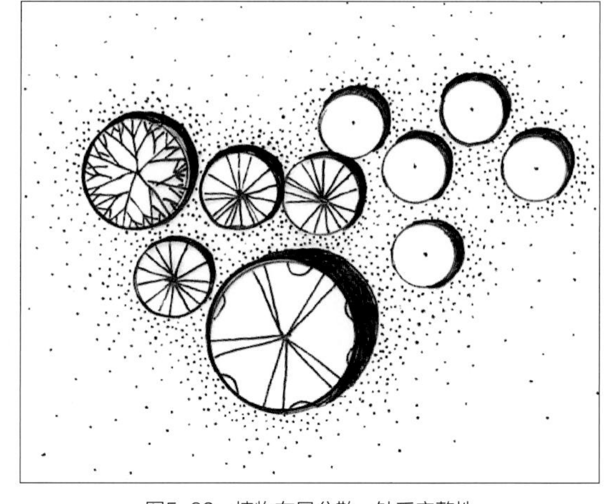

图5-32　植物布局分散，缺乏完整性

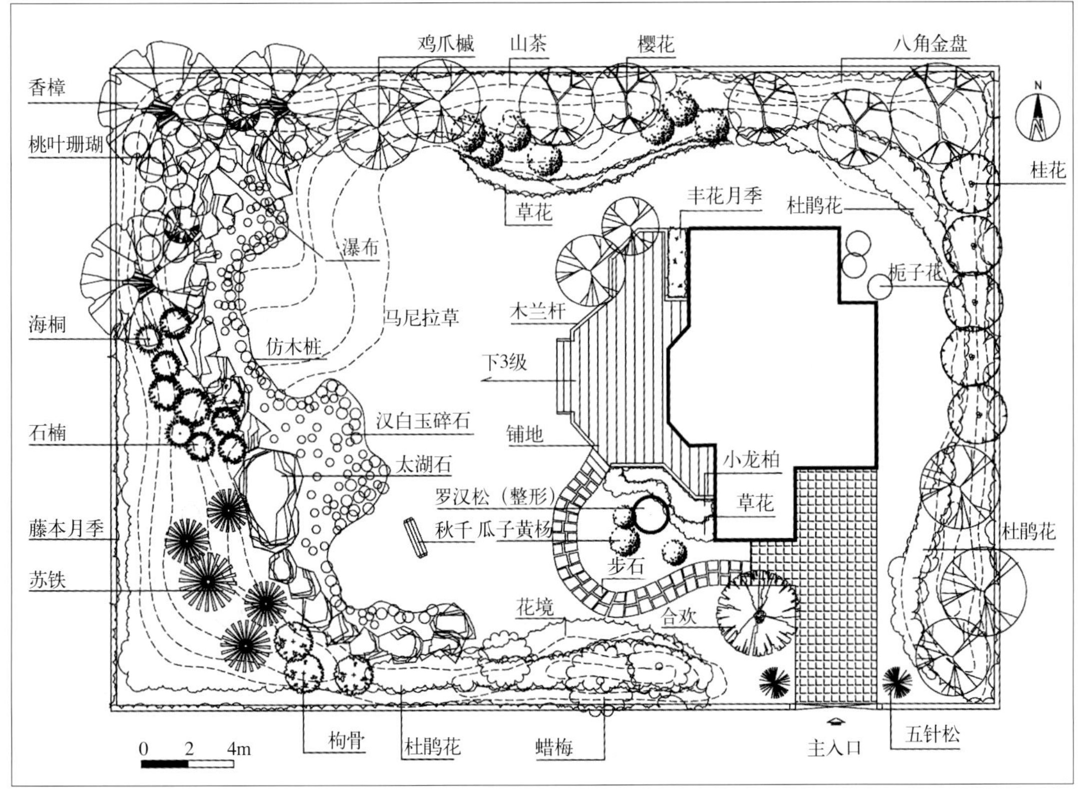

图5-33　小庭院植物种植设计平面图

相互依赖的人工植物群落。

为了使小庭院中植物的空间效果更佳，在立面构图上，也应将植物高低搭配形成的“孔隙”予以消除，使乔木树冠下的灌木彼此衔接，空间的整体感得以加强，也能产生更好的视觉效果，对于植物群落景观的形成也大有益处。

③ **植物平面图例与定植点**　在绘制小庭院种植设计平面图时，要使用标准的植物图例。在同一张图纸中植物图例的表示方法不宜太多。植物名称可以直接写在植物的冠幅内，若植物冠幅较小，则就近写在一边，一般不提倡用数字编号进行标注。图纸要求在小庭院园林种植设计图中还应标明每株植物的准确位置，植物栽植的具体位置通常称为定植点。定植点常用树木平面图例的圆心表示，同一树种若干株栽植在一起可用直线将定植点连接起来，在起点或终点位置统一标注植物名称。这些直线一般互不交叉，不经过园路、水面和建筑。定植点的位置确定应根据国家行业标准，并视实际场地中地下管线、地面建筑物和构筑物的情况而定。此外，定植点一般不点在等高线上，乔木定植点一般距路牙和水体驳岸不小于0.75m，灌木则视其冠幅大小而定，一般不宜距离路牙和驳岸太近，以免影响灌木的生长或给使用者带来不便。

④ **图纸要求**　小庭院园林种植设计图图纸上应标注图名、图框、图标、指北针及比例尺。植物图例中乔木的冠幅可适当加粗。如果小庭院中配置的植物种类较多，且层次明显，则可分层分别进行绘制，绘制出乔木层、灌木层、花卉地被层即可。图5-33即为小庭院园林的种植设计平面图。总之，小庭院园林种植设计图应做到图面整洁、工整，线条流畅、优美，布局合理、规范，内容科学、齐全，将设计师的意图完整、精确地表达出来。

5.1.4.3　小庭院园林种植施工图设计

（1）小庭院种植施工图绘制方法

小庭院园林种植设计图完成并取得业主认可之后，就应着手绘制小庭院种植施工图。小庭院园林种植设计图表现的是植物种植在小庭院中，经过一二十年的生长成熟定型之后所呈现的景观面貌，而小庭院园林种植施工图表示的则是栽种时的植物景观，是指导施工人员进行现场种植施工的图纸，因此，图中的植物冠幅应按照苗木出圃时的实际规格进行绘制。

① 植物冠幅的确定　苗木出圃时一般树龄较小，且经过定型修剪，一般冠幅较小，可参照以下尺寸绘制。

乔木：大苗3～4m：小苗1.5～2m。

灌木：大苗1～1.5m；小苗0.5～1m。

针叶树：大苗2.5～3m：小苗1.5～2.5m。

② 绘制种植施工图　种植施工图的绘制主要包括两个步骤。首先，将图纸覆盖于种植设计图上绘植物，保持植物定植点位置不变，将植物的冠幅按照苗木的实际规格进行绘制。这时由于植物的冠幅较小，施工图上的植物景观明显不佳，显得松散夸张，无法形成良好的视觉效果。为了尽快使植物发挥效果，应增加植物的数量，以弥补小庭院近期植物种植效果的不足。其次，在施工图上绘制填充植物。将施工图上已绘制出来的植物称为保留树，将为了形成近期效果，即将添加进去的植物称为填充树。填充树可以与保留树相同，也可以不同，但是在养护管理时应注意，当植物生长空间有限时应及时将之移走。一般填充树数量与保留树大致相等或略多一些，以（1～1.2）：1为宜。

（2）小庭院园林种植苗木表

在小庭院植物施工图纸绘制完成之后，还应对所用的植物苗木种类及规格进行统计和记录。一般采用表格的形式进行记录，并称之为植物种植苗木表（植物名录）。在植物种植苗木表中，应注明植物的编号、中文名称、拉丁学名、苗木规格、数量和备注等内容。

植物名录中植物的排列应按照一定的规则进行，一般为乔木、灌木、藤木、竹类、花卉、草坪和观赏草。乔灌木中一般先针叶树后阔叶树，每一类植物中先常绿树后落叶树，同一科属的植物排列在一起，最好能按照植物分类系统排列。

任务实施

1. 获取项目信息

与该项目相关的图纸资料。本任务中通过询问交流得到的甲方家庭情况及其对庭院设计的要求如下。

项目信息

A. 家庭成员

父亲：喜爱运动、读书，喜欢蓝色、绿色；

母亲：喜爱运动、烹饪、读书、听音乐，喜欢月季，喜欢红色；

儿子：初中生，喜爱运动，喜欢绿色；

4位老人：都在60岁以上，都会到家里暂住，老人们喜欢园艺、聊天、棋牌类活动。

B. 对庭院空间的预期

经常在庭院中休息、交谈，开展一些小型的休闲活动，能够种点花或蔬菜，能够举行家庭聚会（通常每月一次，6～12人不等），能够看到很多绿色，感受到鸟语花香，一年四季都能够享受到充足的阳光。

C. 设计要求

希望有一个菜园；有足够的举行家庭聚会的空间；在庭院中能够看到绿草、鲜花，从房间里能够看到优美的景色，整个庭院安静、温馨，使用方便，尤其要方便老人使用。

2. 绘制现状分析图

经过现场勘查和测绘，绘制现状分析图，如图5-34至图5-36。

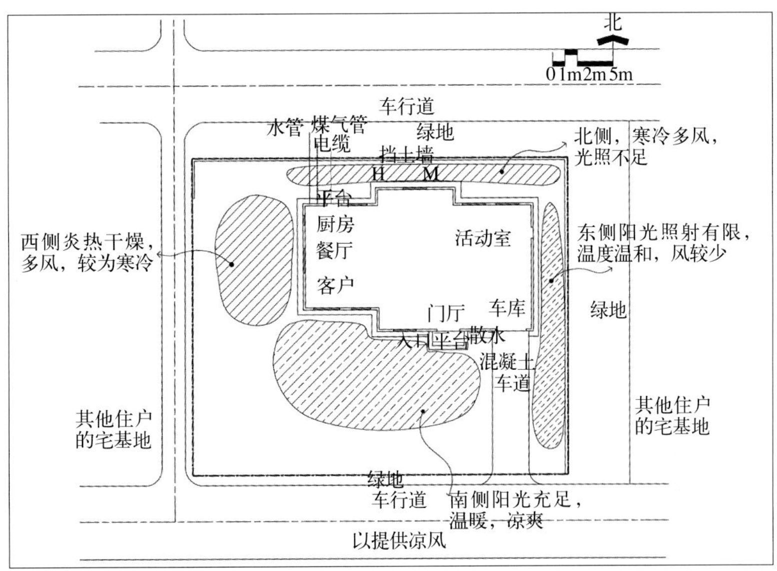

图5-34 基地小气候分析图

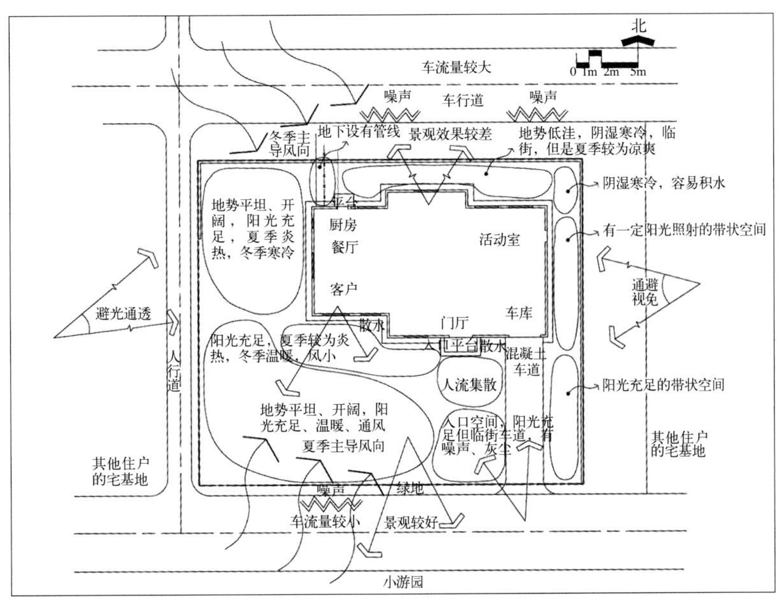

图5-35 某庭院现状分析图（1）

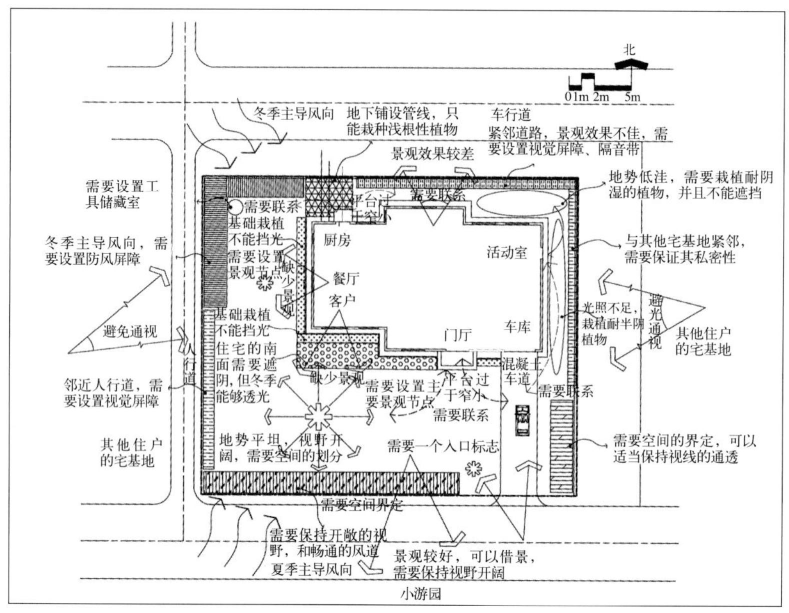

图5-36 某庭院现状分析图（2）

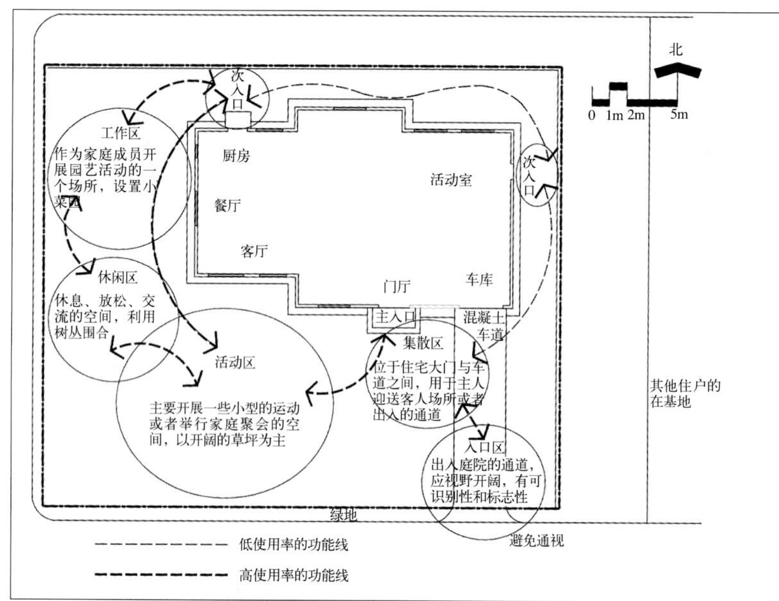

图5-37 功能分区示意（泡泡图）

3. 绘制功能分区图

根据现状分析以及设计意向书，确定基地的功能区域，绘制功能分区示意图（图5-37）。在功能分区示意图的基础上，根据植物的功能，确定植物功能分区，即根据各分区的功能确定植物的主要配置方式，如图5-38所示，在5个主要的功能分区的基础上，植物分为防风屏障、视觉屏障、隔音屏障、开阔草坪、蔬菜种植地等。

4. 绘制植物种植分区规划图

结合现状分析，在植物功能分区的基础上，将各个功能分区继续分解为若干不同的区段，并确定各个区段内植物的种植形式、类型、大小、高度、形态等内容，如图5-39所示。

5. 绘制园林种植初步设计图

以园林种植分区规划为基础，确定植物的名称、规格、种植方式、栽植位置等，绘制私家庭院种植初步设计平面图，如图5-40所示。私家庭院种植初步设计植物种类见表5-1。选择植物时，首先要根据基地自然状况，如光照、水分、土壤等，选择适宜的植物，即植物的生态习性与生境应该对应。其次，植物的选择应该兼顾观赏和功能的需要，两者不可偏废。如根据植物功能分区，建筑物的西北面栽植云杉形成防风屏障；建筑物的西南面栽植银杏，满足夏季遮阴、冬季采光的需要；基地南面铺植草坪、地被，形成顺畅的通风环境。另外，园中种植的百里香香气四溢，还可以用于调味；月季不仅花色秀美、香气袭人，而且还可以作切花，满足女

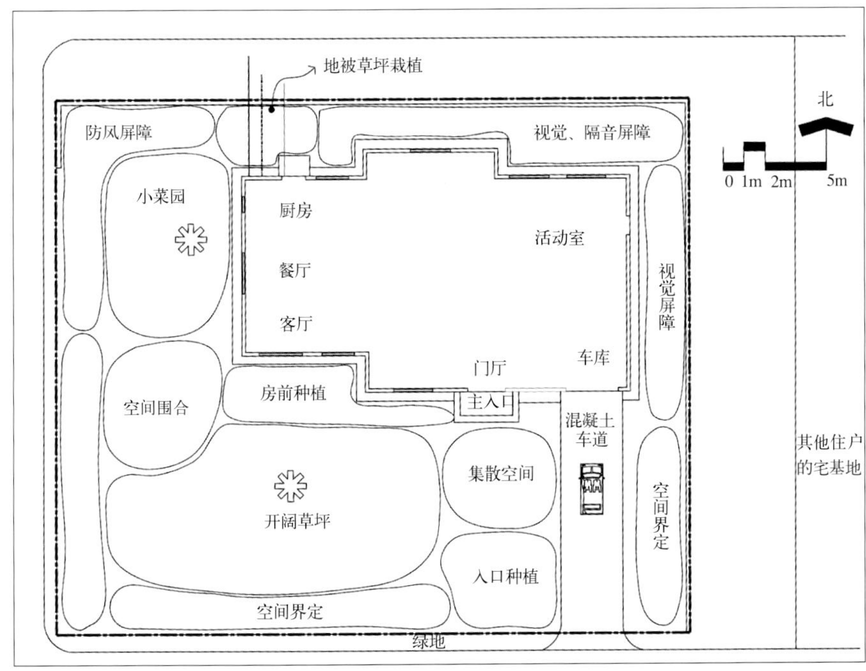

图5-38 植物功能分区图

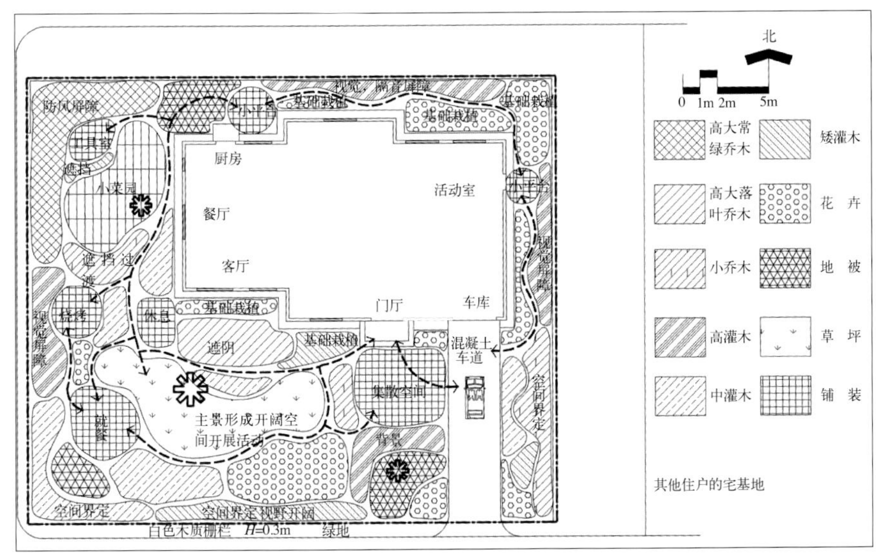

图5-39 植物种植分区规划图

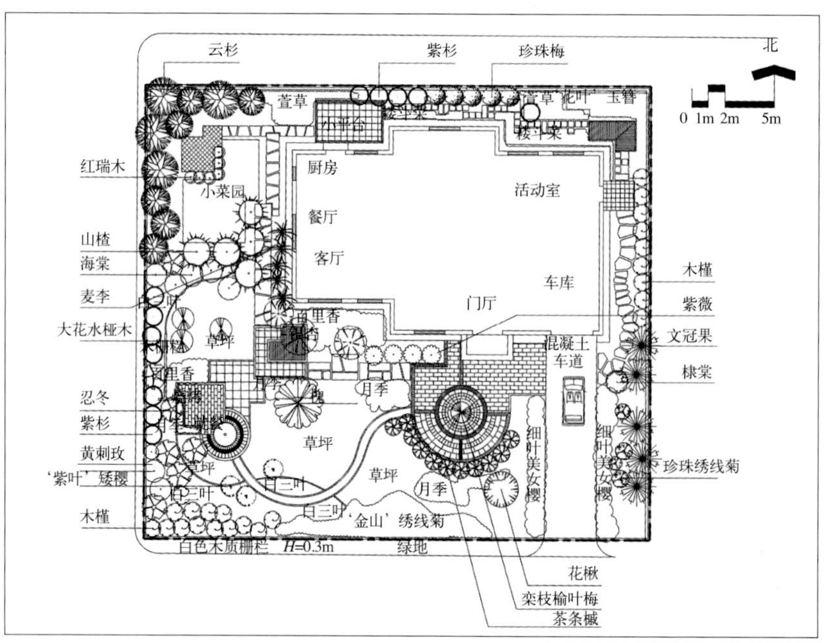

图5-40 园林种植初步设计平面图

主人的要求。每一处植物景观都是观赏与实用并重，只有这样才能够最大限度地发挥植物景观的效益。

表5-1 私家庭院种植初步设计植物选择列表

类 型	植物种类
常绿乔木	云杉、紫杉
落叶乔木	银杏、槐、花楸、文冠果、山楂、'紫叶'矮樱
灌 木	珍珠梅、海棠、忍冬、棣棠、珍珠绣线菊、木槿、大花水桠木、红瑞木、黄刺玫、紫薇、茶条槭、月季、麦李、栾枝榆叶梅
花 卉	'花叶'玉簪、萱草、耧斗菜、细叶美女樱
地 被	白三叶、百里香、'金山'绣线菊、草坪

6. 绘制园林种植设计平面图

对照设计意向书，结合现状分析、功能分区、初步设计阶段成果，进行设计方案的修改和调整。详细设计阶段应该从植物的形状、色彩、质感、季相变化、生长速度、生长习性等多个方面进行综合分析，以满足设计方案中各种要求。首先，核对每一区域的现状条件与所选植物的生态习性是否匹配，是否做到了"适地适树"；其次，从平面构图角度分析植物种植方式是否满足观赏的需要，植物与其他构景要素是否协调，例如，就餐空间的形状为圆形，如果要突出和强化这一构图形式，植物最好采用环植的形式；第三，从景观构成角度分析所选植物是否满足观赏的需要，植物与其他构成元素是否协调，这些方面最好结合立面图或者效果图来分析；最后，进行图面的修改和调整，完成园林种植设计图（图5-41），并填写植物表，编写设计说明。

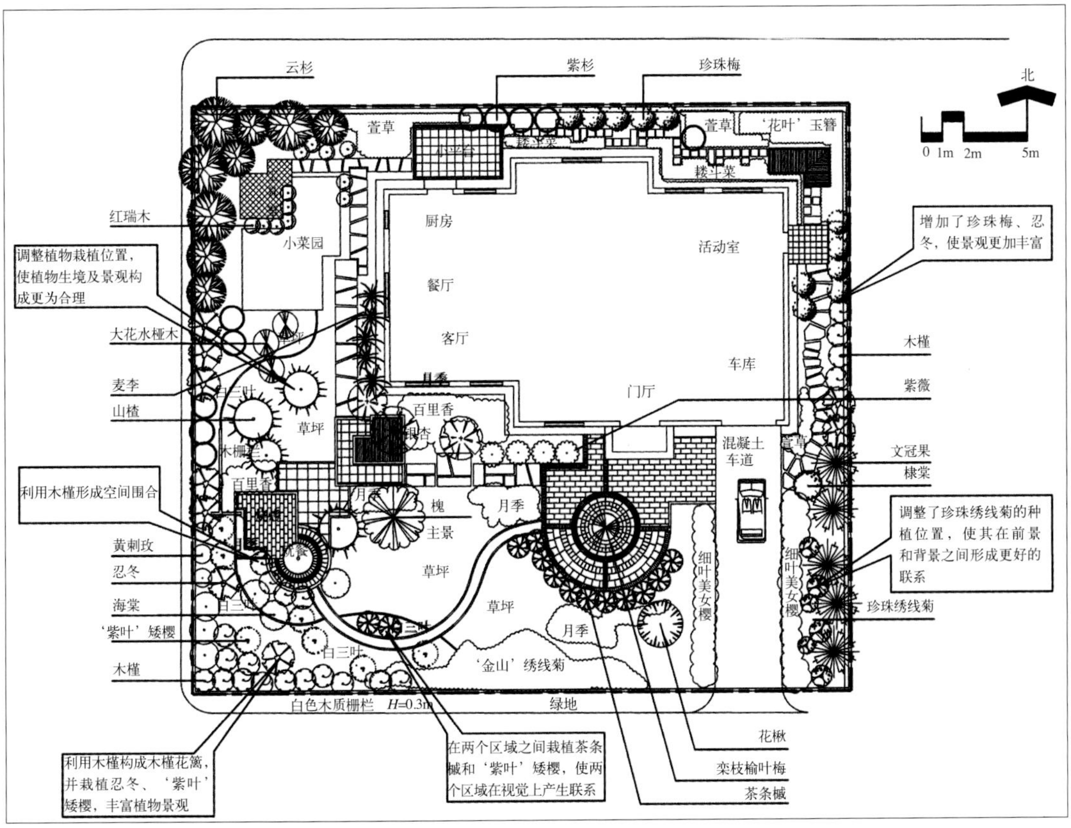

图5-41　园林种植设计平面图

知识拓展

1. 日本住宅小庭院分析

如图5-42至图5-44，该庭院是住宅的主庭院，面积约150m²，其设计是与住宅建筑的设计同时进行的，所以建筑和庭院之间能相互融合、互补，浑然一体。建筑的平面布局凸凹有致、户门中眺望庭院的角度很多，建筑交界面的曲折、丰富则带来很多以植物营造细腻精致景观的机会。

由西侧的小路进入庭院，两侧以乔木为主，栽植自然、闲散，形成休闲气氛很浓的带状空间，可供人们散步使用。一株榉树栽植在小路的尽端，成为带状空间的端景。往东转入庭院主空间，看到一组由植物营造的茶庭风格景致。再往深处，是由夏鹃和景石组合的一处小景，成为一个开阔空间的核心点缀。一株大的梅花虽偏于一隅，但其枝条却伸向庭院，从各个角度看都很优美。

庭院中的植物景观根据从建筑中不同角度的视线，布置不同的画面。和室兼作茶室之用，其窗前是一个茶庭风格的小型内园，由方眼竹篱围合起来，占地64m²。和室的回廊上铺着鹅卵石，回廊和内园植物景观之间由踏脚石相连。内园的植物种植疏朗，姿态入画，其观赏面的宽度与和室的距离都很合适。在玄关正对的位置，将高大的植物种植在较远的庭院边缘，留出较为空阔的位置。从玄关的落地玻璃看出去，庭院景观深远、开阔、明亮。远景是姿态横生的苍老梅枝，近处是夏鹃、麦冬等配合景石形成的低矮的近景。

主要植物如下：

乔木：梅、榉树、鸡爪槭、小叶青冈、岗姬竹、枥木、四照花等。

灌木、地被及草本植物：山茶、马醉木、夏鹃、麦冬、桧叶金发藓等。

2. 江南华府别墅庭院植物景观设计

江南华府别墅庭院位于上海市青浦朱家角镇内大淀湖畔（珠溪路阁游路）的一个小庭院，景观面积约为2000m²。整个庭院分为入口花园、前花园、果园垂钓、后花园4个功能分区（图5-45至图5-47）。入口花园作为花园洋房的入口，“以低调的华丽”作为设计的主旨。在郁郁葱葱绿色植物掩映下，一扇装饰华丽的铁门作为住宅的标志性入口。通过设计精美的铺地，一个独具特色的雕塑水景成为视线的终点。沿着道路前行，建筑大门的两边摆放花岗岩石制的花钵，形态与建筑的风格契合，大气而端庄。前花园分为室外泳池区、室外会客餐厅区及室外草坪活动区。在入口左侧，沿着若隐若

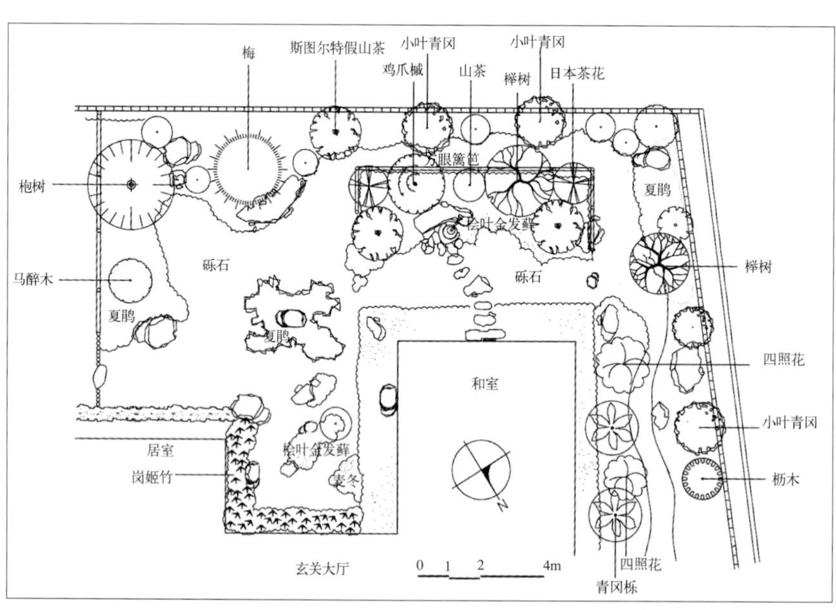

图5-42 日式住宅小庭院平面图

图5-43 从玄关大厅看主庭院植物景观，植物配置体现了庭院的纵深感

图5-44 从前庭院通往主庭院小路的植物景观实景

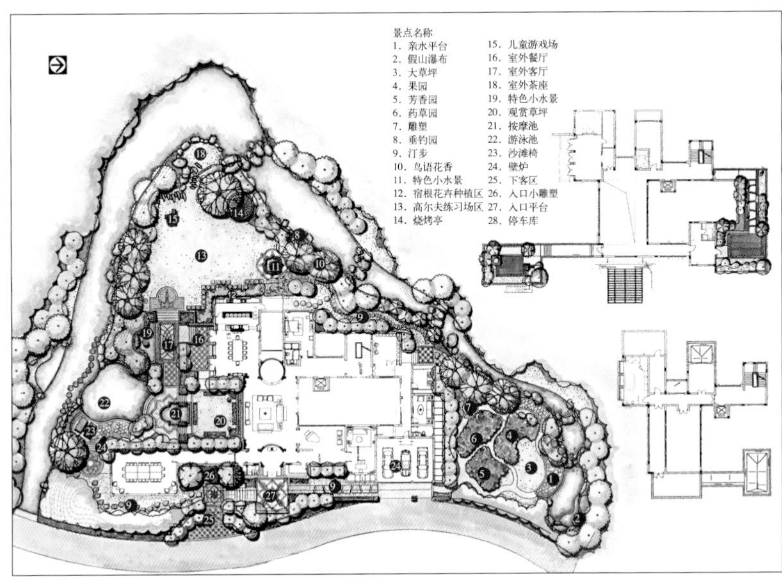

图5-45　江南华府别墅庭院总平面图

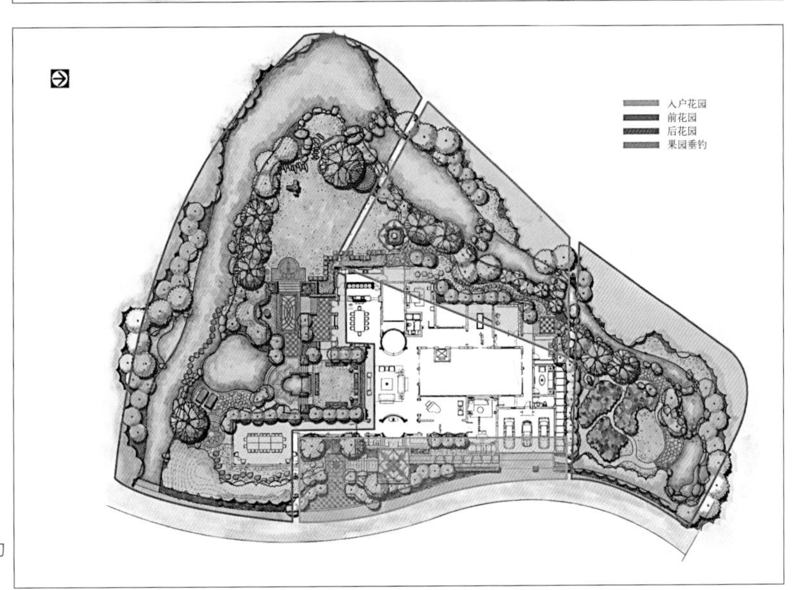

图5-46　江南华府别墅庭院景观功能分区图

现的石制小汀步前行，穿过茂密掩映的树丛，眼前豁然开朗，一座波光粼粼的泳池展现在面前。泳池四周布置观赏草坪、花境、花钵等，周到而细致的设计，让居者感到舒心惬意。室外客厅向西延伸出去的是一片微地形起伏的草坪，可以用来开展小型的活动项目及小型户外派对。果园垂钓区溪流岸边绿意葱葱、繁花点点，悠然垂钓，间或一声清脆的鸟鸣声，仿佛置身于世外桃源之中。后花园的设计通过各种品种的植物种植、小品雕塑的摆设等细腻的设计，营造和挖掘有关幸福的元素，使家居生活更为丰富多彩。后花园植物分为三大类：芳香园、宿根花卉园、药草园。精选了一些养护方便的品种，如白薄荷、佛甲草、罗勒、栀子花等芳香植物；八宝景天、百子莲、火炬花、婆婆纳、玉簪、醉鱼草、‘金边’麦冬等花境植物；丹参、草芍药、活血丹、三七景天等药草植物。各个景区的植物布置如图5-48至图5-52。

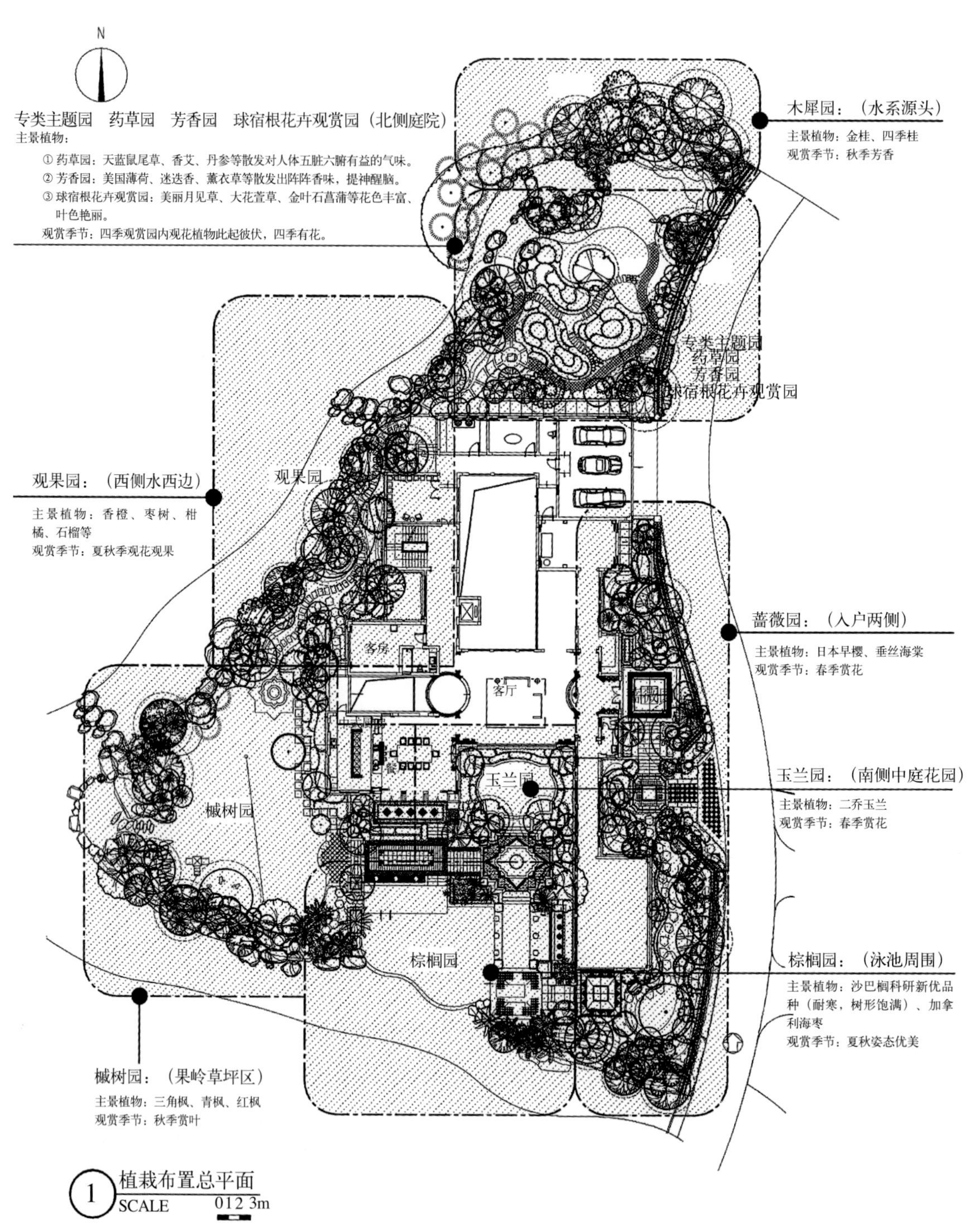

图5-47 江南华府别墅庭院植物景观规划图

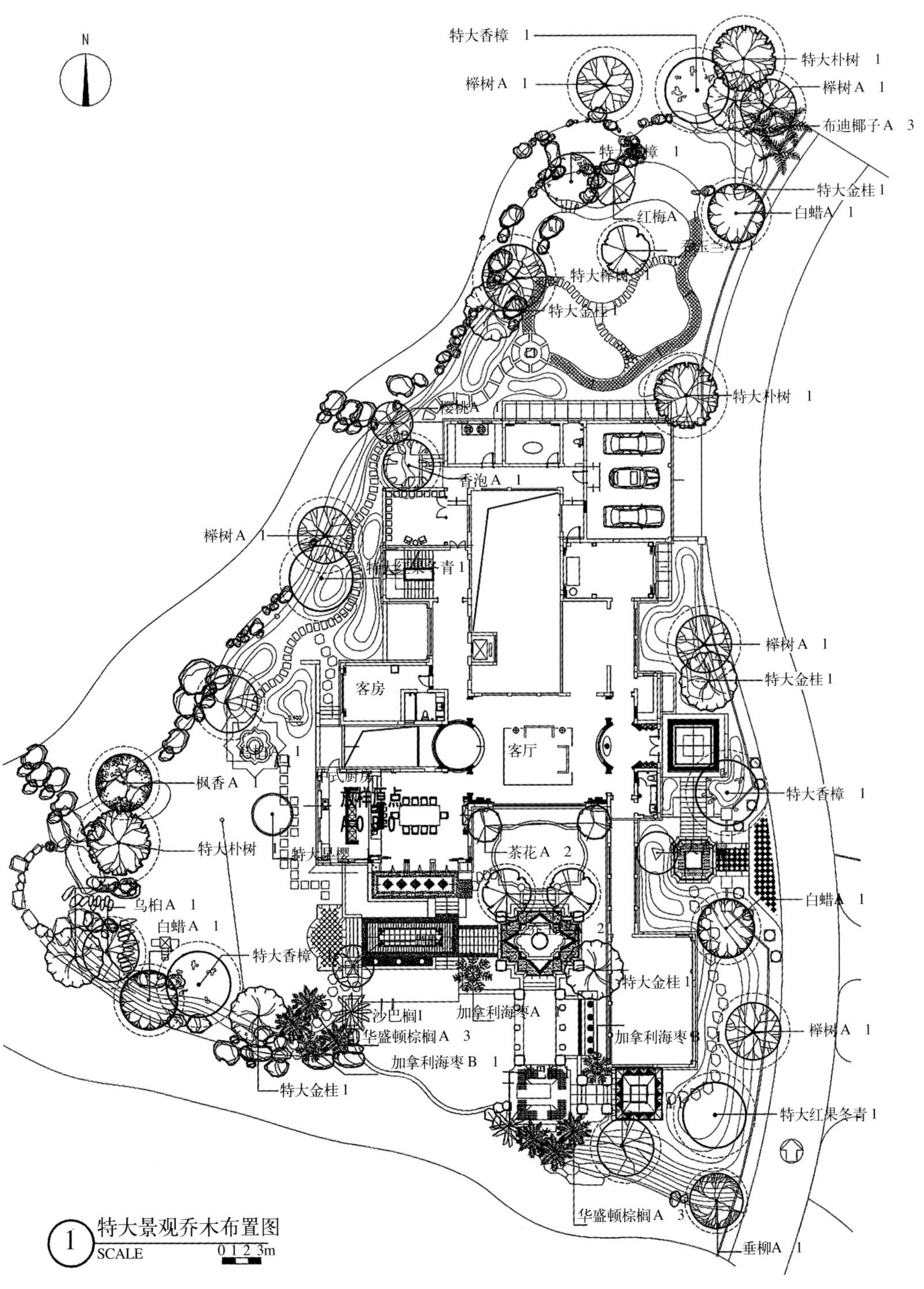

图5-48　特大景观乔木布置图

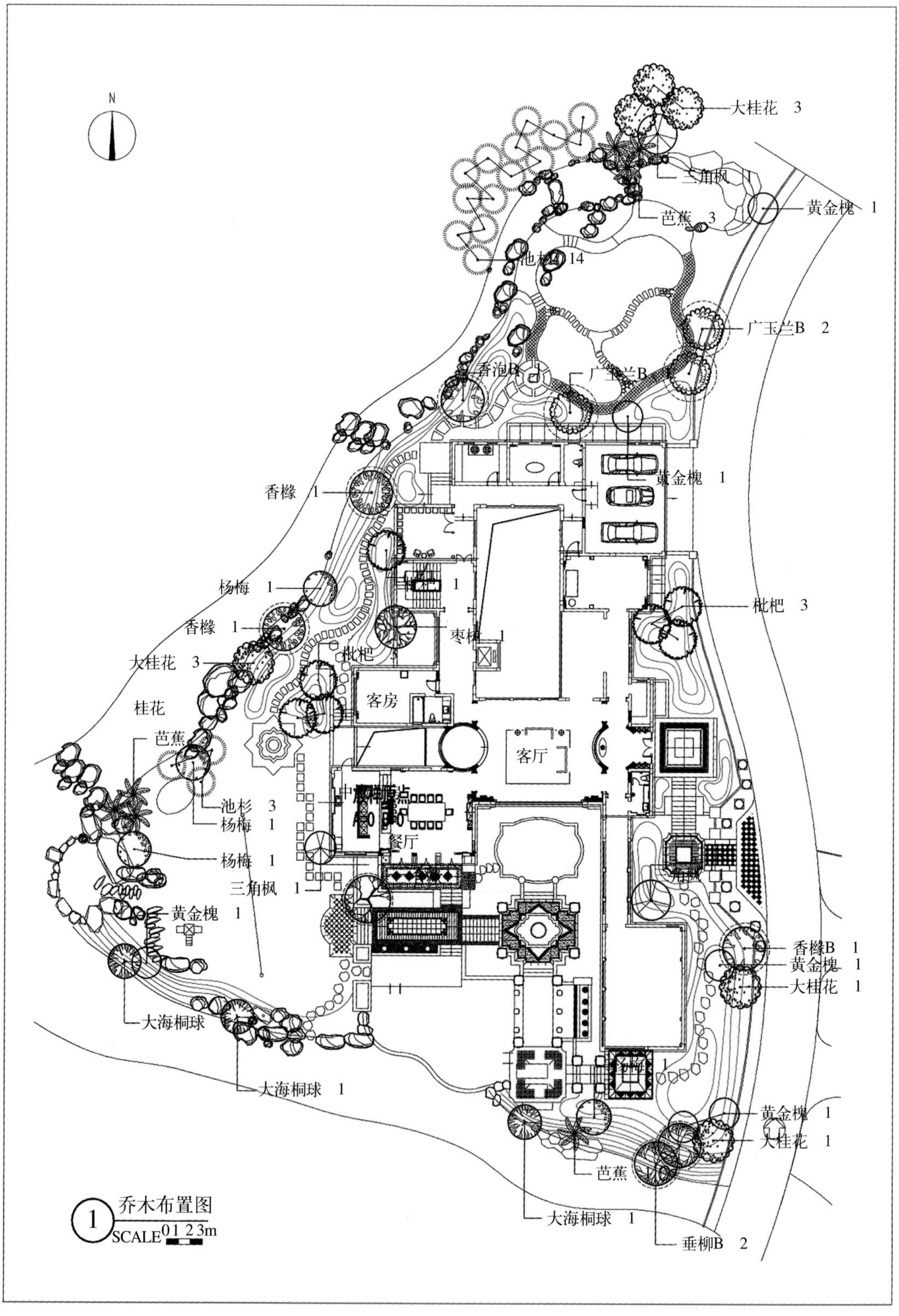

N

大桂花 3
三角枫
黄金槐 1
芭蕉 3
池杉 14
广玉兰B 2
香泡B
广玉兰B 1
黄金槐 1
香橼 1
杨梅 1
香橼 1
大桂花 3
桂花
芭蕉
枇杷 3
枣树 1
枇杷
客房
客厅
餐厅
池杉 3
杨梅 1
杨梅 1
三角枫 1
黄金槐 1
大海桐球
大海桐球 1
香橼B 1
黄金槐 1
大桂花 1
黄金槐 1
大桂花 1
芭蕉
大海桐球 1
垂柳B 2

1 乔木布置图
SCALE 0 1 2 3m

图5-49 乔木布置图

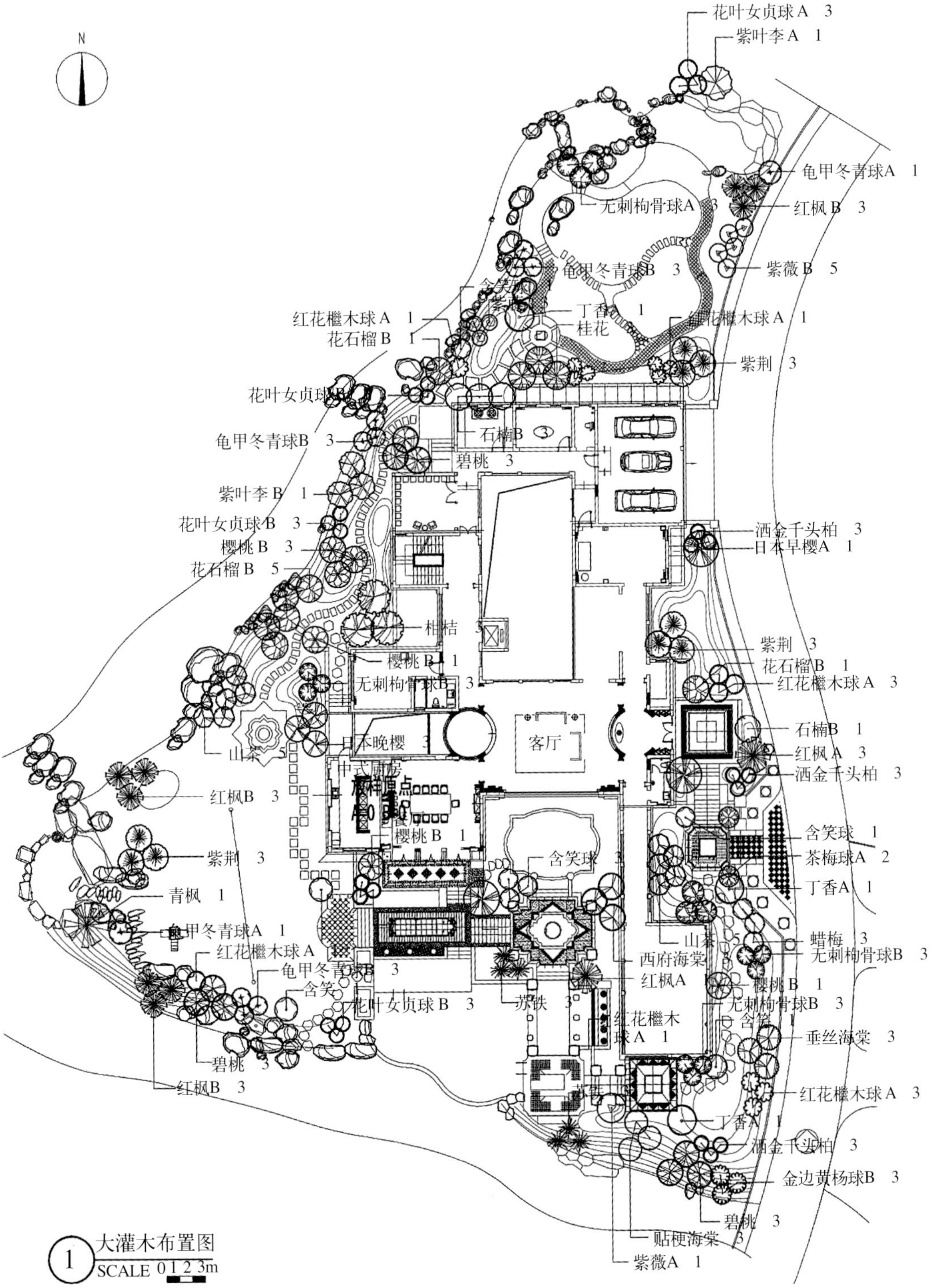

N

花叶女贞球A 3
紫叶李A 1
龟甲冬青球A 1
红枫B 3
无刺枸骨球A 3
紫薇B 5
龟甲冬青球B 3
丁香A 1
桂花
红花檵木球A 1
花石榴B 1
红花檵木球A 1
紫荆 3
花叶女贞球B
石楠B 3
龟甲冬青球B 3
碧桃 3
紫叶李B 1
花叶女贞球B 3
樱桃B 3
花石榴B 5
洒金千头柏 3
日本早樱A 1
柑桔 3
紫荆 3
樱桃B 1
花石榴B 1
无刺枸骨球B 3
红花檵木球A 3
石楠B 1
日本晚樱 3
客厅
红枫A 3
山茶 5
洒金千头柏 3
中式厨房
红枫B 3
樱桃B 1
含笑球 1
含笑球 3
茶梅球A 2
紫荆 3
丁香A 1
青枫 1
龟甲冬青球A 1
山茶 5
蜡梅 3
红花檵木球A
西府海棠 3
无刺枸骨球B 3
龟甲冬青球B 3
红枫A
樱桃B 1
含笑
花叶女贞球B 3
苏铁 3
红花檵木球A 1
无刺枸骨球B 3
含笑 1
垂丝海棠 3
碧桃 3
红枫B 3
苏铁
红花檵木球A 3
丁香A 1
洒金千头柏 3
金边黄杨球B 3
碧桃 3
贴梗海棠 3
紫薇A 1

1 大灌木布置图
SCALE 0 1 2 3m

图5-50 大灌木布置图

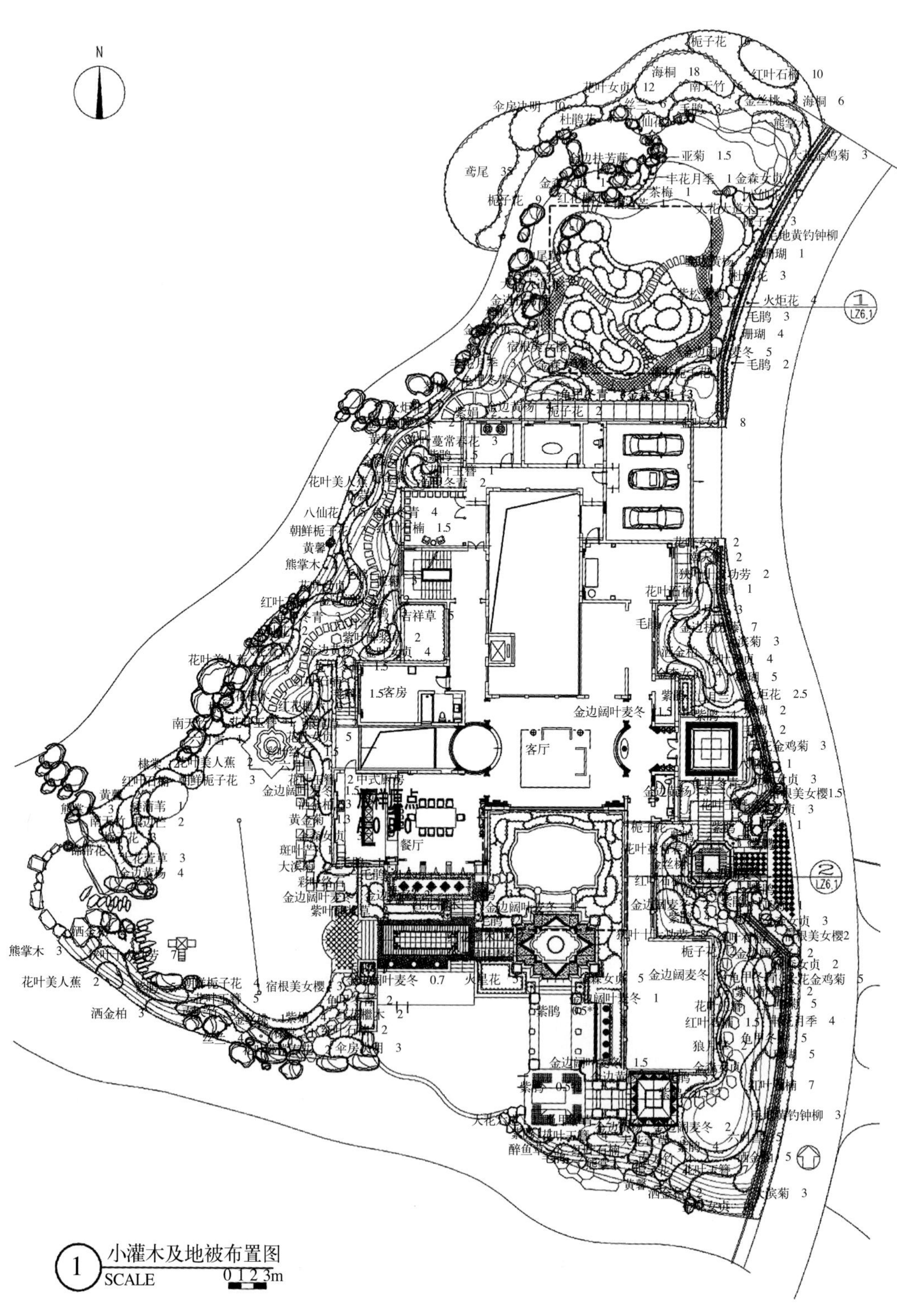

图5-51 小灌木及地被布置图

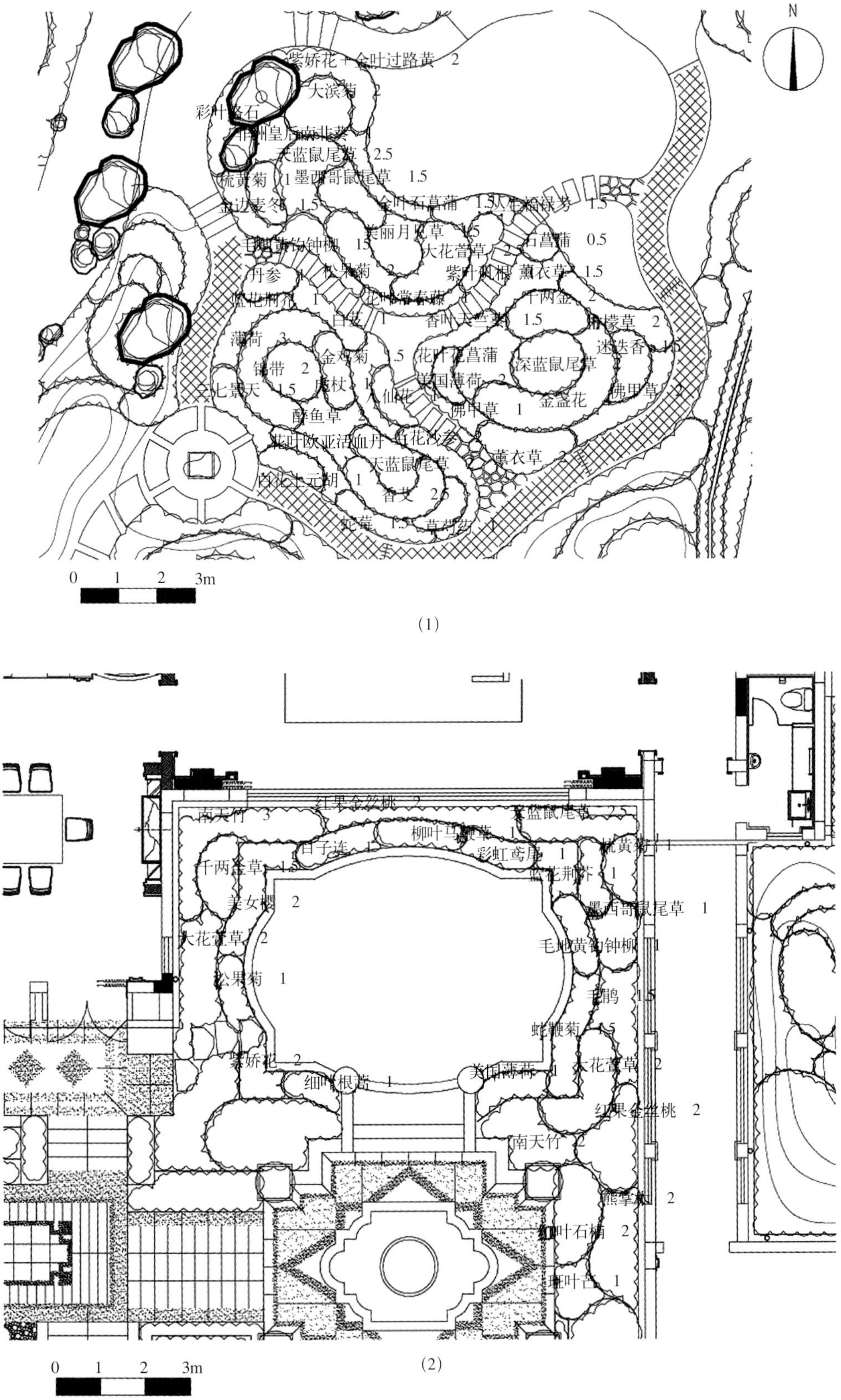

0 1 2 3m

(1)

0 1 2 3m

(2)

图5-52 花境设计图

巩固训练

如图5-53所示为华东地区某私家庭院景观设计平面图，该项目地块总用地面积1200m²，其中可绿化面积约900m²，根据自己对该项目的理解，利用小庭院植物种植设计基本方法和基本设计流程进行植物景观设计，完成该庭院的植物景观设计平面图。

本任务有关评价内容详见表5-2、表5-3。

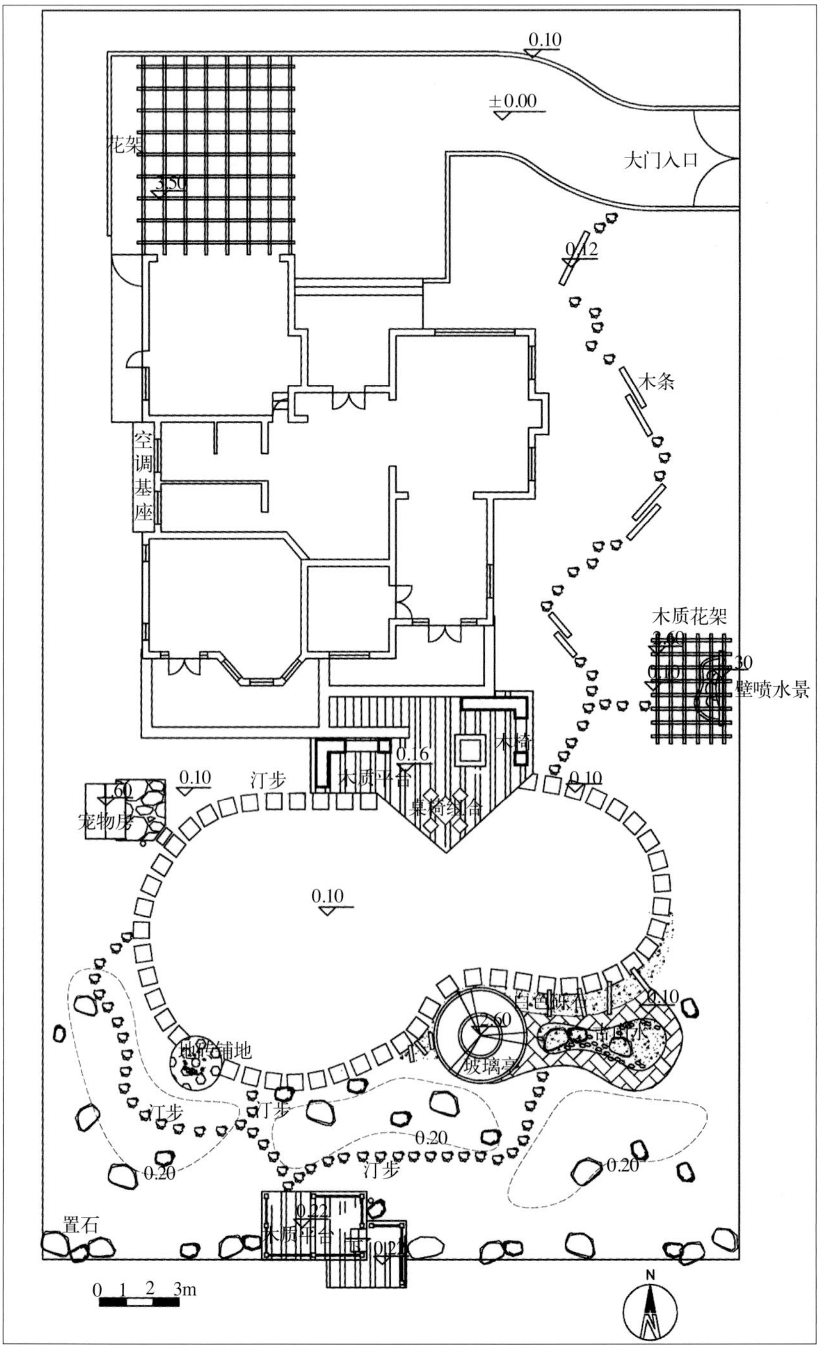

图5-53 某小庭院景观设计平面图

表5-2　某私家庭院植物景观设计评价表

<table>
<tr><th>评价类型</th><th>项　目</th><th>子项目</th><th>组内自评</th><th>组间互评</th><th>教师点评</th></tr>
<tr><td rowspan="4">过程性评价
（70%）</td><td rowspan="2">专业能力
(50%)</td><td>植物选配能力（40%）</td><td></td><td></td><td></td></tr>
<tr><td>方案表现能力（10%）</td><td></td><td></td><td></td></tr>
<tr><td rowspan="2">社会能力
（20%）</td><td>工作态度（10%）</td><td></td><td></td><td></td></tr>
<tr><td>团队合作（10%）</td><td></td><td></td><td></td></tr>
<tr><td rowspan="3">终结性评价
（30%）</td><td colspan="2">作品的创新性（10%）</td><td></td><td></td><td></td></tr>
<tr><td colspan="2">作品的规范性（10%）</td><td></td><td></td><td></td></tr>
<tr><td colspan="2">作品的完成性（10%）</td><td></td><td></td><td></td></tr>
<tr><td rowspan="2">评价评语</td><td>班级：</td><td>姓名：</td><td>第　　组</td><td colspan="2">总评分：</td></tr>
<tr><td colspan="5">教师评语：</td></tr>
</table>

表5-3　小庭院植物景观设计教学反馈表

序号	调查内容	是	否
1	您是否明确本任务的学习目标?		
2	您是否达到本学习任务对学生知识和能力的要求?		
3	您了解小庭院的类型和植物景观特色吗?		
4	您掌握小庭院植物景观设计的原则吗?		
5	您了解小庭院种植设计图纸的绘制要求吗?		
6	您熟悉小庭院植物景观设计的步骤吗?		
7	您掌握小庭院植物景观设计的方法吗?		
8	您能根据场地情况选择合适的植物进行设计吗?		
9	您能运用本节理论知识去调查分析已建成小庭院绿地植物景观吗?		
10	您能运用本节学习内容进行具体项目的小庭院植物景观设计和绘图表现吗?		
11	您课下阅读自主学习资源库的内容了吗?		
12	您是否喜欢这种上课方式?		
13	您对自己在本学习任务中的表现是否满意?		
14	您对本小组成员之间的团队合作是否满意?		
15	您认为本学习任务对您将来的工作会有帮助吗?		
16	您认为本学习任务还应该增加哪些方面的内容?（请在下面回答）		
17	本学习任务完成后，您还有哪些问题需要解决?		
请写出您的意见和建议：			

自主学习资源库

（1）中国古典园林分析．彭一刚．中国建筑工业出版社，1986.

（2）西方园林．郦芷若，朱建宁．河南科学技术出版社，2001.

（3）地被植物与景观．吴玲．中国林业出版社，2007.

（4）西方现代景观设计的理论与实践．王向荣，林菁．中国建筑工业出版社，2002.

（5）品私家花园．上海溢柯花园设计事务所．江苏人民出版社，2012.

参考文献

[1] 诺曼·K·布思, 詹姆斯·E·西斯. 2003. 独立式住宅环境景观设计[M]. 彭晓烈，主译. 沈阳：辽宁科学技术出版社.
[2] 黄清俊. 2011. 小庭院植物景观设计[M]. 北京：化学工业出版社.
[3] 金煜. 2009. 园林植物景观设计[M]. 沈阳：辽宁科学出版社.
[4] 高野好造. 2007. 日式小庭院设计[M]. 邹学群，译. 福州：福建科学技术出版社.
[5] 叶徐夫，王晓春. 2009. 私家庭院景观设计[M]. 福州：福建科学技术出版社.
[6] 里尔·莱威，彼得·沃克. 2003. 彼得·沃克极简主义庭院[M]. 王晓俊，译. 南京：东南大学出版社.
[7] 周道瑛. 2008. 园林种植设计[M]. 北京：中国林业出版社.

任务5.2

屋顶花园植物景观设计

学习目标

【知识目标】

（1）了解屋顶花园的功能并在绿化设计中加以发挥。
（2）掌握屋顶花园植物营造的方法和配置形式。
（3）归纳屋顶种植层的构造技术。

【技能目标】

（1）应用屋顶花园构造技术的相关理论分析屋顶绿化中植物各构造层的必要性。
（2）根据乔木和灌木、花卉等在屋顶花园中应用特点进行具体项目的屋顶花园景观的设计和绘图表达。

工作任务

任务提出（屋顶花园植物景观设计）

如图5-54所示为上海地区某屋顶花园小游园景观设计平面图，根据屋顶花园植物景观设计的要求和基本方法，选择合适的植物种类和植物配置形式进行屋顶花园的植物景观初步设计。

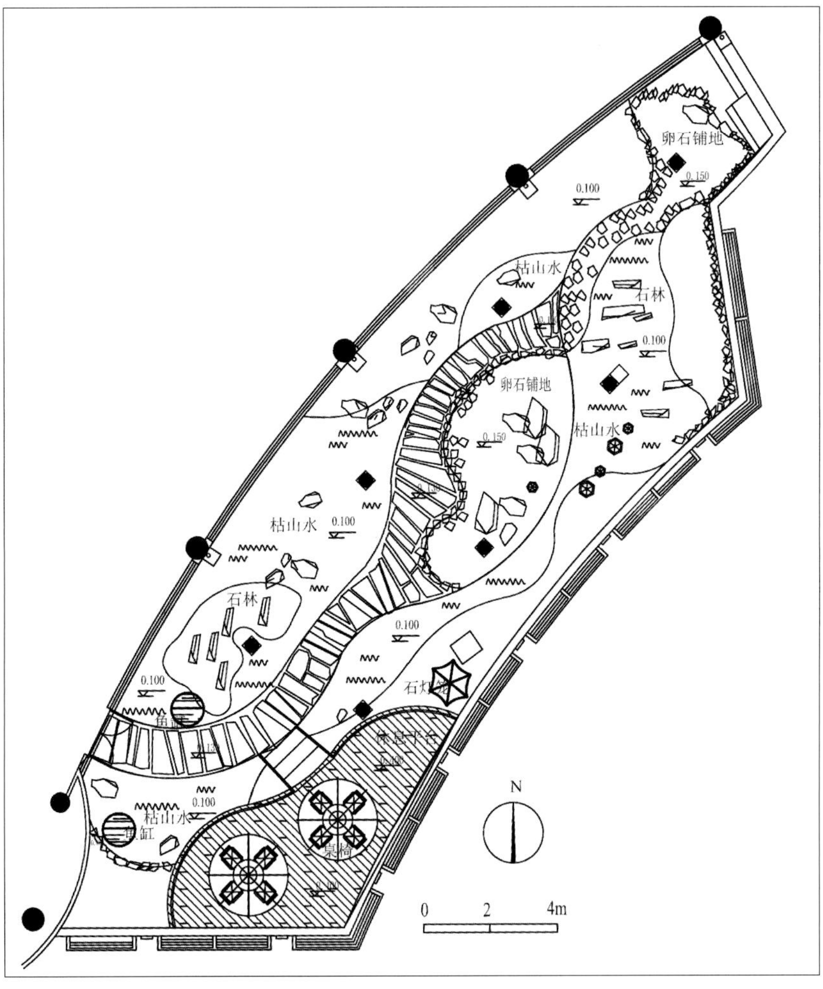

图5-54　屋顶小游园景观设计平面图

任务分析

根据屋顶花园环境和立地条件选择合适的植物种类进行植物景观的设计是植物配置从业人员职业能力的基本要求。在了解屋顶的承重状况、分析屋顶规划设计构思和楼层周围环境的前提下进行植物景观的设计，首先要了解当地常用园林植物的生态习性和观赏特性，掌握乔木、灌木、花卉、草本植物的配置方法和设计要点等内容。

屋顶结构：此屋顶结构层分保暖隔热层、复合防水层、排水层、过滤层、土壤层。种植层采用无土基质，以蛭石、珍珠岩、泥炭等与腐殖质、草炭土、沙土配制。

任务要求

（1）植物的选择适宜当地屋顶绿化条件，满足其景观和功能要求。

（2）正确采用植物景观构图基本方法，灵活运用植物景观设计的基本方法，树种选择合适，配置符合规律。

（3）立意明确，风格独特；图纸绘制规范。

（4）完成屋顶小游园植物景观设计平面图1张。

材料及工具

测量仪器、 手工绘图工具、绘图纸、绘图软件（AutoCAD）、计算机等。

知识准备

5.2.1 屋顶花园的概念

广义上说，屋顶花园是指在各类型的建筑物和构筑物顶部、桥梁（立交桥）、城围、阳台、露台上所进行的绿化装饰及造园活动。狭义上说，屋顶花园是指建筑屋顶部建造的具有园林性质的花园。

屋顶花园的设计重点是根据屋顶结构特点以及屋顶的生态环境条件，选择屋顶足以承载、生态习性与之相适应的植物材料（树木、花卉、瓜果、蔬菜及草坪等），通过一定的技术艺法，创造丰富的景观。

5.2.2 屋顶花园的功能和特点

5.2.2.1 屋顶花园的功能

（1）节约和利用水

绿化屋面通过种植土、蓄水板可以把大量的雨水储存起来。据统计，屋顶绿化能够有效截留60%～70%的降水，而且在雨后若干小时内逐步被植物吸收和蒸发到大气中，使屋顶雨水得到充分利用。

另外，通过储水减少屋面泄水，可以减轻城市排水系统压力。降落在建筑物上的水都通过建筑排水系统直接排入城市下水道，洁净的雨水最终与城市污水混合，增加城市污水处理成本，大量的雨水排入城市排水系统也会造成排水压力，甚至加速城市积水，形成内涝。因此，屋顶绿化的储水功能可以缓解城市排水系统的压力，显著减少污水处理费用。

（2）保护建筑构造层

建筑构造层的破坏除了少数是承重物件引起以外，多数情况是由于温差造成的。无论是夏季还是冬季，建筑物屋顶昼夜温差都比较大，建筑构造的热胀冷缩造成建筑材料受到很大负荷，其强度会降低，进而造成建筑物出现裂痕，寿命缩短。

屋顶绿化层由于有不同厚度的土壤和植物覆盖，其隔热会比架空薄板隔热层的屋面好，从而避免了屋面因温度变化剧烈而引起裂缝开张。

（3）改善城市生态环境

屋顶绿化是改善城市生态环境最有效的措施之一，在诸多生态环境条件的改善中起到作用。

① 调节气温和湿度　屋顶绿化增加了绿化量，夏季可以有效缓解城市的热岛效应，减少太阳辐射强度；冬季具有保暖作用，降低能量消耗。

屋顶绿化由于植物的蒸腾作用和潮湿的土壤覆盖从而使屋顶空间的蒸腾量大大增加，提高空气湿度。

② 空气形成局部环流　植物的种植增加了屋顶的粗糙度，可以降低风速，同时由于绿化具

有降温作用，使气压在同一高度的水平方向产生气压梯度，形成局部环流。

③ 减弱光线反射　植物覆盖屋顶建材，使原本屋顶材料在强烈阳光照射下反射刺目的眩光得以缓解，减少对人们视力的损害。

④ 减轻城市环境污染　屋顶绿化中的植物与地面植物一样，具有吸收二氧化碳、释放氧气、吸附有害气体、净化空气、吸滞灰尘等作用。

（4）景观作用

屋顶花园在为人们提供休闲空间和绿色环境享受时，对人的心理、生理影响更为深远。屋顶花园表现出的园林景观，在形态美、色彩美、风韵美等方面都能满足人们精神要求，起到陶冶情操的作用。

5.2.2.2 屋顶花园的特点

（1）植物生存环境条件差

屋顶花园是在完全人工化的环境中栽植树木，采用客土、人工灌溉系统为树木提供必要的生长条件。在屋顶营造花园由于受到载荷的限制，不可能有很深的土壤，因此屋顶花园的环境特点主要表现在土层薄、营养物质少、缺少水分；同时屋顶风大，阳光直射强烈，夏季温度较高，冬季寒冷，昼夜温差变化大。

（2）受屋顶负荷限制

由于建筑结构的制约，屋顶花园的负荷只能控制在一定范围内，土壤厚度不能超过荷载标准，因此制约了植物的选择，同时造成植物根系生长和植物容易缺水。

（3）建设养护困难

由于屋顶绿化的工作面在屋顶上，施工人员要对建筑物的构架特征有比较深刻的理解，凭借丰富的施工经验，依据严密的数据考测确定最佳的施工方案。因此，要在深刻认识屋顶绿化各项施工工艺的基础上安全、合理、细致地进行施工。防渗、隔根、排水等都需要专门的技术。

屋顶花园建成后的养护，主要是指花园主体景物的各种草坪、地被、花木的养护管理以及屋顶上的水电设施和屋顶防水、排水等工作。由于高层建筑房顶一般没有楼梯，只有小出入口，操作相对困难。

5.2.3 屋顶花园植物景观营造

5.2.3.1 屋顶花园植物的选择

由于屋顶花园受种植土厚度、光照、承重等因素的制约，屋顶花园植物品种的选择面较为狭窄。所种植物要求喜光为主、耐旱；一些直根系植物不宜种植，宜选择浅根性的小乔木与灌木、花卉、草坪、藤本植物等搭配。

（1）选择耐旱、抗寒性强的矮灌木和草本植物

由于屋顶花园夏季气温高、风大、土层保湿性能差，而冬季则保温性差，因此应选择耐干旱、抗寒性强的植物。同时，考虑到屋顶的特殊环境和承重的要求，应选择矮小的灌木和草本植物以利于植物的运输、栽植和管理。

（2）选择喜光性、耐瘠薄的浅根性植物

屋顶花园大部分地方为全日照、直射，光照强度大，植物应尽量选用喜光植物。当然一些小环境，如花架、景墙附近，日照时间较短，可适当选用一些耐阴的植物种类，以丰富屋顶花园的植物品种。屋顶的种植层较薄，为了防止根系对屋顶建筑结构的侵蚀，应尽量选择浅根性的植物。另外由于施肥会影响周围环境的卫生状况，故尽量选择耐瘠薄土壤的植物品种减少施肥次数。

（3）选择抗风、不易倒伏、耐积水的植物种类

屋顶上空的风力一般比地面大，特别是雨季或台风来临时，风雨交加对植物的生存危害最大；同时屋顶种植层薄，土壤的蓄水性差，一旦下暴雨容易造成短时间积水，所以应尽可能选择一些抗风、不易倒伏，又耐短时积水的植物。

（4）选择以常绿树种为主，冬季露地越冬的植物

营建屋顶花园的目的就是增加城市的绿化面积，选择常绿树种有利于增加城市屋顶冬季绿色景观。宜选用叶形和植株秀丽的品种，为了体现屋顶花园的季相变化，可适当选择一些落叶品种，另外可布置一些盆栽时令植物，使花园四季有花。

（5）尽量选用乡土树种，适当引用新品种

适地适树是植物造景的基本原则，因此应大力选择乡土树种，适当引进外来新品种。乡土树种对本地区气候条件适应强，在生态条件相对恶劣的屋顶花园尤为重要，同时考虑屋顶花园植物景观的丰富性，适当选择一些适应性强的外来新品种增加植物景观的观赏性。

（6）选择容易移植，成活率高，耐修剪，生长慢的品种

屋顶花园栽植环境较差，移植成活率影响植物景观的效果。同时屋顶的承重有限，植物的生长量控制非常重要，耐修剪、生长速度慢可保证屋顶承重的变化量小，从而保证植物景观的长效性。

（7）选择抗污性强，可忍受、吸收、滞留有害气体或粉尘的植物

在屋顶花园植物配置时，要优先选用既有绿化效果又能改善环境的植物种类，这些植物对烟尘、有害气体等有较强的抗性，并且能起到净化空气的作用，如女贞、大叶黄杨、山茶等。

（8）满足植物造景的要求

在平面上，要求植物生长繁茂，并不蔓延出原划定的界限，要求植物具有丰富的质感和颜色以及足够长的观赏期；在立面上，要求植物具有高低层次，要求植株具有饱满的形态；在时间上，要求植物具有明显的季相变化。

植物选择的关键是协调好造景、造价、效益之间的关系，因为选择的植物很难满足所有条件。例如，耐寒并能在屋顶自然生长的植物往往具有发达的根系，容易对屋顶结构产生破坏性；浅根性植物需要很多水分，并且需要人为固定才能抵御大风的侵袭等。

5.2.3.2 屋顶花园的植物景观设计

（1）种植层的厚度

屋面的绿化设计荷载应满足建筑屋顶承重安全要求，荷载必须在屋面结构承载力允许的范围内。屋顶绿化荷载应包括植物材料、种植土、园林建筑小品、设备和人流量等静荷载，以及由雨水、风、雪、树木生长等所产生的活荷载。

屋顶绿化种植层既要考虑屋顶荷载，还要考虑植物生长的厚度要求。不同绿化植物基质厚度参考值见表5-4。

表5-4　不同植物类型基质厚度参考值

植物类型	植物高度（m）	植物生存所需基质厚度（cm）	植物发育所需基质厚度（cm）
乔木	3.0～10.0	60～120	90～150
大灌木	1.2～3.0	45～60	60～90
小灌木	0.5～1.2	30～45	45～60
草本、地被植物	0.2～0.5	15～30	30～45

（2）种植方式

屋顶花园的植物，在种植时必须以“精美”为原则，不论在种类上还是在植物的种植方式上都要体现出这一特点。常见的种植方法有以下几种：

① 孤植　这类树种要求树体本身不能太大，以优美的树姿、艳丽的花朵或累累硕果为观赏目标，如圆柏、龙柏、南洋杉、龙爪槐、叶子花、紫叶李等均可作孤植。

② 绿篱　在屋顶花园中，可以用绿篱来分隔空间，组织游览线路，同时在规则式种植中，绿篱是必不可少的镶边植物。北方可以用大叶黄杨、小叶黄杨、圆柏等作绿篱，南方则可以用九里香、珊瑚树、黄杨等作绿篱。

③ 花境　花境在屋顶花园中可以起到很好的绿化效果。在设计时应注意其观赏位置，可为单面观赏，也可双面或多面观赏，但不论哪种形式，都要注意其立面效果和景观的景象变化。

④ 丛植　丛植是自然式种植方式的一种，它是通过树木的组合创造出富于变化的植物景观。在配置树木时，要注意树种的大小、姿态及相互距离。

⑤ 花坛　在屋顶花园中可以采用独立、组合等形式布置花坛，其面积可以结合花园的具体情况而定。花坛的平面轮廓为几何形，采用规则式种植，植物种类可以用季节性草花，要求在花卉失去观赏价值之前及时更新。花坛中央可以布置一些高大整齐的植物，利用五色草等布置一些模纹花坛，其观赏效果更是别致。

⑥ 草坪　屋顶草坪要选用景天科植物如佛甲草等，其耐干旱、抗高温、节水性能好、冬季耐寒、宿根轮生、养护管理粗放。佛甲草与其他景天科植物混种，景观更丰富、抗性更强，是屋顶草坪首选的植物种群。

花灌木是建造屋顶花园的主体，应尽量实现四季花卉的搭配。如春天的榆叶梅、春鹃、迎春花、桃、樱花、贴梗海棠；夏天的紫薇、夏鹃、含笑、石榴；秋天的秋海棠、菊花、桂花；冬天的蜡梅、山茶、茶梅。草本花卉可选配瓜叶菊、报春、金盏菊、一串红等。水生植物有马蹄莲、水竹、荷花、睡莲、菱角等。

除了考虑花卉的四季搭配外，还要根据季相变化注意树木的选择，视生长条件可选择广玉兰、栀子花、龙柏、黄杨、枇杷、桂花、竹类等常绿植物；多运用观赏价值高、有寓意的树种，如枝叶秀美、叶色红色的鸡爪槭、石楠，飘逸典雅的苏铁，枝叶婆娑的翠竹，喻品行高洁的梅、兰、竹、菊、松等。

镶边植物在屋顶花园应用非常广泛，在花坛周围或乔木、灌木之下，栽一些镶边植物很有韵味，同时也充分利用了坛边地角。镶边植物可用麦冬、扁竹叶、小叶女贞、太阳花等，这样可以避免产生底层、边角效果，少留裸土、空白。

屋顶花园的墙面绿化通常利用有卷须、钩刺等吸附、缠绕、攀缘性植物，使其在各种垂直墙面上快速生长，地锦、紫藤、常春藤、炮仗花、凌霄及爬行卫矛等植物价廉物美，有一定观赏性，可作首选。也可选用其他植物垂吊墙面，如葡萄、薜荔、蔷薇、木香、金银花、炮仗花、茑萝等，或果蔬类如葡萄、南瓜、丝瓜、佛手瓜等。

屋顶花园常用地被植物有高羊茅、细叶结缕草、吉祥草、麦冬、葱兰、马蹄金、美女樱、太阳花、佛甲草、蟛蜞菊、马缨丹、红绿草、吊竹梅等。如果将地被植物巧妙搭配、合理组织，能创造鲜明、活泼的底层空间。

绿篱植物是种植区边缘、雕塑喷泉的背景或景点分界处常栽种的植物。它的存在使种植区处于有组织的安全环境中，同时可作为独立景点的衬托，但造园或管理时切不可使绿篱植物喧宾夺主。常见的绿篱植物有‘金叶’女贞、小檗、小蜡、圆柏、龙柏、‘金森’女贞、‘红叶’石楠、黄杨、雀舌黄杨等。

（3）植物配置形式

屋顶花园必须以足够的绿地面积作保证，但是植物种植区的布局方式是灵活多样的，通常有以下几种形式。

① 规则式屋顶花园　屋顶的形状多为几何形，为了使屋顶花园的布局形式与场地取得协调，通常采用规则式布局，特别是种植池多为几何形，以矩形、正方形、正六边形、圆形等为主，有时也做适当变换或为几种形状的组合（图5-55）。

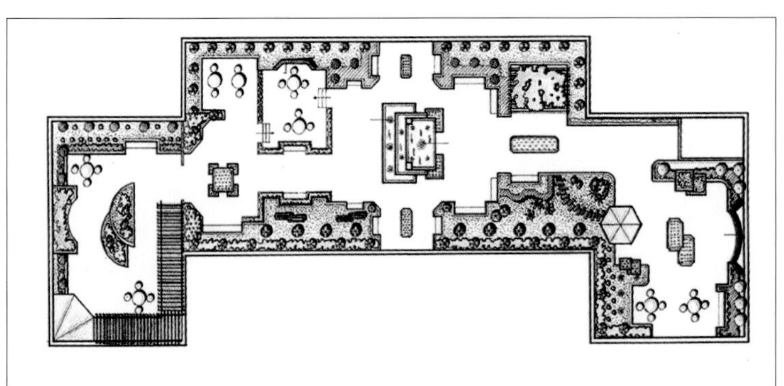

图5-55　规则式屋顶花园

周边规则式：即在花园中植物主要种植在周边，形成绿色边框，这种种植形式给人一种整齐美，还可以留出充足的开敞空间，供人们使用和休息。

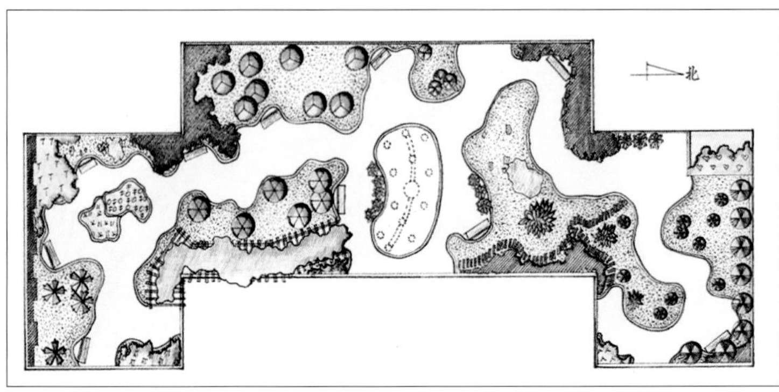

图5-56　自然式屋顶花园

分散规则式：这种形式多采用几个规则式种植池分散地布置于园内，而种植池

图5-57　屋顶花园植物景观实景

内的植物可为草木、灌木或草本与乔木的组合，这种种植方式形成一种类似花坛式的块状绿地，形成既整齐又生动有趣的景观效果。

模纹图案式：这种形式的屋顶花园一般绿地面积较大，利用成片栽植的草本或灌木形成具有一定意义的图案，给人一种整齐美丽的景观感受，特别适合在低层的屋顶花园内布置，从高处观赏可以形成有趣的俯视景观，形成良好的俯视景观效果。

苗圃式：这种布置方式常见于单位或住宅楼屋顶，居民常把种植的果树、花卉等用盆栽植，按行列式的形式种植或以花盆形式摆放于屋顶，这种场所一般植物的密度较大，以经济效益为主。

② 自然式屋顶花园　当屋顶花园面积较大时，空间可以容纳更多的景观元素，可以借鉴中国传统园林利用自然式布局来组织空间，比较容易取得较好的景观效果。中国园林的特点就是以自然形式为主，主要特征表现在能够反映自然界的山水与植物群落，以体现独特的景观意境。自然式的屋顶花园构图，可以很好地体现自然美，植物采用乔、灌、草混合的种植方式，创造出有强烈层次感的立面效果（图5-56）。

③ 混合式屋顶花园　这种形式的花园具有以上两种形式的特色，主要特点是植物采用自然式种植，而种植池的形状是规则的，此种类型在屋顶花园属最常见的形式。

5.2.3.3　适应建筑环境的植物造景策略

屋顶花园植物造景的目的在于体现植物的自然美，但是人工化的建筑外环境总是以生硬的形象出现在人们的视线，成为环境中不和谐的要素。只有采用合理的策略弱化建筑环境的影响，才能使空间更加生动自然（图5-57）。

（1）利用林冠线修饰和弱化建筑背景

一般情况下，屋顶花园植物的高度不足以完全遮挡周围的高大建筑，最好的办法就是有取舍地引导视线，使周围建筑成为可利用的景观背景。在屋顶花园的边界处利用植物立面轮廓的排列组合形成曲折变化的林冠线来修饰建筑背景，仿佛用一个天然的画框，把散乱无序的建筑联系起来，形成有序的景观背景。对于某些外形独特的建筑，可以有意识地适当加以突出，在观赏视线中形成优美的借景。

（2）利用植物立面美化墙面和弱化生硬的转角轮廓

对于被高大墙体围合的屋顶花园，应该对人的垂直视角高度范围内的墙体进行美化。在选择植物材质时，应注意植物与墙体的协调，通过墙体色彩、质感的趋向性来选择合适的植物。对于色彩浓艳、质地粗糙的墙面，最好配以色彩纯净、质地轻柔的植物，形成和谐的对比；色彩和质地中性的建筑，则对植物的色彩和质地要求较宽松，既可用纯色植物也可用彩色植物，但是比较有特色的质地则更加令人印象深刻；对于色彩较浅、质地细腻的材质，如玻璃、瓷砖等，则应选择色彩鲜艳、质感疏松的植物与之相配。

（3）利用特色配置强调建筑入口

入口是连接屋顶花园和建筑的通道，一般为了交通的方便，应该对入口进行标志和强调。除了通过建筑形体进行强调外，还可以利用具有独特形态、色彩、质感的植物以对植、丛植等方式置于入口的两侧或一侧，起到强调和标志作用。例如，红枫颜色鲜艳，质感细腻，容易和绿色植物背景形成鲜明的对比，配置于建筑入口的一侧，具有很强的标志作用。

（4）修饰和改造附属设施

堆放在屋顶上的各种附属设施会严重影响空间的美感，可以灵活地应用植物材料加以改造。体量较小的设施，如管道、空调等一般比较容易处理，简单地用密植灌木隐藏即可。但是建筑通风口和采光井等设施一般体量较大，不易隐藏，而且材质多以玻璃和金属材质为主，与环境的反差比较大，容易产生突兀感。对这些大体量的附属设施的处理应该灵活应变，对于景观效果较差的设施应采用浓密的植物进行遮挡和覆盖，如利用油麻藤、地锦、木香等攀缘植物完全覆盖，作为其他景观的背景。

5.2.4 屋顶种植层的构造技术

一般屋顶花园种植层结构从上到下依次为：植被层、基质层、隔离过滤层、排水层、根阻层、分离滑动层、防水层、保温隔热层、现浇混凝土楼板或预制空心楼板（图5-58）。

（1）植被层

植被层是指在花园上种植的各种植物，包括草本植物、藤本植物、小灌木、大灌木、乔木等。植物材料平均荷重参考值见表5-5。

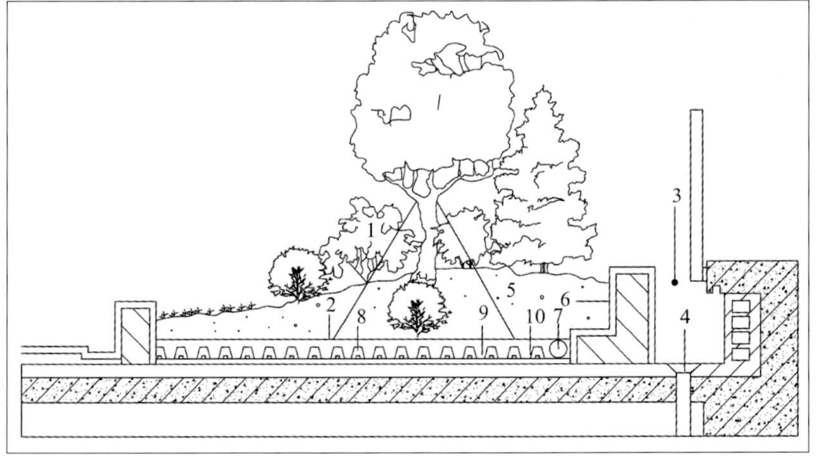

图5-58 屋顶绿化种植区构造层剖面示意

表5-5　植物材料平均荷重参考值

植物类型	高度（m）	植物荷载（kN/m^2）	植物类型	高度（m）	植物荷载（kN/m^2）
乔木（带土球）	3.0～10.0	0.40～0.60	小灌木	0.5～1.2	0.10～0.20
大灌木	1.2～3.0	0.20～0.40	地被植物、草坪	0.2～0.5	0.05～0.10

（2）种植基质层

此层为种植区中最重要的一个组成部分，一般为人工合成的轻质土，不同的植物对土层厚度的要求是有差异的，配制比例可根据各地现有材料的情况而定。

为使植物生长良好，同时尽量减轻屋顶的附加荷重，种植土一般不直接用地面的自然土壤，而选用既含各种植物生长所需元素又较轻的人工介质，如蛭石、珍珠岩、泥炭及其与轻质土的混合物等。

（3）隔离过滤层

设置此层的目的是防止种植土随浇灌和雨水流失。人工合成基质中有很多细小颗粒，极易随水流失，不仅影响土壤的成分和养料，还会堵塞建筑屋顶的排水系统，因此在种植土的下方设置防止小颗粒流失的过滤层是十分必要的。

目前常用的既能透水又能过滤的聚酯纤维无纺布等材料，一般采用的搭接缝有效宽度应达到10~20cm，并向建筑侧墙延伸至基质表层下方5cm处。

（4）排水层

此层位于隔离过滤层之下，目的是改善种植土的通气状况，保证植物能有发达的根系，满足植物在生长过程中根系呼吸作用所需要的空气。由于种植土厚度较薄，当土壤中的水分过多时，排水层可以储藏多余的水分，当土壤中缺水时，植物又可以通过排水层吸收水分。排水层可以使植物健壮地生长，而缺少排水层，将直接影响植物根部与微生物的呼吸过程，同时还影响土壤中各种元素的存在状况。通气良好的土壤，其大多数元素处于可以被植物吸收的状态，而通气条件较差的土壤，一些元素以毒质状态存在，从而对植物的生长起抑制作用。因此，设置排水层在屋顶花园建造中是必不可少的一项工作。

排水层选用的材料应该具备通气、排水、储水和质轻的特点，同时要求材料间应有较大孔隙，自重较轻。下面介绍几种可选用的材料供参考：

① 陶料　容重小，约为600kg/m^3，颗粒大小均匀，骨料间孔隙度大，通气、吸水性强，使用厚度为200～250mm。

② 焦碴　容重较小，约为1000kg/m^3，造价低，但要求必须经过筛选，使用厚度在100～200mm，吸水性较强。

③ 砾石　容重较大，在2000～2500kg/m^3，要求必须加工成直径为15～20mm，其排水、通气较好，但吸水性很差。这种材料只能用在具有很大负荷量的建筑屋顶上。

（5）根阻层

根阻层一般采用合金、橡胶、PE（聚乙烯）和HDPE（高密度聚乙烯）等材料类型，用于防止植物根系穿透防水层。

根阻层铺设在排水层下，搭接宽度不小于100cm，并向建筑侧墙延伸至基质表层下方15～

20cm处。

（6）分离滑动层

分离滑动层一般采用玻纤布或无纺布等材料，用于防止隔根层与防水层材料之间产生粘连现象。

柔性防水层表面应设置分离滑动层；刚性防水层或有刚性保护层的柔性防水层表面，分离滑动层可省略不铺。

分离滑动层铺设在隔根层下，搭接缝的有效宽度应达到10～20cm，并向建筑侧墙面延伸15～20cm。

（7）屋面防水层

传统屋面防水材料多用油毡。油毡暴露在大气中，气温交替变化，使油毡本身、油毡之间及与砂浆垫层之间的粘接发生错动以至拉断；油毡与沥青本身也会老化，失去弹性，从而降低防水效果。而屋顶花园上的屋顶上有人群活动，除防雨、防雪外，灌溉用水和人工水池用水较多，排水系统又易堵塞，因而要有更牢靠的防水处理措施，最好采用新型防水材料。

无论新老屋顶建议都进行二次防水处理。首先要做原屋面的闭水试验检查原有的防水性能，进行96h的闭水试验。

对于屋顶绿化来说，更倾向采用柔性防水层。屋顶花园中常用“三毡四油”或“二毡三油”，再结合聚氯乙烯泥或聚氯乙烯涂料处理。近年来，一些新型防水材料也开始投入使用，已投入屋顶施工的有三元乙丙防水布，使用效果不错。

另外，应确保防水层的施工质量，现场施工操作质量直接关系到屋顶花园的成败。因此，施工时必须制定严格的操作规程，认真处理好材料与结构楼盖上水泥找平层的粘接及防水层本身的接缝，特别是平面高低变化处、转角及阴阳角的局部处理。

（8）保温隔热层

屋顶种植植物，利用光合作用将热能转化为生化能，利用植物叶面的蒸腾作用增加散热量，均可以大大降低屋顶温度；利用植物栽培基质材料的热阻与热惰性，可降低平均温度和湿度的变化剧烈程度。因此，屋顶花园一般不设置保温隔热层。

若确有需要设置该层，保温层首先要轻，堆积密度不大于100kg/m^3。宜选用18kg/m^{3}的聚苯板、硬质发泡聚氨酯。

（9）结构层

种植屋面的面板最好是现浇钢筋混凝土板，要充分考虑层顶覆土、植物以及雨雪水的荷载。

任务实施

1. 选择适宜的园景树

在本案例中，综合分析绿化场地的气候、土层厚度、屋顶承重、地形等环境因子及园林植物景观的需要，利用植物景观设计基本方法和树木景观的配置形式，创作优美的植物景观，满足游人屋顶赏景和休息的需要。树种选择时，以中、小型植物为主，乔灌木搭配，常绿和落叶

树并用，层次和季相要有变化，可以考虑的植物有：苏铁、造型罗汉松、蒲葵、红枫、鸡爪槭、紫薇、石榴、栀子、南天竹、茶梅、含笑、山茶、杜鹃花、凤尾兰、美人蕉、锦带花、红花酢浆草、麦冬、高羊茅等。

2. 确定配置技术方案

在选择好植物种类的基础上，确定其配置方案，绘出植物景观设计平面图（图5-59）。本屋顶花园的植物景观配置形式为自然式搭配，主要采用孤植、丛植等方式。

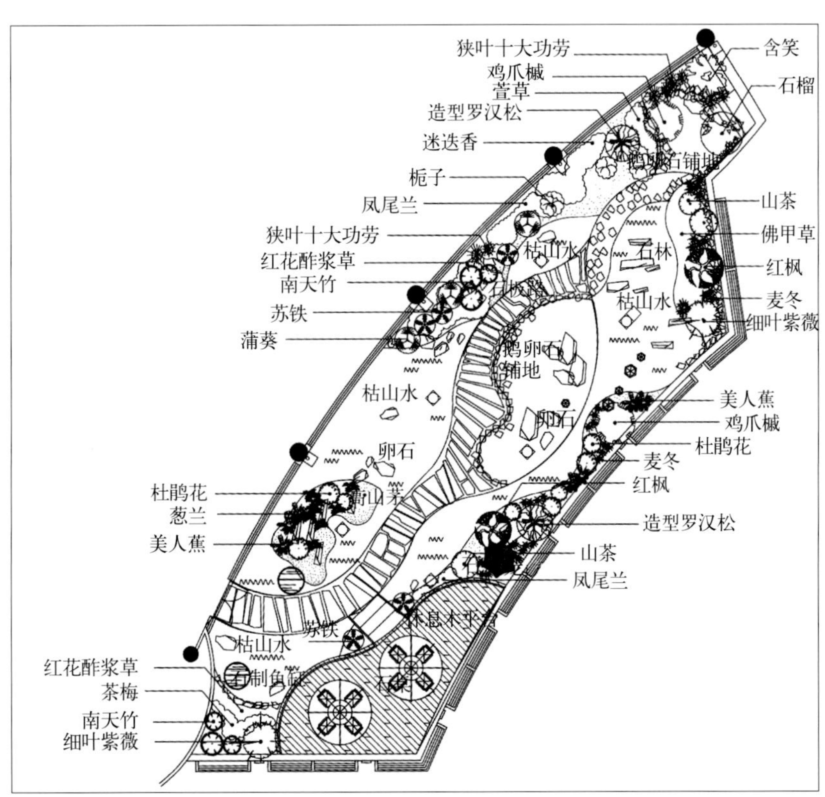

图5-59　屋顶小游园植物景观初步设计平面图

知识拓展

上海市屋顶绿化技术规范（摘录）

1. 不同屋顶绿化类型建设指标要求

不同类型的屋顶绿化应有不同功能定位。屋顶绿化既体现生态效益，又体现景观效应，应有相应的面积指标要求。屋顶绿化建设指标见表5-6。

2. 园林小品及公用设施设计

（1）园林小品及公用设施应遵循公园设计规范。

（2）园林小品及公用设施应设置在建筑墙体、承重梁位置，高度不得大于3m。园林小品及设施应选择质轻、环保、安全、牢固材料。

（3）为防止高空物体坠落和保证游人安

表5-6 屋顶绿化建设指标参考

屋顶类型	绿化指标	
花园式及组合式屋顶绿化	绿化种植面积占绿化屋顶面积	≥60%
	铺装园路面积占绿化屋顶面积	≤12%
	园林小品面积占绿化屋顶面积	≤3%
草坪式屋顶绿化	绿化种植面积占绿化屋顶面积	≥80%

全，应在屋顶四周设置防护围栏，高度应在130cm以上。

（4）花园式屋顶绿化照明设计应选用具有诱灭虫功能的灯具。

（5）园林建筑小品的基础不得破坏屋顶防水层。

3. 排灌系统设计

（1）屋顶绿化排水系统必须与原屋顶排水系统匹配，不得改变原屋顶排水系统（天沟）。

（2）种植池、花台等必须根据实际情况设置排水孔，应根据排水口设置排水观察井。

（3）屋顶绿化灌溉设计应优先设计自动喷灌、滴灌装置，预留人工浇灌接口。

4. 屋顶绿化应设置独立出入口和安全通道，必要时应设置专门的疏散楼梯

5. 屋顶绿化施工

（1）屋顶绿化施工应严格按照总体设计要求施工。

（2）施工前应通过图纸会审，明确细部构造和技术要求，并编制施工方案。

（3）施工不得损坏原有的建筑屋面及屋面上的设施，不得妨碍屋面设施维护修缮及使用。

（4）屋面增设水池、花架、花台、景石、铺设水电管线等均不得打开和破坏原屋面防水层。

（5）屋顶绿化的防水层应采取二道防水层工艺施工,一道主要防植物根穿刺，一道主要防水渗透。不同防水层应采用合适的施工工艺复合，粘结牢固，搭接宽度不小于50cm，并向种植池、花台及屋面设施延伸至高出基质15cm。施工温度应宜5～35℃，严禁在雨天、雪天、大风（五级以上）天施工。

（6）排（蓄）水层施工必须与排水系统连通，保证排水畅通。不同排（蓄）水板应采用相应的施工工艺。采用轻质陶粒作排水层应平整，厚度一致。

（7）过滤层铺设应平整无皱褶，施工接缝搭接宽度不得小于10～20cm，并向种植池、花台、设施延伸至基质高度。

（8）按照设计屋面荷载要求选择临时物体堆放点。

（9）植物种植施工应根据园林树木栽植规程施工，种植高于2m的植物需采取防风固定技术，主要包括地上支撑法和地下固定法，具体可参照园林植物栽植技术规程。

（10）绿化屋面必须进行二次闭水检测试验，第一次在屋顶绿化施工前进行，第二次在苗木种植前，每次闭水时间必须大于96h（4d）。

（11）施工应选择不影响周围居民休息的时间进行；施工期间禁止随意丢弃杂物、枯枝及施工垃圾，避免对周围环境造成污染。

6. 屋顶绿化养护

（1）灌溉

① 应根据树木习性适时适量浇水。

② 应根据气候条件进行灌溉。夏季一般

要在清晨或傍晚浇水，冬季一般在中午浇水。

③ 灌溉设施必须性能良好，接口处严禁滴、渗、漏现象发生；保证排水管道畅通，以便及时排涝。

④ 灌溉水不应超过种植边界，不应超过屋面女儿墙的高度，灌溉后，应及时关闭浇灌设施。

（2）修剪

除应根据园林绿地养护技术规程进行养护外，必须严格控制植物高度、疏密度，保持适宜根冠比及水分养分平衡，保证屋顶绿化的安全性。

（3）有害生物控制

贯彻“预防为主，综合治理”的防治方针，采取无毒害、无污染或低污染的防治措施，严禁使用剧毒化学药剂和有机氯、有机汞化学农药，对恶性入侵有害植物宜采用手工拔除的方式清除。

（4）防寒

冬季必须采取防寒措施，保证植物及灌溉设施安全越冬。

（5）施肥

可采取控水控肥措施或生长抑制技术，控制植物过快生长，降低建筑荷载和管护成本。

（6）设施维护

① 定期检查屋顶排水系统的通畅情况，及时清理枯枝落叶，防止排水口堵塞。

② 屋顶绿化园林小品应定期检查，消除安全隐患。

③ 树木固定措施和周边护拦应经常检查，防止脱落。

（7）养管人员养护作业时应采取必要的安全措施。

(8)养护应选择不影响周围居民作息的时间进行；养护不得乱丢杂物、枯枝，工完场清。

巩固训练

图5-60为华东地区某私人屋顶花园景观设计平面图，根据自己对该项目的理解，利用植物景观设计基本方法和植物配置形式进行植物景观设计，完成屋顶花园的植物景观设计平面图。

本任务有关评价内容见表5-7、表5-8。

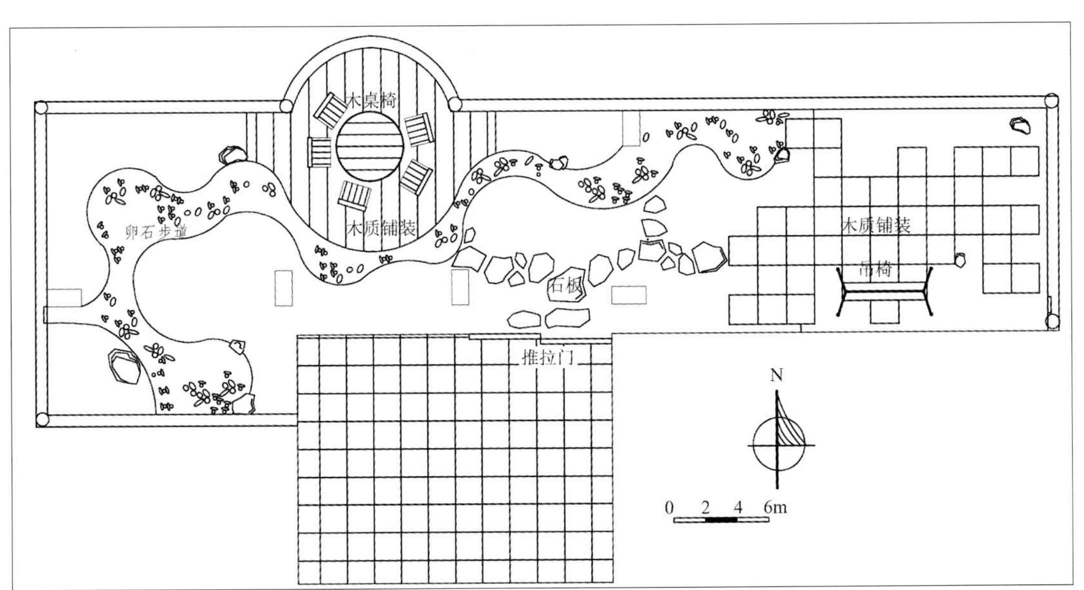

图5-60　某屋顶小游园景观平面图

表5-7 屋顶花园植物景观设计评价表

评价类型	项目	子项目	组内自评	组间互评	教师点评
过程性评价（70%）	专业能力(50%)	植物选配能力（40%）			
		方案表现能力（10%）			
	社会能力（20%）	工作态度（10%）			
		团队合作（10%）			
终结性评价（30%）	作品的创新性（10%）				
	作品的规范性（10%）				
	作品的完成性（10%）				
评价评语	班级：	姓名：	第　组	总评分：	
	教师评语：				

表5-8 屋顶花园植物景观设计教学反馈表

序号	调查内容	是	否
1	您是否明确本任务的学习目标？		
2	您是否达到了本学习任务对学生知识和能力的要求？		
3	您了解屋顶花园环境特点吗？		
4	您掌握屋顶花园植物配置的要求了吗？		
5	您能了解屋顶花园的结构层分层情况吗？		
6	您熟悉当地屋顶花园常用园林植物的观赏特性和园林应用情况吗？		
7	您能运用本节理论知识去调查分析已建成屋顶花园植物景观吗？		
8	您能运用本节学习内容进行具体项目的植物景观设计和绘图表现吗？		
9	您课下阅读自主学习资源库的内容了吗？		
10	您是否喜欢这种上课方式？		
11	您对自己在本学习任务中的表现是否满意？		
12	您对本小组成员之间的团队合作是否满意？		
13	您认为本学习任务对您将来的工作会有帮助吗？		
14	您认为本学习任务还应该增加哪些方面的内容？（请在下面回答）		
15	本学习任务完成后，您还有哪些问题需要解决？		
请写出您的意见和建议：			

自主学习资源库

（1）上海世博立体绿化．王仙民．华中科技大学出版社，2011．

（2）最新屋顶花园设计、施工与管理实例．(日)NIKKEI ARCHITECTURE．中国建筑工业出版社，2007．

（3）城市屋顶绿化景观形态案例研究．李悦．上海科学技术出版社，2013．

参考文献

[1] 徐峰，封蕾，郭子一．2011．屋顶花园设计与施工[M]．北京：化学工业出版社.
[2] 史晓松，钮科彦．2011．现代城市绿化丛书——屋顶花园与垂直绿化[M]．北京：化学工业出版社.
[3] 西奥多·奥斯曼德森．2005．屋顶花园——历史·设计·建造[M]．北京：中国建筑工业出版社.
[4] 国际绿色屋顶协会，健康绿色屋顶协会．2009．最新国外屋顶绿化[M]．武汉：华中科技大学出版社.

项目6 城市绿地植物景观设计

任务6.1 居住区绿地植物景观设计

学习目标

【知识目标】

（1）能说明及归纳园林植物景观设计的基本程序。

（2）记住并解答居住区绿地植物景观设计的原则和基本要求。

（3）归纳并掌握居住区各类绿地植物景观设计要点。

【技能目标】

（1）应用园林植物景观设计基本程序和方法对具体项目进行分析和操作。

（2）根据居住区各类绿地植物景观设计要点进行具体居住区项目的植物景观的设计和绘图表达。

工作任务

任务提出（苏州金域缇香居住区绿地植物景观设计）

如图6-1所示为苏州金域缇香居住区景观设计平面图，根据居住区绿地植物景观设计的原理、方法以及功能要求，结合该居住区具体基本信息，对该居住区绿地进行植物景观设计。该任务主要是对居住区内各类绿地进行植物景观设计。

任务分析

掌握园林植物景观设计的基本程序，根据居住区绿化指标和设计原则，以及居住区内各类绿地类型的设计要求。在了解委托方对项目的要求后，对该项目进行研究及分析的基础上进行设计构思，最终完成对该居住区的植物景观设计。

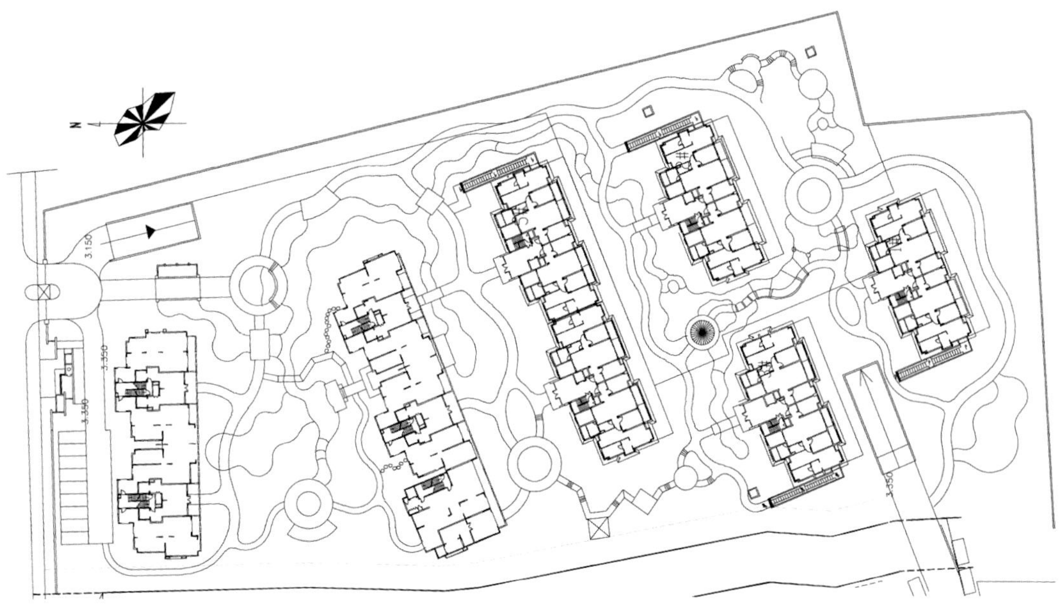

图6-1　苏州金域缇香居住区景观设计平面图

任务要求

（1）了解委托方的要求，掌握该居住区景观设计案例资料及项目概况等基本信息。

（2）灵活运用居住区植物景观设计的基本方法，适地适树，种植设计方法合理。

（3）表达清晰，立意明确，图纸绘制规范。

（4）完成该居住区苗木表的绘制，植物配置规划图、种植设计平面图、种植施工图、效果图等相关图纸。

材料及工具

测量仪器、手工绘图工具、绘图纸、绘图软件（AutoCAD、Photoshop）、计算机等。

知识准备

6.1.1　园林植物景观设计基本程序

好的设计要有合理的功能分区、优美的景观空间、可持续的生态环境、针对场地特定文化环境的回应。

6.1.1.1　与委托方接触阶段

（1）了解委托方对项目的要求

设计之初，不仅要考虑以人为本，还要考虑委托方的意愿和追求（造价控制和景观效果）。双方之间进行项目信息交流沟通，通过委托方要求结合基地实际状况进行初步的功能布局与形象定位，文化筛选与主题的确定。

（2）获取图纸资料

种植设计变化丰富，要求根据项目的规划布局、建筑类型以及硬质景观的总体设计，对种植进行系统的分析与规划。委托方需提供居住区建筑类型及建筑总平面的相关图纸、居住区景观设计总平面图等。

（3）获取基地其他信息

除了满足委托方对项目的要求和现有图纸资料外，还需满足当地绿地规划设计相关的规范。连规范要求都没有满足的设计，肯定存在技术上的硬伤而导致众多问题，要查阅解读当地《新建住宅环境绿化建设导则》。

6.1.1.2 研究分析阶段

（1）基地调查与测绘

在研究分析阶段需要对居住区基地的条件进行调查与测绘，包括地形及其等级、地质与土壤、水文条件、气候条件、现有植物资源、土地使用历史、现有资源审美价值、当地植物资源等内容。组织有关施工人员到现场勘察，主要内容包括：现场周围环境、施工条件、电源、水源、土壤、道路交通、堆料场地、生活设施位置等。

（2）基地现状分析

① 基地内部现状　根据设计保存原有良好的环境资源，如果有古树名木要加以保护，特殊品种及历史景观是否保留要与甲方进行沟通，分析居住区内部的群体结构（居民年龄结构）等。

② 外部现状　绿地周围的功能分区，规划范围外较高等级的道路，绿地周围的用地情况。

6.1.1.3 设计构思阶段

（1）确定设计主题或风格

绿化设计主题或风格要与整体景观规划设计统一，首先要考虑的是景区整体形象，确定是要突出文化底蕴，还是要突出生态野趣，抑或两者兼有；布局是自然式的、规则式的还是综合的；形式风格是现代的还是传统的，是开敞的还是内聚的等，通过这些分析就可以确定种植设计主题风格。

（2）功能分析，明确造景分析目标

功能布局的意义在于通过全面考虑、整体协调，因地制宜地安排功能区，满足基地多项功能的实现；并使各个功能区之间布局合理、综合平衡，形成有机的联系；还要妥善处理好基地与外部环境的关系；合理安排近期与远期工程的关系等。一般来说，种植规划是功能布局要解决的问题之一。

通过总体种植规划的设计定位，根据地形竖向标高、规划布局中空间的主次、所要营造的主景与次景、水体及建筑位置关系等信息，进行园林造景，以植物的柔美来贯穿整个居住区，以绿色的诗意软化建筑和硬质景观，达到刚柔并济。

（3）植物景观构图设计

植物景观构图设计可根据竖向分为上、中、下层植被群落，平面则有多种构图方式（见任务4.1）。植物景观构图设计依赖于居住区绿地的植物配置方式，居住区的绿地结构类型比较复杂，在植物配置上也应灵活多变，不可单调呆板，要充分体现植物静中有动的时空变化特点。

① 确定基调树种　行道树和用作庇荫树的乔木树种要基调统一，在统一的基础上，树种力

求有变化，以创造出优美的林冠线和林缘线，打破建筑群体的单调和呆板，适应不同绿地的需求。例如，在道路绿化时，主干道以落叶乔木为主，选用花灌木、常绿树为陪衬，在交叉口、道路边配置花坛。

② 点、线、面结合　点是指居住区的公共绿地，面积较大，利用率高。平面布置形式以规则为主的混合式为好，植物配置突出“草铺底、乔遮阴、花藤灌木巧点缀”的公园式绿化特点。

线是指居住区的道路、围墙绿化，可栽植树冠宽阔、遮阴效果好的中小乔木、开花灌木或藤本等。

面是指宅旁绿化，包括住宅前后及两栋住宅之间的用地，占小区绿地面积的50%以上，是住宅绿化的最基本单元。

③ 生态优先　植物配置形式应以生物群落为主，乔木、灌木和草坪地被植物相结合的多层次植物配置形式，构建稳定的生态系统，充分发挥居住区绿地的生态效益。

④ 根据使用功能配置植物　植物的选择和配置应为居民提供休息、遮阴和地面活动等多方面的条件。行道树及高大的落叶乔木可以遮阴。利用不同的植物配置可以创造丰富的空间层次。如高而直的植物构成开敞向上的空间，低矮的灌木和地被植物形成开敞的空间；绿篱与铺地围合形成中心空间等。

⑤ 加强立体绿化　居住区由于建筑密度大，地面绿地相对少，限制了绿量的扩大，但同时又创造了更多的立体绿化空间。居住区绿化应加强立体绿化，开辟更多的绿化空间。对低层建筑可实行屋顶绿化；山墙、围墙可采用垂直绿化；小路和活动场所采用棚架绿化；阳台窗台可以摆放花木等，以增加绿化面积，提高生态效益和景观质量。

⑥ 尽量保存原有树木和古树名木　古树名木是珍贵的绿化资源，可以增添小区的人文景观，使居住环境更富有特色，需要加强保护。保存原有树木还可以使居住区较快达到绿化效果，并节省绿化费用。

⑦ 植物配置位置　居住区植物配置要考虑种植的位置与建筑、地下管线等设施的距离，避免妨碍植物生长和管线的使用与维修（表6-1）。

⑧ 植物栽植间距规定　为了满足植物生长的需要，根据居住区规划设计的相关规范要求，居住环境植物配置时要考虑种植的绿化带最小宽度与植物栽植间距（表6-2）。

表6-1　种植树木与建筑、地下管线等设施的水平距离　m

建筑物名称	最小间距		管线名称	最小距离	
	至乔木中心	至灌木中心		至乔木中心	至灌木中心
有窗建筑物外墙	3.0	1.5	给水管、闸井	1.5	不限
无窗建筑物外墙	2.0	1.5	污水管、雨水管	1.0	不限
挡土墙顶内和墙脚外	2.0	0.5	煤气管	1.5	1.5
围　墙	2.0	1.0	电力电缆	1.5	1.0
道路路面边缘	0.75	0.5	电信电缆、管道	1.5	1.0
排水沟边缘	1.0	0.5	热力管（沟）	1.5	1.5
体育用场地	3.0	3.0	地上杆柱（中心）	2.0	不限
测量水准点	2.0	1.0	消防龙头	2.0	1.2

表6-2　绿化带最小宽度与植物栽植间距　　m

名　称	最小宽度	名　称	栽植间距不宜小于	栽植间距不宜大于
一行乔木	2.00	一行行道树	4.00	6.00
两行乔木（并列栽植）	6.00	两行行道树（棋盘式栽植）	3.00	5.00
两行乔木（棋盘式栽植）	5.00	乔木群栽	2.00	不限
一行灌木带（小灌木）	1.50	乔木与灌木	0.50	不限
一行灌木带（大灌木）	2.50	灌木群栽（大灌木）	1.00	3.00
一行乔木与一行绿篱	2.50	灌木群栽（中灌木）	0.75	1.50
一行乔木与两行绿篱	3.00	灌木群栽（小灌木）	0.30	0.80

（4）选择植物，详细设计

居住区绿地植物的选择直接影响居住区的环境质量和景观效果。在进行植物品种的选择时必须结合居住区的具体情况，做到适地适树，并充分考虑植物的习性，尽可能地发挥不同植物在生态、景观和使用三方面的综合效应，满足人们生活、休息、观赏的需要。

① 选择本身无污染、无伤害性的植物　植物的选择与配置应该对人体健康无害，有助于生态环境的改善并对动植物生存和繁殖有利。居住区应选择无飞絮、无毒、无刺激性和无污染物的树种，尤其在儿童游戏场周围，忌用带刺和有毒的树种。

② 选用抗污染性较强的树种　选用能防风、降噪、抗污染、吸收有毒物质等具有多种效益的树种。如防火的树木有女贞、广玉兰、栾树、苏铁、黄杨、木槿、合欢、紫薇等，还可选用易于管理的果树。

③ 选用耐阴树种和攀缘植物　由于居住区建筑往往占据光照条件好的位置，很大一部分绿地受阻挡而处于阴影之中，应该选用耐阴的树种，如海桐、桃叶珊瑚、八角金盘等。

攀缘植物是居住区环境中很有发展前途的一类植物，北方常用的有地锦、紫藤等，南方常用的有蔷薇、常春藤、络石等。

④ 少常绿，多落叶　居住区由于建筑的相互遮挡，往往采光不足，特别是冬季，光照强度减弱，光照时间短，采光问题更加突出，因此要多选落叶树，适当选用常绿乔灌木。

⑤ 以阔叶树木为主　居住区是人们生活休息和游憩的场所，应该给人一种舒适、愉快的感觉，而针叶树容易产生庄严、肃穆感。所以小区内应以种植阔叶树为主，在道路和宅旁更为重要。

⑥ 植物种类丰富　一个居住区绿地就是一个生态系统，要保证该系统的稳定，植物选择要丰富多样，乔、灌、藤、草、花合理搭配，植物群落稳定，高低错落，疏密有致，季相变化明显，达到春华、夏荫、秋实、冬青，四季有景可观，形成“鸟语花香”的意境，使居住区生态环境更为自然协调。可以选用具有不同香型的植物给人独特的嗅觉感受，如蜡梅、桂花、栀子花等。还可以选用有小果和种子的植物，招引鸟类，如蔷薇科的一些植物：苹果、西府海棠、火棘果等。对一般的小区来说，15～20个乔木品种，15～20个灌木品种，15～20个宿根或禾草花卉品种已足够满足生态方面的要求。

⑦ 选用传统植物　可选用梅、兰、竹、菊等传统植物以突出居住区的个性与象征意义。

⑧ 选用与地形相结合的植物种类　如坡地上选用地被植物迎春、连翘、黄馨，水景中选择

荷花、浮萍，池塘边选择垂柳，小径旁选择黄馨、桃等，创造一种极富感染力的自然美景。

6.1.1.4 设计表达阶段

依据居住区中建筑及总体景观的把握，设计图的表达大致可分为7个步骤，依次为：确定草灌木分割线，确定景观大乔木、一般乔木、亚乔木、大灌木、球类灌木的位置，最后进行小灌木及地被分割层次，完成植物配置。以特大乔木作为骨干撑起空间，一般乔木作为基调树种，下层植物来填充绿化空间，达到空间的完美融合。

（1）草灌木分割线

草灌木界定草坪与小灌木的边界线。可分为1～3级草灌木分割线。

一级草灌木分割线：通常在居住区重要景观区域，如楼房南侧中央景观、重要组团区域、水系及湖面区域等草坪空间（图6-2、图6-3）。

二级草灌木分割线：是指种植设计师在了解项目造价的前提下，形成草坪与小灌木地被的合理比例。通常在建筑南北侧、主干道两侧及园路两侧等设计草坪空间（图6-4、图6-5）。

三级草灌木分割线：通常在完成一、二级草灌木分割线之后，对小空间进行优化设计，如主干道、园路及建筑周围等的包边草坪（图6-6、图6-7）。

图 6-2 楼房南侧中央景观草坪空间

图 6-3 广场处加拿利海枣树丛

图6-4 建筑南北侧草坪空间

图6-5 园路两侧草坪空间

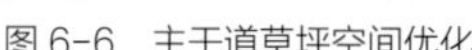
图 6-6 主干道草坪空间优化

图 6-7 建筑周边草坪空间优化

草灌木分割线的设计原则为：

● 要求曲线优美流畅，富有弹性。

● 要求草灌木分割线设计在地形主要观赏面的阳面，与地形相冲突时与景观设计师沟通协调。

● 与景观设计师沟通注意密林区、疏林区等空间用途及使用情况，保证乔灌木种植空间的厚度。

● 宅间组团绿地草灌木分割线要考虑其围合性及私密性。

● 草灌木分割线围合及柔化所有建筑景观小品，避免设施及道路主要交叉口等对景观所带来的硬伤部位。

● 草灌木分割线的位置可根据乔灌木的布置作适当调整。

（2）景观大乔木布置原则

景观大乔木为主景区域点缀性布置。景观大乔木（胸径不少于20cm的乔木）包括特大景观乔木与特大亚乔木（地径大于12cm，普遍高度大于4m，蓬径大于4m）以及棕榈科植物。

● 分析空间主次，景观大乔木大多布置在中心景观区域、组团及道路两侧，根据重要程度相应布置（图6-8）。

● 景观大乔木可布置一株主景乔木，或在同一区域内布置三株大乔木，大小不等的三株乔木根据地形的高低相应布置（图6-9）。

● 景观大乔木需布置在地形坡顶处，拉伸高层空间（图6-10）。

● 特大亚乔木根据空间位置主次也在此步骤完成主要布置，特大亚乔木主要布置在中心景观的中心花坛及水系边等主要位置（图6-11）。

● 景观大乔木中心点与建筑南侧外立面保持8m以上，北侧保持5m以上。

● 草灌木分割线的位置可根据乔灌木的布置位置作适当调整。

（3）一般乔木布置原则

一般乔木连接点缀性骨干乔木，形成上层乔木林冠线景观效果。一般乔木是指胸径10～19cm、树身高大的乔木，由根部发生独立的主干，树干和树冠有明显区分。

● 一般乔木与景观大乔木保持一定距离，在同一区域设计在地形的中下位置。

● 一般乔木设计区域通常在背景林或密林处，呈5株以上单数群植；宅间组团空间区域一般乔木呈3～5株自然种植；主干道边呈行道树或局部点缀性种植；园路边草坪处点缀遮阴乔木；中心景观区域连接景观大乔木形成完整的林冠线效果（图6-12）。

● 一般乔木中心点与建筑南侧外立面保持5m以上（华东地区根据光照原则，树高与建筑距离为1∶1），北侧保持3m以上。在入户园路距建筑外立面5m以内的种植区建议不种乔木（图6-13）。

（4）亚乔木布置原则

亚乔木主要搭配景观大乔木，复合式植物层次体现中层绿量的层次。亚乔木高度3～4m，蓬径2.5～3.5m。亚乔木有明显的主干，但高度比大乔木略矮，即中乔木或大灌木。

图6-8　道路两侧景观大乔木的布置

图6-9　三株大乔木的布置

图6-10　地形坡顶处乔木的布置

图6-11　水系边上特大亚乔木的布置

图6-12　主干道边局部点缀性种植

图6-13　建筑外立面5m内不种植乔木

● 亚乔木通常布置在景观大乔木前，高度控制在景观大乔木分枝点上下1m左右（图6-14）。

● 亚乔木品种主要以桂花、杨梅、石楠为主，可适当点缀枇杷、紫玉兰、紫叶李等（图6-15）。

● 亚乔木可布置在建筑周围，在避开窗户南侧的前提下，可紧贴建筑墙面，或种植在采光窗南侧的情况下树高与建筑距离比为1：1，通常距离3m以上。

● 在长距离园路边及园路转角可布置亚乔木，形成空间上的变化，避免视线过于穿透（图6-16）。

● 水系边密植区适合大量使用亚乔木（图6-17）。

（5）大灌木布置原则

大灌木作为锦上添花的植物材料，突出季相变化，赏花观叶等，但对商业类园林要求的直观效果作用不是特别明显。大灌木是指没有明显的主干，呈丛生状态，高度1.5～2.5m的高大灌木。

● 大灌木在复合式种植区布置在亚乔木前3或5株点缀布置。搭配时要求与亚乔木树形形成对比，如大桂花前布置红枫、红梅等树形开展的大灌木，枇杷前布置‘红叶’石楠、含笑、球类灌木等树形圆整饱满的大灌木（图6-18）。

图6-14　亚乔木与景观大乔木的布置

图6-15　亚乔木的品种选择

图6-16　长距离园路边亚乔木的布置

图6-17　水系边密植区亚乔木的布置

图6-18　复合式种植区中大灌木的布置

图6-19　建筑周围大灌木的布置

图6-20　大灌木与道路保持距离

图6-21　乔灌木的搭配

• 大灌木在建筑周围布置与亚乔木组合形成层次变化的小空间。要求充分考虑喜光植物与耐阴植物的布置区位，建筑南侧多设计落叶观花大灌木，建筑北侧主要布置常绿大灌木，适当点缀紫叶李、石榴、丁香等（图6-19）。

• 大灌木设计时不宜离道路边缘太近，大灌木需要视线退后观赏，同时枝叶也会影响行人通行（图6-20）。

• 大灌木与一般乔木搭配层次较适合（图6-21）。

• 对布置区位无特殊要求。

（6）球类灌木布置原则

球类灌木是商业类园林大量使用的一类植物材料，突出中下层绿量饱满度，在华东区域作为高灌木层次的重要材料。球类灌木是指高度2m以下，蓬径1～2.5m，呈球状的灌木。

• 在复合式种植区域种植在大灌木前面，处理大灌木分枝点脱脚植株下部的枝叶枯黄脱落处，同时突出中下层绿量的效果（图6-22）。

• 球类灌木是遮挡低矮景观硬伤及体现细节处理的重要材料。景观墙角、水系与道路、景桥与园路、园路与园路交界处以及台阶边、景石边等景观节点需要灌木球处理细节（图6-23）。

• 使用球类灌木通常情况下修剪后冠幅不小于1.2m，3株球灌木组合时建议不同规格大、中、小搭配。球类灌木可以用不同品种组合强调色彩变化（如红、黄、绿）（图6-24）。

图6-22 大灌木分支点的处理

图6-23 节点处球类灌木点缀

图6-24 球类灌木的色彩搭配

图6-25 球类灌木和景石的搭配

图6-26 地被连接乔灌木层

图6-27 小灌木层次

● 种植设计时，在布置球类灌木时可布置景石（图6-25）。

（7）小灌木及地被设计原则

小灌木及地被连接中上层乔灌木形成完整的立体复合空间。小灌木是指高度在0.2～0.9m之间的灌木。地被是指株丛密集、低矮，经简单管理即可用于代替草坪覆盖在地表的植物。

● 小灌木及地被的分割与中上层乔灌木相联系（图6-26）。

● 形成3层小灌木层次标准，小灌木层次通常分高（60cm）、中（40cm）、低（25cm，收边层小灌木）3类（图6-27）。

● 小灌木与大灌木之间需要有一条分界线，称为灌木分割线，尺度通常控制在1m左右。小灌木收边层作为草坪与大灌木球类灌木的过渡，要求选择枝叶密集不脱脚的小灌木材料，如毛鹃、紫鹃、茶梅、‘龟甲’冬青、‘金森’女贞等密植，保证收边灌木线形的饱满流畅。

● 第二层小灌木通常种植在大灌木林下，尺度控制在2m左右。

● 第三层小灌木通常种植在乔木林下，尺度控制在2m以上，考虑其布置在非视线重点区域，根据造价也可布置麦冬等地被植物。

● 为保证直观效果，要求90%以上都选择常绿小灌木，落叶小灌木控制在10%左右。

6.1.2　居住区绿地植物景观设计的基本要求

6.1.2.1　居住区绿化的指标

居住区绿地指标是城市绿化指标的一部分，它间接地反映了城市绿化水平。随着社会的进步和人民生活水平的提高，绿化事业日益受到重视，居住区绿地指标已经成为人们衡量居住区环境质量的重要依据。

我国《城市居住区规划设计规范》（GB 50180—1993）中提出：新区建设绿地率不应低于30%，旧区改造不宜低于25%。居住区内公共绿地的总指标应根据居住区人口规模分别达到：组团不少于0.5m^2/人，小区（含组团）不少于1m^2/人，居住区（含小区组团）不少于1.5m^2/人，并根据居住区规划组织结构类型统一安排使用。另外，还对各级中心绿地设置做了如下规定：居住区公园最小规模为10 000m^2，小游园为4000m^2，组团绿地为400m^2。

目前我国衡量居住区绿地的几个主要指标是人均公共绿地指标（m^2/人）、人均非公共绿地指标（m^2/人）、绿地覆盖率（%）（表6-3）。

表6-3　衡量居住区绿地的几个主要指标

指标类型	内　容	乔木与灌木
人均公共绿地指标（m^2/人）	包括公园、小游园、组团绿地、广场花坛等，按居住区内每人所占的面积计算	居住区人均公共绿地面积（m^2/人）=居住区公共绿地面积（m^2）/居住区总人口（人）
人均非公共绿地指标（m^2/人）	包括宅旁绿地、公共建筑所属绿地、河边绿地以及设在居住区的苗圃、果园等非日常生活使用的绿地，按每人所占的面积计算	人均非公共绿地面积（m^2/人）=[居住区各种绿地总面积（m^2）－公共绿地面积（m^2）/居住区总人口（人）
绿地覆盖率（%）	在居住区用地上栽植的全部乔木、灌木的垂直投影面积及花卉、草坪等地被植物的覆盖面积，以占居住区总面积的百分比表示，覆盖面积只计算一层，不重复计算	绿地覆盖率=全部乔灌木的垂直投影面积及地被植物的覆盖面积（m^2）/总用地面积（m^2）×100%

根据城市总体规划，规划部门对各居住开发用地都有一个建筑容积率的具体规定，它是衡量居住区有限的用地内负担多大建筑面积的一项重要指标，决定了居住环境的舒适度和使用效率。居住区容积率的概念是指居住区内建筑物的建筑面积与总用地面积的比值。目前全国各大中城市的土地日趋升值，地产公司获取土地的成本也随之加大，因此普遍希望通过提高居住区容积率实现开发的利润目标。容积率过小，浪费土地资源，如一些发达城市在青山绿水的城市风景区内开发别墅区或部分低层豪宅区，占用土地多，满足户数少，这不应成为各地追风的趋势；容积率过大，则带来使用上的诸多问题，如住宅通风朝向差、人口密度大、停车紧张等问题，意味着居住区内人均绿地的减少。因此，每个城市在开发不同档次的居住区时应当控制好容积率，以保证居住区绿地的相关定额指标。

6.1.2.2　居住区绿地植物景观设计的原则

（1）整体性原则

居住区内的绿地被建筑和道路分割开，形成看似非整体的绿地块。没有整体性效果的控制和把握，再美的形态和形式都只能是一些支离破碎或相矛盾的局部。因此对居住区绿地中的各区块要积极运用各景观要素以创造它们之间的关联，适当调整道路体系，以合理地融入到大环境中。铺地式样的重复、绿化种植的围合、主题素材的韵律、实体空间的延续、竖向空间的整体界定等都可以达到整体性的效果。

图6-28　杭州保元泽第局部鸟瞰

图6-29　苏州长风别墅庭院绿化

（2）多元性原则

居住区功能分区比较多，有停留的休憩空间，有人行车行的交通空间，有娱乐游玩的文娱空间，有自然生态的绿化空间，有消防登高面和停车位的功能空间等，所有的空间构成一个相对多元化的复合空间。所以设计应该属于多元性的绿地设计，同时突出整体性要求。

（3）归属感原则

相对于人的行为方式，人的心理需求并不需要具体的空间，但是它需要有空间的心理感受。居住区绿地是人们平时休闲娱乐时最接近自然的活动空间，设计时往往要考虑游人身临其境时的感受，给人以现代生活的浮躁与节奏之外的心灵归属感（图6-28）。

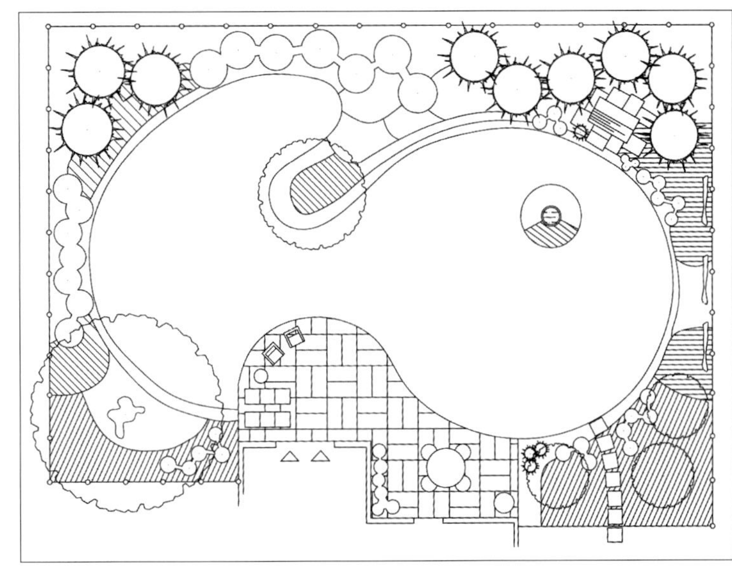

图6-30 植物空间塑造形式

（4）建筑为主体的原则

在住宅室外环境设计中（图6-29），所有室外构筑物的设计都应围绕主体建筑来考虑。当它们的尺度、比例、色彩、质感、形体、风格等与主体建筑相协调，形成有机的统一状态时，住宅的室外环境设计才能达到整体和谐。

（5）自然生态原则

回归自然、亲近自然是人的本性，也是居住区发展的基本方向。美国著名的景观建筑师西蒙兹认为："应把青山、峡谷、阳光、水、植物和空气带进集中计划领域，细心而有系统地把建筑置于群山之间、河谷之畔，并于风景之中。"具有生态性的居住景观能够唤起居民美好的情趣和感情的寄托，从而达到诗意的处居。

（6）空间塑造为核心的原则

给人感觉最直接和集中的是小空间中主题、景观、色彩、材料等在细节上的反映，因此景观环境设计要以空间塑造为核心。当然小空间的产生并不能完全依附于其周边的住宅建筑单体，树木的围合、竖向高差导致的空间界定、材料的心理空间的边界界定等都可以创造小尺度空间（图6-30）。

此外，在绿地的景观环境设计中，水景的设备、浇灌系统的设备、日常晚间照明的设备、特殊亮化工程的设备以及背景音乐的设备等都会对完善绿地环境产生一定的作用。这些设备中有相当部分需要埋设于地下，是隐蔽工程，这就需要采用先进的设备产品及其完善的工艺来完善和丰富绿地环境。在安装上，要尽量避免对原有理想景观的破坏，对水井、安装盒、水管及水龙头、雨水井等露出地面的设备进行较好的遮蔽和处理。当然设备产品的工艺越先进，其处理手段也越丰富和容易隐蔽。

6.1.2.3 居住区绿地植物景观设计的基本要求

① 居住绿地应在居住区规划中按照有关规定进行配套，并在居住区详细规划指导下进行

规划设计。

② 小区级以上规模的居住用地应当首先进行绿地总体规划，确定居住用地内不同绿地的功能和使用性质，使绿地指标、功能得到平衡，居民们使用方便。

③ 合理组织分隔空间，设立不同的休息活动空间，满足不同年龄居民的活动、休息需要。

④ 要充分利用原有自然条件，因地制宜，节约用地和投资。

⑤ 居住区绿地应以植物造景为主。根据居住区内外的立地条件、景观特征等，按照适地适树的原则进行植物配置，充分发挥生态效益和景观效益。在以植物造景为主的前提下，可设置适当的园林小品，但不宜过分追求豪华和怪异。

⑥ 合理确定各类植物的配置比例。速生、慢生树种的比例，一般是慢生树种不少于树木总量的40%。乔木、灌木的种植面积比例一般控制在70%；非林下草坪、地被植物种植面积比例宜控制在30%左右。常绿乔木与落叶乔木数量的比例应控制在1∶4～1∶3。

⑦ 乔灌木的种植位置与建筑及各类市政设施的关系，应符合有关规定。

6.1.3　居住区各类绿地植物景观设计要点

居住区内绿地包括公共绿地、宅旁绿地、配套公建所属绿地和道路绿地等，其中包括了满足当地植树绿化覆土要求、方便居民出入的地上或半地下建筑的屋顶绿地。

6.1.3.1　居住区公园植物景观营造

居住区公园是指服务于一个居住区，具有一定活动内容和设施，为居民区配套建设的集中绿地。服务半径一般为500～1000m。居住区公园一般规划面积在1000m^{2}以上，相当于城市小型公园。公园内设施比较丰富，有体育活动场地、各年龄组休息活动设施、画廊、阅览室、茶室等。常与居住区服务中心结合布置，以方便居民活动和更有效地美化居住区形象。主要分区有休息漫步游览区、游乐区、运动健身区，儿童游戏区、服务网点与管理区几大部分。概括来讲，居住区公园植物景观的营造应该要满足功能、游览、风景审美、净化环境等方面的要求（表6-4）。

居住区公园植物景观规划设计可以参照城市综合性公园，另一方面还要注意居住区公园有其自身的特殊性，应灵活把握规则式、自然式、混合式的布局手法，或根据具体地形地域特色借鉴多种风格。居住区公园的游人主要是本区居民，居民游园时间大多集中在早晚、双休日和节假日，可多配置芳香植物、观赏性植物等。

表6-4　居住区公园景观规划设计要求

名　称	具体设计要求
功能要求	根据居民各种活动的要求布置休息、文化、娱乐、体育锻炼、儿童游戏及人际交往活动的场地与设施
游览要求	公园空间的构建与园路规划应结合组景，园路既要满足交通的需要，又是游览观赏的路线
风景审美要求	以景取胜，注重意境的创造，充分利用地形、水体、植物及人工建筑物塑造景观，组成美丽的景色
净化环境要求	多种植树木、花草，改善居住区的自然环境与小气候

6.1.3.2　居住小区中心游园植物景观营造

居住区小游园是为一个居住小区居民服务，配套建设的集中绿地。服务半径300～500m，面积一般在4000m^{2}以上。可以设置于小区的外侧，也可布置在小区中心。

由于居民利用率高，因而在植物配置上要求精心、细致、耐用。小游园应尽量利用和保留原有的自然地形及原有植物，加强植物配置，种植要有特色。为便于早晚赏景，可种香花植物及傍晚开放的植物。注意用植物分隔小游园与居住区，减少噪声对周围的影响。

小游园植物配置考虑四季景观。如要体现春景，可种植垂柳、玉兰、迎春、连翘、海棠、樱花、碧桃等，使得春日时节，杨柳青青，春花灼灼。而在夏园，则宜选悬铃木、栾树、合欢、木槿、石榴、凌霄、蜀葵等，炎炎夏日，绿树成荫，繁花似锦。秋园宜种植鹅掌楸、银杏、乌桕、桂花、鸡爪槭、红枫等，秋高气爽，金桂飘香，霜天红叶。冬园则宜选择梅、茶梅、蜡梅、山茶、水仙、刚竹等，隆冬季节，寒花晚节，碧海青天。

小游园里可因地制宜地设置花坛、花境、花台、花架、花钵等植物应用形式，有很强的装饰效果和实用功能，为人们休息、游玩创造良好的条件。起伏的地形使植物在层次上有变化，有景深，有阴面和阳面，有抑扬顿挫之感。

6.1.3.3　住宅组团绿地植物景观营造

组团绿地是指结合住宅组团布局，以住宅组团内的居民为服务对象的公共绿地。规划要特别设置老年人和儿童休息活动场所，一般面积在1000～2000m^2，离住宅入口最大距离约为100m。

组团绿地是居民的半公共空间，实际是宅间绿地的扩大或延伸，多为建筑所包围。组团绿地常设在周边及场地间的分隔地带，楼宇间绿地面积较小且零碎，要在同一块绿地里兼顾四季序列变化，不仅杂乱，也难以做到，较好的处理手法是一片一个季相。并考虑造景及使用上的需要，如铺装场地上及其周边可适当种植落叶乔木为其遮阴；入口、道路、休息设施的对景处可丛植开花灌木或常绿植物、花卉；周边需障景或创造相对安静空间地段则可密植乔、灌木，或设置中高绿篱。组团绿地布置形式较为灵活，富于变化，可布置为开敞式、半开敞式和封闭式等。

① 开敞式　也称为开放式，居民可以自由进入绿地内休息活动，不用分隔物，实用性较强，是组团绿地中采用较多的形式。

② 封闭式　绿地被绿篱、栏杆所隔离，其中主要以草坪、模纹花坛为主，不设活动场地，具有一定的观赏性，但居民不可入内活动和游憩，便于养护管理，但使用效果较差，居民不希望过多采用这种形式。

③ 半开敞式　也称为半封闭式，绿地以绿篱或栏杆与周围分隔，但留有若干出入口，居民可出入其中，但绿地中活动场地设置较少，而禁止人们入内的装饰性地带较多，常在紧临城市干道，为追求街景效果时使用。

6.1.3.4　居住区道路植物景观营造

道路绿地是指居住区主要道路两侧或中央道路的绿化用地。一般居住区内道路路幅较小，道路红线范围内不单设绿化带，道路的绿化结合在道路两侧的宅旁绿地或组团绿地中。

居住区道路植物景观的营造可分为主干道、次干道、小道3种绿化模式。

主干道旁的绿化可选用枝叶茂盛的落叶乔木作为行道树，以行列式栽植为主，各条干道的树种选择应有所区别。中央分车带可用低矮的灌木，在转弯处绿化应留有安全视距，不致妨碍汽车驾驶人员的视线；还可用耐阴的花灌木和草本花卉形成花境，借以丰富道路景观。也可结合建筑山墙或小游园进行自然种植，既美观、利于交通，又有利于防尘和阻隔噪声。

次干道绿化树种应选择开花或富有叶色变化的乔木，其形式与宅旁绿地、小花园绿化布局密切配合，以形成互相关联的整体。特别是在相同建筑间小路口的绿化应与行道树组合，使乔、灌木高低错落自然布置，使花与叶色具有四季变化的独特景观，以方便识别各建筑。次干道因地形起伏不同，两边会有高低不同的标高，在较低的一侧可种常绿乔、灌木，以增强地形起伏感，在较高的一侧可种草坪或低矮的花灌木，以减少地势起伏，使两边绿化有均衡感和稳定感。

宅间或住宅群之间的小道可以一边种植小乔木，一边种植花卉、草坪。特别是转弯处不能种植高大的绿篱，以免遮挡人们骑自行车的视线。靠近住宅的小路旁绿化，不能影响室内采光和通风，如果小路距离住宅在2m以内，则只能种花灌木或草坪。通向两幢相同建筑的小路口，应适当放宽，扩大草坪铺装；乔、灌木应后退种植，结合道路或园林小品进行配置，以供儿童们就近活动；还要方便救护车、搬运车能临时靠近住户。各幢住户门口应选用不同树种，采用不同形式进行布置，以利辨别方向。另外，在人流较多的地方，如公共建筑的前面、商店门口等，可以采取扩大道路铺装面积的方式与小区公共绿地融为一体，设置花台、座椅、活动设施等，创造一个活泼的活动中心。

6.1.3.5 宅旁绿地植物景观营造

宅旁绿地是居住区最基本的绿地类型，包括住宅前后和两幢住宅之间的绿化用地。它只供本幢居民使用，是居住区绿地中面积最大、居民最经常使用的一种绿地形式。

宅旁绿地设计要注意庭院的尺度感，根据庭院的大小、高度、色彩、建筑风格的不同，选择适合的树种。选择形态优美的植物来打破住宅建筑的僵硬感；选择图案新颖的铺装地面活跃庭院空间；选用一些铺地植物来遮挡地下管线的检查口；以富有个性特征的植物景观作为组团标志等，创造出美观、舒适的宅旁绿地空间。靠近房基处不宜种植乔木或大灌木，以免遮挡窗户，影响通风和室内采光，而在住宅西向一面需要栽植高大落叶乔木，以遮挡夏季日晒。此外，宅旁绿地应配置耐践踏的草坪，阴影区宜种植耐阴植物。

宅旁绿地率要求达到90%～95%，树木花草具有较强的季节性，不同植物有不同的季相，使宅旁绿地具有浓厚的时空特点，让居民感受到强烈的生命力。宅旁绿地的绿化可分为3个部分的绿化：住户庭院的绿化、宅间活动场地的绿化、住宅建筑的绿化。

① 住户庭院的绿化

底层住户小院：低层或多层住宅，一般结合单元平面，在宅前自墙面至道路留出3m左右的空地，给底层每户安排一专用小院，可用绿篱或花墙、栅栏围合起来。小院外围绿化可作统一安排，内部则由每家自由栽花种草，布置方式和植物种类随住户喜好，但由于面积较小，宜简洁，或以盆栽植物为主。

独户庭院：别墅庭院是独户庭院的代表形式，院内应根据住户的喜好进行绿化、美化。由于庭院面积相对较大，一般为20～30m^2，可在院内设小型水池、草坪、花坛、山石，搭花架缠绕藤萝，种植观赏花木或果树，形成较为完整的绿地格局。

② 宅间活动场地的绿化　宅间活动场地属半公共空间，主要供幼儿活动和老人休息之用，其植物景观的优劣直接影响到居民的日常生活。宅间活动场地的绿化类型主要有：

树林型：是以高大乔木为主的一种比较简单的绿化造景形式，对调节小气候的作用较大，多为开放式。居民在树下活动的面积大，但由于缺乏灌木和花草搭配，因而显得较为单调。高大乔木与住宅墙面的距离至少应在5～8m，以避开铺设地下管线的地方，便于采光和通风，避免树上的病虫害侵入室内。

游园型：当宅间活动场地较宽时（一般住宅间距在30m以上），可在其中开辟园林小径，设置小型游憩和休息园地，并配置层次、色彩都比较丰富的乔木和花灌木，是一种宅间活动场地绿化的理想类型，但所需投资较大。

棚架型：是一种效果独特的宅间活动场地绿化造景类型，以棚架绿化为主，其植物多选用紫藤、炮仗花、珊瑚藤、葡萄、金银花、木通等观赏价值高的攀缘植物。

草坪型：以草坪景观为主，在草坪的边缘或某一处种植一些乔木或花灌木，形成疏朗、通透的景观效果。

③ 住宅建筑的绿化　应该是多层次的立体空间绿化，包括架空层、屋基、窗台、阳台、墙面、屋顶花园等几个方面，是宅旁绿化的重要组成部分，它必须与整体宅旁绿化和建筑的风格相协调。

架空层绿化：近些年新建的高层居住区中，常将部分住宅的首层架空形成架空层，并通过绿化向架空层渗透，形成半开放的绿化休闲活动区。这种半开放的空间与周围较开放的室外绿化空间形成鲜明对比，增加了园林空间的多重性和可变性，既为居民提供了可遮风挡雨的活动场所，也使居住环境更富有通透感。

高层住宅架空层的绿化设计与一般游憩活动绿地的设计方法类似，但由于环境较为阴暗且受层高所限，植物选择应以耐阴的小乔木、灌木和地被植物为主，园林建筑、假山等一般不予以考虑，只是适当布置一些与整个绿化环境相协调的景石、园林建筑小品等。

屋基绿化：是指墙基、墙角、窗前和入口等围绕住宅周围的基础栽植。墙基绿化使建筑物与地面之间增添绿色，一般多选用灌木作规则式配置，亦可种地锦、络石等攀缘植物对墙面（主要是山墙面）进行垂直绿化。墙角可种小乔木、竹子或灌木丛，形成墙角的“绿柱”、“绿球”，以打破建筑线条的生硬感觉。对于部分居住建筑来说，窗前绿化对于室内采光、通风、防止噪声、视线干扰等方面起着相当重要的作用。

6.1.3.6　专用绿地植物景观营造

专用绿地是指配套公共建筑所属绿地，即居住区内包括教育、医疗卫生、文化体育、商业服务、金融邮电、社区服务、市政公用和行政管理等在内的各类公共服务设施的环境绿地。

居住小区的商业、服务中心是与居民生活息息相关的场所。居民日常生活需要就近购物，这里是居民经常进出入的地方。因此，绿化设计可考虑以规则式为主，留出足够的活动场地，便于居民来往、停留、等候等。场地上可以摆放一些简洁、耐用的坐凳、果皮箱等设施。绿化树种应以冠大荫浓的乔木为主，如选用槐、栾树、悬铃木、枫香等作行列式栽植。花木可以整齐的绿篱、花篱为主。

居住小区中的锅炉房、垃圾站是不可缺少的设施，但又是最影响环境清新、整洁的部位。绿化设计应主要以保护环境、隔离污染源、隐蔽杂乱、改变外部形象为宗旨加以设计。在保护运输车辆出入方便的前提下，在周边采用复层混交结构种植乔灌木，墙壁上用攀缘植物进行垂直绿化，示人们以整洁外貌。

任务实施

1.项目概况

项目基地位于江苏省苏州市工业园区，金鸡湖路与东环路交叉口。基地内有一条宽10m的河道，将基地分为东、西两部分。东侧为住宅，西侧为住宅、公寓及零售商业为主的商业综合体（图6-31）。在金鸡湖路与东环路交叉口保留一处开放型广场。目前东侧居住区已建成，西侧用地正在建设中。东侧占地面积18 361m^2，绿地面积7712m^2，绿地率42%。

苏州万科金域缇香项目作为苏南万科重点项目之一，景观设计主题为“城市水·森林中的家”，设计之初借鉴浦东星河湾做法，精致的景观小品结合密植的树林是本案预期达到的景观效果。不同之处在于星河湾是高层开阔尺度的景观，而本案是几栋多层住宅组成的居住区，尺度的差异导致在处理空间及小品绿植上更加强调空间的变化，小品的尺度控制，绿植的层片效应以及小空间的观赏性。景观作为建筑的第五立面，需要美化装饰，在满足活动与邻里交流的前提下，强调景观的观赏性与生态性。

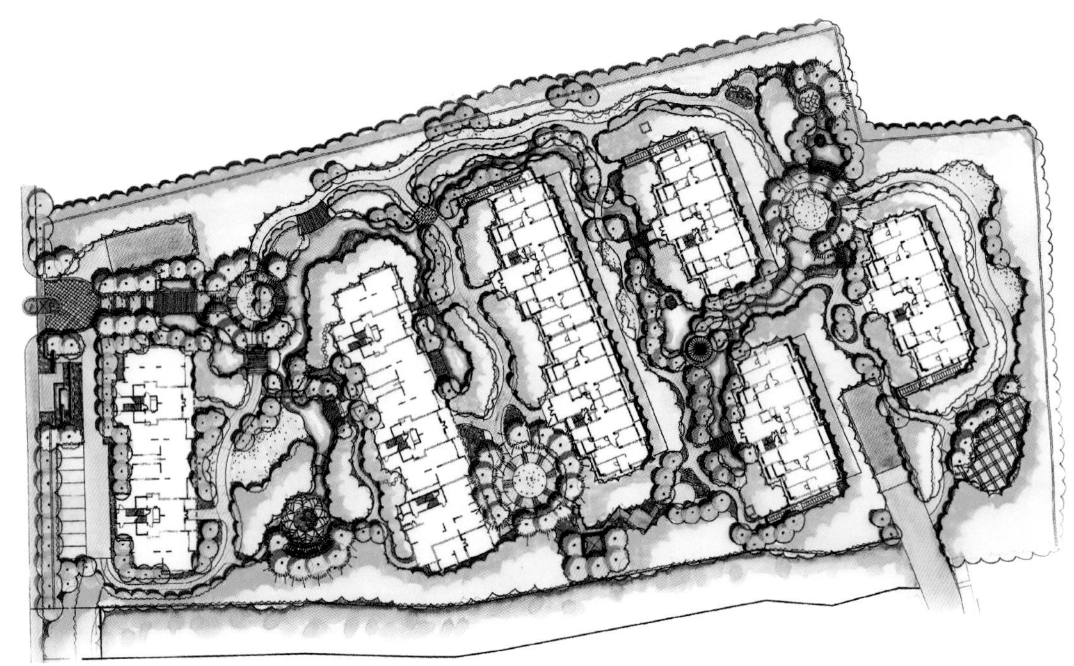

图6-31 苏州万科金域缇香居住区景观设计平面图

2. 设计理念

图6-32　中心组团观景平台区跌水效果与掩映在植物中的八角亭

现代居住区大多成片开发，形成群落，其中单体建筑——住宅提供人们庇护场所，其群落间隙——居住建筑所围合的外部空间——景观空间，则让人们或行或止，动静各异的从事交通、交流、休息、锻炼和嬉戏等各种户外活动；另外，在同一场所，人们目的各异，逗留时间长短不同，行为丰富多彩，这些很大程度上决定了其活动场所——居住区景观空间的多功能性、多义性、多元性和空间与时间的多维性、兼容性，这也是居住区景观这个特定场所的特性所在，所以其设计的侧重点也大大有别于一般园林。

居住区景观的设计与营造需有意识地围绕这些特性，仿照生态学原则展开。在这一过程中，小区规划不单是小区功能、道路系统等较多单一意义的设计，更是小区生态与人文的多重含义的综合设计；同样，建筑设计也不应是单纯的建筑学，而是与景观设计相互映衬，建筑是所处景观中的建筑，景观使建筑生辉。

金域缇香的景观设计主题，着眼于创造一个成功与自然相结合的高端社区产品，在质朴与自然中蕴含高贵气质。从总体规划、景观、园艺到建筑细节都显示着生活的本意。既然称之为“城市水·森林中的家”，其丰富的绿化与水资源可见一斑。小区整体绿化环境尤为值得称道，将建筑包裹得严严实实，使小区业主在闹市中享受静谧，不被打扰。内部整体布局上以绿色森林为基调，蓝色溪流为纽带，将一组组建筑体、装饰景点串联成一个和谐统一的社区环境，令业主从踏入小区大门的那一刻起，就能感受到社区所提供的舒适生活氛围。

在整体景观规划结构上，以绿色森林为基调，蓝色溪流为纽带，动静结合，疏密有致，内外结合，相互渗透。小区的水景设计以江南水乡的婉转流长为蓝本，将流水带入小区景观，并在水中种植大片水生植物，营造水城的感觉（图6-32）。沿水岸点缀大小不一的绿化休闲地带，可赏可玩，增添了自然与人的情感交流。小区绿化采用特大香樟、乌桕、合欢、樱桃、杏梅、大桂花、杜英、日本早樱、紫叶李、苏铁、含笑球、海桐球、‘金边’黄杨球等乔灌木搭配出一片层次分明、错落有致的盎然景致。

3. 景观特色

① 怡水而居的住宅　亲近水面，即亲近自然。水流经过之处，构成多种姿态，既有古典韵味的小桥流水、清清溪流，又有现代风情的静水面、平静如镜，可听、可观、可触、可感。水面驳岸处理也各有特色，岸线或陡或缓，富于变化，局部有平台挑于水面之上，供人凭栏远眺。流水绕屋而行，踏上亲切宜人的小桥入户别有一番风味，创造了一个“怡水而居”的居住环境。

图6-33 建筑南侧满足采光通风的要求，设计‘紫叶’李、‘龟甲’冬青球与景石的组合

图6-34 小区车库隐藏在绿化中

图6-35 植物与小区围墙结合相得益彰

② 城市森林运动 小区绿化率高，在金域缇香，可体验四季景色变化：春日绿叶萌芽、鸟语花香；夏日虫声蛙鸣、葱茏翠绿；秋日红叶遍野、层峦尽染；冬季寒梅傲雪、暗香浮动。如此高绿化的小区环境，为住户提供了一个天然的“森林氧吧”，唤醒了人们的运动热情。植物进行疏密有致的配置，在密林处与周围建筑巧妙结合，使人们如置身幽林，形成“藏”的效果；开敞草坪处，空间展露开，又让人豁然开朗。通过植物造景，进一步从细节上“雕琢”出一个个颇具特色、耐人寻味的自然空间。之后，才是根据空间视线及功能需求，相应地设置观景平台及园建设施，使整个小区的景观体系有一个清晰的结构层次。

③ 细节与把控 小空间的“大”与空间的丰富性分不开，而丰富性则需建立在“精致”的前提之下，如比例的把控、细节的推敲、技术的落实等。本设计中从必须满足4m宽消防需求的主园路中减去1.5m做成隐形消防车道，以保证小区整体景观上的协调；在饰面上严格要求对缝，弧形材料需保证尺寸的精准标注并要求厂家定做；在地形堆坡（高达3m）与地下车库有限的土方荷载（21.6kN/m^2）的技术难点上，采取用轻质材料替换土方以减轻荷载。

4. 种植设计

植物作为景观构成的重要元素之一，也是营造空间变化的重要元素。随着人们生活水平的提高，植物的设计需要功能性、生态性、艺术性、文化性等。本案主要由一个入口景观区和4个组团景观区的“片”和小区内部道路绿带、水系绿带及小区外缘交界共同组成。小区片状绿化以道路为骨架，地势为基调，进一步强化入口及组团个性特征，实现片状绿化的可识别性和归属感。小区内部绿带由道路绿带和低地水系连缀形成。设计中考虑到景观的边界性和过渡性，通过多种植物高低错落的配置形成林缘的自然景观，其功能上有防护和标明地界的作用。

① **植物品种选择要求** 小灌木及地被在满足绿地距离的情况下要求5个层次以上。注意南北侧及林下喜阳、耐阴植物的选择。强调层次搭配，季相变化，色彩搭配（图6-33）。

② **建筑周围种植** 根据建筑类型的不同、建筑底层开窗的位置以及建筑内功能的不同,选择适宜的种植距离进行绿化。乔木（主干）种植应距建筑（外立面）南侧6m以上，特大乔木应8m以上；北侧应4m以上，特大乔木6m以上。

东西侧根据建筑开窗的位置及其使用功能不同而变化。如卫生间的窗户对其采光要求不是很高，可密植2m左右大灌木，增加其私密性。如东西侧是客厅，乔木与南侧要求一样；窗户北侧可近距离种植乔木，中层大灌木距建筑2～3m种植。

③ **车库入口种植** 用植物弱化车库，选用朴树、合欢等树冠伞形乔木种植在车库两侧，树冠相连作为上层空间遮挡，中层选用桂花以及观花植物樱花、垂丝海棠、紫薇等，既能遮挡视线又能美化入口景观，下层植物选择黄馨、棣棠等半藤本植物，增加车库垂直绿化，使得整个车库被绿化遮掩（图6-34）。

④ **植物处理箱式变电站及公共设施** 常用常绿乔灌木遮挡公共设备，建议在常绿植物前方种植观赏性观花色叶植物，美化处理公共设施。

⑤ **小区的围墙** 围墙强调了绿树掩映的景观效果，利用绿化种植这一手法赋予小区围墙以强烈、单纯的空间形象，增强视觉及心理上的冲击力。形成屋宇在绿色波涛中停泊的小区形象。密林这一植物处理手法同时可以有效隔绝外部空间人员活动对于居住空间的干扰，使园林绿化立体（图6-35）。石墙的纹理在植物的映衬下别有一番风趣，这些取之于天然的石材，会随着多年的雨水和空气作用下镂刻时间的斑驳，更为石墙增添韵味。石墙间或设置了一些水帘喷泉，时而喷射的水帘给硬朗的墙体增添了一份柔美。

5. 设计图纸

（1）植物景观规划图（图6-36至图6-38）

（2）种植设计流程图

① 种植绿地范围（图6-39）

图6-36 种植设计总体规划图

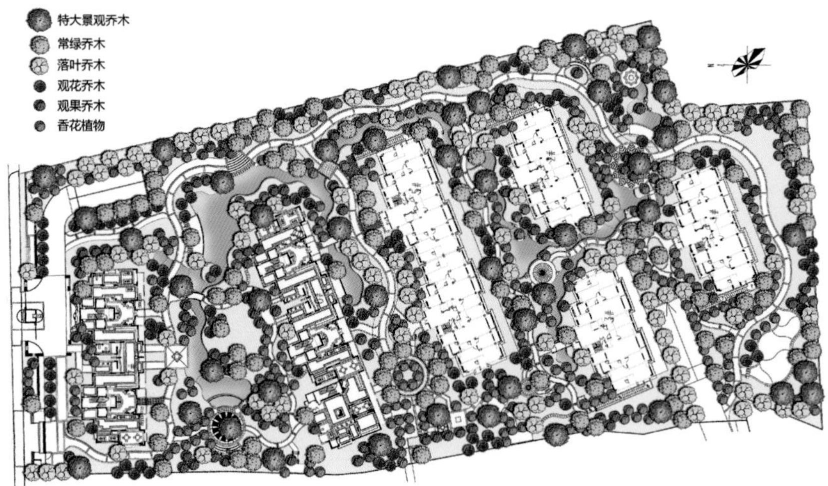

图6-37　种植设计上木规划平面图

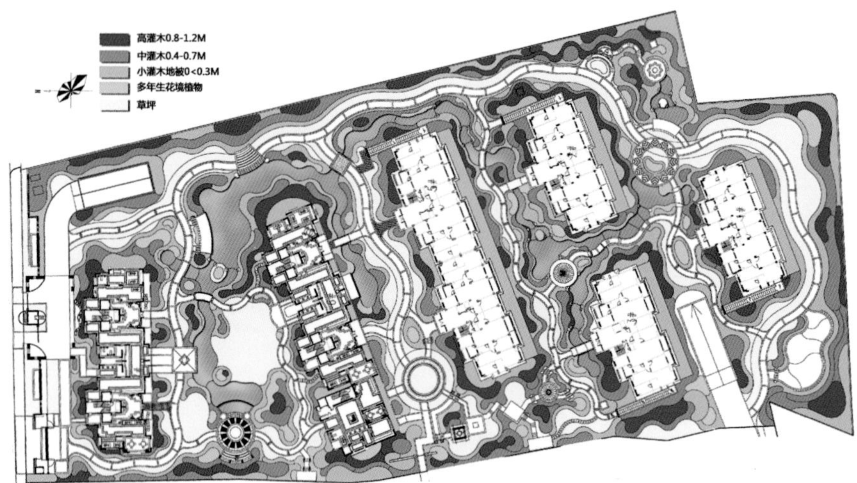

图6-38　种植设计下木规划平面图

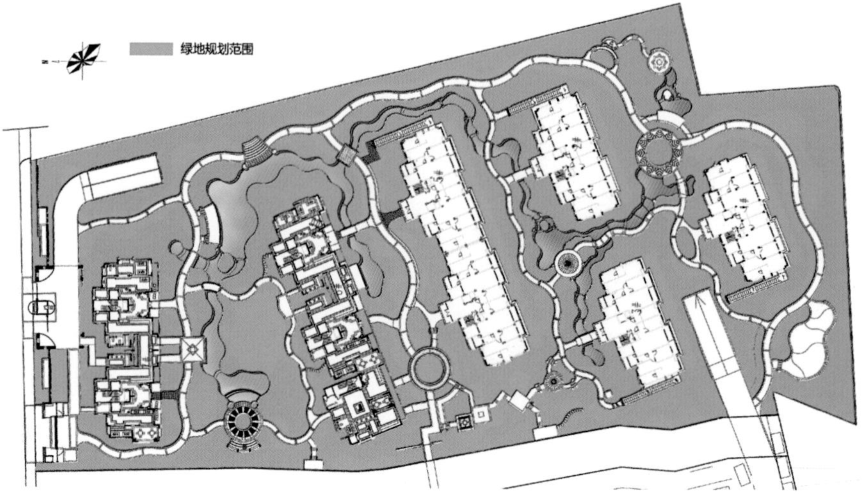

图6-39　种植绿地范围

② 草灌木分割线（图6-40）

③ 特大景观大乔木的布置（图6-41）

④ 一般乔木的布置（图6-42）

⑤ 大灌木的布置（图6-43）

⑥ 最后在草灌木分割线确定地被的范围内，根据前面地被及小灌木的布置原则，根据上木的规格大小及位置来布置相应规格的地被品种。

（3）种植设计分析图

① 种植设计树高分析图（图6-44）

② 种植设计叶色分布图（图6-45）

③ 种植设计植物纹理分布图（图6-46）

④ 种植设计植物季相分布图（图6-47至图6-50）

（4）种植设计剖面图、立面图和效果图（图6-51至图6-53）

（5）居住区种植施工图（见光盘“植物景观设计参考案例18”）

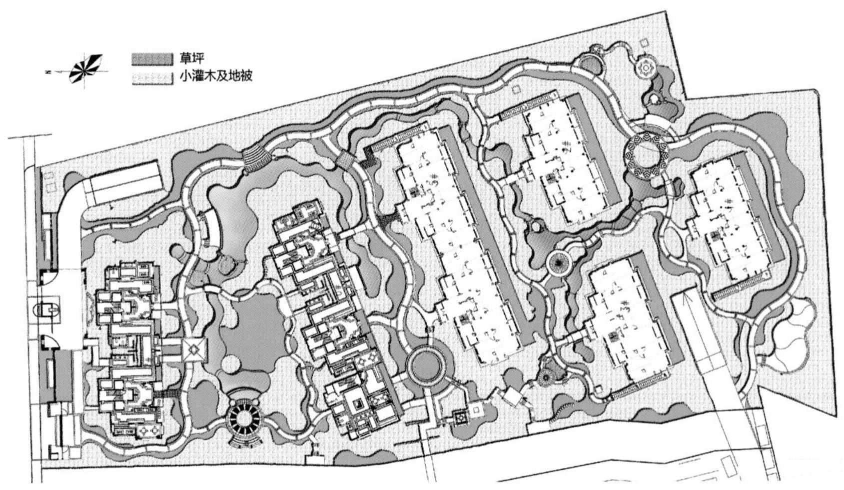

图6-40　草灌木分割线

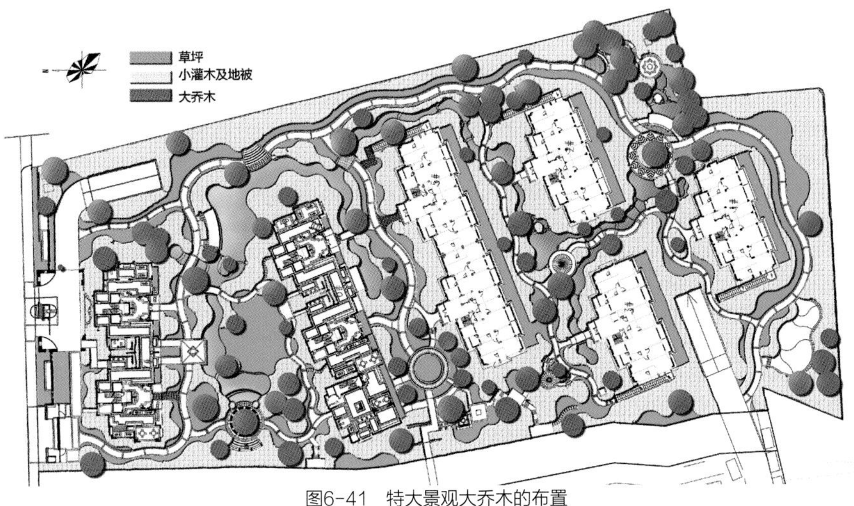

图6-41　特大景观大乔木的布置

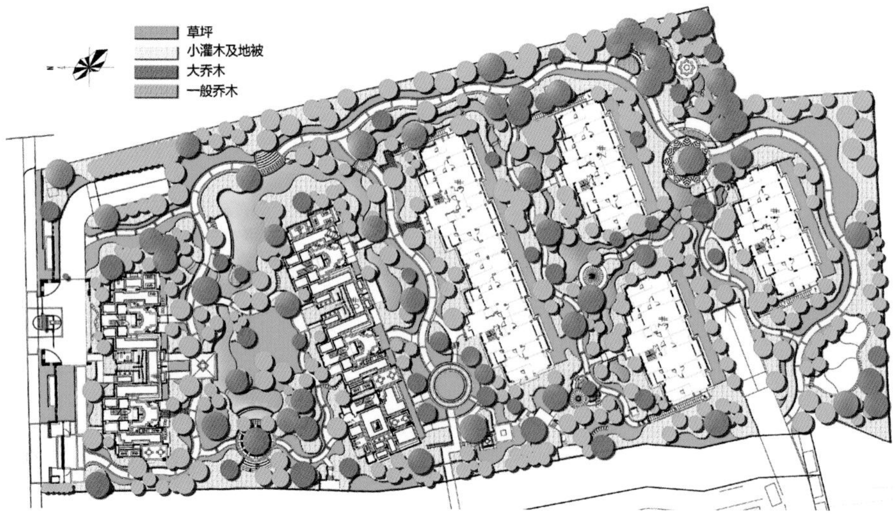

图6-42 一般乔木的布置

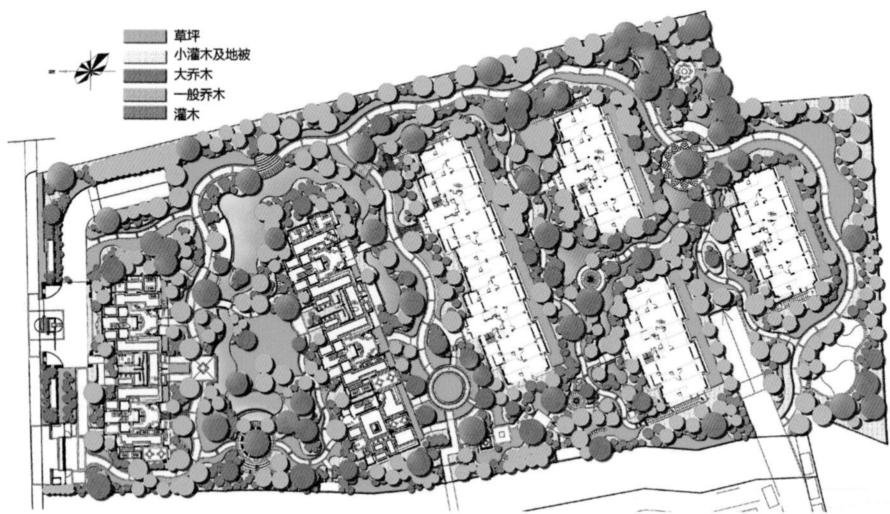

图6-43 大灌木的布置

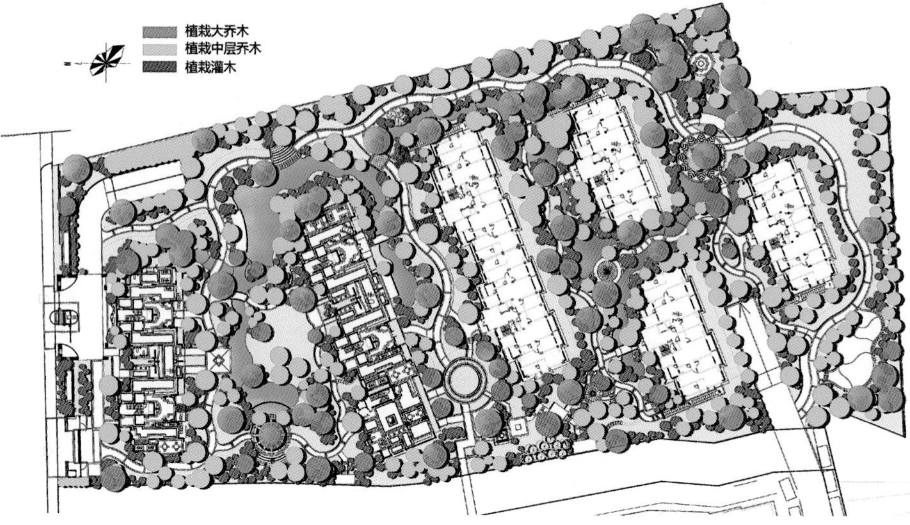

图6-44 种植设计树高分析图

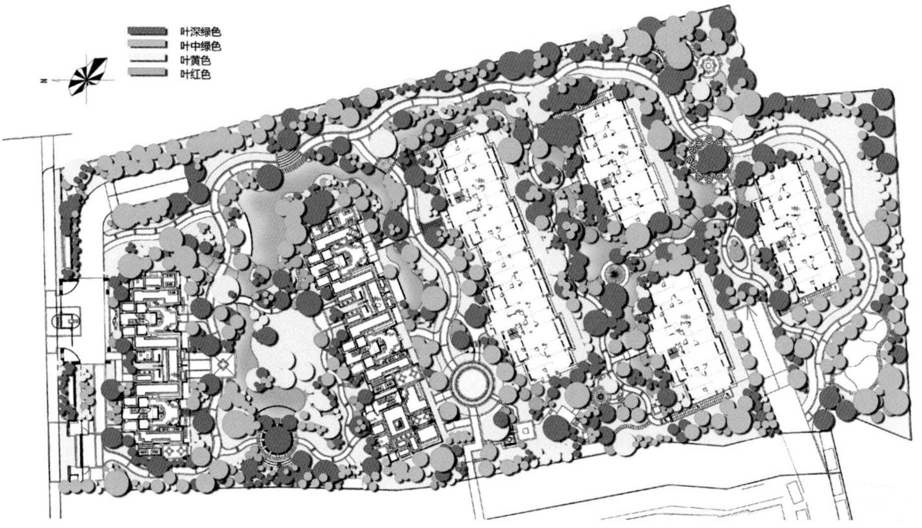

图6-45　种植设计叶色分布图

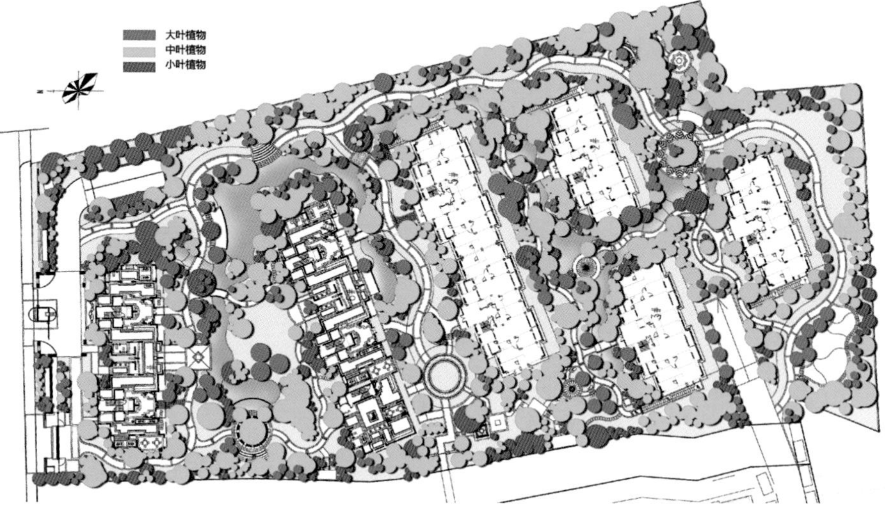

图6-46　种植设计植物纹理分布图

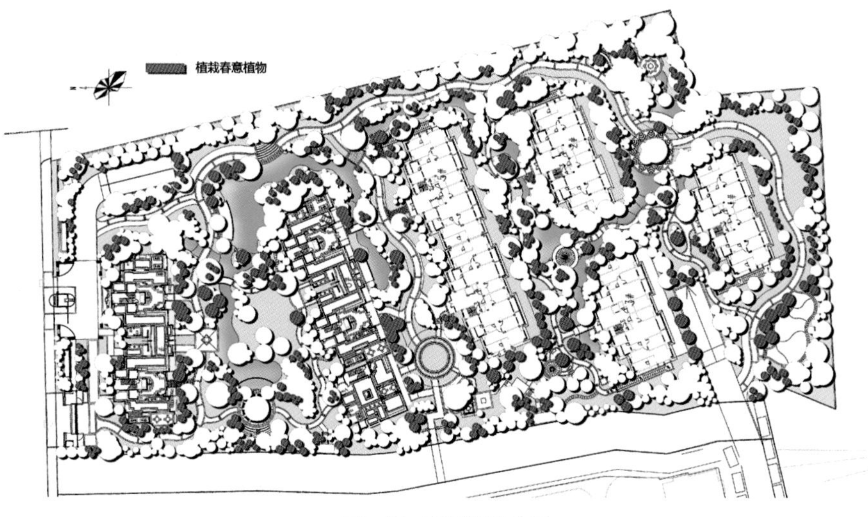

图6-47　植栽春意分布图

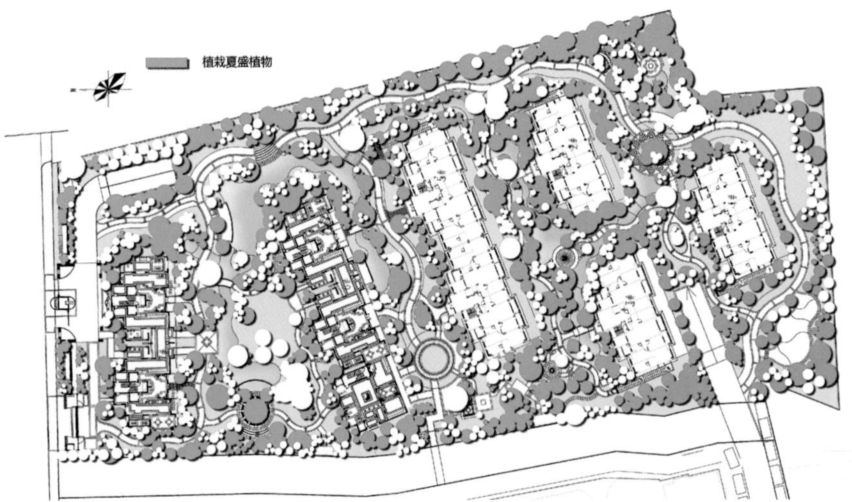

图6-48　植栽夏盛分布图

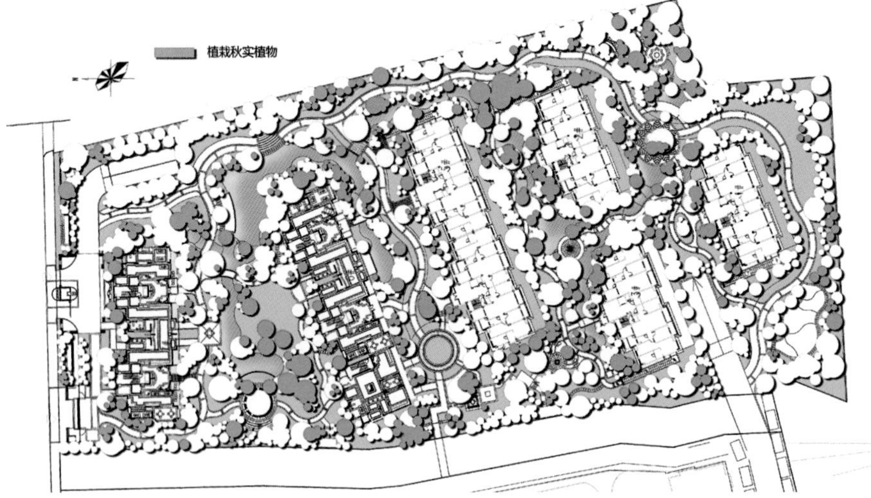

图6-49　植栽秋实分布图

图6-50　植栽冬翠分布图

图6-51　大门正立面图

图6-52　山林瀑布剖面图

图6-53　弧形花架效果图

知识拓展

1.居住区绿地设计规范摘录

（1）居住区绿地设计技术经济指标

① 总体规划指标控制　绿化覆盖面积（绿化覆盖率）〉50％。垂直绿化面积达到总绿地面积的20％。可供居民进入活动休息绿地面积≥30％总绿地面积。

② 具体指标控制　绿化种植面积≥70%总绿地面积。

（2）居住区绿地设计技术要点

① 绿地设计平面构图曲线应注意舒缓流畅，直线应注意简洁大方，平面构图图案应注意观赏的整体美观，满足高处俯视观赏效果。

② 居住环境中沿城市道路一侧，力求住宅区园林景观的街面化，使住宅区环境园林景观与城市道路景观融为一体。

③ 充分利用住宅建筑的屋顶、阳台、墙面、车棚、地下车库出入口、地下设施通风口、围墙等进行立体绿化，增加绿化覆盖率和绿视率。

④ 住宅环境中道路绿地应统一布置，不同路段的绿化布置形式应有所变化。行道树以不规则的自然种植为主要布置形式。

⑤ 住宅环境地面停车场布置应注意有绿化覆盖，力争为75%以上的车辆遮阴。

⑥ 住宅环境绿地植物规划必须根据住宅建筑周围环境、立地条件，结合景观要求、实用功能、防护要求综合考虑，按照“适地适树”的原则进行植物配置。植物种类规划应做到多样统一，合理确定基调树种、骨干树种和一般树种。

⑦ 植物种类选择以适应该地区生长的乡土树种为主，强调植物景观的地域性和对环境的适应性。植物种类宜丰富多彩，体现植物材料的多样性。绿地面积小于3000m^{2}以下的，植物种类数量>40种；绿地面积在3000～10 000m^{2}的，植物种类数量>60种；绿地面积在10 000～20 000m^{2}的，植物种类数量>80种；绿地面积大于20 000m^{2}以上的，植物种类数量>100种。

（3）居住区种植设计导则

绿地设计的目的是为居住环境创造亲近自然的室外空间，同时必须满足美观、温馨、舒适、健康、节能的要求。

① 植物配置树种选择以体现地域性植被景观的乡土树种为主，适当引进成熟的能适应本地区气候条件的新树种。宜采用观花、观叶、观果植物有机结合，同时兼顾保健植物、鸟嗜植物、香源植物、蜜源植物、固氮植物等。

② 合理控制不同植物类型的比例，居住区绿地不同于一般城市绿地，住宅环境冬日需要阳光，酷暑更需遮阴，为此提倡以速长树种为主，速长树种：慢生树种＝3：2，常绿乔木：落叶乔木＝1：2～1：3，常绿灌木：落叶灌木＝1：2～1：3，乔灌木：草坪（乔灌木树冠投影面积中草坪除外）＝7：3。

③ 摒弃植物“大色块”的结构形式，科学配置植物群落结构，以乔木为绿化骨架，乔木种植量≥2～3株／100m^{2}绿地。乔木、灌木、地被、草花、草坪有机结合，形成稳定合理的人工植物群落。群落结构单层与复层（2～5层）的选择应以环境条件和使用功能为依据，复层的人工植物群落面积≥40%～50％绿化种植地面积。人工设计的植物群落应使其具有最佳的生态效益。

④ 植物配置应合理组织空间，平面疏密有致，结合环境创造优美流畅的林缘线。立面高低错落，结合地形创造起伏变化的林冠线。

⑤ 以住宅楼南面居室冬至日满窗日照的连续有效时间不低于1.5h/d的标准，同时也以不影响住宅建筑通风采光和减弱夏季西晒阳光的要求，大乔木与有窗建筑应保持合适的距离，一般控制：东面≥5m，南面≥8m，西面≥4m，北面≥5m。东面、西面视居住建筑具体情况也可适当缩小距离。

⑥ 住宅建筑的基础绿化应根据不同朝向和使用性质进行布置。建筑南面种植应能保证建筑的通风采光的要求和创造自然优美的植物景观，选择喜光、耐旱，花、叶、果、姿优美的乔灌木。建筑北面应布置防护性绿带，选择耐阴、抗寒的花灌木。建筑的西面、东面应充分考虑夏季防晒和冬季防风的要求，选择抗风、耐寒、抗逆性强的常绿乔灌木。

⑦ 重视提倡垂直绿化。住宅建筑山墙和公共建筑周边有条件的地方或住宅建筑内高于1m的各种隔离围墙或栏杆，宜种植观赏价值较高的攀缘植物。在有限的土地面积内可用各种造型构架种植攀缘植物，增加绿化覆盖率。

⑧ 居住区道路两侧宜栽植以落叶乔木为主的行道树，行道树的选择应注意冠大浓密，树干通直，株行距可控制在5～10m不等，行道树种植穴内径≥1.2m，行道树连续绿带的宽度≥1.2m。种植形式可规则种植，也可不等距自然种植。居住区道路转弯处半径15m内为保证视线通透，灌木高度应≤0.6m，其枝叶不应伸入至路面空间内。绿地中设置座椅、桌凳的位置上有落叶大乔木覆盖，后有树丛或绿篱依托，前有良好景观供观赏。

⑨ 绿地中地下停车场出入口处、地下设施出风口等构筑物，可结合构架、围护设施布置管理较粗放的攀缘植物，以达到美化和屏蔽的作用。

⑩ 乔灌木栽植位置距各种市政地下管线水平净距应保持≥1.5m。乔木以树干基部为准，灌木以地表分蘖枝干中最外的枝干基部为准。

⑪ 绿地中严格控制种植胸径在0.25m以上的乔木。确属需要可少量点缀胸径在0.15～0.25m的乔木。提倡大量采用胸径在0.08～0.15m的青壮树龄苗木。凡采用的大乔木宜有饱满的树冠，严禁采用无树冠乔木。

种植设计是整个绿地设计的关键和灵魂，它所体现的是绿地的观赏价值、使用价值、生态价值和经济价值。选用速长树种、落叶树和乔灌木为主，以落叶树为主是为提高居住区绿地冬有阳光夏有荫，即冬暖夏凉的功能；速长树种为主是为避免开发商采挖成年大树甚至古树名木来装扮环境，提高卖点；乔灌木为主不仅是为提高绿量，更是为了提高绿地的生态含量，改善环境质量。

禁止采用无树冠乔木（俗称杀头树），大量采用青壮年苗木。植物和人一样，年龄越小适应性越强，存活率也越高。而且它们也有一个生长发育期。随着它们的茁壮成长，小区绿地会呈现出日新月异、欣欣向荣的景象。反之，大胸径的乔木已过了生长期，如同人进入了老年期，适应性不强，存活率也较低，即便成活也不会再长，不会给人们带来生长变化的喜悦。

2. 苏州栖霞居住区植物景观设计案例分析

（1）项目概况

基地为苏州栖霞东环路A1地块景观设计，该地块为城镇住宅和商铺用地。位于工

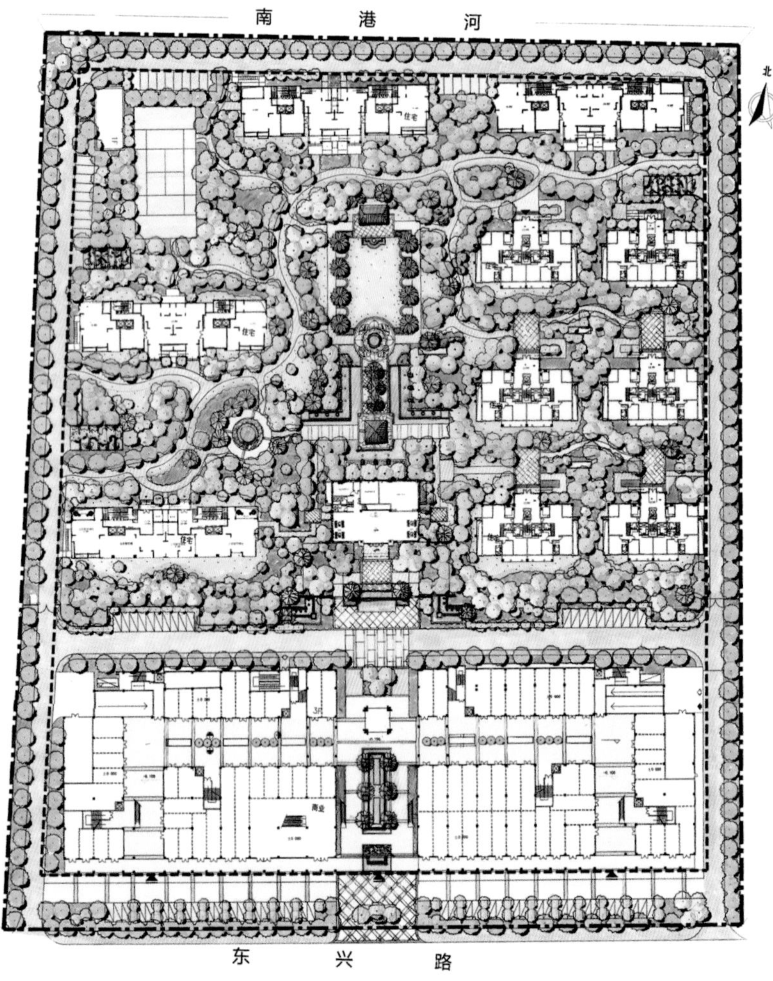

图6-54　苏州栖霞景观绿化总平面图

业园区东环路东、东兴路北。占地面积约$5\times10^4m^2$左右，其中$2\times10^4m^2$的商业用地，容积率为1.6～2.0。

外围商业，从容享受有氧生活；园区楼间距宽绰，中心景观可享受更多阳光；组团可尽享欧式庭院生活的惬意。露台花园惬意组合，让情调恣意在生活中流淌（图6-54）。

（2）设计特色

小区景观设计中，设计体现了纯美的欧陆风情园，舒适颠畅的道路系统，人车分流的理念。场地以“园、院、地、庭、道、场、岸”形成以“魅力印象”、“左岸春天”、“香榭丽舍”、“幽径密林”主题的景观区为特色。

（3）植物种植设计特点

① 入口广场景观植物配置　利用特大乐昌含笑、特大桂花等景观大乔木来围合入口的广场空间，结合水景设计，形成尊贵、大气的入口空间景观。

② 公共绿地绿化配置特点　以组团式的配置手法，通过植物的高低、大小、错落来围合相对独立的景观空间，为周边的住户提供舒适户外休闲和交流场所，同时也作为小区的景观焦点。

③ 水边植物配置特点　植物种植配合规则的水体设计，在岸边点缀色彩和线条优美的园林植物，植物衬托吐水景墙、跌水溪流，并在水体中形成优美的水中倒影，使水边的景观极富有自然情调。

④ 道路景观植物配置　绿化配置采用自然式、内紧外松的配置手法，在道路两边形成丰富的植物景观，围合出道路空间，使行走在小区道路上的人们产生林中穿梭的感觉，体现人与自然和谐共生。

⑤ 防护林荫带植物景观效果配置手法　对一个外陡内缓的自然坡，临道路一面植物种植密度大，临小区一面留有一定开阔空间，使林带空间可作为小区的防护林，起到阻隔外部影响的作用，又可作小区的公共

休闲绿地，安排一些健身步道、活动广场等，扩展住户的活动空间，提升住户的居住品质。

（4）植物种植设计局部效果图

有关效果图见图6-55至图6-57。

图6-55　入口绿化设计效果图

图6-56　中心景观区绿化设计效果图

图6-57　商业区绿化设计效果图

巩固训练

如图6-58所示为华东地区某城市居住区半岛华府公寓景观设计平面图，该项目地块总用地面积64 285m^2，其中住宅地块可建设面积51 115m^2，根据自己对该项目的理解，利用居住区植物种植设计基本方法和基本设计流程进行植物景观设计，完成该居住区植物景观设计平面图。该训练主要是对半岛华府公寓进行植物景观的初步设计。

本任务有关评价内容见表6-5、表6-6。

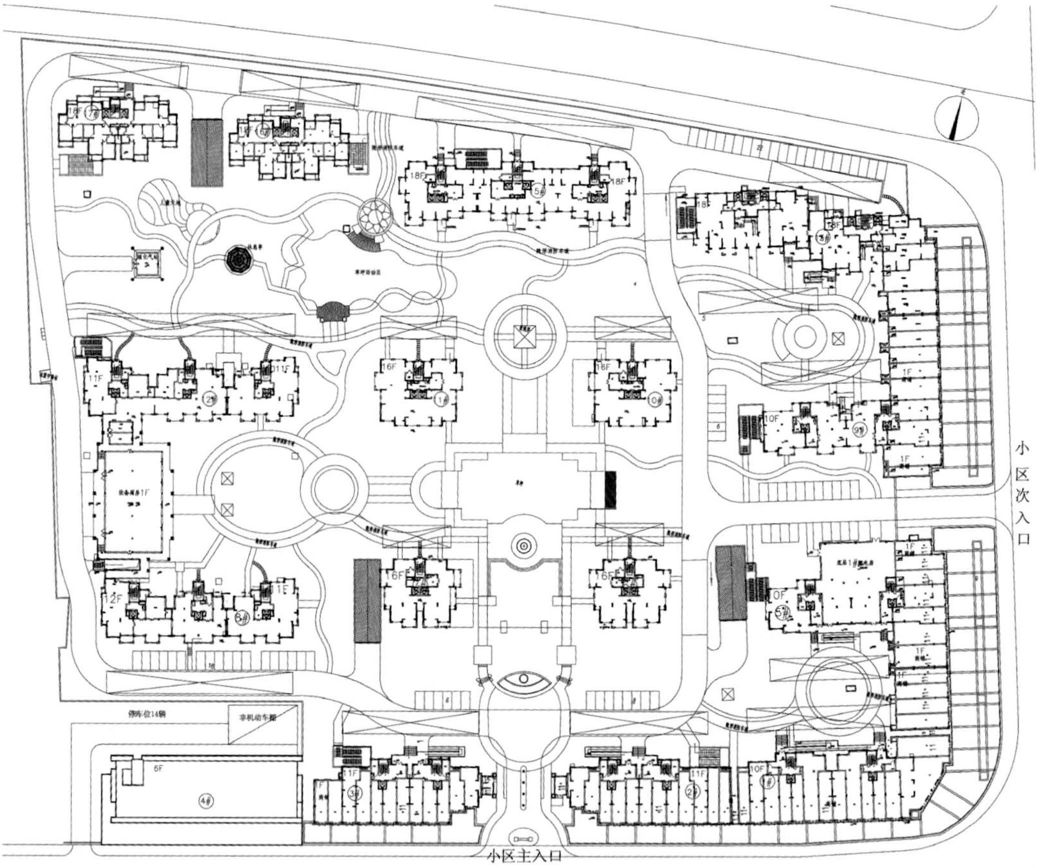

图6-58 半岛华府公寓景观设计平面图

自主学习资料库

(1) 居住区园林绿地设计. 梁永基，王莲清. 中国林业出版社，2001.

(2) 园林技术专业综合实训指导书——园林工程养护管理. 张君超. 中国林业出版社，2008.

(3) 居住区景观设计全流程. 叶徐夫. 中国林业出版社，2012.

表6-5　半岛华府植物景观设计评价表

评价类型	项　目	子项目	组内自评	组间互评	教师点评
过程性评价（70%）	专业能力（50%）	植物选配能力（40%）			
		方案表现能力（10%）			
	社会能力（20%）	工作态度（10%）			
		团队合作（10%）			
终结性评价（30%）	作品的创新性（10%）				
	作品的规范性（10%）				
	作品的完成性（10%）				
评价评语	班级：	姓名：	第　　组	总评分：	
	教师评语：				

表6-6　居住区绿地植物景观设计教学反馈表

序号	调查内容	是	否
1	您是否明确本任务的学习目标？		
2	您是否达到本学习任务对学生知识和能力的要求？		
3	您了解园林植物景观设计的基本流程吗？		
4	您掌握居住区绿地植物景观设计的原则吗？		
5	您能举例居住区绿地植物景观设计的基本要求吗？		
6	您能掌握居住区各类绿地植物景观设计要点吗？		
7	您能掌握植物景观施工的内容吗？		
8	您熟悉哪类植物适合在居住区种植吗？		
9	您能运用本节理论知识去调查分析已建成居住区绿地植物景观吗？		
10	您能运用本节学习内容进行具体项目的居住区绿地植物景观设计和绘图表现吗？		
11	您课下阅读自主学习资源库的内容了吗？		
12	您是否喜欢这种上课方式？		
13	您对自己在本学习任务中的表现是否满意？		
14	您对本小组成员之间的团队合作是否满意？		
15	您认为本学习任务对您将来的工作会有帮助吗？		
16	您认为本学习任务还应该增加哪些方面的内容？（请在下面回答）		
17	本学习任务完成后，您还有哪些问题需要解决？		
请写出您的意见和建议：			

参考文献

[1] 陈有川. 2010. 城市居住区规划设计规范图解[M]. 北京：机械工业出版社.
[2] 陈祺. 2012. 植物景观工程图解与施工[M]. 北京：化学工业出版社.
[3] 黄清俊. 2011. 居住区植物景观设计[M]. 北京：化学工业出版社.
[4] 顾小玲. 2008. 景观植物配置设计[M]. 上海：上海人民美术出版社.
[5] 何平，彭重华. 2001. 城市绿地植物配置及其造景[M]. 北京：中国林业出版社.
[6] 金煜. 2008. 园林植物景观设计[M]. 沈阳：辽宁科学技术出版社.
[7] 徐文辉. 2007. 城市园林绿地系统规划[M]. 武汉：华中科技大学出版社.
[8] 张致民，田建林. 2009. 城市绿地规划设计[M]. 北京：中国建材工业出版社.
[9] 江铭，许思珠. 2005. 上海市新建住宅环境绿化建设导则[M]. 上海：上海市绿化管理局.

任务6.2

城市道路绿地植物景观设计

学习目标

【知识目标】

（1）理解和掌握城市道路绿化的布置形式和相关术语。
（2）掌握城市道路绿地中各类绿化带的景观设计要点。
（3）能够合理选择城市道路绿化的植物材料。

【技能目标】

（1）能够根据设计要求合理地进行人行道、分车带植物景观设计。
（2）能够根据设计要求合理地进行交叉路口、交通岛植物景观设计。
（3）能够识读并规范绘制城市道路绿地植物景观规划设计图纸。

工作任务

任务提出

如图6-59所示为江浙地区某城市道路绿地景观设计平面图，其周边用地为居住用地及市政道路用地，所选段长度约300m，周边用地为居住用地。该城市历史文化丰富，本道路作为其重要的景观道路，重点体现花的海洋和公园化道路的特色。在总体上将道路绿带作为开放式带状公园来设计，为周边居民提供一处游憩和感受现代气息的城市景观道路。

植物种植设计上根据道路植物景观设计原则和基本方法，参考街头小游园的设计要求，运用“点、线、面”的设计手法，强调道路线型，形成半围合交流空间，并在节点处形成绿岛、

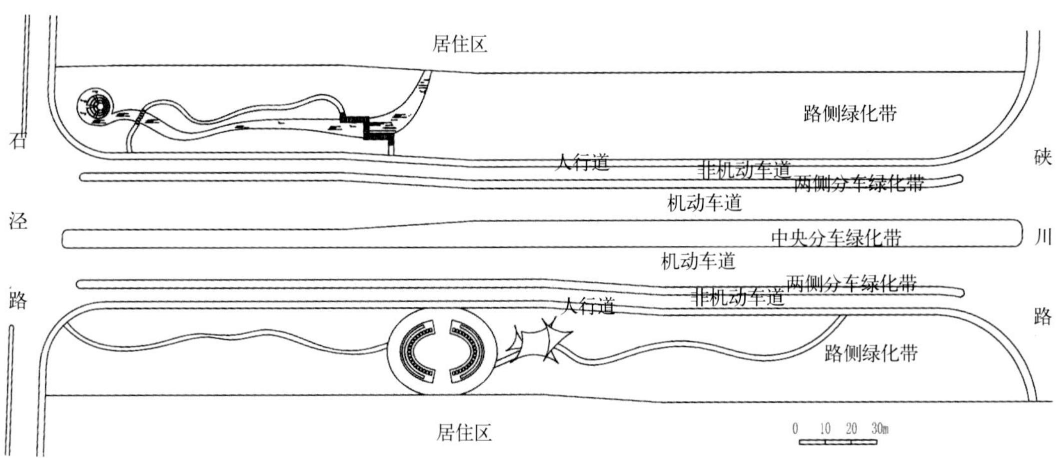

图6-59 某城市道路绿地景观设计平面图

花池、花带等。选择合适的植物种类和植物配置形式进行城市道路绿地植物景观规划设计。该任务主要应考虑城市道路防护与景观并重的功能要求，并结合道路交叉口重点进行小游园植物景观配置。

任务分析

根据景观道路功能及周边环境的需求对植物种类进行选择，使道路绿地植物配置能发挥防护、美化城市面貌的功能。了解当地植物的生态习性和观赏特性，掌握景观道路乔木、灌木、地被植物的配置方法和设计要点等内容。

任务要求

（1）植物种类的选择适宜景观道路的功能需求。

（2）正确采用植物景观构图基本方法，灵活运用自然式、行列式、群植、孤植的种植方法。

（3）树种选择合适，植物配置符合规律。

（4）功能配置合理，风格独特。

（5）图纸绘制规范，完成道路绿地植物种植规划图1张。

材料及工具

测量仪器、手工绘图工具、绘图纸、绘图软件（AutoCAD）、计算机等。

知识准备

6.2.1　城市道路绿地植物景观设计的原则

（1）功能性原则

① 分割空间　城市道路绿地植物景观设计可对道路的空间进行有序、生动而虚实结合的分割，相对于硬质景观（街道护栏、路障等）对空间的机械分割，植物景观是一种有生命的分

割体，随着四时景色的变化使道路呈现不同的空间感。

② 组织交通　弯道外侧树木整齐连续地栽植，可以预告道路走向变化，引导驾驶员行车视线变化，保证交通安全。

③ 防护功能　道路绿地植物景观对城市的人流、物流、能流的运输有积极的保护作用，特别是车流量比较集中的城市干道、立交桥和交叉路口等地区，布置植物景观既能改善道路周边环境，也有利于保证行车安全。

④ 屏蔽功能　道路绿地植物景观可形成隔离带遮蔽道路周边地区居民生活。

（2）生态性原则

随着城市机动车辆的增加，交通污染日益严重，已成为城市的重要污染源之一。城市道路绿地系统是人造的“绿廊”，可以有效地减少这些污染，调节城市气候，最大限度地发挥道路绿地的生态功能和对环境的保护作用。

（3）地域性原则

在进行城市道路绿地植物景观营造时，应考虑民族性与地域性的不同，突出城市地方特色，避免千城一面，盲目照搬、模仿，应多选用地方植物材料，形成独具特色、带有标志性的景观效果。

（4）植物配置原则

植物配置就是道路绿地的种植设计，它与道路的功能、类型及周围的环境条件密切相关，需根据具体情况，合理配置各种植物，使其发挥出植物最佳的生态功能与景观效果。

① 在植物的选择上要适地适树，创造地方道路的特点。

② 在植物的应用上要形式多样，乔灌草相结合，常绿与落叶相结合，速生与慢生相结合，要营建多层次、长久性的景观效果，而不能只图短期的效益。

③ 在植物的搭配上，要以完善道路绿地的实用功能为基础，大胆创新，树种要丰富多彩。

④ 在种植设计中，要充分考虑到绿地植物与各项公共设施之间的关系，准确把握好各种管线的分布、铺设的深度。另外，还要分析其他景观小品，然后选择合适的植物材料与之配置，以达到整体景观的和谐。

6.2.2　城市道路绿地的布置形式与植物选择

6.2.2.1　城市道路绿地的布置形式

道路绿地的布置，随着南北地理位置、气候条件的不同，道路宽窄、用地面积的差异及道路交通功能情况而变化，其形式也是多种多样的。通常根据城市道路横断面的不同分为一板两带式、两板三带式、三板四带式、四板五带式等几种布置形式，其中“板”指车行道，“带”指绿化带。

（1）一板两带式（图6-60）

这是道路绿化中最常用的一种形式。1条车行道，两条绿化带，即把树木布置在道路两侧人行道上，成行列对称式的栽植，称为一板两带式。此法操作简单、用地经济、管理方便。

在车流量不大的街道旁，特别是中小城镇的街道绿化多采用此种形式。

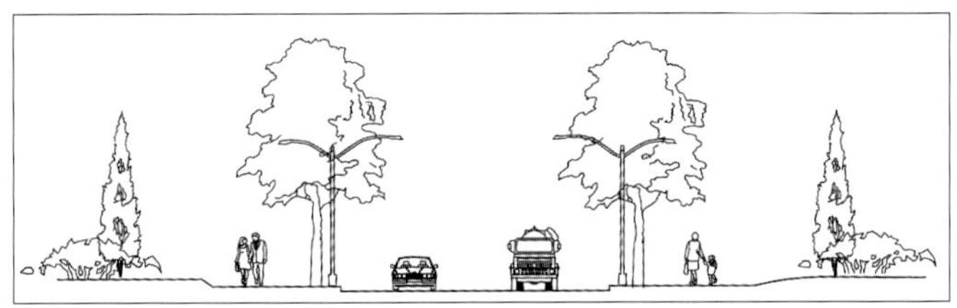

图6-60　一板两带式

（2）两板三带式（图6-61）

两条车行道，3条绿化带。在分割单向行驶的两条车行道中间布置绿化带，并在道路两侧布置行道树，即上下行车道之间及两侧共设3条绿带。中间的绿带又叫分车绿带，主要功能是分割上下行车辆，一般宽1.5～3m，常用常绿小灌木及草坪，以不阻挡驾驶员的视线为宜；其外两侧绿带可种1～2行乔木或花灌木。这种形式适用于宽阔道路，绿带数量较大、生态效益较显著。

图6-61　两板三带式

（3）三板四带式（图6-62）

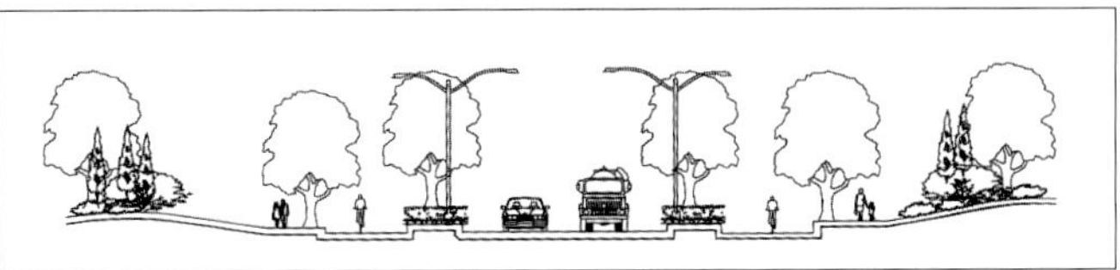

图6-62　三板四带式

3条车行道，4条绿化带。即利用两条分隔带把车行道分成3块，中间为机动车道，两侧为非机动车道，连同车道及人行道两侧的行道树共有4条绿带。此法虽然占地面积较大，但其绿化量大，夏季遮阴效果好，且有效减弱噪声和防尘，并能很好地组织交通，安全可靠，解决了各种车辆混合互相干扰的矛盾。此法多用于机动车、非机动车、人流量较大的城市干道上。

图6-63　四板五带式

（4）四板五带式（图6-63）

4条车行道，5条绿化带。即在宽度更大的马路上，双向快车道之间设隔离绿带，加上两条人行绿化带和两条快慢车道分车绿化带，共5条绿化带。

6.2.2.2　城市道路绿化的植物选择

在城市道路绿化中，应注意选择抗性较强，能有效吸尘、净化空气的植物种类。因地制宜，遵循“乔木为主，花灌木、草坪为辅”的原则，以达到最佳的观赏效果。同时还应考虑交通安全，有效协助组织人流疏散，同时发挥道路绿化在改善城市生态环境和丰富城市景观中的作用。

道路绿地景观还要考虑走向问题，东西走向道路南北日照强，应注意行道树的遮阴效果。一般街道两侧栽植树木遮阴宜占路宽的20%。南方可宽些，北方可窄些。长江流域一代夏热冬寒，行道树以落叶树为宜，冬季不遮挡光照。行道树的栽植还要考虑地下管道和空中电缆，控制树木生长的高度及其根系与地下管道的距离，如管道埋设的深浅、树木根系的分布状况、树冠的大小等对水平距离的确定都有影响。

（1）乔木的选择

乔木在城市道路绿化中主要作为行道树，主要作用是夏季为行人遮阴、美化街景，因此选择树种时主要从以下几方面着手：

① 株形整齐，观赏价值较高（或花型、叶型、果实奇特，或花色鲜艳，或花期长），最好是秋色树种，冬季可观树形、赏枝干。

② 生命力强健，病虫害少，便于管理，管理费用低，花、果、枝叶无不良气味。

③ 树木发芽早、落叶晚，适合本地区正常生长，晚秋落叶期在短时间内树叶即能落光，便于集中清扫。

④ 行道树树冠整齐，分枝点足够高，主枝伸张角度与地面不小于30°，叶片紧密，有浓荫。

⑤ 繁殖容易，移植后易于成活和恢复生长，适宜大树移植。

⑥ 有一定耐污染、抗烟尘的能力。

⑦ 树木寿命较长，生长速度不太缓慢。

目前应用较多的有雪松、悬铃木、槐、合欢、栾树、垂柳、馒头柳、杜仲、白蜡等。

（2）灌木的选择

灌木多应用于分车带或人行道绿带(车行道的边缘与建筑红线之间的绿化带)，可遮挡视线、减弱噪声等，选择时应注意以下几个方面：

① 枝叶丰满，株形优美，花期长，花多而显露，防止萌蘖枝过长妨碍交通。

② 植株无刺或少刺，叶色有变，耐修剪，在一定年限内人工修剪可控制它的树形和高矮。

③ 繁殖容易，易于管理，能耐灰尘和路面辐射。

应用较多的有大叶黄杨、‘金叶’女贞、‘紫叶’小檗、月季、紫薇、丁香、紫荆、连翘等。

（3）地被植物的选择

目前，大多数城市主要选择冷季型草坪作为地被植物，根据气候、温度、湿度、土壤等条件选择适宜的草坪草种是至关重要的；另外多种低矮花灌木均可作地被应用，如月季、棣棠、‘红叶’石楠、洒金珊瑚、黄杨等。

（4）草本花卉的选择

一般露地花卉以宿根花卉为主，与乔灌草巧妙搭配，可合理配置一、二年生草本花卉，只在重点部位点缀，不宜多用。

6.2.3　城市道路绿地植物景观设计要点

6.2.3.1　人行道绿化带的植物景观营造

人行道绿化带指从车行道边缘至建筑红线之间的绿地。它包括人行道与车行道之间的隔离绿地（行道树绿带）以及人行道与建筑之间的缓冲绿地（也称基础绿地或路侧绿带）。

（1）行道树绿带设计

按一定的方式种植在道路的两侧，形成浓荫的乔木，称为行道树。在道路较宽的情况下，车行道与人行道之间的人行绿化带可设计种植带（绿化带），宽2～5m，根据道路的宽度来确定。在种植带内，可以乔灌结合，点缀花木、色叶树及四季花草，也可设置坐凳、雕塑、水池、游步道等，并围以绿篱、栏杆，使街道环境更加丰富多彩。

① 行道树绿带的种植宽度　行道树绿带的宽度是保证树木能有一定的营养面积，满足树木最低生长要求，在道路设计时应留出1.5m以上的种植带。

② 行道树的种植形式

树池式：在交通量较大，行人多而人行道又窄的路段，设计正方形、长方形或圆形空地种植花草树木，形成池式绿地。

树池的平面尺寸　正方形以边长1.5m较合适，长方形长、宽分别以2m、1.2m为宜，圆形树池以直径不小于1.5m为好。

树池的立面高度　多雨地区树池的边缘可做得高出人行道6～10cm，以防行人踩踏，并防止雨水流入池内，形成涝渍。但在干燥地区常把树池略低于路面，便于雨水流入，并可保持一定的湿度。为了保护树池，也可设置镂空池盖，行道树栽植于树池中，其缺点是营养面积小，不便于松土施肥与管理，也不利于树木生长。

树带式：当人行道有足够的宽度时，可在车行道与人行道之间留出一条不小于1.5m宽的种植绿带，可由乔木搭配灌木及草本植物，形成带式狭长的不间断绿化，栽植的形式可分为规则式、自然式与混合式。具体的选择方式要根据交通的要求和道路的具体情况而定。

两种形式的应用范围：当人行道的宽度在2.5～3.5m时，首先要考虑行人的步行要求，原则上不设连续的长条状绿带，这时应以树池式种植方式为主。

当人行道的宽度在3.5～5m时，可设置带状的绿带，起到分割、护栏的作用，但每隔至少15m左右，应设供行人出入人行道的通道门以及公交车的停靠站台，一般配以硬质地面铺装。

③ 行道树的株行距　在确定行道树株行距时应注意以下几点：苗木的规格：如果所选苗木的规格较大，则株距可适当加大，常用的株距为5～8m，应以树种壮年期冠幅为准；树木的生长速度；环境要求。

④ 行道树的定干高度　定干高度应视其功能要求、交通状况、道路的性质、道路的宽度、行道树距车行道距离、树木分枝高度而定。一般胸径以12～15cm为宜；树干分枝角度大的，干高不小于3.5m；分枝角度小者，不能小于2m，否则影响交通。

⑤ 行道树的修剪及树形控制　行道树要求枝条伸展，树冠开阔，枝叶浓密。冠形依栽植地点的架空线路及交通状况而定。主干道及一般干道上，采用规则性树干，修剪成杯状形、开心形等形状。在无机动车辆同行的道路或狭窄的巷道内，可采用自然式树冠。

（2）路侧绿带设计

路侧绿带是指从人行道边缘至道路红线之间的绿化带，是街道绿地的主要组成部分，也

图6-64 路侧绿化带

是构成道路景观的主要地段，在街道绿地中占有较大的比例（图6-64）。

① 路侧绿带的主要类型

• 建筑物与道路红线重合，路侧绿带毗邻建筑布设，即形成建筑物的基础绿化带。

• 建筑退让红线后留出人行道，路侧绿带位于两条人行道之间。

• 建筑退让红线后在道路红线外侧留出绿地，路侧绿带与道路红线外侧绿带地结合。

② 路侧绿带的种植设计

• 道路红线与建筑线重合的路侧绿带设计：绿带的坡度设计应利于排水；绿地种植不能影响建筑物的采光和排风；植物的色彩、质感应互相协调，并与建筑的立面设计形式结合起来，应有相互映衬的作用，在视觉上要有所对比；如果路侧绿带较窄或地下管线较多，可用攀缘植物进行墙面的绿化；如宽度允许，可以攀缘植物为背景，前面适当配置花灌木、宿根花卉、草坪等，也可将路侧绿带布置为花坛。

• 位于两条人行道之间的路侧绿带设计：最简洁的种植设计方式就是种植两行遮阴乔木，给行人良好的蔽护作用。如果为了突出建筑风格与特点，则应适当降低植物的种植高度，并以常绿树、花灌木、绿篱、草坪及地被植物来衬托建筑，布局要明快大方，不要拘泥于形式，可将植物配置成花境，也可用持续的、有规律的花坛组来美化这一地段。

• 与道路红线外侧绿地结合的路侧绿带设计：由于绿带的宽度有所增加，造景形式也更为丰富，一般宽度达到8m就可以设计为开放式绿地。另外，也可与靠街建筑的宅旁绿地、公共建筑前的绿地等相连，统一造景。

6.2.3.2 分车带的植物景观营造

分车带又称隔离带绿地，是用来分割干道上的上下行车道和快慢车道的绿带，起着疏导交通和安全隔离的作用。

分车带绿化是道路线性景观及道路环境的重要组成部分，对道路的整体气氛影响最大。如果仅就分车带本身来考虑分车带的绿化，会造成道路景观的无序及凌乱。

（1）分车带植物景观设计的原则

① 分车带种植设计首先要注意保持一定的通透性，不能妨碍司机的视线，在距机动车路面0.9～3.0m的范围内，树冠不能遮挡司机视线。

② 分车带的种植设计属于动态景观，在形式上力求简洁有序，整齐一致，形成良好的行车视野环境。

③ 分车带宽度大于或等于1.5m的，应以种植乔木为主，并宜乔木、灌木、地被植物相结合。分车带宽度小于1.5m的，应以种植灌木为主，并宜灌木、地被植物相结合。

④ 分车带上种植的乔木，其树干中心至机动车道路缘石外侧距离不宜小于0.75m。

⑤ 分车绿带应进行适当的分段，以利于行人过街及车辆转向、停靠等，一般以75～100m为宜。

（2）分车带绿化设计

分车带的主要作用是分割组织交通与保障安全，因此在进行植物的选择和设计时必须要保证起到良好的分割组织交通与保障安全的作用。

对分车带的植物景观设计，要综合考虑交通与景观，针对不同用路者（快车、慢车、步行者）的视觉要求来选择合理的植物组合方式。

由于城市用地紧张，分车带的宽度普遍较小，另外，从安全角度考虑，分车带的设计不宜过分华丽和复杂，在设计时常用简单的图案或者利用数字来表达设计主题。中央分车带的主要作用是分割上下行机动车道，因此，在可能的情况下要进行防眩种植。另外，中央分车带一般宽度较大，而且经常作为城市道路景观中的重点来处理，因此在设计时应突出景观性（图6-65）。两侧分车带的主要作用是分隔非机动车道和机动车道，为了安全必须要保证视线的通透，一般采用灌木拼图形成完整的图案（图6-66、图6-67）。分车带设计在景观材料的选择上可充分考虑地域特色，避免千城一面。

6.2.3.3　交叉路口的植物景观营造

交叉路口是指道路的交汇处，在城市道路系统中一般以两种形式出现，即平面交叉路口及立体交叉路口。

图6-65　中央分车带植物景观设计图

图6-66　两侧分车绿带植物景观

（1）平面交叉路口的种植设计

根据道路的数量与交叉的角度和方位，展现着不同的形式，一般来说可分为“T”形路口、“Y”形路口、“十”字形路口以及在它们基础上的各种变体。

①“T”形交叉路口的绿化　两条道路中有一条道路前方视线被封闭。此种交叉路口的绿化关键是背景的营造，可以通过树丛、绿篱的搭配来形成引人注意的屏障式道路景观，也可以与雕像、水景、休息座椅等结合来营造富有情趣的小品景观。

②“Y”形交叉路口的绿化　在路口可以通过低矮的花坛起到暗示或强调的作用，并可保持三角形视距的通透。

③“十”字形交叉路口的绿化　采用规则式花坛来进行路口的美化，并与街心交通岛或路口中心花园形成整体统一的景观（图6-68）。

（2）立体交叉路口的种植设计

立体交叉路口出现于城市两条高等级的道路相交处或高等级跨越低等级道路，也可能是高速公路入口处。其植物造景应与立体交叉的交通功能紧密结合，要有足够的安全视距空间，并且突出各种交通标志，通过植物的栽植来产生方向诱导、强调线性变化的作用，保证行车安全。

立体交叉路口的种植设计形式应与邻近城市道路的绿化风格相协调，但又应各有特色，形成不同的景观特质，以产生一定的识别性和地区性标志。绿地布置应简洁明快，以大色块、大图案营造出大气势，满足移动视觉的欣赏，尤其在较大的绿岛，应避免过于琐碎、精细的设计。树种以乡土树种为主，并具有较好的抗性，以适应较为粗放的管理。

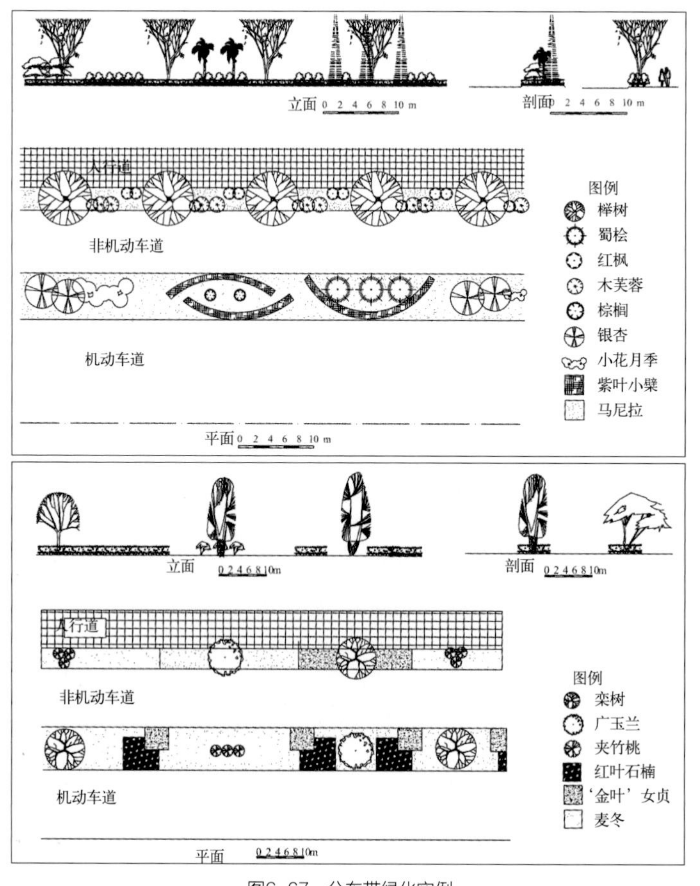

图6-67　分车带绿化实例

6.2.3.4　交通岛的植物景观营造

交通岛在城市道路中主要起着疏导与指挥交通的作用，是为了会车、控制车流行驶路线、限制车速和装饰街道而设置在道路交叉范围内的一种岛屿状构造物，一般用混凝土或砖石围砌，高出路面10cm以上。常见的有中心岛（又称转盘）、方向岛、安全岛3种形式。

（1）中心岛

中心岛不宜密植乔木或大灌木，以保持行车视线通透，形式通常以嵌花草皮花坛为主或以低矮的常绿灌木组成简单的图案花坛，切忌采用乔木或大灌木影响视线，也可布置些修剪成型的小灌木丛，不宜过于繁复华丽，以免分散驾驶员的注意力及行人停滞观赏而影响交通。主干道处的中心岛根据情况可结合雕塑、市标、立体花坛等营建成为城市景点，但在高度上要控制。

图6-68　“十”字形交叉路口绿化景观

在居住区道路，人、车流量较小的地段，可采用小游园的形式布置中心岛，增加居民的活动场所。

（2）方向岛

方向岛应布置地被植物、花坛或草坪，不能遮挡驾驶员视线，在安全视距内宜选用低矮耐修剪的灌木、丛生花草。植物配置的色彩也不可过于繁复，与中心岛的植物配置原则相似，都要保证行车视距的通透及不能阻挡交通标志。

（3）安全岛

在宽敞的街道中供行人避车的地方。

任务实施

1. 注重搭配，合理选择植物品种

在本案例中，综合分析了城市气候、土壤环境等因素及周边用地情况，利用植物景观设计基本方法和配置形式，形成外围背景以常绿、遮挡为主，内侧自然、季相变化丰富的植物景观，满足防护及游赏的需求。树种选择时注重乔、灌及常绿落叶乔木、异龄乔木相互搭配，形成层次和季相变化。主要选择的乔木有：香樟、冬青、榉树、合欢、小叶朴、乌桕、槐、柿树、樱花、桂花、垂丝海棠、西府海棠、桃、鸡爪槭、红枫等。

2. 确定配置技术方案

在选择好植物种类的基础上，确定合理配置方案，绘出城市道路植物规划平面图（图6-69）。本道路植物景观配置形式为混合式，采用孤植、列植、丛植、群植、篱植等方式。

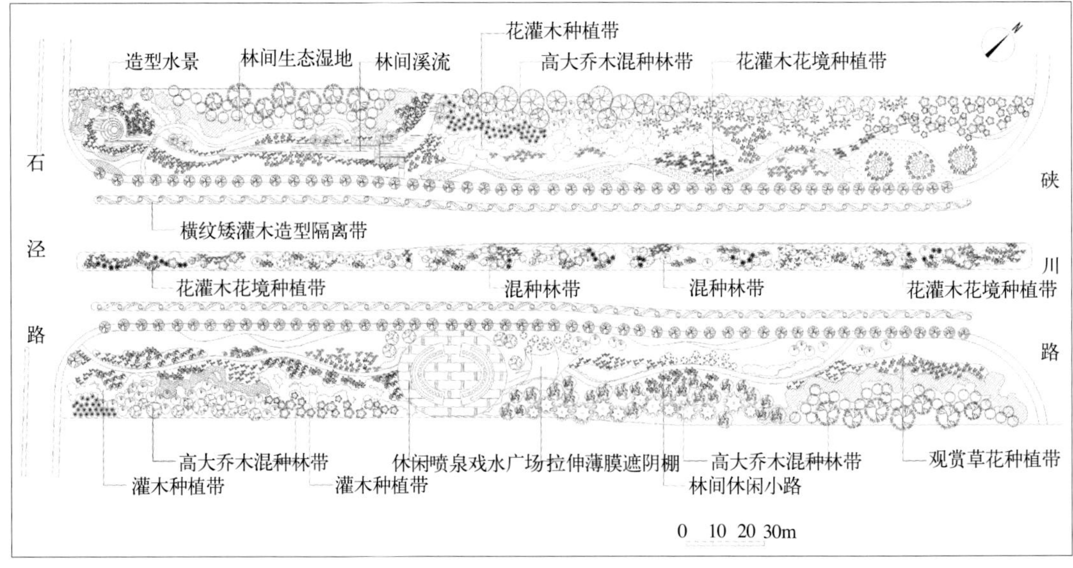

图6-69 城市道路绿地植物规划平面图

知识拓展

1.道路绿地率指标

道路绿地率应符合下列规定：

（1）园林景观路绿地率不得小于40%；

（2）红线宽度大于50m的道路绿地率不得小于30%；

（3）红线宽度在40～50m的道路绿地率不得小于25%；

（4）红线宽度小于40m的道路绿地率不得小于20%。

2.道路绿化与有关设施

（1）道路绿化与架空线

① 在分车绿带和行道树绿带上方不宜设

表6-7 树木与架空电力线路导线的最小垂直距离

电压（kv）	1～10	35～110	154～220	330
最小垂直距离（m）	1.5	3.0	3.5	4.5

表6-8 树木与地管线外缘最小水平距离 m

管线名称	距乔木中心距离	距灌木中心距离
电力电缆	1.0	1.0
电信电缆（直埋）	1.0	1.0
电信电缆（管道）	1.5	1.0
给水管道	1.5	—
雨水管道	1.5	—
污水管道	1.5	—
燃气管道	1.5	1.2
热力管道	1.5	1.5
排水盲沟	1.0	—

表6-9 树木根颈中心至地下管线外缘最小距离 m

管线名称	距乔木根颈中心距离	距灌木根颈中心距离
电力电缆	1.0	1.0
电信电缆（直埋）	1.0	1.0
电信电缆（管道）	1.5	1.0
给水管道	1.5	1.0
雨水管道	1.5	1.0
污水管道	1.5	1.0
热力管道	1.5	1.5

置架空线。必须设置时，应保证架空线下有不小于9m的树木生长空间。架空线下配置的乔木应选择开放形树冠或耐修剪的树种。

② 树木与架空电力线路导线的最小垂直距离应符合表6-7的规定。

（2）道路绿化与地下管线

① 新建道路或经改建后达到规划红线宽度的道路，其绿化树木与地下管线外缘的最小水平距离宜符合表6-8的规定；行道树绿带下方不得敷设管线。

② 当遇到特殊情况不能达到表6-8中规定的标准时，其树木根颈中心至地下管线外缘的最小距离可采用表6-9的规定。

表6-10 树木与其他设施最小水平距离　m

设施名称	至乔木中心距离	至灌木中心距离
低于2m的围墙	1.0	—
挡土墙	1.0	—
路灯杆柱	2.0	—
电力、电信杆柱	1.5	—
消防龙头	1.5	2.0
测量水准点	2.0	2.0

（3）道路绿化与其他设施

树木与其他设施的最小水平距离应符合表6-10的规定。

巩固训练

图6-70为江浙地区某城市园林景观道路设计平面图，其周边用地为居住用地及市政道路用地，所选段长度约300m，道路两侧绿带宽度各约30m，周边用地为居住用地。该城市历史文化丰富，本道路绿化设计应考虑其文化特色。在总体上将道路绿带作为开放式带状公园来设计，为周边居民提供一处游憩和感受现代气息的城市景观道；在道路交叉口节点处应注意节点设计效果。在对本项目理解的基础上初步完成道路绿地植物规划平面图。

本任务的有关评价内容见表6-11、表6-12。

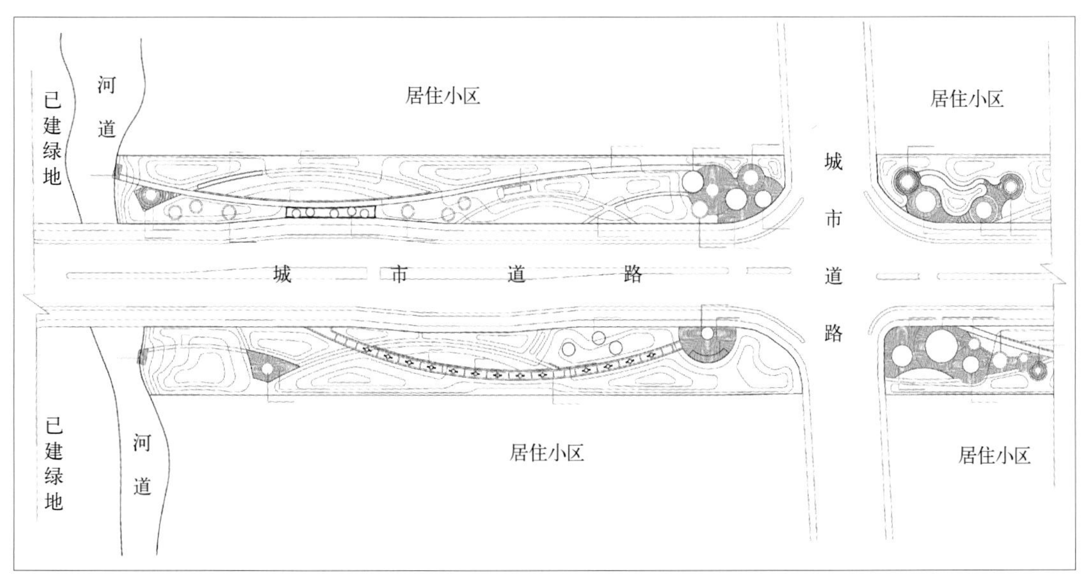

图6-70　城市道路景观设计平面图

表6-11　城市道路绿地植物景观设计评价表

<table>
<tr><td>评价类型</td><td>项目</td><td>子项目</td><td>组内自评</td><td>组间互评</td><td>教师点评</td></tr>
<tr><td rowspan="4">过程性评价
（70%）</td><td rowspan="2">专业能力
（50%）</td><td>植物选配能力（40%）</td><td></td><td></td><td></td></tr>
<tr><td>方案表现能力（10%）</td><td></td><td></td><td></td></tr>
<tr><td rowspan="2">社会能力
（20%）</td><td>工作态度（10%）</td><td></td><td></td><td></td></tr>
<tr><td>团队合作（10%）</td><td></td><td></td><td></td></tr>
<tr><td rowspan="3">终结性评价
（30%）</td><td colspan="2">作品的创新性（10%）</td><td></td><td></td><td></td></tr>
<tr><td colspan="2">作品的规范性（10%）</td><td></td><td></td><td></td></tr>
<tr><td colspan="2">作品的完成性（10%）</td><td></td><td></td><td></td></tr>
<tr><td rowspan="2">评价评语</td><td>班级：</td><td>姓名：</td><td>第　　组</td><td colspan="2">总评分：</td></tr>
<tr><td colspan="5">教师评语：</td></tr>
</table>

表6-12　城市道路绿地植物景观设计教学反馈表

序号	调查内容	是	否
1	您是否明确本任务的学习目标?		
2	您是否达到本学习任务对学生知识和能力的要求?		
3	您了解城市道路绿化的形式吗?		
4	您能列举城市道路植物景观设计中常用的植物种类吗?		
5	您能举例说明行道树绿带的植物景观配置方式吗?		
6	您掌握路侧绿带和分车带的植物景观配置形式了吗?		
7	您掌握交叉路口和交通岛的植物造景形式了吗?		
8	您熟悉当地常用道路绿化植物的观赏特性和应用情况吗?		
9	您能运用本节理论知识去调查分析已建成道路绿地植物景观吗?		
10	您能运用本节学习内容进行具体项目的道路绿化景观设计和绘图表现吗?		
11	您课下阅读自主学习资源库的内容了吗?		
12	您是否喜欢这种上课方式?		
13	您对自己在本学习任务中的表现是否满意?		
14	您对本小组成员之间的团队合作是否满意?		
15	您认为本学习任务对您将来的工作会有帮助吗?		
16	您认为本学习任务还应该增加哪些方面的内容?（请在下面回答）		
17	本学习任务完成后，您还有哪些问题需要解决?		
请写出您的意见和建议：			

自主学习资料库

（1）道路绿化景观设计．毛子强，贺广民，黄生贵．中国建筑工业出版社，2010．

（2）城市道路绿化规划与设计．邱巧玲．化学工业出版社，2011．

参考文献

[1] 王浩. 2003. 道路绿地景观规划设计[M]. 南京：东南大学出版社.
[2] 芦建国. 2008. 种植设计[M]. 北京：中国建筑工业出版社.
[3] 芦建国. 2007. 园林植物造景[M]. 北京：旅游教育出版社.
[4] 刘新燕. 2009. 园林规划设计[M]. 北京：中国劳动社会保障出版社.
[5] 黄东兵. 2008. 园林规划设计[M]. 北京：中国科学技术出版社.
[6] 中国城市规划设计研究院. 1998. 城市道路绿化规划与设计规范CJJ 75—1997[S]. 北京：中国建筑工业出版社.

任务6.3 单位附属绿地植物景观设计

学习目标

【知识目标】

（1）了解单位附属绿地的类型及其特点；

（2）掌握各单位附属绿地各组成部分的植物设计要点及其基本要求；

（3）能够合理选择单位附属绿地绿化植物材料。

【技能目标】

（1）能够根据工厂、校园、医院等单位绿化设计的工作步骤进行植物景观设计；

（2）能够运用各类附属绿地植物景观设计方法进行具体附属绿地项目的植物景观设计和绘图表达。

工作任务

任务提出

如图6-71所示为江浙地区某单位附属绿地平面图，根据植物景观设计的原则和基本方法以及防护、观赏的功能要求，选择合适的植物种类和植物配置形式进行附属绿地植物景观初步设计。该任务主要应考虑单位性质、生产产品等方面对植物是否有特殊的功能要求，结合主入口、中心集中绿地进行重点设计，使植物景观既能美化单位环境、净化空气，又能达到降尘、减噪、隔音的功能。

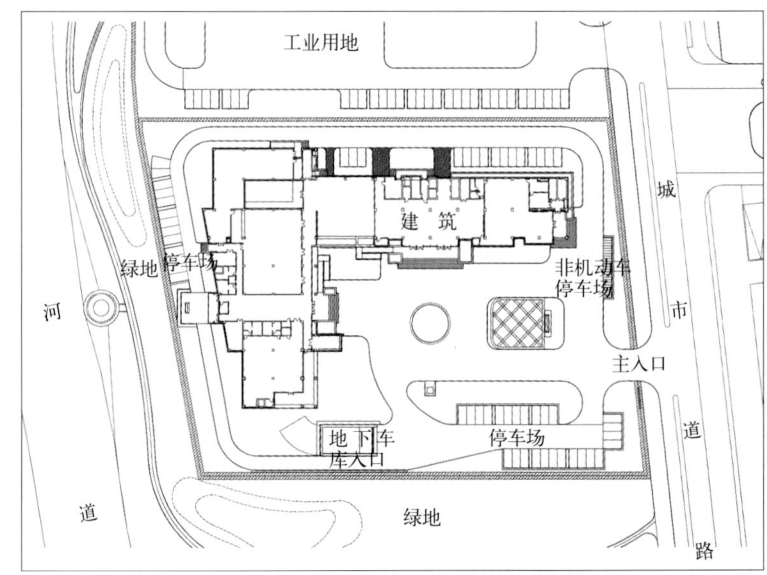

图6-71 某单位附属绿地景观设计平面图

任务分析

根据单位性质、建筑对环境的要求选择植物种类及配置方法，使绿地起到美化单位环境、防护和观赏性兼顾的作用。同时，了解植物对于净化空气和美化环境的不同功效，掌握乔木、灌木、地被植物配置方法和设计要点等内容。

任务要求

（1）植物种类选择应考虑注意主要出入口、集中绿地等景观重点区域中主观赏面的需求。

（2）针对主入口、景观道路、建筑周边、围墙周边、集中绿地内植物景观构图基本方法，灵活运用自然式、行列式、群植、孤植的种植手法。

（3）树种选择合适，植物配置符合规律。

（4）功能配置合理，植物景观设计体现独特风貌。

（5）图纸绘制规范，完成植物种植设计平面图1张。

材料及工具

测量仪器、 手工绘图工具、绘图纸、绘图软件（AutoCAD）、计算机等。

知识准备

6.3.1 工矿企业绿地植物景观设计

6.3.1.1 工矿企业绿地的分区类型及特点

（1）厂前区附属绿地

厂前区指大门和大门到办公用房之间的绿地环境，包括入口大门、厂前道路、厂前广场区域、常见建筑群的附属绿地。此区是职工居住区与工厂生产区的纽带，工矿企业与外界联系的门户，是厂内外人流最集中的地方，是工厂形象的集中代表，所以厂前区绿地的植物景观应具有很强的装饰性，整齐大方、明快开朗，富有时代气息，以突出企业的文化和精神风貌，给人以深刻印象，同时也要满足功能要求，方便车辆通行、人流聚散。植物种类的选择和配置要与

建筑立面、形体、色彩相协调，与城市道路相联系，种植类型多用对植和列植，同时考虑与建筑的空间艺术效果、通风采光、各种管线的关系。广场周围、道路两侧的行道树，宜选用冠大荫浓、耐修剪、生长快的乔木或用树姿优美、高大雄伟的常绿乔木，以形成外围景观或林荫道。花坛、草坪及建筑周围的基础绿带，可用修剪整齐的常绿绿篱围边，点缀色彩鲜艳的花灌木、宿根花卉（图6-72）。为了丰富冬季景观，体现雄伟壮观的效果，厂前区绿化常绿树种应占较大的比例，一般为30%～50%。

（2）生产区附属绿地

生产区是整个工厂的主要部分，是工人在生产过程中活动频繁的地段，占企业用地的很大部分。此区污染重、管线多、空间小、绿化条件差，另外绿地较零碎分散，呈条带状和团片状分布在道路两侧或车间周围。

（3）厂区道路附属绿地

厂区道路是连接内外交通运输和各个车间的纽带，是工厂建筑空间的重要组成部分。道路绿化具有卫生防护、美化环境、交通运输、联系贯穿各片绿地等作用，在工矿企业绿地系统中，是不可缺少的部分。

（4）仓库区、原料堆场及露天作业区附属绿地

仓库区是原料和产品堆放、保管和储运区域，分布着仓库和露天堆场，绿地与生产区基本相同，多为边角地带，为保证生产，绿化占据面积较小。

（5）绿化美化地段附属绿地

此区包括工矿企业用地周围的防护林、全厂性的游园、企业内部水源地的绿化以及苗圃、果园等。

6.3.1.2　工矿企业绿化原则及植物选择

（1）工矿企业绿化原则

① 自成特色和风格　工厂绿化是以厂内建筑为主题的环境净化、绿化和美化，要体现本厂绿化的特色和风格，充分发挥绿化的整体效果，以植物与工厂特有的建筑形态、体量、色彩相衬托、对比、协调，形成别具一格的工业景观（远景）和独特优美的厂区环境（近观）。如电厂高耸入云的烟囱和优美的双曲线冷却塔，纺织厂锯齿形天窗的生产车间，炼油厂、化工厂的烟囱，各种反应塔，银白色的储油罐，纵横交错的管道等。这些建筑、装置与花草树木形态、轮廓和色彩的对比变化，刚柔相济，从而体现各工厂的特点和风格。

② 为生产服务，为职工服务　为生产服务，要充分了解工厂及其车间、仓库、料场等区域的特点，综合考虑生产工艺流程、防火、防爆、通风、采光以及产品

图6-72　某单位附属绿地厂前区植物景观效果

对环境的要求，使绿化服从或满足这些要求，有利于生产和安全。为职工服务，就要创造有利于职工劳动、工作和休息的环境，有益于工人的身体健康。尤其是生产区和仓库区，占地面积大，又是职工生产劳动的场所，绿化的好坏直接影响厂容厂貌和工人的身体健康，应作为工厂绿化的重点之一。根据实际情况，从树种选择、布置形式到栽植管理多下功夫，充分发挥绿化在净化空气、美化环境、消除疲劳、振奋精神、增进健康等方面的作用。

③ 合理布局，联合系统　工厂绿化要纳入厂区总体规划中，在工厂建筑、道路、管线等总体布局时，要把绿化结合进来，做到全面规划、合理布局，形成点线面相结合的厂区园林绿地系统。点的绿化是厂前区和游憩性园林，线的绿化是厂区道路、铁路、河渠及防护林带，面是车间、仓库、料场等生产性建筑、场地的周边绿化。从厂前区到生产区、仓库、作业场、料场，到处是绿树红花青草，让工厂掩映在绿荫丛中。同时，也使厂区绿化与市区街道绿化联系衔接，过渡自然。

④ 增加绿地面积，提高绿地率　工厂绿地面积的大小，直接影响到绿化的功能和厂区景观。各类工厂为保证文明生产和环境质量，必须满足一定的绿地率：重工业20%，化学工业20%～25%，轻纺工业40%～45%，精密仪器工业50%，其他工业25%。据调查，大多数工厂绿化面积不足，特别是位于旧城区的工厂绿化远远低于上述指标，而一些工厂增加绿地面积的潜力相当大，只是因资金紧张或领导重视不够而已。因此，要想方设计法通过多种途径、多种形式增加绿地面积，提高绿地率、绿视率和绿量。

（2）工厂植物的选择

根据工矿企业绿地美化景观、保护环境的双重功能，工矿企业绿地植物的选择应注意以下几点：

① 适地适树，选择抗污能力强的植物　根据绿化地段的环境条件选择园林植物，使环境适合植物生长，也使植物能适应栽植地环境。工矿企业是污染源，宜选择抗污染能力强的植物，充分发挥植物对不利条件的抵御能力。要针对工矿企业的污染源进行调查和测定，然后在此基础上选择抗污能力强的树种，尽快取得良好的绿化效果，避免失败和浪费，发挥工厂绿地改善和保护环境的功能。

② 满足生产工艺的要求　一些精密仪器类企业，对环境的要求较高，为保证产品质量，要求车间周围空间洁净、尘埃少，要选择滞尘能力强的树种，如榆、刺楸等，不能栽植杨、柳、悬铃木等有飘毛飞絮的树种。

③ 兼顾不同类型的植物，确定合理的比例关系　工矿企业要形成很好的园林绿地环境，植物配置上必须按照生态学的原理、景观要求设计复层混交人工植物群落。首先，要求抗性和适用性强，适合工厂多数地区栽植，然后做到乔灌草搭配、耐阴与喜光植物结合，常绿树与落叶树结合，速生树与慢长树结合，并确定合理的比例关系。

④ 易于繁殖，便于管理　工厂绿化管理人员有限，为省工节支，宜选择繁殖、栽培容易和管理粗放的树种，尤其要注重选择乡土树种，草本植物宜选择繁殖能力强的多年生宿根花卉。

工厂绿化植物的选择可以参考任务1.1中的表1-12。

6.3.1.3　工矿企业绿地各组成部分植物景观设计要点

（1）大门环境及围墙的植物景观设计

工厂大门环境绿化首先要注意与大门建筑造型协调，并有利于出入。门前广场两旁绿化应与道路绿化相协调，可种植高大乔木，引导人流通往厂区；中间可以设花坛、花台、布置色彩绚丽多彩、气味香馥的花卉，注意高度一般不得超过0.7m，以免影响汽车驾驶员的视线。

工厂围墙绿化设计应注意卫生、防火、防风、防污染和减少噪声，克服遮挡建筑不足之处，并与周围景观协调。绿化树木通常沿墙作带状布置，以女贞、冬青、香樟等常绿树种为主，银杏、枫香、三角枫等落叶树为辅，常绿树与落叶树的比例以4：1为宜，可用3～4层树木栽植，靠近墙的一边用乔木，远离墙的一面用灌木花卉布置，形成一个沿路的立面景观。

（2）场前区办公用房周围绿化

场前区办公用房一般包括行政办公及技术科室用房，以及食堂、托幼保健室等生活、福利建筑。其绿化的形式应与建筑形式相协调，靠近大楼附近的绿化一般用规则式布局，门口可设计花坛、草坪、雕像、水池等，要便于行人出入；远离大楼的地方可根据地形的变化采用自然式布局，设计草坪、树丛、树林等。

建筑物四周绿化要朴实大方，美观舒适，有利于采光、通风。在东、西两侧可种落叶大乔木，以减弱夏季强烈的东、西日晒；北侧应种常绿耐阴乔灌木，以防冬季寒风袭击；房屋的南侧应在远离7m以外种植落叶大乔木，近处栽植花灌木，其高度不应超过常绿阔叶树，以阻止污染物、噪音等的影响。自行车棚、杂院等用常绿树作成树墙进行隔离，其正面种植樱花、海棠、紫叶李、红枫等具有色彩变化的植物，以利观赏。

（3）工厂道路的绿化

厂内道路绿化应满足庇荫、防尘、降低噪声、交通运输安全及美观等要求，结合道路的等级、横断面形式以及路边建筑的形体、色彩等进行布置。主干道两边行道树多采用行列式布置，创造林荫道的效果。路面较窄的可在一旁栽植行道树，东西向的道路可在南侧种植落叶乔木，以利夏季遮阴。主要道路两旁的乔木株行距因树种不同而异，通常为6～10m，棉纺厂、烟厂、冷藏库的主道旁，由于车辆承载的货位较高，行道树主干高度应比较高，枝下高不得低于4m，便于大货车顺利通过。主道的交叉口、转弯处所种树木不应高于0.7m，以免影响驾驶员的视野。

厂内次道、人行道的两旁，宜种植四季有花、叶色富于变化的花灌木。道路与建筑物之间的绿化要有利于室内采光和防止噪声及灰尘的污染等，利用道路与建筑物之间的空地布置小游园，创造景观良好的休息绿地。

（4）车间周围的绿化

车间周围的绿化要选择抗性强的树种，并注意不要妨碍上下管道。在车间的出入口或车间与车间的小空间，布置一些花坛、花台，种植花色鲜艳、姿态优美的花木。设立廊、亭、坐凳等，供工人工间休息使用，在亭廊旁可种松、柏等常绿树。一般车间四周绿化要从光照、防风等方面来考虑，如在车间建筑的南向应种植落叶大乔木，以利夏遮阴，冬季又有温暖的阳光；东西向应种植高大荫浓的落叶乔木，借以防止夏季东、西日晒；北向可用常绿和落叶乔灌木相互配置，借以防止冬季寒风和风沙。在不影响生产的情况下，可用盆景陈设、立体绿化的方

式，将车间内外绿化连成一个整体，创造一个生动的自然环境。

污染较大的化工车间，不宜在其四周密植成片的树林，而应多种植低矮的花卉或草坪，以利于通风，引风进入，稀释有害气体，减少污染危害。

卫生净化要求较高的电子、仪表、印刷、纺织等车间四周的绿化，应选择树冠紧密、叶面粗糙、有黏膜或气孔下陷、不易产生毛絮及花粉飞扬的树木，如榆、臭椿、榉树、枫杨、女贞、冬青、香樟、黄杨、夹竹桃等。

（5）仓库区、原料堆场及露天作业区的绿化

此区的绿化布置宜简洁，选择病虫害少、树干通直、分枝点高的树种；以稀疏栽植乔木为主，间距要大，以7～10m为宜；地下仓库的上面，可根据覆土厚度，种植草坪、藤本植物和乔灌木，可起到装饰、隐蔽、降低地表温度和防止尘土飞扬的作用；装有易燃物的储罐周围应以草坪为主，防护堤内不种植物；露天堆物场，在不影响生产的情况下，周边应栽植高大、防火、隔尘效果好的落叶阔叶树，以利夏季时工人遮阴休息，且与外围隔离。

（6）工厂防护林带的绿化

① 防护林带的树种选择与搭配　应选择生长健壮、病虫害少、抗污染能力强、树体高大、枝叶茂密、根系发达的树种，而且在树种搭配上，要注意常绿树与落叶树相结合、乔木和灌木相结合、喜光树种与耐阴性树种相结合、速生树与慢长树相结合等。

② 防护林带的结构

通透结构：由枝叶稀疏的乔灌木组成，或只用乔木不用灌木，株行距因树种而异，一般为3m×3m。此种结构使气流一部分从下层树干之间通过，一部分从上面绕过，因而减弱风速，阻挡污染物质。此种结构形式可在距污染源较近处使用。

半通透结构：以乔木构成林带主体，在林带两侧配置灌木。此种结构使少部分气流从林带下层的树干之间穿过，大部分气流则从林带上部绕过，在背风林缘处形成涡旋和弱风。此种林带适于沿海防风或在远离污染源处使用。

紧密结构：由常绿乔木、落叶乔木和灌木混合组成的林带，防护效果好。此种形式使气流遇到林带时，在迎风处上升扩散，从林冠上方绕过，在背风处急剧下沉，形成涡旋，有利于有害气体的扩散。

复合式结构：如果有足够宽度的地带设置防护林带，可将上述3种结构形式结合起来，形成复合式结构。一般在临近工厂的一侧建立通透结构，临近居住区一侧建立紧密结构，中间为半通透结构。复合式结构的防护林带可以充分发挥其净化空气、减少污染的作用。

③ 防护林带的断面形式　防护林带由于构成的树种不同，而形成的林带横断面的形式也不同。防护林带的横断面形式有矩

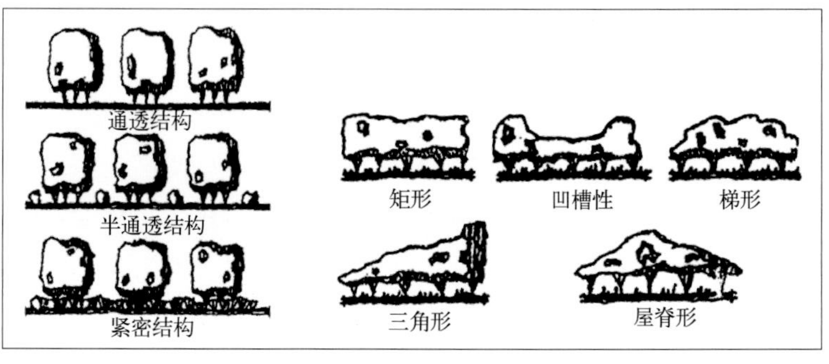

图6-73　防护林形式

形、凹槽形、梯形、屋脊形、背风面与迎风面垂直的三角形（图6-73）。矩形横断面的林带防风效果好，屋脊形和背风面与迎风面垂直的三角形林带有利于气体上升和扩散，凹槽形林带有利于粉尘阻滞和沉降。结合道路设置的防护林带，迎风面和背风面均应垂直三角形断面。

总之，防护林带以乔灌混交的紧密结构和半通透结构为主，外轮廓保持梯形和屋脊形的防护效果较好。

6.3.2　学校绿地植物景观设计

6.3.2.1　学校绿地设计原则

（1）校园园林绿地总体规划与学校总体规划同步进行

学校绿地规划是学校总体规划的重要组成部分，特别是新建学校的园林绿地规划必须与学校总体规划同步进行。园林绿化风格与学校的建筑风格也应协调一致，创造具有学校特色的景观，避免各项工程不协调所产生的浪费。

（2）园林绿地的规划形式应与学校总体规划布局形式协调一致

学校的园林绿化是以建筑为主的庭院环境绿化，其园林绿化的形式应与学校的总体规划协调一致。

（3）贯彻执行国家或地方有关的城市园林绿化方针

学校绿地总体规划，应正确贯彻执行国家及地方有关的城市园林绿化的方针政策，达到或超过绿化项目的有关定额指标。

（4）因地制宜，具有地方特色和时代精神

各校的园林绿地规划，应充分考虑所在地区的土壤、气候、地形、地质、水源适生植物等自然条件，结合环境特点因地制宜地利用地形、河流水系。创造适合绿化的环境，满足各种绿色植物生长的需要。学校的园林绿化设计思想既要有地方特色，又要体现时代精神，使植物景观和人工设施景观体现地方特色，反映现代科学技术水平要求。

（5）实用与造景相结合

学校绿地要注意造景与使用功能的合理结合，以教学区为中心，重点用绿色植物组织空间，绿化校门区、干道、教学主楼及图书馆的环境。在学生生活区，特别是宿舍周围和体育活动区，应以绿色植物来创造生动的生活空间。

（6）学校绿地规划应考虑便于施工和日常管理

要达到优美的校园景观效果，必须加强日常管理。

6.3.2.2　校园局部绿化设计

（1）大门环境绿化设计

学校大门常设在比较显露的位置。面临城市的主要干道，除供出入和警卫外，还具装饰性、审美性。其绿化既要创造学校的特色，又要与街景或路景一致。大门内外一般都留有较大空间的广场。门外广场可以布置花坛、树木、喷泉等；两边可放置花台或花境，多配置花灌木或花草，以观赏植物色彩为主，给人以较强的感染力。门内广场、道路要与干道绿化相结合，其间可布置花坛、花台、雕塑、喷泉、水池、全校导游路线图、路牌等。主要大门景观以建筑为主体，植物配置起衬托作用，更好地体现大门主体建筑的特色和雄伟、庄严的气派。

（2）道路及广场绿化设计

① 道路绿化设计　主干道既是校内外交通要道和联系各个分区的绿色通道，也常是不同功能分区的分界线。道路绿化具有防风、防尘、减少干扰、美化校园的作用。

校园干道的绿化有一板两带、两板三带等主要形式；另有林荫道、花园路等。

一板两带：即在干道两旁设置两条绿带。这种形式容易形成林荫，造价低、管理方便。

两板三带：即在上下行车道之间和外侧共设3条绿带。道路中间设分车绿带，其主要功能是分隔上下行车辆。外侧的绿带为人行道绿带。人行道绿带中骨干树为行道树。它沿着道路纵轴线的方向栽植，既可以是一排，也可以是一排以上，根据路面宽窄而定。路面较宽时，两侧的行道树可以相对栽植；如果路面较窄，行道树可在两侧交叉排列或者只在一侧种植。一侧种植时，通常是在东西向道路的南侧栽植。

行道树应留有1.5m宽的种植带，以保证树木能正常生长。行道树的株距根据地区、树种不同而有差异，一般常用的株行距为5～8m。

校园内处于重要地段的干道强调环境的美化功能。这类干道在进行绿化时，着重运用植物的形态美和色彩美，创造优美的植物景观。如在道路中央设分车花坛，则视花坛的宽窄选择绿化树种，宽度在120cm以下的分车花坛，一般以一、二年生草本花卉为主，适当采用一两种矮生花灌木和可以进行强度修剪造型的常绿小灌木及宿根花卉，以观赏丰富的色彩美为主，即以小灌木为花坛的骨架，以便在更换草花期间仍然保留有一定的植物景观。宽度在120cm以上的分车花坛，以矮生花灌木为主，配以适量的多年生球根、宿根花卉和一、二年生草本花卉，既有美化作用，又方便管理。道路两侧的行道树，可以用乔木也可以栽花灌木，或者乔灌木并用，或者草本花卉（包括一、二年生草本花卉和多年生球根、宿根花卉）。校园内有些较窄的道路如生活区或高楼的北面，可用尖塔形常绿树绿化，适当配一些花灌木，达到美化环境、分隔空间的作用。以观赏为主的干道绿化在选择树种时要注意花灌木与乔木的关系，避免互相影响。草坪及一般的花灌木都是阳性，多对光线要求较强，只有少数花灌木如杜鹃花、山茶等耐阴。所以，一般具有分车花坛的干道，其行道树不宜选用大冠幅的高大乔木，而要根据道路的具体情况和功能要求，选择树冠较小或枝叶较疏但又有一定遮阴功能和观赏价值的树种。

② 广场绿化设计　交通性广场一般规模较小，位于学校大门内外和干道交叉路口。一般设有花坛或栏杆，花坛以种植一、二年生草本植物为主，也可适当种植一些观赏价值较高的矮生花灌木，如月季、苏铁、黄杨球等，但应严格控制树木高度，一般不超过70cm，不妨碍驾驶员的视线；在少数面积较大的广场绿地中，可以设计种植高大的乔木和灌木，组成以乔木为主的多层次性交通“树岛”，但注意所选树种植株高度要适宜。交通性广场花坛周围可设绿篱、栏杆，其内宜种植草本花卉或矮生木本花卉。

纪念性广场或雕塑环境的绿化设计，常采用大片的草坪和规整的花坛，选有代表性的、树形优美的常绿灌木树种，形成块、面状绿化色彩来衬托纪念物或雕塑。

集散性广场绿化通常布置在建筑物的前方，设有大面积的铺装地面和草坪，并适当设置一些花坛或花境，其中草坪周围不宜布置绿篱，为开放性，以方便广大师生员工活动、休息和欣赏，同时广阔的空间能更好地衬托主体建筑的雄伟秀丽。草坪要选择耐践踏性能好的狗牙根、翦股颖等。

（3）行政管理区绿化设计

行政办公楼是学校主要建筑之一，此区域环境绿化、美化的好坏会直接影响学校的形象。行政办公楼的绿化设计一般采用规则式布局手法。在大楼的前方，一般与大楼的入口相对处，设置花坛、雕塑或大块草坪，在空间组织上留出开朗空间，有利于体现景观，突出办公大楼的主导地位。植物配置起丰富主景观的作用，衬托主体建筑艺术之美。

花坛一般设计成规则的几何形状，花坛植物主要用一、二年生草本花卉和少量矮生花灌木及球根花卉、宿根花卉和花灌木，如观赏价值较高的月季、玫瑰、桂花等，再适量配置一些草本花卉，花坛周围可设置低矮的绿篱，如用雀舌黄杨或瓜子黄杨作绿篱，或用冬青、葱兰等植物镶边，也可以设置低矮的栏杆等。花坛形式可设计成平面的，也可设计成立体的。行政办公楼的周围的绿化采用乔、灌、草、花相结合的形式。乔灌木中常绿树和观花观叶的落叶树要合理配置。绿地边缘、路边可设置绿篱作围护，适当的地方可运用高大落叶或常绿大乔木孤植或丛植，以供遮阴休息之用。在办公楼的东西两侧，要种植高大的阔叶乔木，防止烈日东晒和西晒。办公楼墙壁上也可进行垂直绿化，在墙基50cm以内种植吸附式攀缘植物来绿化墙面，这对美化大楼、调节室内气候、提高工作人员的工作效率很有意义。常用来作墙面绿化的攀缘植物有地锦、常春藤、炮仗花等。

（4）教学区绿化设计

教学区既要安静、卫生、优美，又要满足学生课间休息时间能够欣赏到优美的植物景观，呼吸新鲜空气，调剂大脑活动，消除上课时的紧张和疲劳等要求（图6-74）。

教学楼和图书馆大楼周围绿化以树木为主，常绿、落叶相结合。在教学楼大门两侧可以对称布置常绿树木和花灌木，在靠近教室的南侧要布置落叶乔木，夏天能遮阴，冬天树木落叶后又有阳光照射，改善室内气温，使教室内冬暖夏凉。在教学楼的北面，可选择具有一定耐阴性的常绿树木，以减弱寒冷北风的袭击。乔木一般要离墙10m以外，灌木离墙2～3m。条件好的学校还可以铺装，以供学生课外活动休息。在其周围还可以多种一些芳香植物绿化，花开放时能释放出使人心情舒畅的香味，可使师生紧张的大脑得到调剂与放松。

图6-74 教学区绿化实例

大楼的东西两侧要布置高大落叶乔木，夏季遮阴，防东晒和西晒；也可用落叶藤本植物绿化墙面来防止夏季烈日直接照射大楼。还要注意美化功能，楼前地方较宽敞的，可以设置花坛、花境等，美化教学环境。花坛、花境可以结合草坪进行布置，在草坪的中间设置纪念性雕塑或纪念性构筑物等。雕塑基部配置花坛。基础配置用常绿小灌木，外围布置草花，但色彩必须协调统一。

实验楼绿化设计多采用规则式布局，植物以草坪和花灌木为主，沿边设置绿篱。草坪以观赏为佳，或以乔灌木为骨架，配以草坪或地被植物。在具有化学污染物的实验室外围，要配置一些抗污染植物，如夹竹桃、女贞、蚊母树等，使其对污染具有一定的抵抗和吸收作用，还要相应种植枝叶茂盛、树冠宽大的常绿树种，以削弱噪声对周围环境的影响。

（5）生活区绿化设计

生活区的绿化功能主要是改善小气候，为广大师生创造一个整洁、卫生、舒适优美的生活环境。

学生宿舍区由于人口密度大，室内外空气流通和自然采光很重要。绿化必须远离宿舍大楼10m以上，特别是窗口附近墙面的种植，要充分注意室内采光和通风的需要。宿舍楼的北向，道路两侧可配置耐阴花灌木；南向一般都有较宽的晒场，绿化时要全铺耐践踏草坪。宿舍四周用常绿花灌木创造闭合空间。学生宿舍楼的附近或东西两侧，如有较大面积的绿化用地，则可设置疏林草地或小游园。其中适当布置石凳、石椅、石桌等小品设施，供学生室外学习、休息和社交活动使用（图6-75）。

图6-75 宿舍区绿化景观

教职工生活区的绿化设计要具备遮阴、美化和游览、休息、活动的功能。教职工住宅楼周围多采用绿篱和花灌木，适当配置宿根、球根花卉。在距离建筑7m以外，可以结合道路绿化种植行道树。由于安全防护需要，住宅楼前常设栅栏和围墙，可以充分利用藤本植物进行垂直绿化。有条件的教工生活区，应设立小游园或小花园（图6-76）。

图6-76 教职工生活区绿化景观

学校食堂周围绿化设计要以卫生、整洁、美观为原则。要选用生长健康、无

毒、无臭、无污染和抗病虫树种，最好选择具有一定的防尘、吸尘作用的树种。在食堂周围栽植芳香和开花美丽的植物，以促进用餐人员的食欲，有助于消化和身心健康。多种植常绿植物，创造四季常绿景观，以防风、防环境污染。在餐厅外围可设置沿墙花台等，种植矮小的花灌木或草花。

锅炉房、浴室绿化以卫生防护为主要功能，选择耐高温、滞尘防火的树种，如夹竹桃、女贞、龙柏、凤尾兰、枫香、银杏等。

垃圾箱是生活区的必备设施，其周围绿化既要方便人们倾倒各种生活垃圾和垃圾运出，又要适当加以隐蔽；周围用树丛或树墙加以配置，或在其南侧、后侧种植高大乔木，减少烈日暴晒，防止发生腐臭和大风吹起垃圾物等，使环境得以相对优化。常用树种有珊瑚树、女贞、冬青、香樟、石楠、桂花等。

（6）体育活动区绿化设计

体育活动区是学生开展体育活动的主要场所。一般应规划在远离教学区或行政管理区，而靠近学生生活区的地方。这样既方便学生进行体育活动，又避免体育活动区的嘈杂声对教学和工作的影响。在体育活动区外围常用隔离带或疏林将其分隔，减少相互干扰。

体育活动区内包括田径场、各种球场、体育馆、训练房、游泳池以及其他供学生从事体育活动的场地和设施。这些地方的绿化要充分考虑运动设施和周围环境的特点。

田径场一般又是足球场，常选择耐践踏的草种；运动场周围、跑道外侧栽植高大的乔木，以供运动员们休息时遮阴。主席台两侧则用低矮的常绿球形树及花卉布置。

在篮球场、排球场周围，栽植高大挺拔、冠大且整齐的落叶乔木，以利夏季运动员们遮阴，不用带刺激性臭味的落花、落果或茸毛易于飞扬的树种。

网球场和排球场周围常设置栏网，可在栏网外侧种植藤本植物，绿化、美化球场环境。

游泳池周围的绿化，以常绿树木为主，少栽落叶树木，以防落叶影响游泳池的清洁卫生。不可选择落花、落果的植物和有毒有刺的植物。游泳池旁也可放置花架进行垂直绿化，以利游泳者们在花架下遮阴休息。

在各种运动场地之间可用常绿乔灌木进行空间分隔，以减少互相之间的干扰，只要不影响运动功能需要，可以多栽植一些树木。特别是单双杠等体操活动场地，可设在大树的下面，以利夏季活动时遮阴。

（7）学校小游园绿化设计

小游园是学校绿地的重要组成部分，是美化校园的精华的集中表现。小游园的设计要根据不同学校特点，充分利用自然山丘、水塘、河流、山地等自然条件，结合布局，创造特色，并力求经济、美观。小游园一般选在教学区或行政管理区与生活区之间，作为各分区的过渡。其内部架构布局紧凑灵活，空间处理虚实并举，植物配置需要有景可观，全园应富有诗情画意。

小游园绿地如果靠近大型建筑物而面积小、地形变化不大，可规划为规则式；如果面积较大，地形起伏多变，而且有自然树木、水塘或临近河、湖水边，可规划为自然式。在其内部空间处理上要尽量增加层次，富于变化，充分利用树丛、道路、园林小品或地形，将空间巧妙地加以分隔，不同类型的小游园，要选择一些造型与之相适应的植物，使环境更加协调、优美，具有观赏价值、生态效益和教育功能（图6-77）。

规划式小游园可以全部铺设草坪，栽植色彩鲜艳、生长健壮的花灌木或孤植树，适当设置座椅、花棚架，还可以设置水池、喷泉、花坛、花台（图6-78）。自然式小游园，常以乔灌木相结合，用乔灌木丛进行空间分隔组合，并适当配置草坪，多为疏林草地或林边草坪等。

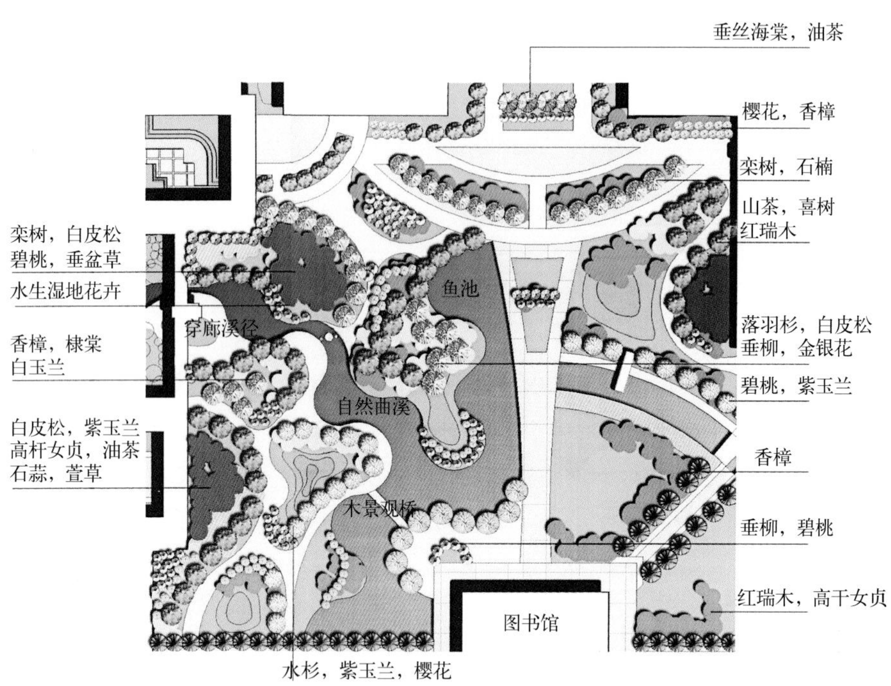

图6-77　某校园自然式小游园植物景观平面图

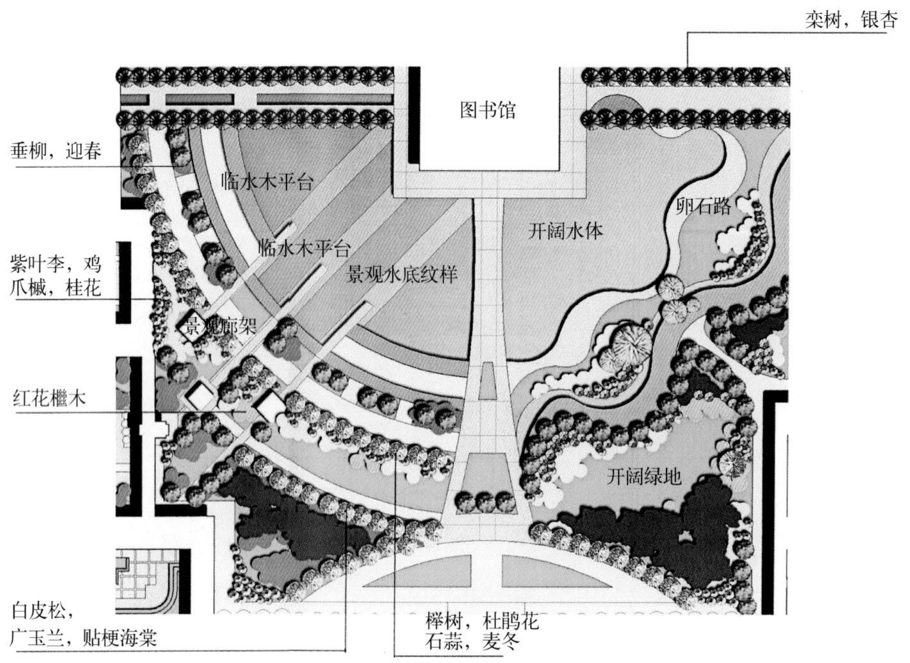

图6-78　某校园规则式小游园植物景观平面图

6.3.3　机关单位绿地植物景观设计

6.3.3.1　机关单位绿地的特点

机关单位绿地是指党政机关、行政事业单位、各种团体及部队管界内的环境绿地，也是城市园林绿地系统的重要组成部分。做好机关单位的园林绿化，不仅为工作人员创造良好的户外活动环境，工休时间得到身体放松和精神享受，给前来联系公务和办事的客人留下美好印象，提高单位的知名度和荣誉度；也是提高城市绿化覆盖率的一条重要途径，对于绿化美化市容，保护城市生态环境的平衡，起着举足轻重的作用；还是机关单位乃至整个城市管理水平、文明程度、文化品位、面貌和形象的反映。

机关单位绿地与其他类型绿地相比，规模小、较分散。其园林绿化需要在“小、美”上做文章、下功夫，突出特色及个性化。

机关单位往往位于街道侧旁，其建筑物又是街道景观的组成部分。因此，园林绿化要结合文明城市、园林城市、卫生和旅游城市的创建工作，结合城市建设和改造，逐步实施“拆墙透绿”工程，拆除沿街围墙或用透花墙、栏杆墙代替，使单位绿地与街道绿地相互融合、渗透、补充、统一和谐。新建和改造的机关单位，在规划阶段就应进行控制，尽可能扩大绿地面积，提高绿地率。在建设过程中，通过审批、检查、验收等环节，严格把关，确保绿化美化工程得以实施。大力发展垂直绿化和立体绿化，使机关单位在有限的绿地空间内取得较大的绿化效果，增加绿量。

6.3.3.2　机关单位绿地的组成

机关单位绿地主要包括：大门入口处绿地、办公楼绿地、附属建筑绿地、庭院式休息绿地（小游园）、道路绿地等。

（1）大门入口处绿地

大门入口处是单位形象的缩影，入口处绿地也是单位绿化的重点之一。绿地的形式、色彩和风格要与入口空间、大门建筑统一谐调，设计时应充分考虑，以形成机关单位的特色及风格。一般大门外两侧采用规则式种植，以树冠规整、耐修剪的常绿树种为主，与大门形成强烈对比，或对植于大门两侧，衬托大门建筑，强调入口空间，或在入口对景位置设计花坛、喷泉、假山、雕塑、树丛等。大门外两侧绿地，应适当与街道绿地中人行道绿化带的风格协调。入口处及临街的围墙要通透，也可用攀缘植物绿化。

（2）办公楼绿地

办公楼绿地可分为楼前装饰性绿地、办公楼入口处绿地及办公楼周围基础绿地。

大门入口至办公楼前，根据空间和场地大小，往往规划成广场，供人流交通集散和停车，绿地位于广场两侧。若空间较大，也可在楼前设置装饰性绿地，两侧为集散和停车广场。办公楼前广场两侧绿地，视场地大小而定，场地小宜设计成封闭型绿地，起绿化美化作用，场地大可建成开放型绿地，兼具休息功能（如图6-79、图6-80）。

办公楼入口绿地，一般结合台阶或坡道，设花台或花坛，用球形或尖塔形的常绿树或耐修剪的花灌木，对植于入口两侧，或用盆栽的苏铁、棕榈、南洋杉、鱼尾葵等摆放于大门两侧。

图6-79 单位绿地开放型设计模式

图6-80 单位绿地封闭型设计模式

办公楼周围基础绿带，位于楼与道路之间，呈条带状，既美化衬托建筑，又进行隔离，保证室内安静，还是办公楼与楼前绿地的衔接过渡。绿化设计应简洁明快，绿篱围边，草坪铺底，栽植常绿树与花灌木，低矮、开敞、整齐，富有装饰性。在建筑物的背阴面，要选择耐阴植物。为保证室内通风采光，高大乔木可栽植在距建筑物5m之外，为防日晒，也可于建筑两侧结合行道树栽植高大乔木。

（3）庭院式休息绿地（小游园）

如果机关单位内有较大面积的绿地，可设计成休息性的小游园。游园中以植物绿化、美化为主，结合道路、休闲广场布置水池、雕塑及花架、亭、桌椅等园林建筑小品和休息设施，满足人们休息、观赏、散步活动之用。

（4）附属建筑绿地

单位附属建筑绿地指食堂、锅炉房、供变电室、车库、仓库、杂物堆放等建筑及围墙内的绿地。常选用枝叶茂密的植物种类对杂乱、不卫生、不美观之处进行遮蔽处理，起到阻挡视线、卫生防护隔离和美化作用。

6.3.4 医疗机构的绿地植物景观设计

6.3.4.1 医疗机构绿地的功能

随着科学技术的发展和人们物质生活水平的提高，人们对医院、疗养院绿地功能的认识也逐渐深化，而且医院的功能也在多样化。医院、疗养院绿地的功能集中体现在以下几个方面：

（1）改善医院、疗养院的小气候条件

主要体现在调节温度、湿度以及防风、防尘和净化空气。

（2）为病人创造良好的户外环境

医疗单位优美的、富有特色的园林绿地可为病人创造良好的户外环境，提供观赏、休息、

健身、交往、疗养的多功能绿色空间，有利于病人早日康复。同时，还可以提高其知名度和美誉度，塑造良好的形象。

（3）对病人心理产生良好的作用

医疗单位优雅安静的绿化环境对病人的心理、精神状态和情绪起着良好的安定作用，具有一定的辅助治疗作用。

（4）在医疗卫生保健方面具有积极的意义

植物的光合作用吸收二氧化碳，放出氧气，自动调节空气中的二氧化碳和氧气的比例。植物可大大降低空气中的含尘量，吸收、稀释地面3～4m高范围内的有害气体。许多植物的芽、叶、花分泌大量的杀菌素，可杀死空气中的细菌，松林放出的臭氧和杀菌素抑制杀灭结核菌，香樟、桉树的分泌物能杀死蚊虫、驱除苍蝇，对人体有保健作用。

（5）卫生防护隔离作用

医院中，一般病房、传染病房、制药房、解剖室、太平间之间都需要隔离，传染病医院周围也需要隔离。园林绿地中乔灌木的合理配置可以起到有效的卫生防护隔离作用。

6.3.4.2 医疗机构绿化树种的选择

在医院、疗养院绿地设计中，要根据医疗单位的性质和功能，合理地选择和配置树种，以充分发挥绿地的功能作用。

（1）杀菌力强的树种

具有较强杀灭真菌、细菌和原生动物能力的树种主要有：侧柏、圆柏、铅笔柏、雪松、杉松、油松、华山松、白皮松、红松、湿地松、火炬松、马尾松、黄山松、黑松、柳杉、黄栌、盐肤木、锦熟黄杨、尖叶冬青、大叶黄杨、桂香柳、核桃、月桂、七叶树、合欢、刺槐、槐、紫薇、广玉兰、木槿、楝树、大叶桉、蓝桉、柠檬桉、茉莉、女贞、丁香、悬铃木、石榴、枣树、枇杷、石楠、麻叶绣球、枸橘、银白杨、钻天杨、垂柳、栾树、臭椿及蔷薇科的一些植物。

（2）经济类树种

医院、疗养院还应尽可能选用果树、药用等经济树种，如山楂、核桃、海棠、柿树、石榴、梨、杜仲、槐、山茱萸、金银花、连翘、丁香、垂盆草、麦冬、枸杞、丹参、鸡冠花、藿香等。

6.3.4.3 特殊性质医院的绿化要求

（1）儿童医院绿化

儿童医院主要收治14岁以下的儿童患者。其绿地除具有综合性医院的功能外，还要考虑儿童的一些特点。如绿篱高度不超过80cm，以免阻挡儿童视线，绿地中适当设置儿童活动场地和游戏设施。在植物选择上，注意色彩效果，避免选择对儿童有伤害的有刺、有毒植物。

儿童医院绿地中设计的活动场地、设施、装饰图案和园林小品，其形式、色彩、尺度都要符合儿童的心理和需要，富有童心和童趣。要以优美的布局形式和绿化环境，创造活泼、轻松的气氛，减少医院和疾病对病儿的心理压力。

（2）传染病院绿化

传染病院收治各种急性传染病的患者，更应突出绿地的防护隔离作用。防护林带要宽于一般医院，同时常绿树的比例要更大，使冬季也具有防护作用。不同病区之间也要相互隔离，避免交叉感染。由于病人活动能力小，以散步、下棋、聊天为主，各病区绿地不宜太大，休息场地距离病房近一点，方便利用。

（3）精神病院绿化

精神病院主要接收有精神病的患者，由于艳丽的色彩容易使病人精神兴奋，精神中枢失控，不利于治病和康复，因此，精神病院绿地设计应突出“宁静”的气氛，以白、绿色调为主，多种植乔木和常绿树，少种花灌木，并选择如丁香、白碧桃、白月季、白牡丹等白色花灌木。在病房区周围面积较大的绿地中，可布置休息庭园，让病人在此感受阳光、空气和自然气息。

（4）疗养院绿化

疗养院是具有特殊治疗效果的医疗保健机构，主要治疗各类慢性病，疗养期一般较长，一个月到半年。疗养院具有休息和医疗保健双重作用，多设于环境优美、空气新鲜并有一些特殊治疗条件（如温泉）的地段，有的疗养院就设在风景区中，有的单独设置。

疗养院与综合性医院相比，一般规模与面积较大，尤其有较大的绿化区，因此更应发挥绿地的功能作用，院内不同功能区应以绿化带加以隔离。疗养院内树木花草布置要对称，使建筑内阳光充足，通风良好，并防止西晒，留有风景透视线，以供病人在室内远眺观景。为了保持安静，在建筑附近不应种植如毛白杨等树叶声大的树木。疗养院内的露天运动场、舞场、电影院等周围也要进行绿化，形成整洁、美观、大方、宁静、清新的环境。疗养院内绿化在不妨碍卫生防护和疗养人员活动要求的前提下，注意结合生产，开辟苗圃、花圃、菜地、果园，让疗养人员参加适当的劳动，即园艺疗法。

6.3.4.4 局部绿化设计

（1）门诊部绿化设计

门诊部靠近医院主要入口，与城市街道紧邻，是城市街道与医院的结合部，在大门内外、门诊楼前要留出一定的交通缓冲地带和集散广场。医院大门至门诊楼之间的空间组织和绿化，不仅要起到卫生防护隔离作用，还有衬托、美化门诊楼和市容街景作用，体现医院的精神面貌、管理水平和城市文明程度。因此，应该根据医院条件和场地大小，因地制宜地进行绿化设计，以美化装饰为主。

① 入口广场的绿化　综合性医院入口广场一般较大，在不影响人流、车辆的条件下，广场设置装饰性的花坛、花台和草坪，有条件的还可设置水池、喷泉和主题雕塑等，形成开朗、明快的格调。喷泉可增加空气湿度，促进空气中负离子的形成，有益于人们的健康。喷泉与雕塑、假山的组合，加之彩灯、音乐配合，可形成不同的景观效果（图6-81）。

② 广场周围的布置　可栽植整形绿篱、草坪、四季开花的花灌木，节日期间也可用一、二年生花卉做重点美化装饰，或结合停车场栽植高大遮阴乔木。医院的临街围墙以通透式为主，使医院内外绿地交相辉映，围墙与大门形式协调一致，宜简洁、美观、大方、色调淡雅。若空间有限，围墙内可结合广场周边作条带状基础栽植。

③ 门诊楼周围绿化　门诊楼建筑周围的基础绿带，绿化风格应与建筑风格协调一致，美化衬托建筑形象。门诊楼前绿化应以草坪、绿篱及低矮的花灌木为主，乔木应在距建筑5m以外栽植，以免影响室内通风、采光及日照。门诊楼后常因建筑物遮挡，光照不足，宜配置耐阴的植物。

图6-81　某医院入口广场植物景观

在门诊楼与其他建筑之间应保持20m的间距，栽植乔灌木，以起到一定的绿化、美化和卫生隔离效果（图6-82）。

图6-82　某医院门诊楼周围植物景观

（2）住院部绿化设计

住院部位于医院中部安静地段。住院部是医院绿化设计的重点部分，庭院要精心布置，根据场地大小、地形地势、周围环境等情况，确定绿地形式和内容，结合道路、建筑进行绿化设计，创造安静优美的环境，供病人室外活动及疗养。

住院部周围小型场地在绿化布局时，一般采用规则式构图，绿地中设置广场，广场内花坛、水池、喷泉、雕塑等作中心景观，周围放置座椅、桌凳、亭廊花架等休息设施。广场、小径尽量平缓，采用无障碍设计，硬质铺装，以利病人出行活动。绿地中种植草坪、绿篱、花灌木及少量遮阴乔木。

住院部周围有较大面积的绿化场地时，可采用自然式的布局手法，利用原地形和水体，稍加改造成平地或微起伏的缓坡冈阜和蜿蜒曲折的湖池、园路，点缀园林建筑小品，配置花草树木，形成优美的自然式庭园。

根据医疗需要，在较大的绿地中布置一些辅助医疗地段，如日光浴场、空气浴场、树林氧吧、体育活动场等，以树丛、树群相隔离，形成相对独立的林中空间，场地以草坪为主，或作嵌草砖地面。场地内适当位置设置座椅、凳、花架等休息设施。为避免交叉感染，应为普通病人和传染病人设置不同的活动绿地，并在绿地之间栽植一定宽度、杀菌力强的常绿树种为主的隔离带。

一般病房与传染病房要留有30m的空间地段，并以植物进行隔离。

植物配置要有丰富的色彩和明显的季相变化，使长期住院的病人能感受到自然界季节的交替，调节情绪，提高效率。常绿树与花灌木应各占30%左右。

（3）其他区域绿化设计

其他区域包括辅助医疗部分的药房、制剂室、解剖室等，医院的行政管理部门，总务部门的食堂、浴室、洗衣房及宿舍区。该区域往往位于医院后部单独设置，绿化要强化隔离作用。

手术室、化验室、放射科周围绿化应防止东、西晒，保证通风采光，不能植有茸毛飞絮植物。

太平间、解剖室应单独设置出入口，并处于病人视野之外，周围用常绿灌木密植隔离。

医院的行政管理部门主要是对全院的业务、行政和总务进行管理，有的设在门诊楼内，有的单独设在一幢楼内。

总务部门的食堂、锅炉房、洗衣房、车库要与住院区有一定距离，用植物相对隔离，为医务人员创造一定的休息、活动环境。

任务实施

1. 分析、研究单位性质，合理选择植物品种

在本案例中，应综合分析所在城市气候、土壤等环境因素及单位自身性质对环境要求等，利用植物景观设计基本方法和配置形式，形成外围遮挡，主入口和集中绿地重点配置，满足防护及观赏的需求。树种选择时注重乔灌、常绿落叶、异龄乔木相互搭配，形成层次和季相变化。主要选择的乔木有：香樟、黄山栾树、小叶朴、香柚、枫香、柿树、垂丝海棠、杨梅、石榴、梅、红叶石楠等。

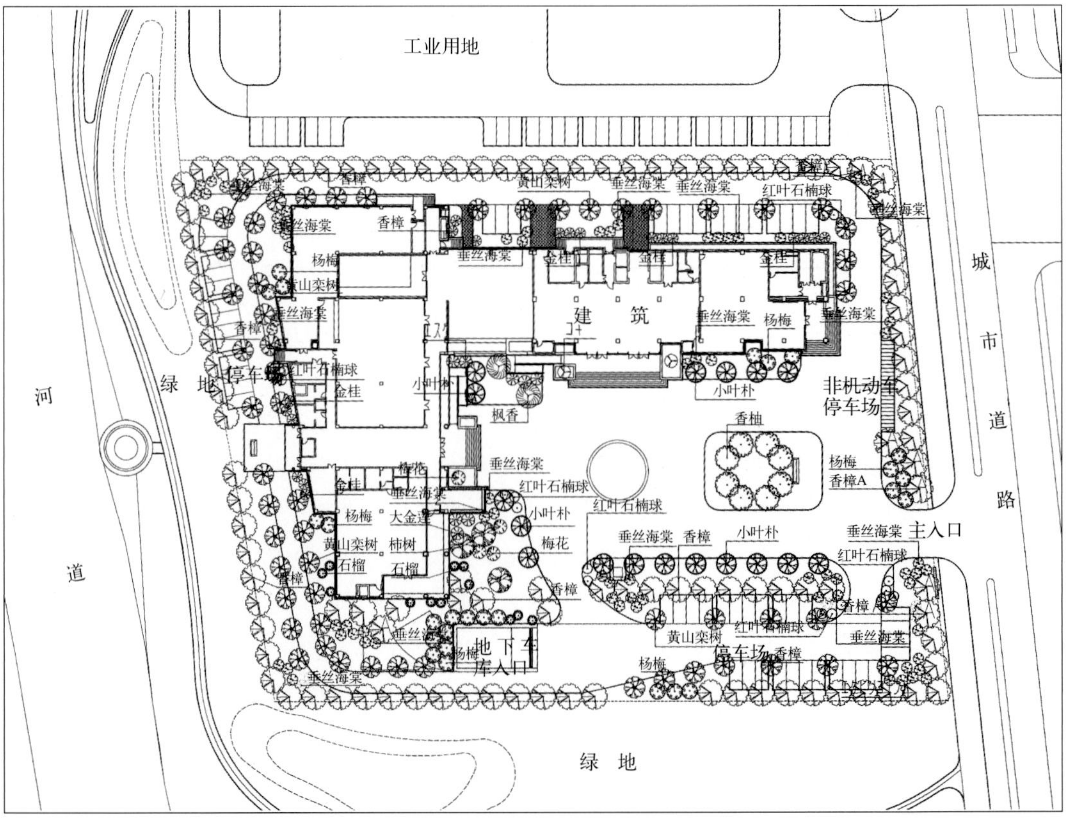

图6-83　某单位附属绿地种植上木图

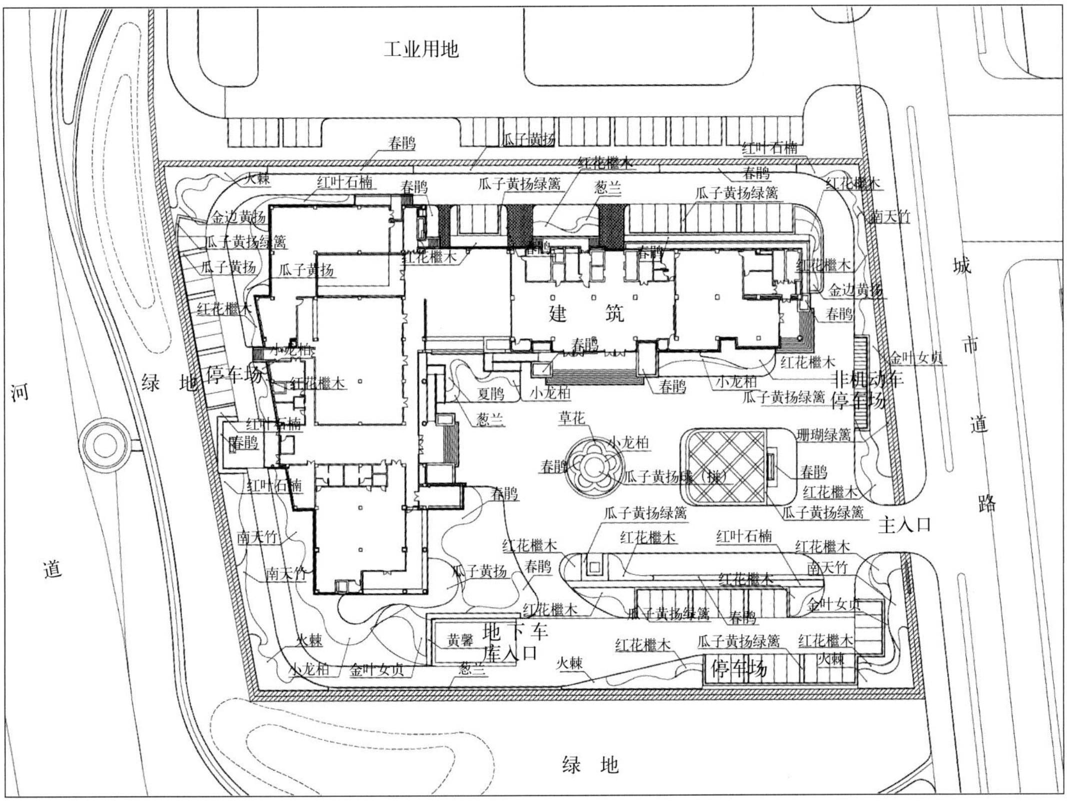

图6-84　某单位附属绿地种植下木图

2. 确定配置技术方案

在选择好植物种类的基础上，确定合理配置方案，绘出植物景观设计平面图（图6-83、图6-84）。本道路植物景观配置形式为混合式，采用孤植、列植、丛植、群植、篱植等方式。

巩固训练

如图6-85所示为江浙地区某城市某单位总体平面图，国税局总用地面积约18 154m²，其中绿化用地约8442m²。绿化类型主要有周边隔离绿化带、停车场绿化、集中绿化和广场绿化等类型。总体定位上绿地应达到美化单位环境、净化空气、降尘、减噪、隔音功能。

绿化植物配置根据植物景观设计原则和基本方法，体现防护、观赏的功能要求，重点营造各单位入口景观和沿河滨水景观。尽量利用有限的绿地空间，发挥和展示园林植物的色彩、姿态、季相和群落美感。

本任务有关评价内容见表6-13、表6-14。

表6-13　单位附属绿地植物景观设计评价表

<table>
<tr><th>评价类型</th><th>项目</th><th>子项目</th><th>组内自评</th><th>组间互评</th><th>教师点评</th></tr>
<tr><td rowspan="4">过程性评价
(70%)</td><td rowspan="2">专业能力
（50%）</td><td>植物选配能力（40%）</td><td></td><td></td><td></td></tr>
<tr><td>方案表现能力（10%）</td><td></td><td></td><td></td></tr>
<tr><td rowspan="2">社会能力
（20%）</td><td>工作态度（10%）</td><td></td><td></td><td></td></tr>
<tr><td>团队合作（10%）</td><td></td><td></td><td></td></tr>
<tr><td rowspan="3">终结性评价
(30%)</td><td colspan="2">作品的创新性（10%）</td><td></td><td></td><td></td></tr>
<tr><td colspan="2">作品的规范性（10%）</td><td></td><td></td><td></td></tr>
<tr><td colspan="2">作品的完成性（10%）</td><td></td><td></td><td></td></tr>
<tr><td rowspan="2">评价评语</td><td>班级：</td><td>姓名：</td><td>第　　组</td><td colspan="2">总评分：</td></tr>
<tr><td colspan="5">教师评语：</td></tr>
</table>

表6-14　单位附属绿地植物景观设计教学反馈表

序号	调查内容	是	否
1	您是否明确本任务的学习目标？		
2	您是否达到本学习任务对学生知识和能力的要求？		
3	您了解单位附属绿地的类型吗？		
4	您知道各类单位附属绿地的特点吗？		
5	您能说出各类单位附属绿地的组成区域及其特点吗？		
6	您掌握工厂、学校、医院绿地各区域的植物配置方法吗？		
7	您能举出适合某些特殊工厂种植的植物种类吗？		
8	您能举例说明工厂、学校、医院入口区域植物景观设计的异同吗？		
9	您通过学习能够对某单位附属绿地进行植物景观设计以及绘图表现吗？		
10	您能运用本节理论知识对现有的某单位绿地植物景观进行分析和评价吗？		
11	您课下阅读自主学习资源库的内容了吗？		
12	您是否喜欢这种上课方式？		
13	您对自己在本学习任务中的表现是否满意？		
14	您对本小组成员之间的团队合作是否满意？		
15	您认为本学习任务对您将来的工作会有帮助吗？		
16	您认为本学习任务还应该增加哪些方面的内容？（请在下面回答）		
17	本学习任务完成后，您还有哪些问题需要解决？		
请写出您的意见和建议：			

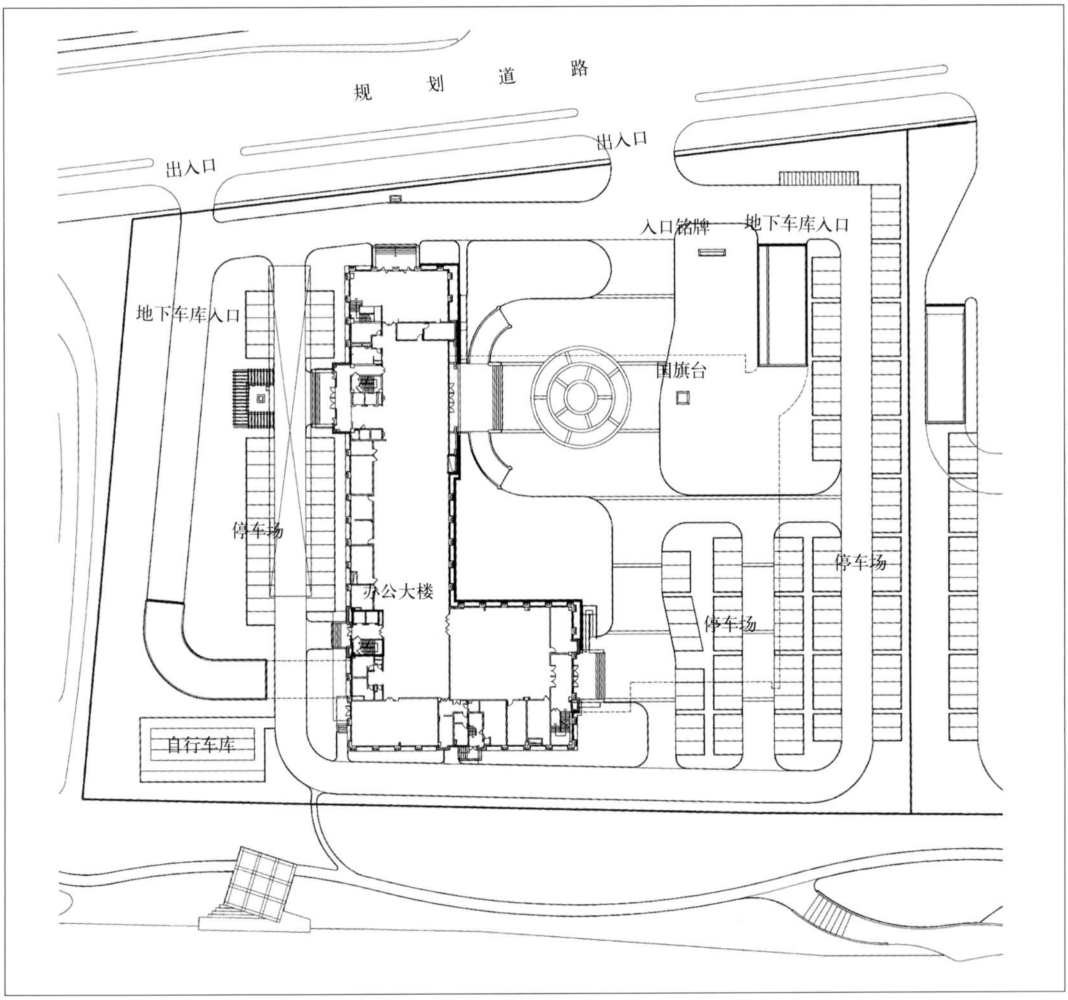

图6-85　某单位附属绿地景观设计平面图

自主学习资源库

（1）园林规划设计．胡先祥，肖创伟．机械工业出版社，2012．

（2）筑龙网：http://www.zhulong.com．

（3）景观中国：http://www.landscape.cn．

参考文献

[1] 臧德奎．2008．园林植物造景[M]．北京：中国林业出版社．

[2] 张巧莲，宁妍妍．2011．园林植物景观造景与设计[M]．郑州：黄河水利出版社．

[3] 柳骅，吕琦．2009．植物造景设计教程[M]．杭州：浙江人民美术出版社．

[4] 蒋桂香．2003．机关单位园林绿地设计[M]．北京：中国林业出版社．

[5] 梁永基．2002．医院疗养院园林绿地设计[M]．北京：中国林业出版社．

[6] 蒋莉．2010．公共事业庭院附属绿地规划设计研究[D]．咸阳：西北农林科技大学．

[7] 王长风．2011．浏阳地区花炮生产企业绿地植物景观研究[D]．长沙：中南林业科技大学．

[8] 梁红．2006．工业企业绿地系统的建设[D]．哈尔滨：东北林业大学．

任务6.4

综合性公园植物景观设计

学习目标

【知识目标】

（1）了解综合性公园的类型和分区。

（2）能正确理解综合性公园的植物景观设计原则。

（3）掌握综合性公园植物景观营造要求。

【技能目标】

（1）能够根据综合性公园的功能分区进行植物景观设计。

（2）能够进行公园出入口规划与植物景观设计、园路规划与植物景观设计。

工作任务

任务提出

如图6-86所示为江浙地区某城市综合性公园景观设计平面图，该公园占地面积约70hm^2，是城市主要出入口之一，集防护、观赏、休闲、垂钓、健身、防灾避难等多种功能为一体，是一块多功能叠加型综合绿地。其主要体现“亲切、现代、自然”的风格；功能定位为市民广场及休闲垂钓园。在总体规划上，绿地根据现状地形，设计了下沉式的广场，临水设置茶室和滨水栈道、垂钓平台等。

绿化植物配置根据植物景观设计原则和基本方法，考虑设计下沉广场、滨水栈道等地物条件对植物景观设计的需求，选择合适的广场及临水植物种类和植物配置形式进行初步设计。该任务应考虑公园主要出入口、广场区域、临水区域、大草坪区域、铁路等对景观的不同需求，重点对主要出入口及广场进行植物景观配置。

任务分析

根据公园对植物景观多样性的需求对植物品种进行选择，使植物景观配置能发挥美观、净化空气、涵养水源的功能，体现现代简洁、常绿落叶乔木相结合、色彩丰富的广场公园。设计之前，应充分了解当地植物的生态习性和观赏特性，掌握公园内乔木、灌木、地被植物的配置方法和设计要点等内容。

任务要求

（1）植物种类的选择应适宜公园不同功能分区对景观的功能需求。

（2）正确采用植物景观构图基本方法，灵活运用自然式、行列式、群植、孤植的种植方法。

（3）树种选择合适，不同竖向地形植物配置符合规律。

（4）功能配置合理，风格独特。

（5）图纸绘制规范，完成公园种植设计平面图1张。

材料及工具

测量仪器、手工绘图工具、绘图纸、绘图软件（AutoCAD）、计算机等。

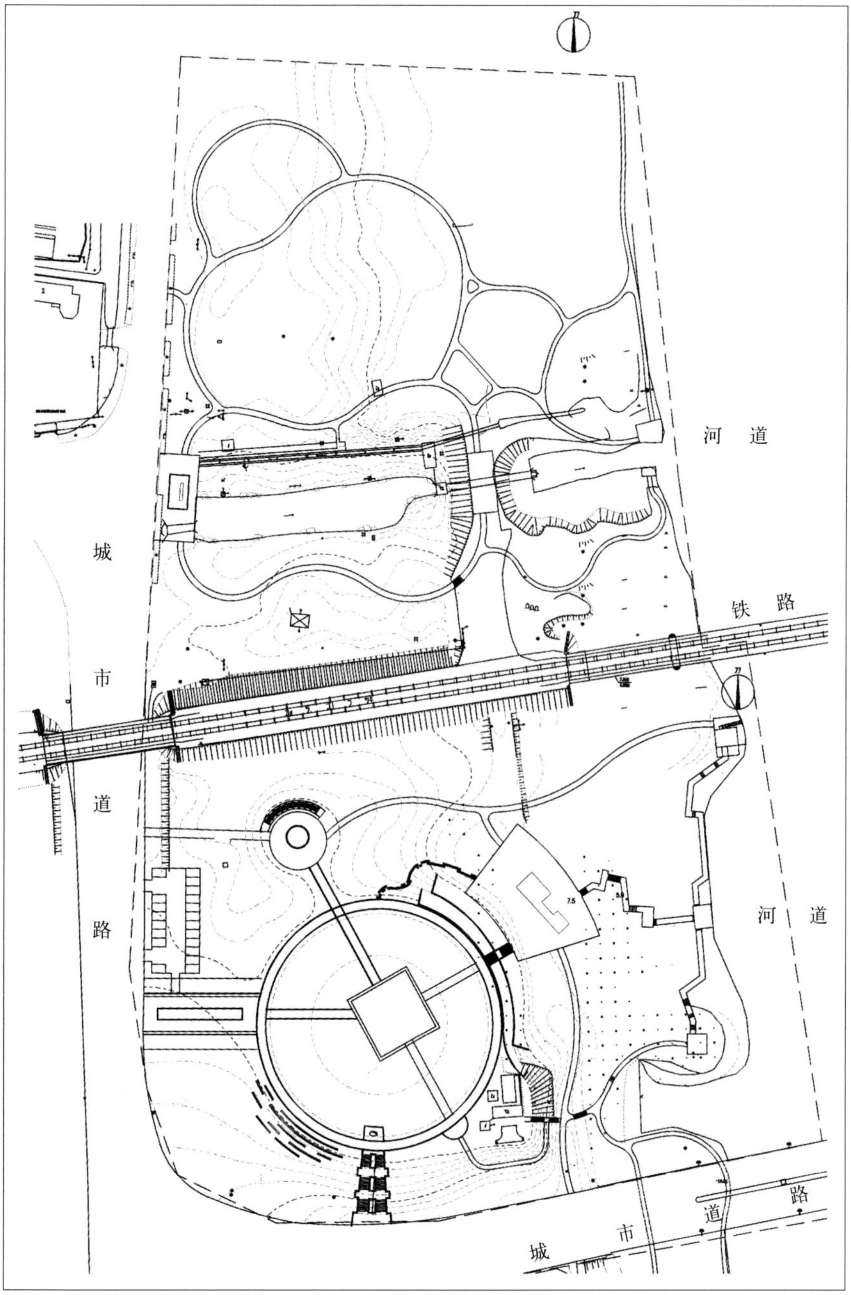

图6-86　某公园景观设计平面图

知识准备

6.4.1 综合性公园的类型和分区

6.4.1.1 综合性公园的类型

综合性公园是城市公园系统的重要组成部分，也是城市居民文化生活不可缺少的重要因素，它不仅为城市提供大面积的绿地，而且具有丰富的户外游憩活动的内容和设施，适合各种年龄和职业的城市居民进行一日或半日游赏活动。因而，它是群众性的文化教育、娱乐、休息的场所，并对城市的形象和面貌、生态环境的保护以及社会生活发挥着重要的作用。根据现代公园系统相关理论和世界各国多数城市中公园设置的情况，每处综合性公园的规模从几公顷到几百公顷不等；在中小城市大多设1～2处，在大城市则分设多处全市性和区域性综合公园。目前，在我国，根据综合性公园在城市中的服务范围，分为以下两种类型。

（1）市级公园

市级公园为全市居民服务，是全市公共绿地中集中面积最大、功能最多、活动内容和游憩设施最完善的绿地。公园面积一般在100hm^{2}以上，随市区居民总人数的多少而有所不同。其服务半径为2～3km，步行30～50min到达，乘坐公共汽车10～20min可到达。如北京紫竹院公园。

（2）区级公园

在特大、大城市中除设置市级公园外，还设置区级公园。区级公园是为一个行政区的居民服务。公园面积按该区居民的人数而定，园内一般也有比较丰富的内容和设施。其服务半径1～1.5km，步行15～25min可到达，乘坐公共汽车10～15min可到达。

6.4.1.2 综合性公园的分区

综合性公园应根据公园的活动内容，进行分区布置。一般可分为：安静休息区、文化娱乐区、体育活动区、儿童活动区、观赏游览区、老年人活动区、园务管理区。

公园内功能分区的划分要因地制宜，对规模较大的公园，要使各功能区布局合理，游人使用方便，各类游乐活动的开展互不干扰；对面积较小的公园，分区若有困难，应对活动内容作适当调整，进行合理安排。

（1）安静休息区

安静休息区主要供游人安静休息、学习、交往或开展其他一些较为安静的活动的区域，如太极拳、太极剑、棋奕、漫步、聊天、气功等，因而也是公园中占地面积最大、游人密度最小的区域。故该区一般选择地形起伏比较大、景色最优美的地段，如山地、谷地、溪边、河边、湖边、瀑布环境最为理想，并且要求树木茂盛、绿草如茵，有较好的植被景观。

一般安静休息区与公园的喧闹区（如文化娱乐区、儿童活动区、体育活动区等），应通过各种造景要素的布置，使其有一定距离的隔离，以免受到干扰。安静休息区可布置在远离公园出入口处。游人的密度要小，用地以100m^2/人为宜。

（2）文化娱乐区

文化娱乐区是人流集中的活动区域。在该区内开展的多是比较热闹、有喧哗声响、活动形式多样、参与人数较多的文化、娱乐等活动，因而也称为公园中的闹区，设置有俱乐部、电影院、剧院、音乐厅、展览馆、游戏场、技艺表演场、露天剧场、舞池、旱冰场、戏水池、展览室（廊）、演讲场地、科技活动场等。以上各种设施应根据公园的规模大小、内容要求因地制宜合理进行布局设置。

（3）体育活动区

随着我国城市发展及居民对体育活动参与性的增强，在城市的综合性公园内，宜设置体育活动区。该区是属于比较喧闹的功能区，应以地形、建筑、树丛、树林等与其他各区有相应分隔。区内可设场地相应较小的篮球场、羽毛球场、网球场、门球场、武术表演场、大众体育区、民族体育场地、乒乓球台等。如经济条件允许，可设体育场馆，但一定要注意建筑造型的艺术性。各场地不必同专业体育场一样设专门的看台，可利用缓坡草地、台阶等作为观众看台，更增加人们与大自然的亲合性。

（4）儿童活动区

儿童活动区主要供学龄前儿童和学龄儿童开展各种儿童游乐活动。据调查，在我国城市公园游人中，少年儿童的比例比较大，占公园游人量的15%～30%，这个比例的变化与公园在城市中所处的位置、周围环境、居住区的状况有直接关系。居住区附近的公园，儿童人数的比例比较大，远离居住区的公园，比例则较小，同时也与公园内儿童活动内容、设施、服务条件有关。为了满足儿童的特殊需要，在公园中单独划出供儿童活动的一个区是很必要的。大公园的儿童活动区与儿童公园的作用相似，但比单独的儿童公园的活动及设施简单。

（5）观赏游览区

本区以观赏、游览参观为主，在区内主要进行相对安静的活动。为达到良好的观赏游览效果，要求游人在区内分布的密度较小，以人均游览面积100m^2左右较为合适，所以本区在公园中占地面积较大，是公园的重要组成部分。

观赏游览区往往选择现状用地地形起伏较大、植被等比较丰富的地段，设计布置园林景观。

在观赏游览区中如何设计合理的游览路线，形成较为合理的动态风景序列，是十分重要的问题。道路的平纵曲线、铺装材料、铺装纹样、宽度变化等都应根据景观展示和动态观赏的要求进行规划设计。

（6）老年人活动区

随着城市人口老龄化速度的加快，老年人在城市人口中所占比例日益增大，老年人活动区在公园绿地中的使用率是最高的。在一些大中城市，许多老年人早晨在公园中晨练，白天在公园中活动，晚上和家人、朋友在公园中散步、谈心，所以公园中老年人活动区的设置是不可忽视的问题。老年人活动区在公园规划中应设在观赏游览区或安静休息区附近，要求环境优雅、风景宜人。

（7）园务管理区

该区是为公园经营管理的需要而设置的内部专用地区。区内可设置办公室、仓库、花圃、苗圃、生活服务等设施和水电通信等工程管线。园务管理区要与城市街道有方便的联系，设有专用出入口，不应与游人混杂，四周要与游人有隔离。到管理区内要有行车道相通，以便运输和消防。本区要隐蔽，不要暴露在风景游览的主要视线上。

6.4.2 综合性公园植物景观设计原则

综合性公园的植物景观设计及配置，应根据当地的气候状况、园外的环境特征、园内的立地条件，结合景观规划、防护功能要求和居民游赏习惯确定，应做到充分绿化和满足多种游憩活动及审美的要求。植物景观设计是公园总体规划和景观构成的重要组成部分，它指导局部种植设计，协调各期工程施工，使苗木培育、组织和种植施工有计划地进行，以创造最佳的植物景观。综合性公园植物景观设计遵循以下原则。

（1）全面规划，重点突出，远期和近期相结合

公园的植物配置，必须根据公园的性质、功能，结合植物造景、游人活动、全园景观布局等要求，全面考虑，布置安排。由于公园面积大，立地条件及生态环境复杂，活动项目多，所以选择绿化树种不仅要掌握一般规律，还要结合公园特殊要求，因地制宜，以乡土树种为主，以经过驯化后生长稳定的外地珍贵树种为辅。对公园用地内的原有树木，充分加以利用，尽快形成整个公园的绿地景观骨架。在重要地区，如主出入口、主要景观建筑附近、重点景观区，主干道的行道树，宜选用移植大苗；其他地区可用合格的出圃小苗。使速生树种与慢生树种相结合，常绿树种与落叶树种相结合，针叶树种与阔叶树种相结合，乔灌花草相结合，尽快形成绿色景观效果。

规划中应注意对近期绿化效果要求高的部位，植物选择配置应以大苗为主，适当密植，待树木长大后再移植或疏伐。选择既有观赏价值，又有较强抗逆性、病虫害少的树种，易于管理；不得选用有浆果和招引害虫的树种。

（2）注重植物种类搭配，突出公园植物特色

每个公园在植物配置上应有自己的特色，突出一种或几种植物景观，形成公园绿地的植物特色。如杭州西湖孤山公园以梅花为主景，曲院风荷以荷花为主景，西山公园以茶花、玉兰为主景，花港观鱼以牡丹为主景，柳浪闻莺以垂柳为主景。

全园的常绿树与落叶树应有一定的比例。一般华北、西北、东北地区常绿树占30%～40%，落叶树60%～70%；华中地区，常绿树50%～60%，落叶树40%～50%；华南地区，常绿树70%～80%，落叶树20%～30%。在林种搭配方面，混交林可占70%，单纯林可占30%。做到三季有花有色，四季常绿，季相明显，景观各异。

（3）注意全园基调树种和各景区主、配调树种的规划

在树种选择上，应该有1～2个树种分布于整个公园，在数量和分布范围上占优势，成为全园的基调树种，起统一景观的作用。还应在各个景区选择不同的主调树种，形成各个景区不同的植物景观主题，使各景区在植物配置上各有特色而不雷同。

公园中各景区的植物配置，除了有主调树种外，还要有配调树种，以起烘托陪衬作用。全园植物规划布局，要达到多样变化、和谐统一的效果。如北京颐和园以油松、侧柏作为基调树种遍布全园，每个景区又都有其主调树种，后山后湖景区以海棠、元宝枫、山楂为主

调，以丁香、连翘、山桃、圆柏等少量树种为配调，使整个后山后湖景区四季常青，季相景观变化明显。

（4）充分满足使用功能要求

根据游人对公园绿地游览观赏的要求，除了用建筑材料铺装的道路和广场外，整个公园应全部用植物覆盖起来。地被植物一般选用多年生花卉和草坪，坡地可用匍匐性小灌木或藤本植物。现在草坪的研究已经达到较高的水平，其抗性提高，绿色期也大大延长了，所以在公园中一切可以绿化的地方，乔灌花草结合配置，形成复层林相是可以实现的。

从改善小气候方面考虑，冬季有寒风侵袭的地方，要考虑防风林带的配置，主要建筑物和活动广场，也要考虑遮阴和观赏的需要，配置乔灌花草。

公园中的道路，应选用树冠开张、树形优美、季相变化丰富的乔木作行道树，既形成绿色纵深空间，也起到遮阴作用。规则式道路，行道树采用行列式种植；自然式道路，采用疏密有致的自然式种植。

在娱乐区、儿童活动区，为创造热烈的环境气氛，可选用红、橙、黄暖色调植物，在休息区和纪念区，为取得幽静清新、庄严肃穆的环境气氛，可选用绿、蓝、紫等冷色调植物。中、近景绿化可选用强烈对比色，以求醒目；远景绿化，宜色彩简洁明快，以求概括。公园游览休息区，要形成季相动态构图，春观花，夏遮阴，秋观红叶，冬有绿色，以利游览、观赏、休息。

公园中应开辟有庇荫的河流，宽度不得超过20m，岸边种植高大的乔木，如垂柳、水杉等喜水湿树种。夏季水面上林荫成片，可开展划船、戏水活动，游憩亭榭、茶室、餐厅、阅览室、展览馆等建筑物的西侧，应配置高大的庇荫乔木，以防夏季西晒。

儿童活动区、安静休息区、体育活动区等各功能区也应根据各自的使用要求，进行植物的种植规划。

（5）四季景观和专类园设计是植物造景的突出点

植物的季相表现不同，因地制宜地结合地形、建筑、空间和季节变化，进行规划设计，形成富有四季特色的植物景观，使游人春观花，夏纳荫，秋观叶品果，冬赏干观枝。

以不同植物种类组成专类园，是公园景观规划不可缺少的内容，尤其花繁叶茂、色彩绚丽的专类园更是游人流连忘返的地方。在北京园林中，常见的专类园有牡丹园、月季园、丁香园、蔷薇园、槭树园、菊园、竹园、宿根花卉园等。上海、江浙一带常见的专类园有杜鹃园、桂花园、梅园、木兰园、山茶园、海棠园、兰园等。利用不同叶色、花色的植物，组成各种不同色彩的专类园，也日益受到人们的喜爱，如红花园、白花园、黄花园、紫花园等。在气候炎热的南方地区，夜生活比较丰富，可选择芳香性植物开辟夜香花园。

（6）适地适树，根据立地条件选择植物，为其创造适宜的生长环境

按生态环境条件，植物可分为陆生、水生、沼生、耐寒冷、耐高温、耐水湿、耐干旱、耐瘠薄、喜光、耐阴等不同的类型。

植物的选择配置，必须根据园区的立地条件和植物生长的生态习性，以利于树冠和根系的发展，保证高度适宜和适应近远期景观的要求。如喜充足光照的梅、木棉、松柏、杨柳；耐阴的罗汉松、山楂、棣棠、珍珠梅、杜鹃花；喜水湿的柳、水杉、水松、丝绵木；耐瘠薄的沙枣、沙棘、柽柳、胡杨等。在不同的生态环境下，选择与之适应的植物种类，则易形成各景区的特色。

为了保证园林植物有适应的生态环境，在低洼积水地段应选用耐水湿的植物，或采用相应排水措施后可生长的植物。在陡坡上应有固土和防冲刷措施。土层下有大面积漏水或不透水层时，要分别采取保水或排水措施。不适宜植物生长的土壤，必须经过改良，客土栽植，必须经机械碾压、人工沉降。

6.4.3 综合性公园植物景观的营造

6.4.3.1 公园出入口植物景观设计

大门为公园主要出入口，大多面向城镇主干道，绿化时应注意丰富街景，并与大门建筑相协调，同时还要突出公园的特色。规则式大门建筑，应采用对称式绿化布置；自然式大门建筑，则要用不对称方式来布置绿化。大门前的集散广场，四周可用乔、灌木绿化，以便夏季遮阴及相对隔离周围环境；在大门内部可用花池、花坛、灌木与雕像或导游图标牌相配合，也可铺设草坪，种植花灌木，但不应妨碍视线，且须便于交通和游人集散。

6.4.3.2 园路植物景观设计

（1）主要道路

主要干道绿化，可选用高大、荫浓的乔木作行道树，用耐阴的花卉植物，在两侧布置花境，但在配置上要有利于交通，还要根据地形、建筑、风景的需要而起伏、蜿蜒。

（2）次要道路

次干道和游步道延伸到公园的各个角落，景观要丰富多彩，达到步移景异的观赏效果。山水园的园路多依山面水，绿化应点缀风景而不妨碍视线。山地则要根据地形起伏、环路，绿化布置疏密有致；在有风景可观的山路外侧，宜种植低矮的花灌木及草花，才不影响景观；在无景可观的道路两旁，可密植、丛植乔灌木，使山路隐在丛林之中，形成林间小道。平地处的园路，可用乔灌木树丛、绿篱、绿带分隔空间，使园路侧旁景观高低起伏、时隐时现。园路转弯处和交叉口是游人游览视线的焦点，是植物造景的重点部位，可用乔木、花灌木点缀，形成层次丰富的树丛、树群。另外，通行机动车辆的园路，车辆通行范围内不得有低于4.0m高的枝条；方便残疾人使用的园路边缘，不得选用有刺或硬质叶片的植物，路面范围内，乔灌木枝下净空不得低于2.2m，种植点距道牙应大于0.5m。

（3）散步小道

散步小道两旁的植物景观应最接近自然状态，可布置色彩丰富的乔灌木树丛。

6.4.3.3 各功能分区植物景观设计

（1）安静休息区植物景观设计

该区可以当地生长健壮的几个树种为骨干，突出周围环境的季相变化。在植物配置上应根据地形的高低起伏和天际线的变化，采用自然式种植类型，形成树丛、树群和树林。在林间空

图6-87　安静休息区植物景观

图6-88　文化娱乐区植物景观

地中可设置草坪、亭、廊、花架、坐凳等，在路边或转弯处可设月季园、牡丹园、杜鹃花园等专类花园（图6-87）。

（2）文化娱乐区植物景观设计

该区要求地形开阔平坦，绿化以花坛、花境、草坪为主，便于游人集散，适当点缀几株常绿大乔木，不宜多种灌木，以免妨碍游人视线、影响交通（图6-88）。在室外铺装场地上应留出树穴，栽种大乔木。各种参观游览的室内，可布置一些耐阴的盆栽花木。

（3）体育活动区植物景观设计

该区应选择树体高大挺拔、冠大而整齐的乔木树种，栽植于场地周边，以利夏季遮阴；但不宜选用易落花、落果、种毛散落的树种，以免影响游人运动。球类场地四周的绿化，要离场地5～6m，树种的色调要单纯，以便形成绿色背景。不要选用树叶反光发亮的树种，以免刺激运动员的眼睛。在游泳池附近可设花廊、花架，不可栽种带刺或夏季落叶落果的花木。日光浴场周围应铺设柔软耐践踏的草坪。植物景观设计要求如下：

① 注意四季景观，特别是人们使用室外活动场地较长的季节。

② 树种大小的选择应与运动场地的尺度相协调。

③ 植物的种植应注意人们对夏季遮阴、冬季阳光的需要。在人们需要阳光的季节，活动区域内不应有常绿树的阴影。

④ 树种选择应以本地区观赏效果较好的乡土树种为主，便于管理。

⑤ 树种应少污染，无落果和飞絮，落叶整齐，易于清扫。

⑥ 露天比赛场地的观众视线范围内，不应有妨碍视线的植物，观众席铺栽草坪应选用耐践踏的品种。

（4）儿童活动区植物景观设计

该区绿化可选用生长健壮、冠大荫浓的乔木，忌用有刺、有毒或有刺激过敏性反应的植物。在其四周应栽植浓密的乔灌木与其他区域相隔离。不同年龄的少年儿童，也应分区活动，各分区用绿篱、栏杆相隔，以免相互干扰。活动场地中要适当疏植大乔木，供夏季遮阴。在出入口可设立塑像、花坛、山石或小喷泉等，配以体形优美、色彩鲜艳的灌木和花卉，以增加儿童的活动兴趣。儿童活动区绿化种植要忌用以下植物：

① 有毒植物　凡花、叶、果等有毒植物均不宜选用，如凌霄、夹竹桃等。

② 有刺植物 易刺伤儿童皮肤和刺破儿童衣服的植物，如枸骨、刺槐、蔷薇等。

③ 有刺激性和有奇臭的植物 会引起儿童的过敏性反应，如漆树等。

④ 易生病虫害及结浆果植物 如柿树、桑树等。

另外，儿童游戏场宜选用冠大荫浓的乔木，夏季庇荫面积应大于活动范围的50%，活动范围内宜选用萌芽力强、直立生长的中高类型的灌木，树木的枝下净高应大于1.8m。露天演出场观众席范围内不得种植妨碍视线的植物，观众席铺栽草坪时应选用耐践踏的草种（图6-89）。

（5）观赏游览区植物景观设计

应选择现状地形、植被等比较优越的地段设计布置园林植物景观，植物景观的设计应突出季相变化特征。植物景观设计要求有：

① 把盛花植物配置在一起，形成花卉观赏区或专类园。

② 以水体为背景，配置不同的植物形成不同情调的景致。

③ 利用植物组成群落以体现植物的群落美。

④ 利用借景手法把园外的自然风景引入园内，形成内外一体的壮丽景观。

以生长健壮的几个树种为骨干，在植物配置上根据地形的高低起伏和天际线的变化，采用自然式布局。在林间空地可设置草坪、亭、廊、花架、座椅等，在路边可设牡丹园、月季园、竹园等专类园。

（6）老年人活动区植物景观设计

植物配置应以落叶阔叶林为主，保证夏季阴凉、冬季阳光，并应多种植姿态优美、花色艳丽、叶色富于变化的植物，体现丰富的季相变化。

（7）园务管理区植物景观设计

植物配置多以规则式为主，建筑物面向游览区的一面应多种高大的乔木，以遮挡游人的视线。周围应有绿篱与各区分隔，绿化要因地制宜，并与全园风格协调。

为了把公园与喧哗的城市环境隔离开来，保持园内安静，可在公园周围，特别是靠近城市主要干道及冬季主风方向的一面布置不透风式防护林带。

图6-89 儿童活动区植物景观

任务实施

1. 注重搭配，合理选择植物品种

在本案例中，综合分析了城市气候、土壤环境等因素及保留现状地物情况，利用植物景观设计基本方法和配置形式，使靠近铁路以常绿遮挡为主，内部主入口、活动广场、主景区季相特征丰富、美观，其他区域满足游赏要求。树种选择时注重乔、灌、常绿落叶乔木、异龄乔木

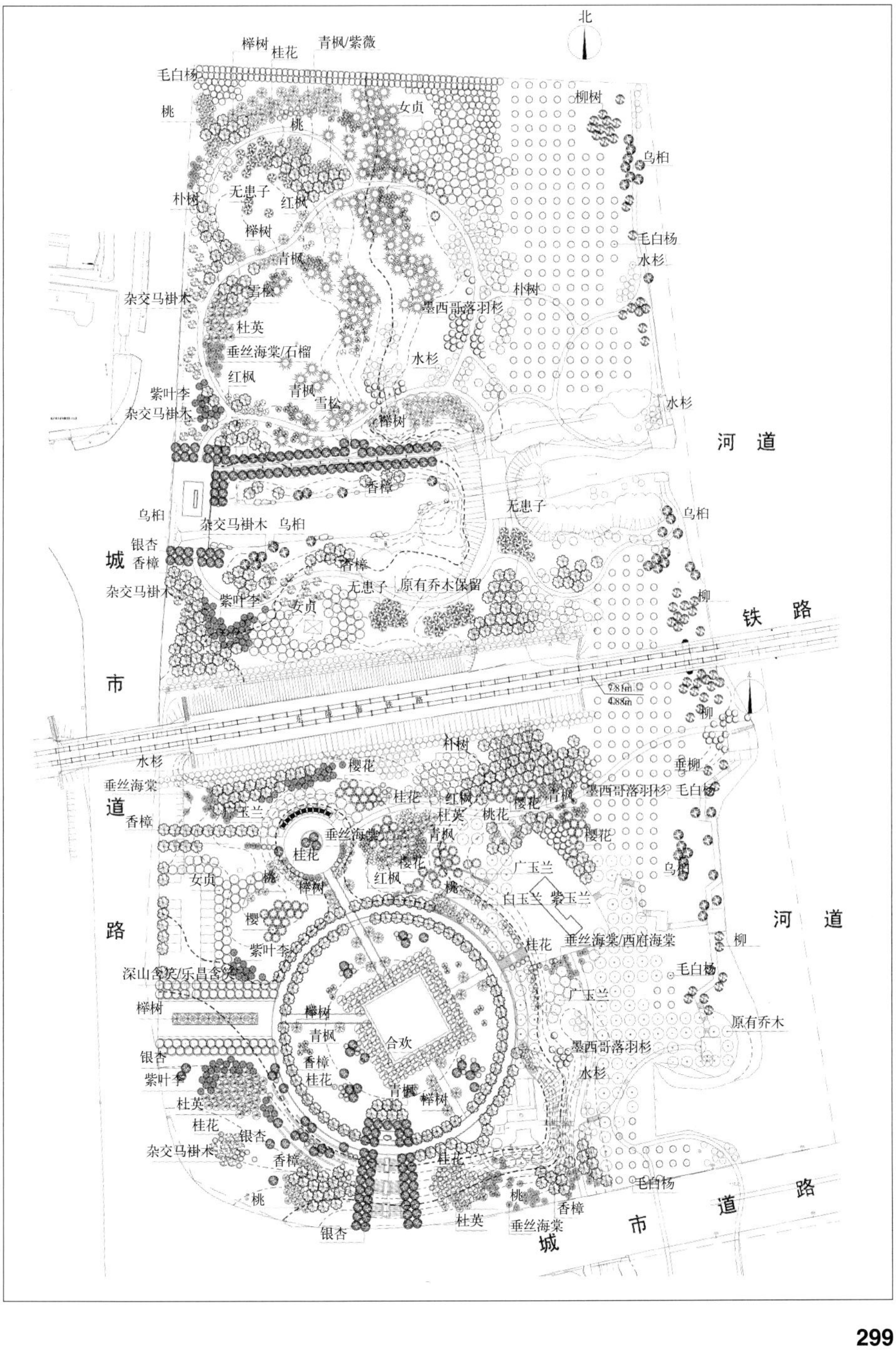

图6-90　公园植物上木设计平面图

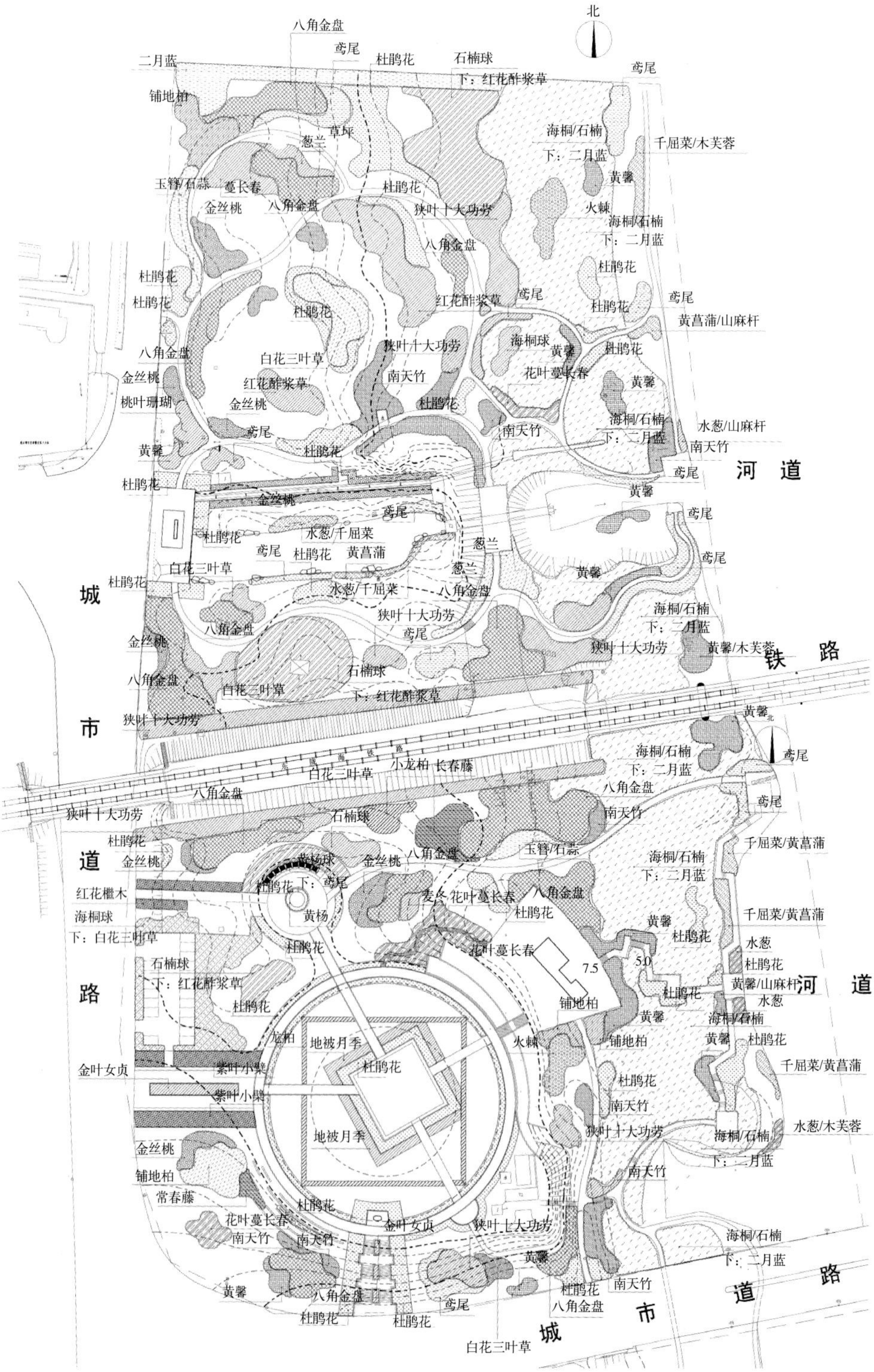

图6-91　公园植物下木设计平面图

相互搭配，形成层次和季相变化。主要选择的乔木有香樟、榉树、银杏、深山含笑、杂交马褂木、广玉兰、杉类、毛白杨、朴树、乌桕、雪松、无患子、合欢、青枫、红枫、桂花、垂丝海棠、西府海棠、樱花、桃等。

2. 确定配置技术方案

在选择好植物种类的基础上，确定合理配置方案，绘出植物景观设计平面图（图6-90、图6-91）。本综合公园植物景观配置形式为混合式，采用孤植、列植、丛植、群植、篱植等方式。

知识拓展

《公园设计规范》植物景观设计规定解读

1. 综合性公园植物景观设计的一般规定

（1）公园的绿化用地应全部用绿色植物覆盖。建筑物的墙体、构筑物可布置垂直绿化。

（2）种植设计应以公园总体设计对植物组群类型及分布的要求为根据。

（3）植物种类的选择，应符合下列规定：

① 适应栽植地段立地条件的当地适生种类；

② 林下植物应具有耐阴性，其根系发展不得影响乔木根系的生长；

③ 垂直绿化的攀缘植物依照墙体附着情况确定；

④ 具有相应抗性的种类；

⑤ 适应栽植地养护管理条件；

⑥ 改善栽植地条件后可以正常生长的、具有特殊意义的种类。

（4）绿化用地的栽培土壤应符合下列规定：

① 栽植土层厚度符合植物生长需要，且无大面积不透水层；

② 废弃物污染程度不致影响植物的正常生长；

③ 酸碱度适宜；

④ 物理性质符合表6-15的规定；

表6-15　土壤物理性质指标

指　标	土层深度范围（cm）	
	0～30	30～110
质量密度（g/cm^3）	1.17～1.45	1.17～1.45
总空隙度（%）	>45	45～52
非毛管空隙度（%）	>10	10～20

⑤ 凡栽植土壤不符合以上各款规定者必须进行土壤改良。

（5）铺装场地内的树木其成年期的根系伸展范围，应采用透气性铺装。

（6）公园的灌溉设施应根据气候特点、地形、土质、植物配置和管理条件设置。

（7）乔木、灌木与各种建筑物、构筑物及各种地下管线的距离，应符合公园设计规范。

（8）苗木控制应符合下列规定：

① 规定苗木的种名、规格和质量；

② 根据苗木生长速度提出近、远期不同的景观要求，重要地段应兼顾近、远期景观，并提出过渡的措施；

③ 预测疏伐或间移的时期。

表6-16 风景林郁闭度

类　型	开放当年标准	成年期标准
密　林	0.3～0.7	0.7～1.0
疏　林	0.1～0.4	0.4～0.6
疏林草地	0.07～0.20	0.01～0.3

表6-17 各类单行绿篱空间尺度　m

类　型	地上空间高度	地上空间宽度
树　墙	>1.6	>1.5
高绿篱	1.20～1.60	0.20～2.00
中绿篱	0. 50～1.20	0.80～1.50
矮绿篱	0.50	0.30～0.50

（9）树木的景观控制应符合下列规定：

① 风景林地郁闭度应符合表6-16的规定；

风景林中各观赏单元应另行计算，丛植、群植近期郁闭度应大于0.5；带植近期郁闭度宜大于0.6。

② 观赏特征

孤植树、树丛：选择观赏特征突出的树种，并确定其规格、分枝点高度、姿态等要求；与周围环境或树木之间应留有明显的空间；提出有特殊要求的养护管理方法。

树群：群内各层应能显露出其特征部分。

③ 视距　孤立树、树丛和树群至少有一处欣赏点，视距为观赏面宽度的1.5倍和高度的2倍；成片树林的观赏林缘线视距为林高的2倍以上。

④ 单行整形绿篱的地上生长空间尺度应符合表6-17的规定。双行种植时，其宽度按表6-15规定的值增加0.3~0.5m。

2．综合性公园游人集中场所植物景观设计

（1）游人集中场所的植物选用应符合下列规定：

① 在游人活动范围内宜选用大规格苗木；

② 禁止选用危及游人生命安全的有毒植物；

③ 不应选用在游人正常活动范围内枝叶有硬刺或枝叶形状呈尖硬剑、刺状以及有浆果或分泌物坠地的种类；

④ 不宜选用挥发物或花粉能引起明显过敏反应的种类。

（2）集散场地种植设计的布置方式，应考虑交通安全视距和人流通行，场地内的树木枝下净高应大于2.2m。

（3）儿童游戏场的植物选用应符合下列规定：

① 乔木应选用高大荫浓的种类，夏季庇荫面积应大于游戏活动范围的50%；

② 活动范围内灌木宜选用萌芽力强、直立生长的中高型种类，树木枝下净高应大于1.8m。

（4）露天演出场观众席范围内不应布置阻碍视线的植物，观众席铺栽草坪应选用耐践踏的种类。

（5）停车场的种植应符合下列规定：

① 树木间距应满足车位、通道、转弯、会车半径的要求；

② 庇荫乔木枝下净空的标准：

- 大、中型汽车停车场大于4.0m；
- 小汽车停车场大于2.5m；
- 自行车停车场大于2.2m。

③ 场内种植池宽度应大于1.5m，并应设置保护设施。

（6）成人活动场的种植应符合下列规定：

① 宜选用高大乔木，枝下净高不低于2.2m；

② 夏季乔木庇荫面积宜大于活动范围的50%。

（7）园路两侧的植物种植应符合下列规定：

① 通行机动车辆的园路，车辆通行范围内不得有低于4.0m高度的枝条；

② 方便残疾人使用的园路边缘种植应符合下列规定：

- 不宜选用硬质叶片的丛生型植物；
- 路面范围内，乔、灌木枝下净高不得低于2.2m；
- 乔木种植点距路缘应大于0.5m。

3. 综合性公园动物展览区植物景观设计

（1）动物展览区的种植设计应符合下列规定：

① 有利于创造动物的良好生活环境；

② 不致造成动物逃逸；

③ 创造有特色植物景观和游人参观休憩的良好环境；

④ 有利于卫生防护隔离。

（2）动物展览区植物种类选择应符合下列规定：

① 有利于模拟动物原产区的自然景观；

② 动物运动范围内应种植对动物无毒、无刺、萌发力强、病虫害少的中慢生种类。

（3）在笼舍、动物运动场内种植植物，应同时提出保护植物的措施。

4. 综合性公园植物园展览区植物景观设计

（1）植物园展览区的种植设计应将各类植物展览区的主题内容和植物引种驯化成果、科普教育、园林艺术相结合。

（2）展览区展示植物的种类选择应符合下列规定：

① 对科普、科研具有重要价值；

② 在城市绿化、美化功能等方面有特殊意义。

（3）展览区配合植物的种类选择应符合下列规定：

① 能为展示种类提供局部良好生态环境；

② 能衬托展示种类的观赏特征或弥补其不足；

③ 具有满足游览需要的其他功能。

④ 展览区引入植物的种类，应是本园繁育成功或在原始材料苗圃内生长时间较长、基本适应本地区环境条件者。

巩固训练

如图6-92所示为江浙地区某城市综合性公园景观设计平面图，该公园占地面积约15hm^2。是城郊森林公园的一部分，集防护、观赏、休闲、垂钓、健身、防灾避难等多种功能为一体，是一块多功能叠加型综合绿地。其主要体现“亲切、生态”的风格；功能定位为市民休闲运动及垂钓公园。在总体规划上，绿地根据现状地形，设计了运动场地广场，临水设置滨水栈道、垂钓平台等。

绿化植物配置根据植物景观设计原则和基本方法，考虑设计运动场地、滨水栈道等地物条件对植物景观设计的需求，选择合适的临水植物种类和植物配置形式进行初步设计。该任务应考虑公园主要出入口、活动区域、临水区域、大草坪区域等对景观的不同需求，重点对主要出入口及小广场进行植物景观配置。

本任务的有关评价内容见表6-18、表6-19。

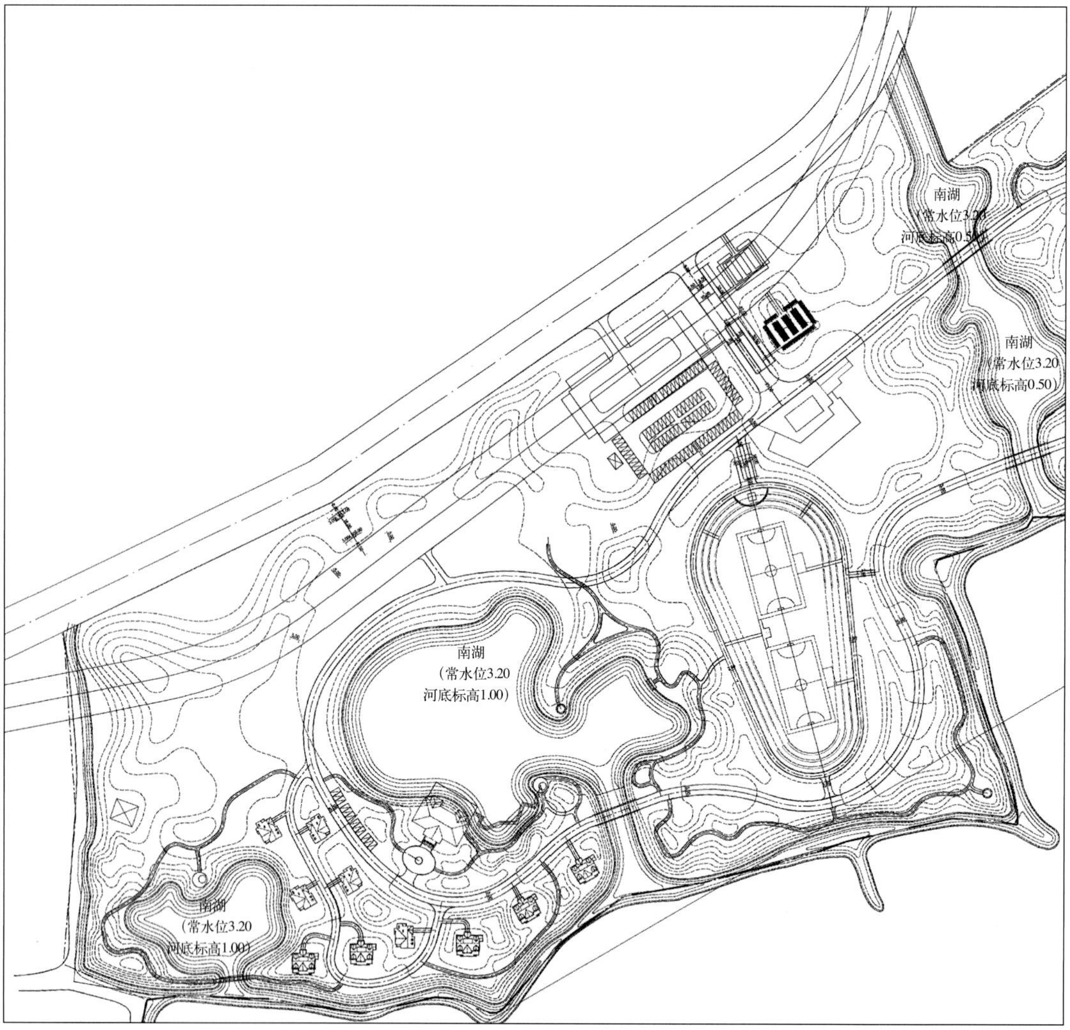

图6-92 某公园景观设计平面图

表6-18 综合性公园植物景观设计评价表

评价类型	项目	子项目	组内自评	组间互评	教师点评
过程性评价（70%）	专业能力(50%)	植物选配能力（40%）			
		方案表现能力（10%）			
	社会能力（20%）	工作态度（10%）			
		团队合作（10%）			
终结性评价（30%）	作品的创新性（10%）				
	作品的规范性（10%）				
	作品的完成性（10%）				
评价评语	班级：	姓名：	第　　组	总评分：	
	教师评语：				

表6-19 综合性公园植物景观设计教学反馈表

序号	调查内容	是	否
1	您是否明确本任务的学习目标?		
2	您是否达到本学习任务对学生知识和能力的要求?		
3	您知道综合性公园概念吗?		
4	您了解综合性公园与专类公园的区别吗?		
5	您能说出综合性公园的类型吗?		
6	您知道综合性公园根据功能要求分为哪几个区吗?		
7	您知道综合性公园根据景色要求的分类方式吗?		
8	您理解综合性公园植物景观设计原则吗?		
9	您能对综合性公园出入口进行规划与植物景观设计吗?		
10	您能对综合性公园的道路进行合理规划和植物景观设计吗?		
11	您通过学习后能进行综合性公园各功能分区规划与植物景观营造吗?		
12	您是否课后对《公园设计规范》中植物景观设计规定进行解读?		
13	您对自己在本学习任务中的表现是否满意?		
14	您对本小组成员之间的团队合作是否满意?		
15	您认为本学习任务对您将来的工作会有帮助吗?		
16	您认为本学习任务还应该增加哪些方面的内容?(请在下面回答)		
17	本学习任务完成后,您还有哪些问题需要解决?		
请写出您的意见和建议:			

自主学习资源库

(1)园林规划设计. 宁妍妍. 黄河水利出版社,2010.

(2)景观设计师便携手册.(美)丹尼斯,等. 俞孔坚,等译. 中国建筑工业出版社,2002.

(3)中国风景园林网:http://www.chla.com.cn.

(4)土人设计网:http://www.turenscape.com/home.php.

参考文献

[1] 宁妍妍. 2003. 园林规划设计 [M]. 沈阳:白山出版社.
[2] 周初梅. 2006. 园林规划设计[M]. 重庆:重庆大学出版社.
[3] 赵肖丹. 2012. 园林规划设计[M]. 北京:中国水利水电出版社.
[4] 黄东兵. 2006. 园林绿地规划设计[M]. 北京:高等教育出版社.
[5] 周初梅. 2008. 城市园林绿地规划[M]. 北京:中国农业出版社.
[6] 陈其兵. 2012. 风景园林植物造景[M]. 重庆:重庆大学出版社.
[7] 魏姿,王先杰,冯文佳. 2011. 综合性公园的植物配置与园林空间设计[J]. 北京农业学院学报,(3).
[8] 朱庆华. 2007. 植物配置及其造景在综合性公园中的应用[J]. 内蒙古林业调查设计,(6):48-50.
[9] 李春萍,翟国勋. 2010.综合性公园景观设计研究[D]. 黑龙江生态工程职业学院.

附　录

附录1　传统园林植物寓意及应用

名　称	特　性	寓　意	应用传统
松	松科常绿乔木，树皮多为鳞片状，叶子针形，耐寒、耐旱、耐瘠薄，冬夏常青	岁寒三友（松、竹、梅）；松柏同春；松菊延年；仙壶集庆（松枝、水仙、梅花、灵芝等集束瓶中）；也可用于制作盆景	岁寒三友（松、竹、梅）；松柏同春；松菊延年；仙壶集庆（松枝、水仙、梅花、灵芝等集束瓶中）；也可用于制作盆景
柏	柏科柏木属植物的通称，常绿植物	在民俗观念中，柏的谐音“百”，是极数，象征多而全；民间习俗也喜用柏木“避邪”	皇家园林、坛庙遗迹寺观、名胜古迹广植柏树
桂　花	木犀科常绿阔叶乔木，树皮粗糙，呈灰褐色或者灰白色，香气袭人	有木犀、仙友、仙树、花中月老、岩桂、九里香、金粟、仙客、西香、秋香等别称；汉晋后，桂花与月亮联系在一起，故亦称“月桂”，月亮也称“桂宫”、“桂魄”；习俗将桂视为祥瑞植物；因桂音谐“贵”，又有荣华富贵之意	私家园林中经常使用，与建筑空间结合；书院、寺庙中多栽植
椿	特指香椿，楝科落叶乔木，叶有特殊气味，花芳香，嫩芽可食。	被视为长寿之木，属吉祥，人们常以椿年、椿龄、椿寿祝长寿；因椿树长寿，椿喻父，萱指母，椿萱比喻父母	广泛栽植于庭院中
槐	豆科落叶乔木，具暗绿色的复叶，圆锥花序，花黄白色，有香味	吉祥树种；被认为是“灵星之精”，有公断诉讼之能；中国周代朝廷种三槐九棘，公卿大夫分坐其下，以“槐棘”指三公或三公之位	作为庭荫树、行道树
梧　桐	梧桐科梧桐属落叶大乔木，树皮绿色、平滑，叶心形掌状，花小，黄绿色	吉祥、灵性；能知岁时；能引来凤凰	祥瑞的梧桐常在图案中与喜鹊合构，谐音“同喜”，也是寓意吉祥；梧桐宜制琴。梧桐常植于庭院中
竹	禾本科植物，常绿多年生，茎多节、中空，质地坚硬，种类多	贤人君子，在中国竹文化中，把竹比作君子；竹又谐音“祝”，有美好祝福的意蕴；丝竹指乐器	岁寒三友（松、竹、梅）；五清图（松、竹、梅、月、水）；五瑞图（松、竹、萱、兰、寿石）
合　欢	豆科落叶乔木，羽状叶，花序头状，淡红色	象征夫妻恩爱和谐，婚姻美满，故称“合婚”树；合欢被人们视为释仇解忧之树	多栽植于庭院、宅旁
枣	鼠李科落叶乔木，花小、黄绿色，核果长圆形，可食用，可“补中益气”	枣谐音“早”，民俗有枣与栗子（或荔枝）合组图案，谐音“早立子”	多栽植于庭院宅旁，作为绿化树种，也可作为果树栽植
栗	壳斗科落叶乔木，栗子可食用、入药，阳性	古时用栗木作神主（死人灵牌），称宗庙神主为“栗主”；古人用以表示妇人之诚挚	绿化用树、果树

（续）

名 称	特 性	寓 意	应用传统
桃	蔷薇科落叶小乔木，花单生，先叶开放，果球形或卵形	桃花喻美女娇容；桃有灵气，驱邪，如桃阴、桃符、桃剑、桃人等	多栽植于庭园、绿地、宅居
石 榴	石榴科落叶灌木或小乔木，花多色，果多粒，可供食用	因“石榴百子”，所以被视为吉祥物，象征“多子多福”	广泛栽植于居民庭院宅旁，也见于寺院中，是寺院常用花木
橘	芸香科常绿乔木，果实多汁，叶酸甜可食，种子、树叶、果皮均可入药	橘有灵性，传说可应验事物；在民俗中，橘与“吉”谐音，象征吉祥	多栽植于庭园绿地宅居，作为绿化用树，也作为果树栽植
梅	蔷薇科落叶乔木，花先叶开放，白色或淡粉色，芳香，花期3月。梅在冬春之交开花，“独天下而春”，有“报春花”之称	梅傲霜雪，象征坚贞不屈的品格；梅喻女人，竹喻夫，梅喻妻，婚联有“竹梅双喜”之词，男女少年称为“青梅竹马”；梅花是吉祥的象征，有五瓣，象征五福（快乐、幸福、长寿、顺利、和平）	多栽植于庭园、绿地、宅居；可制作盆景；果实可食用，具有经济价值。梅有“四贵”：稀、老、瘦、含
牡 丹	毛茛科灌木，牡丹是中国原产的名花	牡丹有“花王”、“富贵花”之称，寓意吉祥、富贵	与寿石组合象征“长命富贵”，与长春花组合为“富贵长春”的景观，常片植于花台之上，形成牡丹台
芙 蓉	锦葵科落叶大灌木或小乔木，花形大而美丽，变色。四川盛产，秋冬开花，霜降最盛	芙蓉谐音“富荣”，在图案中常与牡丹合组为“荣华富贵”，均具有吉祥意蕴	五代时蜀后主孟昶于宫苑城头，遍植木芙蓉，花开如锦，故后人称成都为锦城、蓉城。常栽植于庭院之中
月 季	蔷薇科直立灌木	因月季四季常开而民俗视为祥瑞，有“四季平安”的意蕴	月季与天竹组合有“四季常春”的意蕴。花可提取香料
葫 芦	葫芦科藤本植物，藤蔓绵延，结实累累，籽粒繁多	象征子孙繁盛；民俗传统认为葫芦吉祥而避邪气	庭院中的棚架植物。果实可食，可作容器
茱 萸	茴香科常绿小乔木，气味香烈，农历九月九日前后成熟，色赤红	象征吉祥，可以避邪，茱萸雅号“避邪翁”，唐代盛行重阳配茱萸的习俗	宅旁种茱萸树可“增年益寿，除患病”；“井侧河边，宜种此树，叶落其中，人饮是水，永无瘟疫”（《花镜》）
菖 蒲	天南星科多年生草本植物，可栽于浅水、湿地	民俗认为菖蒲象征富贵，可以避邪气，其味使人延年益寿	多为野生，但也适于宅旁、绿地、水边、湿地栽植
万年青	百合科多年生宿根常绿草本，叶肥果红，花小，白而带绿	象征吉祥、长寿	观叶、观果兼用的花卉。皇家园林中用桶栽万年青
莲 花	睡莲科水生宿根植物，藕可食用，可药用，莲子可清心解暑，藕能补中益气	莲花图案也成为佛教的标志；在中国，莲花被崇为君子，象征清正廉洁。并蒂莲，象征夫妻恩爱	古典园林中广泛使用的水生植物，也可以盆栽置于宅院、寺院中
菩提树	桑科常绿或落叶乔木，树皮光滑白色，11月开花，冬季果熟，紫黑色，可以作念珠	在佛教国家被视为神圣的树木，是佛教的象征	多植于寺院
娑罗树	龙脑香科常绿大乔木，单叶较大，矩椭圆形	释迦牟尼涅槃处就长着8棵娑罗树，所以是佛树	植于南方的寺院中，中国北方没有娑罗树
七叶树	七叶树科落叶乔木，掌状复叶，一般9片小叶	佛树	用作庭荫树、行道树等；寺院中也常使用，北京潭柘寺中有一株800多年的七叶树
曼陀罗花	茄科一年生草本，曼陀罗全株有剧毒	象征着宁静安祥、吉祥如意	多栽植于寺院中
山茶花	山茶科灌木或小乔木，品种较多	山茶被誉为花中妃子；山茶花、梅花、水仙花、迎春花为“雪中四友”	山茶花为我国传统园林花木，盆栽或地栽均可，可孤植、片植，也可与杜鹃花、玉兰配置

附录2 现状调查表——自然条件

地形	地形坡度		坡面朝向		制高点位置		标高	
	山地面积		用地比例		最低点位置		标高	
	一般描述							
	其他	□ 平坦 □ 稍起伏 □ 起伏 □ 起伏较大 □ 凹凸不平						
水体	水系分布			水面面积			用地比例	
	水源形式	□ 人工 □ 天然 □ 其他					供水是否充足	
	水质情况	□ 优（流动、清澈、无异味、无漂浮物、无污染） □ 良（较为清澈、无异味、无污染、有少量漂浮物） □ 较差（不流动、污染、有异味、有轻度污染、有漂浮物） □ 差（不流动、污染、有刺鼻味、有重度污染、有大量漂浮物）						
	是否污染			污染源			污染物成分	
	水体形式	□ 规则式 □ 自然式 □ 混合式 □ 其他 □ 静态 □ 动态 □ 其他 □ 水渠 □ 池塘 □ 湖泊 □ 瀑布 □ 溪流 □ 跌水 □ 喷泉 □ 其他						
	水体功能	□ 水上活动 □ 浴场 □ 观赏 □ 饮用水源 □ 其他						
	平均水深		常水位		最低水位		最高水位	
	驳岸形式	□ 自然置石驳岸 □ 植草驳岸 □ 混泥土驳岸 □ 石砌驳岸 □ 其他						
	其他							
地下水	地下水位			水位波动情况			水质情况	
	有无污染			污染源			污染物成分	
	使用情况			其他				
土壤	土壤类型		pH值		有机质含量		含水量	
	冻土层深度				上冻时间		化冻时间	
	有无污染		污染原因		其他			
	污染物成分							
	水土流失情况							
温度	变温规律						年均温度	
	最高温			出现月份			持续高温时间	
	最低温			出现月份			持续低温时间	
降水量	降水规律						年均降水量	
	最大降水量			出现月份			持续降水时间	
	最小降水量			出现月份			持续干旱时间	
光照	最长日照时间	小时	日照强度		最短日照时间	小时	日照强度	
	基地日照状况	□ 终年阳光充足 □ 终年无阳光照射 □ 有不同光照区域						
	全阳区位置			大致范围			日照变化规律	
	全阴区位置			大致范围			其他	
风	冬季主导风向		夏季主导风向				年平均风速	
	最大风速		风向		出现月份		持续时间	
	其他							

注：本表仅供参考，可根据实际情况进行增减。

附录3　现状调查表——植物

可供选择的乡土植物						
乔木	灌木	草坪	地被	花卉	藤本	植物群落构成

可供选择的引种植物					
乔木	灌木	草坪	地被	花卉	藤本

基地现状植物调查							
序号	植物名称	规格	单位	数量	长势	位置	处理方法
1							
2							
3							

古树名木调查表							
序号	植物名称	规格	单位	数量	长势	位置	处理方法
1							
2							
3							
	类型		数量	保留数量	移栽数量	清理数量	备注
合计	乔木（株）						
	古树名木（株）						
	灌木（株或丛）						
	草坪（m^2）						
	花卉（m^2）						
	地被（m^2）						
	藤本（m^2或株）						

注：本表仅供参考，可根据实际情况进行增减。